国家科学技术学术著作出版基金资助出版

现代电力系统优化调度

曹一家　张　聪　周　斌　黎灿兵　著

科学出版社

北　京

内 容 简 介

针对现代电力系统调度呈现的特征和问题，本书试图从计算机信息技术和能源革命的新时代背景出发，重新审视电力系统调度框架，提供全新的解决思路。全书共 8 章，包括现代电力系统调度的发展概况、短期负荷预测、发电侧调度、负荷侧调度、互动式调度、考虑新能源的电网调度、智能优化算法在电力调度中的应用、虚拟发电厂和微电网能源管理系统。

本书可供高等学校电力专业高年级本科生和研究生学习，也可作为广大电力系统调度相关专业技术人员的参考书。

图书在版编目（CIP）数据

现代电力系统优化调度／曹一家等著. —北京：科学出版社，2023.8
ISBN 978-7-03-074799-0

Ⅰ．①现… Ⅱ．①曹… Ⅲ．①电力系统调度-系统优化-研究
Ⅳ．①TM73

中国国家版本馆 CIP 数据核字（2023）第 023775 号

责任编辑：张艳芬 魏英杰／责任校对：崔向琳
责任印制：吴兆东／封面设计：陈 敬

科学出版社 出版
北京东黄城根北街 16 号
邮政编码：100717
http://www.sciencep.com

北京建宏印刷有限公司 印刷
科学出版社发行 各地新华书店经销
*

2023 年 8 月第 一 版 开本：720×1000 B5
2023 年 8 月第一次印刷 印张：22
字数：408 000
定价：198.00 元
（如有印装质量问题，我社负责调换）

前　言

　　20 世纪是人类经济、文明、工业高速发展的时期，与此同时也消耗了大量的石油、煤炭和天然气等常规化石能源，导致 21 世纪初便出现能源危机。化石能源在使用过程中产生了大量的硫氧化物、氮氧化物、固态废渣等污染物及二氧化碳，严重污染了人类生存的生态环境，加剧了温室效应，威胁人类社会的可持续发展。为解决能源危机和空气污染等问题，全球正进行一场以绿色工业为核心的第四次工业革命。作为基础公用事业的电力工业，是这场革命取得成功的关键。实现现代电力系统安全、高效、低碳、节能优化调度是促进电力工业绿色改革的有效途径之一。

　　受国家能源体制改革、电力市场改革、大规模新能源并网等影响，以及近年来人工智能技术、大数据、物联网技术、云计算、虚拟电厂等新技术的融合，现代电力系统调度不同于传统调度，呈现一些新的问题，面临一些新的挑战。一方面，为发展清洁低碳、安全高效的能源体系，在电力系统生产侧应加大利用可再生能源发电，构建多元能源供应体系并提高能源利用效率，在消费侧提升电气化水平和全面节能提效。传统调度中以发电成本最小化的经济调度方式不再适用，因此需要寻求考虑节能、低碳、环保和负荷侧参与的智能电网多目标互动式调度模式。大规模新能源并入电网，其波动性对电力系统运行的电压和频率造成冲击，对电力系统安全运行构成威胁，需要在有功调度和无功优化控制中考虑新能源的不确定性。另一方面，这些新技术的出现和发展给电力系统调度带来一些新活力和新思路。计算机智能优化技术可为电网实现智能化调度提供技术支撑，大数据和智能算法可进一步提高电力系统负荷预测的准确率。虚拟电厂和微电网技术为分布式能源参与现代电力系统调度提供了新契机，可提高现代电力系统调度的灵活性。然而，目前电力行业缺少融合上述调度技术与方法的参考书籍。在此背景下，作者团队将现代电力系统调度领域近 20 年的研究成果总结成书。

　　全书共 8 章。第 1 章绪论。第 2 章介绍将人工智能算法用于短期负荷预测方面的研究成果。第 3 章介绍现代电力系统发电侧节能调度。第 4 章介绍现代电力系统负荷侧优化调度。第 5 章介绍智能电网互动式优化调度。第 6 章介绍现代电力系统新能源接入的有功与无功潮流优化调度。第 7 章介绍智能优化算法在电力系统调度中的应用。第 8 章介绍虚拟发电厂与微电网能源管理系统设计。

　　本书由作者团队共同完成。特别感谢谭益、方八零、赵波、周俊宏、张谜、李俊雄、刘炬对书中相关内容的贡献，同时感谢魏娟、郑玲、张宽、曹应平、郭思源、刘乾参与本书的校对工作。

限于作者水平，书中难免存在不妥之处，恳请读者批评指正。

作　者
2022 年 8 月 9 日

目　　录

第1章 绪 论

1.1 现代电力系统调度的发展历程

电力系统调度部门是指挥、监督和管理电力生产、传输和运行的枢纽中心，领导电力系统内发电、输电、变电、配电，以及供电部门遵循安全、经济运行的原则，向用户不间断地提供优质电能，并在事故情况下迅速排查故障，为电力系统恢复正常运行提供决策[1]。电力系统调度主要包含中长期、短期和实时调度。中长期或者短期调度通常以提高周期内的运行经济性与安全性为目标。实时调度根据电力系统实时运行状态调整系统运行方式。随着新能源发电、大数据、云计算等新兴技术在电力系统中的发展和应用，电网调度技术取得了长足进展。我国电网调度的发展建设主要包含四段历程。

（1）传统电力系统分层、分级的集中式调度

电力系统调度研究起步较早，相关研究在 20 世纪 20 年代就已展开[2]。起初电力系统调度中心主要依靠电话获取并网小型火电厂和水电站的运行情况，离线制定电网的经济调度策略。至 1940 年，数据采集与监视控制(supervisory control and data acquisition，SCADA)系统开始在电网运行中应用[3]。调度中心可以依靠采集的遥测、遥信数据全面地判断整个电力系统的运行状况。20 世纪 50 年代，随着计算机技术和自动化技术的快速发展和应用，电网损耗计算和最优潮流(optimal power flow，OPF)理论[4]开始引入电力系统经济调度模型中。20 世纪 70 年代至 21 世纪初期，随着 500kV 及更高电压等级电网的建设，大型火电厂和水电站实现远距离传输，同时 SCADA 系统、广域测量系统(wide area measurement system，WAMS)等手段在电力系统中广泛应用，电力调度中心逐渐具备电网数据采集、状态估计、网络安全分析、潮流计算等功能。由于各时间段负荷预测技术的发展，考虑负荷未来发展趋势和最优机组组合的动态电力系统经济调度方式逐渐形成。例如，Bechert 等[5]在考虑发电机、锅炉、汽轮机输出功率变化速率约束的基础上，提出经济调度与机炉电相协调的思想。同时，动态 OPF 和考虑时间约束关系的非线性 OPF 的模型构建和求解算法引起人们广泛的关注，出现状态估计、动态状态估计、动态预估技术，逐渐形成包含完善的分层、分级集中式调度功能的电力系统能量管理系统(energy management system，EMS)。

(2) 可再生能源并网的电力系统调度

进入 21 世纪以来，随着化石燃料日趋枯竭、全球气温持续上升、环境污染等问题不断出现，加快开发利用风能、太阳能等可再生能源已成为全球应对日益严峻的能源环境问题的必由之路。据统计，2010 年以来全球范围内可再生能源装机容量以平均每年 8%的速度增长，预期到 2050 年可再生能源约占全球总能源使用量的三分之二[6]。《中国 2050 高比例可再生能源发展情景暨路径研究》提出，到 2050 年建立以可再生能源为主的能源体系，实现可再生能源发电量占总发电量 85%以上的目标[7]。随着可再生能源接入比例的不断提高，主动电源、常规负荷、不确定性被动电源(风、光等可再生能源)、主动负荷(电动汽车、储能、可中断负荷(interruptible load，IL)等)共存，使电力系统呈现多元、互补、关联的复杂形态，电力系统调度中的不确定性因素增加，考虑不确定性的随机优化[8]和鲁棒优化[9]等优化方法开始在电力系统及综合能源系统调度中得到重视与应用。

随着集成分布式新能源的智能电网和主动配电网的建设和发展，调配和消纳可再生能源成为新一代电力系统调度的一个基本要求。由于数量众多、地理分散且特性各异的分布式发电、分布式储能、用户需求响应资源等新型可调控单元接入比例的不断增大，传统集中式调度方法难以满足高渗透率分布式电能资源接入背景下电力系统经济调度的需求，存在调度中心通信和计算压力过大、调度方案可靠性低等问题[10]。分布式经济调度因具有可靠性高、可扩展性强、通信计算负载均匀等特点，成为适应高比例可再生能源电力系统调度的可行方案。

自 2002 年电力体制改革实施以来，电力行业破除了独家办电的体制束缚，从根本上改变指令性计划体制和政企不分、厂网不分等局势，初步形成电力市场主体多元化竞争格局[11]。同时，具有波动性与随机性的可再生能源的并网对电力系统的安全可靠运行提出了新挑战。在上述电力系统调度相关的源、网、荷端都发生变化的背景下，现代电力系统调度模式逐渐发生改变，因此需要新的调度策略、运行控制方式，以及规划建设与管理，形成新一代考虑可再生能源并网的多区域、多时间尺度的电力系统调度模式。

(3) 大数据环境下的电力系统调度

传统电力系统调度采取垂直一体化的集中控制制度，每一级的控制中心只对上一级负责。系统各等级之间信息共享不充分，总体数据信息缺乏整合与规划，电网调度系统存在"信息孤岛"问题。随着大数据挖掘和信息资源动态共享能力的发展，以及现代电力调度系统基于 SCADA 系统、EMS、配电网管理系统(distribution management system，DMS)、WAMS、电力市场公共信息等各种软硬件资源集成信息系统的融合，实现数据资源的动态优化和合理分配，构建具有强大计算能力、高效处理海量信息、快速网络互联、稳定可靠的电网调度自动化信息处理平台成为现代电力系统调度发展的必然趋势。在这种背景下，云计算技术在电网调度系统的发展中占据核心地位[12]。云计算在我国的发展势头非常迅猛，一系列相关的计算服务标准和技术标准先后发布，并在深圳、上海、杭州、无锡和北京等五个城市开展云计算服务创新试点示范工作。目前，国家电网有限公司、中国南方电网有限责任公司已经开始研究运用云计算进行数据监控和信息管理分析，并建立国调、网调、省调的云计算数据中心。结合智能电网的相关技术建立电力系统智能云，并搭建电力调度中心统一的智能数据平台，成为实现现代电力系统全方位调度的数据基础。

近年来，随着电网量测系统的完善，以及可再生能源的发展，积累了海量的可再生能源发电数据。基于数据驱动的优化调度方法能克服传统基于随机优化与鲁棒优化的调度方法在实际应用中的不足。这些数据驱动的优化调度方法一般基于可再生能源发电历史或预测数据建立随机变量模型[13]，通过挖掘数据表征的统计信息建立基于数据驱动的分布鲁棒优化模型，解决传统随机优化中不确定性因素建模不准确的难题，提高调度方案在实际系统运行中的适用性。

(4) 低碳要求下的电力系统调度

在低碳要求下，传统电力系统加速向以新能源为主体的新型电力系统转变，电力系统调度迎来全新的挑战。高比例风光新能源接入会对电力系统运行的安全性产生巨大影响，如调峰不足、线路潮流越限、电压越限等问题，考虑新能源接入的有功与无功潮流优化调度研究将为电力系统应对新能源不确定性提供安全理论与技术支撑。用户侧电动汽车、储能、热电联产等多能互补方式增加了负荷柔性比例，电力用户既是电能消费者又是生产者，因此电力系统调度需在更大范围内开展，实现荷随网动、源网荷储协调互动[14]。在现代电力系统中，低碳成为继安全、经济之后电力系统调度运行中重要的目标之一。碳捕集与封存技术(carbon capture and storage，CCS)是减少温室气体排放最经济可行的方法，碳捕集电厂(carbon capture power plants，CCPP)是未来电厂的发展方向之一[15,16]，因此需考虑CCPP的低碳效益对节能发电调度(energy-saving generation dispatching，ESGD)的影响，对含CCPP的系统进行低碳电力调度(low-carbon generation dispatching，LCGD)和ESGD的一致性评估。按照各个机组的节能效益和低碳效益的不同，调整系统负荷在各机组中的分配，通过差异化和互动式节能优化调度提升电力调度的低碳效益。低碳要求下的电力系统需要利用虚拟电厂、主动需求响应、综合能源系统、智慧能源等技术[17]，实现安全可控、低碳节能、双向互动、智能高效的电力系统优化调度。

综上所述，现代电力系统正在朝着安全可控、清洁低碳、灵活高效、源网荷友好互动的方向发展，逐步形成高度智能化的电网。智能电网调度是现代电力系统调度的重要特征。未来电力系统调度将在电网运行状态全景可观测的基础上，形成电网运行状态全景过程化可观测数据，通过提炼观测数据的规律，基于大数据处理技术预测发电、输电、用电的特征，建立协调发电、输电、用电的电网区域自治模型和集中统筹调度策略，实现电力系统调度的自动化、信息化和智能化。

1.2　智能电网优化调度的特征

新能源发电的高比例接入、高压直流输电多点互联、柔性交流输电装置的不断并入、电动汽车充电设施的规模化使用等，使电网呈现出高度的复杂性、非线性与不确定性，增加了电网优化调度的难度[18]。同时，发电企业、电网企业、用户侧海量数据的存储和实时分析、调度中心大规模数据信息的处理等给现代电力系统优化调度带来新挑战。如何在减少温室气体及污染物排放的前提下，提高电力系统调度的安全性、经济性、灵活性、互动性，提高可再生能源的消纳率，与用户形成良好的供需互动是智能电网调度亟需解决的问题。在大数据、云计算、人工智能等新兴技术蓬勃发展的背景下，智能电网调度呈现出新的特征[19]，具体包括以下特征。

（1）大规模新能源并网，电网调度的不确定性因素增强

新能源是实现绿色电力的重要手段。一方面，风电、光伏等新能源大规模发电并网具有低碳、清洁和可再生的优势，可以提高电网运行的经济性。另一方面，新能源发电受到不确定性气象因素的影响较大，例如风力发电主要受风速影响，光伏发电主要受光照强度影响，这些不确定性因素难以进行精准计算或预测，因此新能源发电功率和负荷功率通常被当作电力系统不确定性的输入数据。这些不确定性数据会对电力系统安全稳定运行造成威胁，如电网出现调峰不足、线路潮流越限和电压越限等问题。由于系统调控能力不足，我国部分地区弃风、弃光问题较为严重，造成资源浪费，因此可以从有功调度和无功调度两方面对考虑风电、光伏等新能源电源不确定性的优化调度开展研究，以提高新能源发电的利用率和渗透率。

（2）市场化程度更高，调度方式灵活、互动性强

在电力体制改革后，市场主体更加多样，交易品种更加丰富，调度方式更加灵活。电价是电力市场的支点，合理的电价是激励用户参与需求响应的重要手段，通过市场供需关系确定电价，建立电力市场中需求侧电价优化模型，能够在兼顾发电方、供电方和用电方利益的同时减轻阻塞。电动汽车、储能系统等柔性负荷的大量接入，可以促进需求侧参与的互动节能优化调度的实现。互动是智能电网区别于传统电网的主要特征。互动是指电网企业、发电企业、用户之间的互相协作，统一协调和深度优化，能更经济、可靠地维持电力系统平衡，解决传统电网

中发电企业自主权有限、用户几乎不能参与协调带来的种种弊端。电动汽车等柔性负荷可以提供需求响应等辅助服务,在电网负荷较低的时候吸纳电能,在电网负荷较高时释放电能,辅助电网有效接纳波动性发电容量,为智能电网与用户的双向互动提供新渠道。针对渗透率较高的弹性负荷,建立用户参与互动式调度的负荷时间弹性及解析理论,分析影响负荷变化的各因素之间的耦合性可以提升负荷预测的准确度。调度机构应主动适应电力体制改革带来的变化,利用智能电网先进的通信、控制技术,以及双向互动平台技术,让用户参与互动,实现对电力系统的灵活调度,保证电力市场高效有序运作。

(3) 在保证电网运行安全性的前提下,更加低碳、节能、环保

在以绿色工业为核心的第四次工业革命的时代背景下,电力行业成为发展绿色工业的主力军,实现低碳、节能、环保的优化调度是现代电力系统调度的重要目标[20]。我国电力系统长期坚持集中调度,但是集中调度在一定程度上会影响ESGD的开展,因此需要对集中调度与发电企业自主调度的节能方法进行研究。日前机组组合是电网调度的重要环节。由于电网规模快速扩大,火电机组出力分配的计算量急剧膨胀,电力系统经济调度问题求解复杂度受机组数量影响大,易陷入维数灾。为了有效处理机组组合各类约束条件,保证节能调度效果,亟需一些新的优化判断准则与快速优化算法,对面向ESGD的日前机组组合优化进行求解,提高电力系统调度响应速度。在低碳要求下,需要评估ESGD是否适应新形势的需求,研究低碳调度和节能调度的一致性评估方法,最大限度地降低网损、减少能源消耗和二氧化碳排放,为ESGD管理办法的完善、LCGD和ESGD的协调提供支持。

(4) 融合大数据、云计算、人工智能等先进技术,具有高信息化、自动化、智能化水平

在以计算机互联网为核心的信息技术高速发展的驱动下,现代电力系统调度朝着高度智能化、信息化、自动化的方向发展。智能电网的建设,以及大规模电网的互联使电力系统面临海量数据的冲击,大规模优化调度问题计算量巨大、非线性程度高,优化深度受到限制,利用深度学习等人工智能算法可以提高负荷预测的准确度,利用虚拟电厂技术、云计算等先进技术可以提高电力系统调度的计算效率和自动化、智能化水平。虚拟发电厂是由小规模分布式能源系统、可控负荷、储能系统构成的特殊电厂。通过能源管理系统和信息通信系统对虚拟发电厂进行协调控制,能够兼顾电网调度的经济价值和社会效益,保证电力系统的安全稳定运行。传统电力系统的分析计算主要利用调度中心的集中式计算平台对电网优化问题进行计算和仿真,计算能力受限且可扩展性差,升级成本高。云计算可以形成大规模计算机群,将公共信息等各种集成信息系统融合,充分共享各种软硬件资源协同工作,形成一个具有强大计算能力、高

效处理海量信息、快速网络互联、稳定可靠的电网调度计算平台。通过构建基于云计算的互动式节能优化调度架构，向调度工作人员提供服务，可以提高调度的智能化和一体化水平。

1.3　智能电网调度面临的问题

随着现代电力技术的发展和新能源大规模接入，智能电网调度涉及的领域更加广泛，优化调度需要考虑的因素更多，面临的问题更复杂。

（1）负荷预测考虑的因素不够全面、准确

电力系统调度计划制定需要在负荷预测结果的基础上进行，其结果的准确性直接关系到调度计划的合理性和安全性。目前，负荷预测主要面临如下问题。

① 在短期负荷预测中，相似日的选取方法对气象变化等影响因素的反应不够灵敏。

② 对小地区的负荷预测不能充分利用历史负荷数据中包含的特征信息。

③ 影响负荷变化的随机因素众多且规律不同，负荷受相关因素影响的规律不断变化，不同地区呈现不同的负荷变化规律。

传统的数据挖掘和预测算法会忽视预测对象及其影响因素在时间和空间尺度上的动态耦合与累积效应，导致现有软件系统负荷预测准确率难以超越专家人工预测。随着先进信息技术和智能量测体系的发展，采集的能源供需双侧数据体量越来越大，传统方法重视数据收集却忽视数据分析，难以准确把握数据的内在变化规律，无法做出高精准性和强鲁棒性的控制决策[21]。同时，传统负荷预测方法由于人工干预严重，往往过高估计数据的正向效果，对于负向效果缺乏有效预估，且对非结构化、交互性数据缺乏动态分析和实时处理，会在很大程度上限制决策的有效执行。如何综合利用丰富的数据资源与人工智能手段，提升负荷时间序列预测的准确率，进行大数据驱动的控制与决策已成为现代电力系统智能调度最具挑战的难题。

（2）调度计划对低碳、节能、环保因素的考虑不足

在当前低碳发展的要求下，节能减排是全球应对能源供应紧缺和环境问题的重要举措。我国全面推行绿色低碳循环经济发展，电力能源领域也在积极推进低碳发展，构建以新能源为主体的新型电力系统。然而，现有的 LCGD 和 ESGD 还存在以下问题。

① 在节能目标和低碳目标双重要求下，亟需评估 ESGD 是否适应新形势的需求，即 LCGD 和 ESGD 的一致性[22,23]。

② 我国电力系统长期坚持集中调度,这是中国电力系统抵御各种风险的关键手段之一,但是发电企业的发电指标来自计划分解,能耗较高的电厂仍需要安排一定的发电指标,而且厂网分开后,调度不能完全、真实地掌握发电企业的参数,因此集中调度在一定程度上影响 ESGD 的开展。

(3) 需求侧参与经济调度的程度不够

需求侧管理(demand side management, DSM)将需求侧节约的电力和电量作为一种资源,可以改变传统调度中以供应满足需求的单一思路。我国电网的柔性负荷占总负荷的比例高,特别是电动汽车的规模越来越大,但我国目前缺乏完整的市场运营规则和电价形成机制,尚不能通过经济手段及时有效地调节柔性负荷。柔性负荷的调度多表现为以分时电价和有序用电为代表的 DSM,强调集中调度体制下电网的安全性。DSM 的研究目前存在以下问题。

① ESGD 在尖峰负荷时段存在节能效益低下的瓶颈问题。

② 阶梯电价无法很好地兼顾各方利益,无法最大限度地发挥节能减排效果。

③ 负荷调度的作用局限在减轻常规机组的调峰压力,但在处理新能源波动性方面尚未发挥作用。

(4) 大规模新能源并网后调度策略的安全性需提高

在有功优化调度方面,新能源有功输出波动性会造成线路潮流越限问题。在输电网层面,已经有比较好的鲁棒调度方法(鲁棒机组组合和鲁棒经济调度)保证电网运行安全性,但不能忽略低压配电网的线路阻抗,需在有功调度模型中考虑无功和电压的影响。功率平衡方程是非凸非线性的,鲁棒优化方法不再适用,需要寻求安全高效的适用于新能源配电网的安全调度方法。

在无功优化调度方面,新能源机组出力的间歇性会造成电网电压的波动、闪变和越限,对电网的安全运行构成威胁。为保证不确定性环境下电网电压的安全,目前的解决方案主要有两类,即基于随机规划的无功优化和鲁棒无功优化。随机规划需要采集大量数据构建不确定性因素的概率分布函数,求解时需要花费大量的时间进行蒙特卡罗模拟(Monte Carlo simulation, MCS),并且获得的电压控制策略无法在理论上保证电压在安全限内运行。鲁棒优化法需对潮流方程进行凸化等近似处理,获得的控制策略不能保证电压满足精确模型的安全约束。因此,需要研究安全性更高的电压控制策略,保证新能源并网后电压运行的安全性。

(5) 新技术在电网调度中的应用亟待挖掘

人工智能技术、大数据、云计算、虚拟电厂等新技术已经在电网中得到广泛应用,但它们在电力系统调度中的作用尚未得到充分发挥。这些新技术的应用可为电力系统安全经济运行提供保障,同时提升调度过程的灵活性与高效性。例如,大数据分析不仅可用在负荷预测方面,还可以融入电力系统调度体系,凭借其强大的数据挖掘和智能判断能力,为电力调度打造出高效的业务流程,助力自身决策，同时可以逐步改变电力企业发展方式，为全球能源互联网和智能电网的建设提供新思路。云计算是一种充分利用计算资源的并行计算方法，具有超大规模、虚拟化、高可靠性、通用性和高扩展性等特征，是构建未来智能电网计算平台的重要工具，在电力系统的优化调度及优化规划方面具有广阔的应用前景。然而，这些技术在目前电力系统调度中的应用尚处于起步阶段。

参 考 文 献

[1] 洛济寿, 张川. 电力系统优化运行. 武汉: 华中理工大学出版社, 1990.

[2] 周杰娜. 现代电力系统调度自动化. 重庆: 重庆大学出版社, 2002.

[3] Russell J C, Masiello R D, Bose A. Power system control center concepts//IEEE Conference on Power Industry Computer Applications, 1979: 170-176.

[4] Kron G. Tensorial analysis of integrated transmission systems part I. IEEE Transactions of the American Institute of Electrical Engineers, 1951, 70(2): 1239-1248.

[5] Bechart T E, Kwatny H G. On the optimal dynamic dispatch of real power. IEEE Transactions on Power Systems, 1972, 5(91): 889-898.

[6] International Renewable Energy Agency. Global energy transformation: a roadmap to 2050. https://www.irena.org/publications/2019/Apr/Global-energy-transformation-A-roadmap-to-2050-2019Edition[2020-08-01].

[7] 国家发展和改革委员会能源研究所. 中国 2050 高比例可再生能源发展情景暨路径研究. https://max.book118.com/html/2018/0225/154636939.shtm[2020-06-01].

[8] Ning C, You F Q. Data-driven stochastic robust optimization: general computational framework and algorithm leveraging machine learning for optimization under uncertainty in the big data era. Computers & Chemical Engineering, 2018, 111: 115-133.

[9] Shang C, You F Q. Distributionally robust optimization for planning and scheduling under uncertainty. Computers and Chemical Engineering, 2017, 110: 53-68.

[10] 乐健, 周谦, 赵联港, 等. 基于一致性算法的电力系统分布式经济调度方法综述. 电力自动化设备, 2020, 40(3): 44-54.

[11] 中共中央国务院. 中共中央国务院关于进一步深化电力体制改革的若干意见//中国农机工业协会风能设备行会, 2015: 19-23.

[12] 王鼎, 钱科军, 高一丹, 等. 云计算平台技术及其在电网调度中的应用. 电网与清洁能源, 2015, 31(4): 72-78.

[13] 于丹文, 杨明, 翟鹤峰, 等. 鲁棒优化在电力系统调度决策中的应用研究综述. 电力系统自动化, 2016, 40(7): 134-143.

[14] 尹积军, 夏清. 能源互联网形态下多元融合高弹性电网的概念设计与探索. 中国电机工程学报, 2021, 41(2): 486-496.

[15] 康重庆, 陈启鑫, 夏清. 应用于电力系统的碳捕集技术及其带来的变革. 电力系统自动化, 2010, 34(1): 1-7.

[16] 朱法华, 许月阳, 孙尊强, 等. 中国燃煤电厂超低排放和节能改造的实践与启示. 中国电力, 2021, 54(4): 1-8.

[17] 严兴煜, 高赐威, 陈涛, 等. 数字孪生虚拟电厂系统框架设计及其实践展望. 中国电机工程学报, 2023, 43(02): 604-619.

[18] 程时杰, 曹一家, 王成山, 等. 中国智能电网的技术与发展. 北京: 科学出版社, 2013.

[19] 马韬韬, 郭创新, 曹一家, 等. 电网智能调度自动化系统研究现状及发展趋势. 电力系统自动化, 2010, 34(9): 7-11.

[20] 吕素, 黎灿兵, 曹一家, 等. 基于等综合煤耗微增率的火电机组节能发电调度算法. 中国电机工程学报, 2012, 32(32): 1-8.

[21] 李响, 黎灿兵, 曹一家, 等. 短期负荷预测的解耦决策树新算法. 电力系统及其自动化学报, 2013, 25(3): 13-19.

[22] 黎灿兵, 吕素, 曹一家, 等. 面向节能发电调度的日前机组组合优化方法. 中国电机工程学报, 2012, 32(16): 70-76.

[23] Cao Y J, Tang S W, Li C B, et al. An optimized EV charging model considering TOU price and SOC curve. IEEE Transactions on Smart Grid, 2012, 3(1): 388-393.

第2章 电网的短期负荷智能预测

2.1 概　　述

负荷预测是电力生产的基础[1]。短期负荷预测是对未来一天到数天各时段的负荷功率进行预测[2-4]，一般可分为两个基本过程：一是选取相似日；二是对相似日负荷进行加权、外推来预测负荷。相似日选取的好坏直接影响短期负荷预测的精度[5]。准确的短期负荷预测是提高电力系统安全性和经济运行水平的重要基础。小地区短期负荷预测是在全网短期负荷预测技术和应用的基础上，提高电网企业精细化管理水平的重要手段，对提高电网负荷预测水平和电网经济运行水平具有重要意义。

为提高短期负荷预测的精度，国内外开展了大量研究。目前常用的短期负荷预测方法主要包括时间序列法[6]、回归分析法[7]、数据挖掘法[8]、支持向量机法[9]、专家系统法[10]、人工神经网络法[11,12]等。文献[13]提出一种规范处理各种相关因素的方法，便于考虑新增的影响因素和新规律。文献[14]，[15]将人工神经网络用于短期负荷预测，从人工智能角度揭示短期负荷预测的规律。文献[16]将支持向量机算法用于短期负荷预测，通过选择不同类型的核函数预测负荷短期变化规律。文献[17]基于决策树比较事物属性的信息增益，进而用于提炼负荷相关信息，提升短期负荷预测的精度。文献[18]提出属性-值对的两次信息增益优化算法，设定熵阈值并采用预剪枝技术，克服 ID3（interative dichotomiser version 3）算法对噪声敏感的缺陷。然而，现有的短期负荷预测方法仍存在以下问题。

① 短期负荷预测中相似日的选取方法对气象变化等影响因素反应不够灵敏。

② 对小地区的负荷预测未能充分利用历史负荷数据中包含的特征信息。

③ 影响负荷变化的随机因素众多且规律不同，负荷受相关因素影响的规律不断变化，不同地区呈现不同的负荷变化规律。

针对问题①，本章深入分析各种因素的影响规律，提出一种能自动识别主导因素，且具有自适应能力的短期负荷预测相似日选取方法，从而选取真实相似的历史日。针对问题②，本章在深入分析解耦原理的基础上，提出一种考虑气象因素的解耦机制预测方法，并通过实例证明该方法具有较高的预测精度。针对问题③，本章提出基于解耦决策树的短期负荷预测算法，并对决策树的形成方法进行改进，提高算法的适应性，从而提高负荷预测准确率。

2.2　短期负荷预测相似日选取方法

选择合理的相似日是提高短期负荷预测精度的有效途径。本节从影响短期负荷预测的因素出发，深入分析各种因素的影响规律，自动识别主导因素，提出具有自适应能力的短期负荷预测相似日的选取方法，选取真实相似的历史日。

2.2.1　算法设计思路

在不同条件下，影响负荷变化的因素不同。一般存在 1～2 个主导因素，举例说明如下。

① 在大部分地区，当最高气温超过 36℃时，气温是影响负荷变化的主导因素，其他因素对负荷的影响相对较小。例如，某日为星期六，最高气温 37℃，历史日中只有上周星期二的最高气温超过 36℃，虽然日类型不同且相距超过十天，但仍可能是与待预测日负荷水平最接近的历史日。

② 以居民负荷和商业负荷为主的大城市中心区域,在气温不太高或其他气象条件并非极端条件的情况下，日类型为主导因素。

③ 一般情况下,如果日类型是特定节假日,则日类型为负荷变化的主导因素。

④ 在冬季低温季节，最低气温可能成为主导因素。

因此，成熟的短期负荷预测算法应能识别各种条件下影响负荷变化的主导因素，确保选取的相似日真正与待预测日相似。

在本算法中，考虑 N 种因素，D 个历史日，对每种因素，分别计算各历史日与待预测日的相似度，获得的相似度矩阵 M 为

$$M = \{m_{id}\}, \quad i = 1,2,\cdots,N; \quad d = 1,2,\cdots,D \tag{2-1}$$

式中，M 为相似度矩阵；m_{id} 为每个历史日的每个因素与待预测日对应因素的相似度。

根据 M 计算各历史日与待预测日的总相似度，有两种常见的计算方式。

① 将历史日各因素的相似度相加，即

$$F_d = \sum_{i=1}^{N} m_{id} \tag{2-2}$$

式中，F_d 为第 d 个历史日与待预测日的总相似度。

采用式(2-2)计算各日相似度时，需解决各因素权重设定问题。例如，在夏季高温季节，最高气温是主导负荷变化的主要因素，应赋予最高气温较大权重。

② 将历史日各因素的相似度相乘，即

$$F_d = \prod_{i=1}^{N} m_{id} \tag{2-3}$$

采用式(2-3)有如下优点。

优点一是能简单、自动地识别主导因素。主导因素可形象地理解为，某因素主导作用越强，其他因素对负荷的影响程度相对越低。当第 i 个因素的重要性增加时，满足式(2-4)，即

$$\frac{\partial F_d}{\partial m_{jd}} \rightarrow 0, \quad j \neq i \tag{2-4}$$

若第 i 个因素是主导因素，则其他因素对总相似度的影响程度下降。例如，最高气温是主导因素，则最高气温的变化使总相似度的变化相对较大；其他因素变化难以明显改变总相似度排序。因此，能避免某个历史日与待预测日在关键因素上的差别很大，但由于其他因素很相似而被算法误选为相似日。

按式(2-4)定义总相似度时，可得

$$\frac{\partial F_d}{\partial m_{id}} = \prod_{j \neq i} m_{jd} \tag{2-5}$$

考察第 i 个因素时，总相似度对其他因素的偏导数均含有因子 m_{id}。当 m_{id} 较小时，第 i 个因素是主导因素，主导因素差距明显决定了两个日期不相似。

假设程序自动对两个历史日 A、B 与待预测日 D 的相似度进行对比分析，历史日、待预测日数据如表 2-1 所示。

表 2-1 历史日、待预测日数据

日期	日类型	日期距离/d	得分	最高气温/℃	最低气温/℃	相似度		
						日类型	最高气温	最低气温
D	星期四	—	—	36.5	25	—	—	—
A	星期四	7	0.65	28.0	25	1.0	0.3	1.0
B	星期六	5	0.80	36.5	28	0.4	1.0	0.7

分别计算两个历史日与待预测日各因素的相似程度，A 的累加总相似度为 2.95，累乘总相似度为 0.195；B 的累加总相似度为 2.9，累乘总相似度为 0.224。因此，采用累加，A 与 D 的相似度比 B 高；采用累乘，B 与 D 的相似度比 A 高。注意到，待预测日最高气温达 36.5℃，该情况下最高气温是主导因素，B 与 D 比

A 与 D 更相似，因此累乘更符合实际情况。如果在某一主导因素上有明显差距，那么基本不相似。

优点二是可解决各因素的权重设定问题。调整各因素权重值，不影响历史日排序。在参数自适应过程中，能够减少需要自适应的参数数量，减少计算量。

因此，这里采用累乘方式，且各因素的权重值均取 1。

2.2.2　主要影响因素相似度计算方式

1. 日类型

日类型是指工作日或周末。例如，星期一用"1"表示，其他依此类推。一般周末负荷明显低于工作日，且负荷曲线形状也有明显区别。日类型相同，获得该因素的最大相似度为 1；同为工作日，但日类型不同，可以给出一个相似度，如 0.7 等。

2. 是否为特殊日

特殊日指负荷明显不同的特定日期，主要包括一些节日，如元旦、春节等。另外，一些地区的灾害性天气、举办特定活动的日期也可认为是特殊日。特殊日的相似度计算可分 4 种情况给定相似度，即同一种特殊日；都是特殊日，但日期不同；同为非特殊日；一个是特殊日、一个是非特殊日。

3. 日期距离

一般地，离待预测日越近，日期距离越相似。因此，在选择相似日时，有明显的近大远小规律。日期距离的相似度按式 (2-6) 计算，即

$$m_{id} = \begin{cases} \sigma^n, & \sigma^n \geqslant a \\ a, & \text{其他} \end{cases} \tag{2-6}$$

式中，m_{id} 为第 d 天日期距离因素的相似度；σ 为衰减系数，含义是历史日与待预测日的距离每增加 1 天的相似度缩减比率，建议取值在 0.90 和 0.98 之间；n 为日期距离；a 为该因素的最低相似度。

日期距离对负荷变化的影响具有明显的饱和效应。例如，历史日与待预测日相隔 1 天或相隔 1 星期，其与待预测日的相似度有明显区别，但历史日与待预测日相隔 3 星期或 4 星期，其相似度没有明显区别。在一些地区，夏季可能出现持续 20 天，甚至更长时间的高温天气，然后出现降雨、突然降温，在近 20 天没有相似日。如果该相似度按照某一个衰减系数持续衰减，则距离远的日期没有入选的可能性，不能准确预测。因此，需设定该因素的相似度下限。

4. 最高气温

最高气温对相似度的影响需要考虑最高气温的累积效应和非线性特征。

1) 最高气温的累积效应

最高气温的累积效应在空调负荷比重较大的地区十分明显，根本原因是人体的舒适度感觉存在惯性。连续高温时，即使气温已有所下降，还是习惯性感知为高温天气；在连续凉爽的情况下，即使气温显著攀升，但人对高温天气还处于适应过程中，空调负荷仍不大。最高气温的累积效应按式(2-7)处理，即

$$T' = (1-k)T_m + \frac{k(T_{-1} + \gamma T_{-2} + \gamma^2 T_{-3})}{1 + \gamma + \gamma^2} \tag{2-7}$$

式中，k 为累积系数；γ 为衰减系数，即每往前推 1 天权重系数衰减的比率；$T_{-i}(i=1,2,3)$ 为待预测日前第 i 日的最高气温；T_m 为待预测日的最高气温；T' 为考虑最高气温累积效应修改后的待预测日的最高气温。

值得注意的是，在不同情况下，累积系数 k 应取不同值。例如，当 $T \leqslant 24℃$ 时，无论前一日气温多高，空调已基本关闭，之前的气温对该日没有明显影响；同理，当 $T \geqslant 37℃$ 时，空调已基本满负荷，之前的气温对该日也没有明显影响。可见，累积系数应动态调整。基本原则是，在空调可开可不开或设定温度可高可低的情况下，累积效应最明显；在空调负荷为 0 或满负荷的情况下，累积效应不明显。

2) 非线性

气温对负荷的影响存在明显的非线性特征，应对气温进行调整，使调整后的值与负荷基本呈线性关系。主要表现为三种情况。情况一，气温较低时，空调负荷体现为升温负荷，随着气温的降低，负荷增加速度提高，直到饱和。情况二，气温较高时，空调负荷体现为降温负荷，随着气温的升高，负荷增长加速，直到饱和。情况三，气温处于中间时，气温对负荷变化基本没有影响。

综上所述，气温对负荷的影响规律如图 2-1 所示。

在对最高气温因素计算相似度时，首先考虑最高气温累积效应，进行修正处理，然后采用类似图 2-1 的映射关系，考虑气温对负荷影响的非线性效应，将修正后的最高气温映射为修正值，最后根据映射值计算相似度。

5. 湿度

湿度对负荷的影响依据气温而定。气温较高时(33℃或以上)，湿度越大，负荷越高，湿热天气使空调负荷快速上升；气温低于5℃时，湿度越大，负荷越高。湿冷天气导致寒冷指数上升，人体舒适度下降，空调负荷上升；气温在居中的区间时，湿度对负荷的影响较小。考虑以上现象，评估湿度因素的相似度时，在不同的气温条件下，确定不同湿度对负荷的影响系数，再根据影响系数计算相似度。

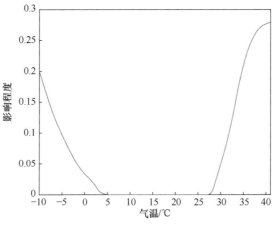

图2-1　气温对负荷的影响规律

6. 降雨量

降雨影响负荷的现象包括以下几点。

① 降雨量较大、持续时间较长时，将导致气温降低，间接影响负荷变化。

② 降雨导致湿度增加。在夏季，短暂降雨使湿度显著增加，形成湿热天气，可能导致负荷不降反升。在冬季气温较低时，湿度增加使寒冷指数显著增加，导致空调负荷增加。

③ 有较多非统调径流式小水电的地区，降雨导致相关流域流量增加，小水电出力增加，网供负荷降低。

因此，降雨可能导致负荷升高或降低，应根据气温、是否具有较多小水电等外部环境而定。同样大小的降雨量，降雨强度和起始时间不同，对负荷的影响程度也不同。此外，算法还需要考虑如下情况，即在绝大部分地区，气象部门对降雨量有实测数据，但预报只能以特大暴雨、暴雨、大雨、中雨、小雨、阵雨等文字描述；气象部门基本不能提供降雨开始的具体时间。

算法考虑如下确定降雨量影响的基本方式。

① 确定降雨是令负荷升高，还是降低。

② 根据对负荷影响的两个方向，按照降雨量排序，确定各种降雨形式对负荷影响的程度。例如，可能出现以下四种情况。情况一，特大暴雨、大暴雨的降雨量较大，在高温或低温季节都会使负荷较大程度地降低，影响系数是绝对值较大的负数。情况二，在高温季节，除了阵雨，其他降雨都会导致负荷降低，因此根据降雨大小分别设定影响系数，并且影响系数均为负。情况三，在低温季节，降雨会引起负荷小幅度增加，但增加幅度较小，并且不同地区增加的幅度不同。情况四，在高温季节，阵雨使湿度增加，对负荷有小幅度的促进效果。

7. 最低气温

最低气温对负荷的影响主要在冬季，最低气温越低，空调负荷的比重越高。冬季空调负荷的比重显著低于夏季，因为降温负荷主要是用电空调，但取暖可以通过集中供暖等更有效的方式。因此，最低气温对空调负荷的影响可参照最高气温对空调负荷的影响确定，但相应的调整系数要小一些。

2.2.3　算法的参数自适应性

1. 参数自适应的方式和策略

2.2.2 节分析了各主要因素的相似度计算方式，需要根据各地区、各季节的具体情况调整参数，使之自动适应具体地区、时段的负荷特性。本节主要介绍算法中参数自动调整的方式与策略。

① 每个因素的权重值不调整。按式(2-3)计算每个历史日的相似度，而每个因素权重的设定对各个历史日的总相似度排序不构成影响，因此每个因素的权重都是 1。

② 每个因素计算相似度的函数不调整。2.2.2 节分析了 7 个相关因素相似度函数的基本框架，这些函数在自适应过程中的各项参数不变，不参与训练。原因主要有三个方面。原因一，相似度函数可以较全面地考虑这些因素影响负荷变化的主要规律。原因二，每个因素的相似度函数参数较多，若全部进行参数自适应训练则需要大量的样本，而大量样本必然会使历史时间较长，导致不能反映最新的负荷发展规律。因此，参与自适应训练的参数越少，算法越灵敏。原因三，需要训练的参数多会导致自适应训练的计算量过大。

③ 每个因素设定拟合指数。为了准确反映不同地区、不同季节各个相关因素对负荷的影响程度，通过自适应训练确定各个因素的影响指数，即

$$F_d = \prod_{i=1}^{N} (m_{id})^{R_n} \tag{2-8}$$

式中，R_n 为第 n 种因素的影响指数。

每种影响因素各有一个对应的影响指数，N 个参数对应 N 个影响指数。若 N 个影响指数同步增长或减小，不影响相似度的排序，自由度为 $N-1$。可指定一个因素的影响指数为 1，如日类型，对剩余 $N-1$ 个影响指数逐一优化。这样计算量较小且能反映最新负荷变化规律。

2. 参数自适应过程

参数自适应过程是一个优化过程，各因素的影响指数是决策变量，目标是使

各历史日与待预测日的相似度排序同负荷水平的接近程度的排序尽可能一致。算法设定参数自适应的目标函数为如下 3 个比率之和。

① 选取的第 1 相似日是真实最相似日的比率。

② 选取的两个相似日是历史日真实相似度前两名的比率。

③ 第 3 相似日和第 4 相似日类推的比率。

2.2.4　算例分析

表 2-2 为华中某市 2007 年 6 月的部分负荷及气象因素数据。算法程序从 45 个历史日中寻找相似日，但因 6 月份的相似日很少发生在较长时间之前，因此表 2-2 只列出最近一段时间的详细数据。预测 6 月 23 日平均负荷，算法选取的相似日分别为 6 月 15 日、6 月 16 日、6 月 21 日。6 月 15 日为最相似日的原因是，当前一段时期温度比较高，温度为主导因素，6 月 15 日气温与待预测日最接近。6 月 16 日入选的原因是，最高气温差别不大，且日类型相同。6 月 21 日入选的原因是，平均气温相同且湿度差别不大。实际情况表明，这 3 个相似日与待预测日的平均负荷差别均在 1% 以内。

表 2-2　华中某市 2007 年 6 月的部分负荷及气象因素数据

日期	T_m/℃	T_a/℃	T_z/℃	J/mm	S/%	L/MW
6 月 8 日	29.8	30.0	25.6	0.0	50	2930.20
6 月 9 日	32.2	28.8	26.8	0.0	59	2835.31
6 月 10 日	32.8	26.3	25.4	0.9	67	2553.86
6 月 11 日	35.3	27.4	22.9	0.0	57	2697.59
6 月 12 日	35.8	25.7	23.1	7.7	69	2574.97
6 月 13 日	32.3	24.3	23.4	2.6	80	2507.03
6 月 14 日	28.3	24.2	21.1	0.0	65	2408.51
6 月 15 日	31.1	25.2	21.1	0.0	62	2512.58
6 月 16 日	32.7	27.3	22.7	0.0	57	2527.61
6 月 17 日	33.8	28.1	24.7	0.0	57	2516.09
6 月 18 日	36.8	28.0	26.0	0.0	65	2707.84
6 月 19 日	36.4	25.9	23.4	16.5	84	2639.17
6 月 20 日	37.4	23.1	21.1	15.3	81	2397.13
6 月 21 日	36.5	25.2	22.9	0.0	73	2489.73
6 月 22 日	35.3	26.9	23.9	0.0	73	2722.39
6 月 23 日	31.1	25.2	22.4	52.1	80	2505.17

注：T_m 为最高气温；T_a 为平均气温；T_z 为最低气温；J 为降雨量；S 为相对湿度百分数；L 为平均负荷。

2.3　基于解耦机制的短期负荷智能预测

　　小地区短期负荷预测是提高电网企业精细化管理水平的重要手段，也是电网安全运行的基础。本节首先分析小地区负荷预测的特性，建立适应小地区负荷预测解耦机制的基本模型，通过分析解耦预测机制的数学模型、误差模型，将短期负荷预测分为标幺曲线预测和负荷水平预测，分别提出标幺曲线和基准值的预测方法，以适应负荷发展变化的规律，提高短期负荷预测水平。

2.3.1　小地区负荷预测的特点

　　小地区负荷与大电网全网的负荷相比具有如下特点。

　　① 负荷容量和电量相对较小。

　　② 负荷容易产生突变，稳定性较差。各种因素都可能对具体的小地区负荷产生重大影响，负荷曲线有较多的"毛刺"。

　　③ 部分地区可能有很大的峰谷差。

　　④ 部分小地区受气象因素影响的程度较大。

　　⑤ 负荷结构比较单一。

　　⑥ 在不同的地区，负荷结构差别较大，体现出差别很大的负荷特性。

　　鉴于以上特点，适用于大电网预测的方法不一定适用于小地区负荷预测。小地区短期负荷预测方法应根据各个地区的负荷特性，充分利用小地区负荷结构比较明确、单一的特点，自动采取相应的预测策略，适应其负荷特点准确预测负荷变化，实现系统预测目标。

2.3.2　解耦机制的基本模型

　　1. 解耦机制的物理含义

　　在评估负荷特性时，需要用到负荷水平和负荷曲线形状两个概念。事实上，这是将负荷特性评估分解为两个独立问题进行分析。解耦机制就是将短期负荷分析与预测问题分解为标幺曲线和基准值的分析、预测，分别采用相应的指标和预测方法。在采用解耦机制进行负荷分析与预测时，以负荷水平为基准值，将负荷数据标幺化。标幺后的曲线不带单位，用于表征负荷变化规律。

　　采用解耦机制进行小地区负荷分析和预测具有深刻的物理背景。

　　① 标幺曲线反映一个地区的负荷结构，以及负荷的变化趋势。负荷结构是指各种类型负荷的比重。通过解耦机制深入分析一个地区的负荷标幺曲线，可以把握负荷结构及其变化特征。尤其是，在小地区负荷分析与预测中，负荷结构比较

单一的情况下意义较大。各种类型的负荷具有典型的负荷曲线形状,例如居民负荷与日照程度密切相关,06:00～09:00 为居民负荷的早高峰,18:00～21:00 为居民负荷的晚高峰。在同一个季节内,负荷曲线的形状(标幺曲线)保持相对稳定。

② 标幺曲线具有非常明显的近大远小特征,离待预测日的日期越远,与待预测日的标幺曲线误差越大。具体原因如下。

第一,随着时间的推移,一个地区的负荷结构可能发生明显变化,某些类型的负荷比重加大,另一些类型的负荷比重降低,或者出现负荷类型的新增或减少。例如,在年度范围的时间跨度上,一个地区可能由于招商引资,引入一些重工业企业;一个地区商业发展较快,商业负荷显著增加;随着人民生活水平的提高,空调负荷比重增加等。

第二,随着时间的推移,一些类型的负荷标幺曲线发生变化。最典型的变化是,季节性变化和随着日照水平发生的变化,以及特殊节日前后的变化(如五一、十一、元旦、春节等)。例如,在季度范围的时间跨度上,冬季和夏季的日照时间发生推移,居民负荷照明、市政照明时间发生变化,进而标幺曲线发生变化。

总的来说,标幺曲线反映一个地区的负荷结构和负荷特征,而在小地区的短期负荷预测中,负荷结构比较单一。基于以上分析,负荷结构体现在标幺曲线上,因此在研究小地区负荷特性、负荷特性的成因、负荷特性变化的原因、各个小地区负荷的相似性时,分析负荷的标幺曲线是重要的手段。

③ 平均负荷代表负荷水平[19]。在短期负荷预测中,负荷水平与相关因素的关系比较密切,如最高气温、最低气温、天气类型(是否降雨,以及形式与强度)、风速、湿度等。研究表明,各种气象因素的变化对标幺曲线的影响是次要的,主要是对平均负荷的影响。解耦标幺曲线和平均负荷可以更方便地分析各种影响因素,尤其是气象因素。各种影响因素对平均负荷和标幺曲线的影响机制和影响程度不同,解耦后可以更准确地分析各种影响因素。

2. 基准值的选择

解耦机制将短期负荷分析与预测问题分为标幺曲线预测和基准值预测两个基本问题。首先需要解决的问题是,标幺曲线的形成方法和基准值的含义。一般而言,将负荷曲线标幺化时,基准值有 3 种选择,即最大负荷、平均负荷和最小负荷。当最大(小)负荷比较稳定时,适宜采用最大(小)负荷。一般情况下,平均负荷含有的信息量较大且惯性较大,因此大部分情况下适合采用平均负荷作为基准值。从理论上可以证明,采用平均负荷作为基准值有利于提高负荷预测的精度。本节将在误差分析后进行理论证明,阐释原因。综上分析,本节以平均负荷作为基准值。

3. 误差分析

采用解耦机制分析负荷特性，可以从平均负荷和标幺曲线两方面分析负荷的变化特征，在获得预测的标幺曲线和平均负荷预测值后，用平均负荷预测值乘以预测的标幺曲线各点的标幺值即可获得预测负荷曲线。

在短期负荷预测中，标幺曲线预测存在一定的误差，电量预测也存在一定的误差。由于最终预测结果是标幺曲线与基准值相乘，因此误差也是乘法关系。最终误差与两部分的误差关系为

$$e \leqslant \frac{1}{T}(1+e_0)\sum_{i=1}^{T}(1+e_i)-1 \tag{2-9}$$

$$e \leqslant \frac{1}{T}(1+|e_0|)\sum_{i=1}^{T}(1+|e_i|)-1 \tag{2-10}$$

将式(2-10)等式右端记为$\sum e$，则有

$$\begin{aligned}\sum e &= (1+|e_0|)\left(1+\frac{1}{T}\sum_{i=1}^{T}|e_i|\right)-1 \\ &= (1+|e_0|)(1+e')-1 \\ &= |e_0|+|e'|+|e_0||e'|\end{aligned} \tag{2-11}$$

因此

$$e \leqslant |e_0|+|e'|+|e_0||e'| \tag{2-12}$$

式中，T 为负荷曲线的点数；e 为各点预测误差的平均值；e_0 为平均负荷预测误差；e_i 为标幺曲线第 i 点的误差；e' 为标幺曲线各点误差绝对值的平均值。

可以看出，最终误差由标幺曲线的误差和基准值误差两部分构成。采用平均负荷作为基准值时，解耦机制预测法的预测精度高于采用其他基准值时的预测精度。下面进行理论上的证明，采用平均负荷作为基准值，待预测日标幺曲线的平均值为 1，预测的标幺曲线的平均值也为 1，即

$$\sum_{i=1}^{T}e_i = 0 \tag{2-13}$$

因此，待预测的标幺曲线各点之和与实际标幺曲线各点之和相等。标幺曲线的预测误差一定同时存在正误差和负误差，而且正负误差的量均相等。在采用最大(小)负荷为基准值时，可能出现标幺曲线所有点的误差都是正误差或者负误差的情况。具体来说，某点的预测误差为 $e_0+e_1+e_0e_1$，忽略二阶无穷小量，约为 e_0+e_1。假设平均负荷预测误差为正误差，则当标幺值为正误差时误差扩大，是两个误差的叠加；当标幺值为负误差时误差缩小，两部分误差相互抵消。因此，采用平均负

荷作为基准值，标幺曲线的误差和平均负荷的误差一定有相互抵消的部分。从概率统计的角度出发，约有一半误差相互抵消，最终预测的平均误差与标幺曲线误差绝对值的平均值、平均负荷之间的误差服从如下关系，即

$$e \approx (e_0 + e')/2 \qquad (2\text{-}14)$$

进一步分析可以发现，在大部分情况下，标幺曲线的预测误差较小。对于大部分地区，一般可以控制在 1%~2%。若负荷预测的误差较大，那么一般都是平均负荷(即负荷曲线的高度)预测误差较大造成的。尤其是，在夏季气象条件变化比较频繁、变化幅度较大的情况下，平均负荷预测误差远大于标幺曲线的预测误差。在这种情况下，两项误差相互抵消的现象并不明显，因此有

$$e \approx |e'| \qquad (2\text{-}15)$$

同理，当标幺曲线的误差远大于平均负荷的误差时，总误差约等于标幺曲线的误差。

以上对误差规律的分析为采用解耦机制分别进行预测提供了理论依据，并为分析负荷预测结果、研究改进方向提供了分析手段。例如，分析某种方法的预测结果时，现有的手段主要是统计分析其平均误差、最大后验概率(maximum aposteriori，MAP)，通过解耦机制分析标幺曲线的误差和平均负荷的误差。当标幺曲线的误差较大时，说明该方法不能准确描述负荷变化规律，参考价值较小；当平均负荷误差较大时，说明该方法不能准确考虑相关因素的影响，改进方向是深入分析相关影响因素。

2.3.3　标幺曲线预测方法

基于以上对解耦机制基本模型和误差模型的分析，本节提出一种基于标幺曲线预测的新方法。在现有的预测方法中，一般直接以历史负荷的有名值为预测基础，在有名值的基础上直接进行预测。本节先对历史负荷曲线进行标幺化，然后在标幺曲线的基础上预测待预测日的标幺曲线。标幺曲线预测的基本模型为

$$B = \beta \sum_{i=1}^{D} \left[\frac{L_i}{l_i}(1-\beta)^{i-1} \right] \qquad (2\text{-}16)$$

式中，B 为待预测日的标幺曲线，一般为 48 点、96 点、288 点负荷曲线；β 为平滑系数，是一个 $(0,1)$ 区间内的实数，一般取值为 0.2~0.5；D 为历史日个数；L_i 为第 i 个历史日的有名值负荷曲线；l_i 为第 i 个历史日的平均负荷。

标幺曲线预测模型的基本思想可归纳如下。

① 将历史日负荷曲线标幺化后作为历史值预测待测日的标幺曲线。

② 将各历史日与待预测日按照相似度排序。

③ 指定平滑系数,将历史日的标幺曲线按权重系数加权平均,相似度高的历史日标幺曲线权重系数大,权重系数随相似程度的排序呈指数衰减。

实际预测结果表明,采用上述思路和打分机制,考虑最高气温、最低气温、天气类型、日类型(周一、周二等)、与待预测日的距离等因素,对历史日排序后,预测的标幺曲线的误差非常小,明显小于一般方法的预测误差。其理论依据如下。

① 直接采用有名值进行的各种预测方法中,由于平均负荷的波动,可能掩盖标幺曲线存在的规律。

解耦机制下的标幺曲线预测如式(2-16)所示,在现有的方法中,预测结果标幺化后大致相当于式(2-17),即

$$B = \frac{\beta}{b} \sum_{i=1}^{D} [L_i (1-\beta)^{i-1}] \tag{2-17}$$

式中,b 为预测负荷曲线中各点负荷的平均值。

可以看出,解耦机制与现有方法的差别在于,解耦机制是将历史负荷曲线先标幺化再预测,现有方法分析标幺曲线是先预测再标幺化。

下面分析平均负荷的波动如何掩盖标幺曲线,以及存在的规律。设历史日中第 j 天由于气象条件或其他相关因素影响,平均负荷显著高于其他历史日和待预测日。平均负荷与待预测日的误差和标幺曲线形状与待预测日之间的误差绝对值的平均值都被写入式(2-17),均影响最终获得的标幺曲线的误差。在解耦机制中,只有标幺曲线形状与待预测日之间的误差绝对值的平均值被写入式(2-16),即平均负荷发生的波动不会影响标幺曲线的预测精度。

在大部分地区,平均负荷的稳定性往往低于标幺曲线的稳定性,因此采用解耦机制可以规避平均负荷波动对曲线形状预测的不利影响,提高标幺曲线的预测精度。根据 2.3.2 节对误差模型的分析可知,提高标幺曲线的预测精度可以改善总体预测效果。

② 标幺曲线没有量纲,各历史日标幺曲线和待预测日标幺曲线的平均值都是 1,即幅值不会发生变化,因此适合采用直接加权历史日标幺曲线的方法,不需要采用趋势外推、规律外推等方法。

③ 一个地区负荷曲线的标幺曲线(即负荷曲线的形状)是由该地区的负荷构成决定的,反过来,负荷曲线的形状反映一个地区的负荷构成。如果负荷构成比较稳定,负荷变化过程就较平缓。因此,解耦机制可以比较准确地把握一个地区的负荷构成状况。

2.3.4 基准值预测方法

若要得到完整的负荷曲线,在确定标幺曲线后需进行基准值的预测。本节采

用平均负荷作为基准值，提出一种预测平均负荷的综合性预测方法。

① 考虑日类型、历史日与待测日之间的距离，特殊日(如五一、十一、元旦等为特殊日)，最高气温，最低气温，天气类型等因素，为每种因素设定一个初始权重，采用打分机制，对各个历史日与待预测日的相似程度打分。打分机制具有很强的可拓展性。

② 将各个历史日排序，各日获得的权重系数为

$$k_i = \lambda(1 - \lambda)^{i-1} \tag{2-18}$$

式中，i 为该天在所有历史日与待预测日的排序中排在第 i 位；λ 为平滑系数，性质与 β 相同。

③ 在历史数据中寻找日类型、气象因素等对平均负荷的影响程度。例如，根据历史数据，分析最高气温每高一度，平均负荷对应提高的程度。由于各天与待预测日的相似程度不同，根据各天的负荷数据寻找规律时，采用第②步计算的加权系数进行加权。这是为了防止历史日与待预测日的相似程度很低，在这样的历史日中找出的规律不符合待预测日体现的规律。

④ 计算各个历史日与待预测日之间的比率关系。例如，考虑日类型因素，某历史日为星期日，待预测日为星期一，根据历史数据可得出星期一平均负荷比星期日高 8%；考虑最高气温因素，历史日最高气温为 35℃，待预测日最高气温为 31℃，根据历史数据可得出最高气温 35℃比最高气温 31℃时的平均负荷高 5%；其他因素依此类推。将各项因素影响程度相加，例如将上述日类型和最高气温因素相加，得出待预测日比该历史日平均负荷高 2%。

⑤ 根据第①步打分确定的相似度，取得分最高的前 n 天。按照式(2-19)预测待预测日的平均负荷，即

$$y_c = K\sum_{i=1}^{n} \lambda^i(1 + r_i)l_i$$
$$K = \frac{1}{\left(\sum_{i=1}^{n} \lambda^i\right)} \tag{2-19}$$

式中，y_c 为待预测日的平均负荷；K 为归一化系数；λ 为平滑系数；r_i 为待预测日平均负荷高出各历史日的比率；l_i 为第 i 天的平均负荷。

根据式(2-19)预测的待预测日平均负荷具有如下优点，打分机制具有一定的合理性，根据打分机制找出的最相似日进行修正、加权，可以确保修正幅度不大，防止训练规律时由坏数据或者各种原因导致的规律异常影响修正效率；根据打分，随着相似度的降低，历史负荷及其修正值的权重都呈指数衰减，可以防止大幅度修正导致较大的误差；根据式(2-19)，不是直接取打分机制中的相似日进行加权，

而是先修正再加权，确保预测值反映负荷发展规律。

如果不进行修正，直接加权平均，则可能在历史数据中出现未有的低负荷或高负荷，使误差较大。因此，在各历史日进行加权平均之前，先根据负荷发展规律进行修正，确保预测负荷体现负荷发展规律。

2.3.5 应用情况介绍

应用本节提出的解耦机制，以及标幺曲线和平均负荷预测方法，编写相应的 Java 语言计算程序，对北京电网中太阳宫、知春里、长椿街等小地区负荷进行预测。

在太阳宫地区，对 2006 年 10 月、11 月的负荷进行虚拟预测，精度如下。

① 负荷平缓变化的部分，预测精度为 93.5%。

② 负荷存在较多毛刺的部分，预测精度为 87%。

③ 平均精度为 92.5%。

知春里、长椿街等小地区的预测精度与上述结果基本相当。可以看出，小地区负荷预测已经初步达到实用化的程度。

分析预测结果可知，主要的误差是平均负荷的波动引起的。例如，2006 年 12 月 12 日～20 日(除 16 日、17 日为周末外)，标幺曲线的形状非常接近，在上述 6 个工作日内，各日标幺曲线的误差均不超过 1.3%。可见，标幺曲线保持相对稳定；将历史日负荷先标幺化，再通过标幺曲线预测标幺曲线，预测精度较高。在上述同一时期内，平均负荷的波动率为 11.3%，因此平均负荷的预测误差相对较大，平均负荷受相关因素影响的程度较大，受相关因素影响的规律不同于标幺曲线。

2.4 基于解耦决策树的短期负荷智能预测

影响电力系统负荷预测的因素众多，完全由算法形成决策树容易造成误判。本节将解耦法与决策树相结合，对平均负荷和标幺曲线的变化规律分别采用不同的决策树对负荷进行预测，在决策树形成过程中采用人工和 ID3 算法相结合的方法来保证算法的准确性和适应性。

2.4.1 解耦决策树算法的基本原理

解耦是将短期负荷预测问题分解为标幺曲线和平均负荷的分析预测两个内容。标幺曲线是指当天各时段负荷除以当天平均负荷后得到的无量纲标准化曲线。平均负荷代表负荷水平。标幺曲线和平均负荷受相关因素影响的规律不同，因此分开处理能得到更高的准确率。基于解耦决策树的短期负荷预测流程如图 2-2

所示。

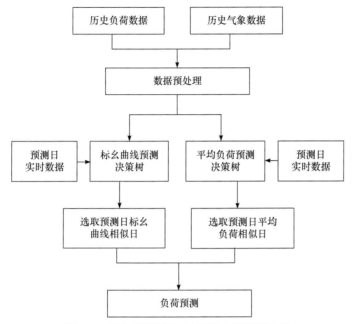

图2-2　基于解耦决策树的短期负荷预测流程

　　首先，对历史数据(气象、负荷数据)进行预处理，利用这些数据形成标幺曲线预测决策树和平均负荷预测决策树。然后，结合预测日的实时数据分别选取标幺曲线和平均负荷的相似日。最后，利用相似日的数据进行短期负荷预测，分别考虑平均负荷和曲线形状，有效提高预测精度。

2.4.2　生成决策树的方法

　　在各种决策树学习算法中，ID3 算法最具影响。该算法选择信息增益最大的属性作为测试属性，但偏向于多值属性[20,21]。为避免在构建决策树的过程中 ID3 算法忽视一些属性的位置合理性带来的预测偏差，本节在构建决策树时指定前两层，其他层由 ID3 算法自动形成，提出对平均负荷及标幺曲线分别形成决策树的负荷预测方法。

1. 基本思路

　　在进行电力系统负荷预测时，需要考虑众多影响因素，如日类型、气温、湿度、风速、降雨量、气压等；由于 ID3 算法偏向于多值属性，因此会忽视一些属性在决策树上的位置合理性。以上因素对负荷预测精确度的影响各不相同，对负荷影响越大的因素(即主导因素)，应越靠近决策树顶层。如果主导因素选择错误，就会影响相似日的选取，从而影响预测精度。

ID3 算法的基本原理是，设 S 为 n 个数据样本的集合，将样本集划分为 m 个不同的类 $C_i(i=1,2,\cdots,m)$，每个类 C_i 含有 n_i 个样本，则 S 划分为 m 个类的信息熵或期望信息为

$$E(s) = -\sum_{i=1}^{n} p_i \log_2 p_i \tag{2-20}$$

式中，p_i 为 S 中的样本属于第 i 类 C_i 的概率，$p_i = n_i/n$。

设 S_v 是 S 中属性 A 的值为 v 的样本子集，即 $S_v = \{s \in S \mid A(s) = v\}$，选择 A 导致的信息熵为

$$E(S,A) = -\sum_{v \in \text{Value}(A)} \frac{|S_v|}{|S|} E(S_v) \tag{2-21}$$

式中，$E(S_v)$ 为 S_v 中样本划分到各个类的信息熵。

A 相对 S 的信息增益为

$$\text{Gain}(S,A) = E(s) - E(S,A) \tag{2-22}$$

如果采用 ID3 算法自动生成决策树，在修剪的过程中自动修剪对数据影响较小但实际影响较大的因素，误将风速或者气温作为主导因素，则可能把不同日期划分到同一片树叶下，但它们的负荷并不相似。

为了避免构建决策树时错误选择主导因素带来的误差，本节进行如下改进。

① 正常日和特殊日电力负荷变化规律不同,因此在决策树划分中将正常日和特殊日作为决策树的第 1 层。

② 同一地区不同月份的气候状况相差很大,整个社会的用电特征也有很大的不同。例如，在中国大部分地区，1、2 月份低温季节，温度和湿度较低，表现为湿冷天气；5 月份气温逐渐升高，负荷水平呈现逐步上升的趋势，是一个负荷上升沿；9 月份和 5 月份正好相反，负荷水平呈现逐步下降的趋势，是一个负荷下降沿。因此，把月份作为决策树的第 2 层(即正常日的下一层)。由于不同地区在节假日时负荷成分、大小变化都有各自的特点，因此将每个节假日划为第 2 层(即特殊日的下一层)。

③ 综合气温、湿度等气象因素，利用 ID3 算法在第 2 层各个节点下面自动形成决策树的其他节点，划分至不同的节点进行预测。

需要说明的是，前两层的特殊日和月份的节点可由用户根据当地实际情况选取。改进的决策树顶层节点模型如图 2-3 所示。

2. 平均负荷预测的决策树

平均负荷预测决策树用于预测待预测日的平均负荷，构造平均负荷预测决策

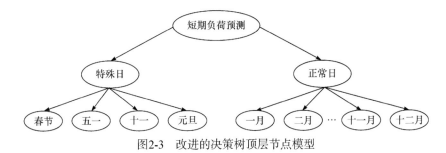

图2-3 改进的决策树顶层节点模型

树预测模型的步骤如下。

步骤 1：按图 2-3 指定决策树前两层，第 1 层节点为正常日和特殊日，第 2 层的节点可指定为月份和节假日，第 2 层节点的选取可以由用户结合当地气象等具体情况自定义。

步骤 2：对第 2 层的每个节点在历史负荷数据中选取样本数据。为了保证分类规则的正确率，选取最近几年的历史数据。历史日负荷数据平均负荷为

$$P_{av} = \left(\sum_{i=1}^{n} p_i' \right) \Big/ n \tag{2-23}$$

式中，P_{av} 为日平均负荷；p_i' 为一天第 i 次采样得到的负荷数据；n 为一天采样的负荷数据次数，一般每间隔 15min 采样一次，一天共采样 96 次，若选取下午 5:00 进行预测，则 n 取 68。

步骤 3：将历史日平均负荷与气象数据随机分为多组，选取任一组作为训练集，其他组作为测试集进行交叉验证，利用 ID3 算法自动形成平均负荷预测决策树第 2 层各个节点以下的其他节点，形成平均负荷预测决策树。

做平均负荷预测时，充分考虑日类型、历史日、预测日之间的时间间隔、气温等因素，对各个历史日与待预测日进行相似度评价，评价方法可随着新影响因素的出现进行修订，将各个历史日按照相似程度进行排序，并赋以权重系数。同时，考虑历史日与待预测日之间的比例关系，保证预测值符合发展规律。

平均负荷预测模型为

$$P = \left[\sum_{i=1}^{n'} P_{av}(1+r_i)\alpha^i \right] \Big/ \left(\sum_{i=1}^{n'} \alpha^i \right) \tag{2-24}$$

式中，P_{av} 为历史日的平均负荷；r_i 为待预测日比历史日高出的比例；α 为平均负荷曲线平滑系数，取值区间为 $(0,1)$，α^i 为 α 的 i 次方，表示历史负荷的权重呈指数衰减，防止较大幅度修正导致较大误差；n' 为评价相似度中最相似的前 n' 天。

3. 标幺曲线预测的决策树

已有的决策树形成方法往往用历史负荷的有名值作为形成决策树的样本集，

本节将历史数据标幺化后再以这些标幺值来构建决策树。构建标幺曲线预测的决策树模型的步骤如下。

步骤 1：按图 2-3 指定决策树前两层。

步骤 2：选取最近几年的历史负荷数据作为样本数据，对历史日负荷数据进行标幺化，计算公式为

$$P_i^* = P_i / P_{av} \tag{2-25}$$

式中，$P_i^* = P_i / P_{av}$ 为一天第 i 次采样得到的负荷数据标幺值。

步骤 3：将历史日标幺曲线与气象数据随机分为多组，利用 ID3 算法自动形成平均负荷预测决策树第 2 层各个节点以下的其他节点，交叉验证后形成标幺曲线预测决策树模型。

标幺曲线决策树预测模型的基本思想可概括如下。

① 将历史数据的标幺值作为形成决策树的样本集和预测待预测日标幺曲线的历史值。

② 按照与预测日的相似程度高低，对各历史日进行排序。

③ 考虑平滑系数，将历史日的标幺值按照一定的权重系数进行加权平均，相似度低，则历史日标幺曲线的权重系数小，相似度高，则权重系数大。

标幺曲线预测的模型为

$$B = \beta \sum_{i=1}^{D} P_i^* (1-\beta)^{i-1} \tag{2-26}$$

式中，B 为待预测日的标幺曲线，一般为 48 点、96 点、288 点负荷曲线；β 称为平滑系数，性质同 α，是一个 $(0,1)$ 区间内的实数，一般取值 0.2～0.5；D 为历史日个数。

4. 负荷预测

根据待预测日的平均负荷 P 及标幺曲线 B，可得到预测日负荷预测值 P' 为

$$P' = PB \tag{2-27}$$

平均负荷的稳定性往往低于标幺曲线的稳定性。平均负荷波动会影响曲线预测精度及其潜在规律，采用解耦决策树法可以避免平均负荷对曲线形状预测的不利影响，从而提高预测精度。

2.4.3　应用情况介绍

解耦决策树算法用 Java 程序实现，对北方某城市 2004～2008 年的负荷进行预测，年平均准确率均超过 95%。

1. 公共参数及意义

算法使用的参数用变量统一表示，以减少程序中的冗余代码。具体地，将这些参数提供给预测函数接口，在调用预测函数时传进来，也可以进一步用其他人工智能方法根据一个地区的负荷数据特性自动确定这些参数。公共参数及其意义如表2-3所示。

表 2-3　公共参数及其意义

北方某市数据预测中使用的数值/℃	名称	备注
50	气温的上限	超过这个值则认为气温错误
−50	气温的下限	低于这个值则认为气温错误
28	高温门槛1	进入高温天气的第1个门槛
30	高温门槛2	进入高温天气的第2个门槛
32	高温门槛3	进入高温天气的第3个门槛
34	高温门槛4	进入高温天气的第4个门槛
36	高温门槛5	进入高温天气的第5个门槛
38	高温门槛6	进入高温天气的第6个门槛
10	低温门槛1	进入低温天气的第1个门槛
5	低温门槛2	进入低温天气的第2个门槛
0	低温门槛3	进入低温天气的第3个门槛
−5	低温门槛4	进入低温天气的第4个门槛

2. 决策树模型

根据2.4.2节中的算法步骤，建立的决策树模型如图2-4所示。决策树中节点

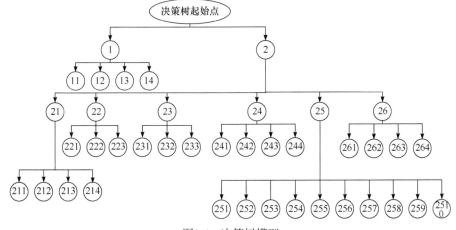

图2-4　决策树模型

编号的含义如表 2-4 所示。以节点 211 为例说明其含义，节点 211 是节点 21 的一个分支，节点 21 是节点 2 的一个分支，表示 1、2 月份，节点 2 表示正常日。预测日划分到节点 211 意味着，预测日若属于 1、2 月份的正常日，当最低气温大于低温门槛(表 2-3 中的 5℃)时，则不用考虑温度的影响。

表 2-4　决策树中节点编号的含义

节点编号	含义	节点编号	含义
1	特殊日	241	最高气温低于高温门槛 2
11	一般特殊日	242	最高气温高于高温门槛 2，低于低温门槛 3
12	9 月 1 日	243	最高气温高于高温门槛 3
13	春节放假最后一天及其节后开始上班的第一天	244	如不考虑温度影响(即前几个条件均不满足，最高气温低于高温门槛 2)直接调用节点编号为 233 的节点
14	5 月 1 日	25	6 月份、7 月份、8 月份的节点划分
2	正常日	251	预测日为工作日，预测日之前连续四天温度在 28℃及以下，预测日温度在 30℃及以上
21	1 月、2 月份的节点划分	252	预测日前一天和前两天最高气温都在 34℃及以上，当天温度在 30℃以下
211	最低气温大于低温门槛 2，都不考虑温度的影响	253	待预测日和之前两天都为工作日，前天和大前天最高温度都在高温门槛 1 以上，当天最高温度比前一天上升一个等级以上或最高温度上升 3℃以上
212	最低气温低于低温门槛 2，高于高温门槛 3	254	待预测日为周六，前天最高温度比当天高至少两个门槛，或前天最高温度高于高温门槛 1，且前天比当天最高温度高 3℃以上，预测日当天比前天温度显著降低
213	最低气温低于低温门槛 3	255	预测日为周六，温度比前一天(周五)升高至少两个等级以上
214	气象数据不可用或最低气温低于低温门槛 2	256	预测日为周日，前天和大前天温度都低于 30℃，或者两天平均温度低于 30℃，负荷大量降低
22	3 月份的节点划分	257	预测日为周日，前天和大前天温度都高于高温门槛 2，且待预测日比历史日温度高 3℃或 3℃以上，或比历史日温度等级低两个以上
221	如果最高气温高于高温门槛 1	258	两天低温，接一高温，待预测日之前两天的平均温度在 30℃以下，且这两天单日最高温度都在 35℃以下，预测日最高温度在 34℃以上
222	如果气温低于-5℃，需要考虑最低气温	259	两天温度不太高，接一低温，待预测日之前两天的平均温度在 33℃以下，且这两天单日最高温度都在 35℃以下，预测日最高温度在 28℃以下

续表

节点编号	含义	节点编号	含义
223	不需要考虑最低气温与最高气温	2510	只用历史日
23	4 月份、10 月份、11 月份、12 月份 4 个月的节点划分	26	9 月份的节点划分
231	如果最高气温不高于高温门槛 1，就不需要考虑最低气温对负荷的影响	261	最高气温低于高温门槛 2
232	如果最高气温不高于高温门槛 1，且最低气温低于低温门槛 4	262	最高气温高于高温门槛 2，低于低温门槛 3
233	如果最高气温不高于高温门槛 1，且最低气温不低于–5℃	263	最高气温高于高温门槛 3
24	5 月份的节点划分	264	不考虑温度影响(即前几个条件均不满足,最高气温低于高温门槛 2)直接调用编号为 233 的节点

　　由于 ID3 算法偏向于多值属性，而影响决策树的因素众多，单纯采用 ID3 算法难免出现误判。为了减少决策树上层的主导因素误判带来的影响，在决策树形成过程中人工指定前两层。

　　以预测 2006 年 10 月 1 日(国庆节)负荷为例，当天的湿度为 25%，平均温度为 19.8℃，最高温度为 29℃，最低温度为 14℃。两种决策树形成方法的负荷预测准确度比较如图 2-5 所示。

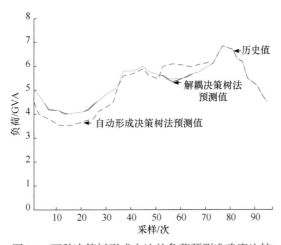

图2-5　两种决策树形成方法的负荷预测准确度比较

　　若 ID3 算法自动形成决策树，会选择 2006 年 9 月 30 日为相似日，因为这一天湿度为 25%，平均温度为 20.9℃，最高温度为 27℃，最低温度为 16.7℃，与当天的气象数据较为相似。因为 10 月 1 日为节假日，而 9 月 30 日为工作日，电力负荷变化规律差异较大，所以预测精度不高。经计算，解耦决策树算法预测准确率为99.8%。

3. 2008 年 1 月份短期负荷预测准确率统计表

对北方某城市 2008 年 1 月份做短期负荷预测，待预测日取 96 点时，平均准确率为 97.54%。2008 年 1 月每日预测精度如表 2-5 所示。

表 2-5 2008 年 1 月每日预测精度

日期	准确率/%	日期	准确率/%
2008-01-01	98.81	2008-01-02	96.23
2008-01-03	97.95	2008-01-04	98.97
2008-01-05	96.98	2008-01-06	98.01
2008-01-07	95.72	2008-01-08	96.84
2008-01-09	98.15	2008-01-10	96.74
2008-01-11	99.06	2008-01-12	99.00
2008-01-13	97.98	2008-01-14	94.30
2008-01-15	96.45	2008-01-16	98.55
2008-01-17	97.58	2008-01-18	98.38
2008-01-19	98.50	2008-01-20	99.03
2008-01-21	98.05	2008-01-22	99.02
2008-01-23	98.85	2008-01-24	97.66
2008-01-25	98.26	2008-01-26	94.26
2008-01-27	96.23	2008-01-28	98.06
2008-01-29	97.51	2008-01-30	96.84
2008-01-31	95.82		

4. 特殊日预测举例

2008 年春节为 2008 年 2 月 7 日，该日的负荷预测准确率为 97.93%。预测曲线和历史曲线如图 2-6 所示。

5. 正常日预测举例

以 2008 年 3 月 17 日为例，该日的负荷预测准确率为 98.31%。预测曲线和负荷曲线如图 2-7 所示。

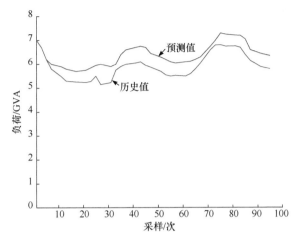

图2-6　2008年2月7日的预测曲线和历史曲线

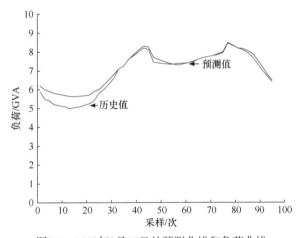

图2-7　2008年3月17日的预测曲线和负荷曲线

2.5　本 章 小 结

本章探讨电力系统短期负荷智能预测，提出负荷智能预测相似日选取方法、基于解耦机制的小地区短期负荷智能预测方法，以及基于解耦决策树的短期负荷智能预测方法。

① 针对短期负荷预测的特点，通过分析气象、日类型等因素对负荷影响的常见规律，识别主导负荷变化的因素，提出短期负荷预测相似日选取方法。理论和实例均表明，该方法适应性较强，能够通过历史数据分析从历史日中选取最合适

的相似日，对提高短期负荷预测的精度具有较大价值。

　　② 在小地区短期负荷预测方面，本章在深入分析解耦原理的基础上，提出一种考虑气象因素的解耦机制预测方法。将小地区短期负荷预测分为标幺曲线预测和负荷水平预测，通过分析解耦预测机制的数学模型、误差模型，证明用平均负荷作为基准值的预测效果优于采用最大负荷和最小负荷作为基准值的情况。该方法具有较强的适应性，既能适应负荷发展规律，又能提高标幺曲线和平均负荷的预测精度，使总预测效果得到改善。

　　③ 为提高短期负荷预测精度，本章提出基于解耦决策树的智能预测算法，将解耦法与决策树相结合，采用不同的决策树分别对平均负荷和标幺曲线的变化规律进行预测。这种将人工智能与 ID3 算法相结合的处理方式，既可以保证算法的准确性，又可以保证算法的适应性。

参 考 文 献

[1] 刘晨晖. 电力系统负荷预报理论与方法. 哈尔滨: 哈尔滨工业大学出版社, 1987.

[2] Abdel R E. Short-term hourly load forecasting using abductive networks. IEEE Transactions on Power Systems, 2004, 19(1): 164-173.

[3] Espinoza M, Joye C, Belmans R, et al. Short-term load forecasting, profile identification, and customer segmentation: a methodology based on periodic time series. IEEE Transactions on Power Systems, 2005, 20(3): 1622-1630.

[4] Fan S, Chen L N. Short-term load forecasting based on an adaptive hybrid method. IEEE Transactions on Power Systems, 2006, 21(1): 392-401.

[5] 康重庆, 周安石, 王鹏, 等. 短期负荷预测中实时气象因素的影响分析及其处理策略. 电网技术, 2006, 30(7): 5-10.

[6] 雷绍兰, 孙才新, 周湶, 等. 电力短期负荷的多变量时间序列线性回归预测方法研究. 中国电机工程学报, 2006, 26(2): 25-29.

[7] 李钶, 李敏, 刘涤尘. 基于改进回归法的电力负荷预测. 电网技术, 2006, 30(1): 99-104.

[8] 朱六璋, 袁林, 黄太贵. 短期负荷预测的实用数据挖掘模型. 电力系统自动化, 2004, 28(3): 49-52.

[9] 李元诚, 方廷健, 于尔铿. 短期负荷预测的支持向量机方法研究. 中国电机工程学报, 2003, 23(6): 55-59.

[10] 于希宁, 牛成林, 李建强. 基于决策树和专家系统的短期电力负荷预测系统. 华北电力大学学报, 2005, 32(5): 57-61.

[11] 周佃民, 管晓宏, 孙婕, 等. 基于神经网络的电力系统短期负荷预测研究. 电网技术, 2002, 26(2): 10-13.

[12] 张红斌, 贺仁睦. 基于 KOHONEN 神经网络的电力系统负荷动特性聚类与综合. 中国电机工程学报, 2003, 23(5): 1-5.

[13] 康重庆, 程旭, 夏清, 等. 一种规范化的处理相关因素的短期负荷预测新策略. 电力系统自动化, 1999, 23(18): 32-35.

[14] 梁海峰, 涂光瑜, 唐红卫. 遗传神经网络在电力系统短期负荷预测中的应用. 电网技术, 2001, 25(1): 49-53.

[15] 史德明, 李林川, 宋建文. 基于灰色预测和神经网络的电力系统负荷预测. 电网技术, 2001, 25(12): 14-17.

[16] 朱向阳. 电力系统短期负荷预测及其应用系统. 南京: 东南大学硕士学位论文, 2004.

[17] 葛宏伟, 杨静非. 决策树在短期电力负荷预测中的应用. 华中电力, 2009, 22(1): 15-18.

[18] 栗然, 刘宇, 黎静华, 等. 基于改进决策树算法的日特征负荷预测研究. 中国电机工程学报, 2005, 25(23): 36-41.

[19] 莫维仁, 张伯明, 孙宏斌, 等. 短期负荷预测中选择相似日的探讨. 清华大学学报, 2004, 44(1): 106-109.

[20] 翟俊海, 张素芳, 王熙照. 关于 ID3 算法的最优性证明. 河北大学学报, 2006, 26(5): 547-550.

[21] 邵峰晶, 于忠清. 数据挖掘原理与算法. 北京: 中国水利水电出版社, 2003.

第3章　现代电力系统发电侧节能调度

3.1　概　　述

在当前社会低碳发展的要求下，节能减排是全球应对能源供应紧缺和环境问题的重要举措之一[1]。截至 2009 年，我国火电机组装机容量占总发电装机容量的 74.6%[2]，电力行业消耗的化石燃料在全国燃料消耗中的比例逐年递增，2005 年已经达到 38.73%，碳排放系数远高于发达国家水平，电力行业节能减排任重道远。为推动节能减排，我国于 2007 年开展 ESGD 的试点工作[3-5]。节能减排的含义比较广泛，不仅包含降低电力生产中的污染物排放，还包括降低 CO_2 等温室气体排放。据 2020 年的数据统计，发电领域排放的 CO_2 占我国 CO_2 排放总量的 40%以上[6]，因此低碳将继安全、经济之后成为电力系统调度运行中的另一个重要目标[7]。

对于 ESGD 和 LCGD，火电机组出力的优化分配是其中最重要也是最复杂的一个方面[8-11]。电网规模不大的情况下利用等发电煤耗微增率原则基本可以保证 ESGD 的优化效果[12, 13]。然而当电网规模较大时，不同机组接入电网的电压等级不同、离负荷中心的距离不同，导致输电网损有较大差别，单纯依靠等发电煤耗微增率原则不适应 ESGD 要求。已有大量文献针对 ESGD 的要求，提出发电计划的优化模型[14-17]。文献[18]～[20]将 ESGD 等效为多目标优化问题，通过多目标优化算法可以得出出力分配结果。文献[21]～[23]利用 OPF 进行 ESGD 出力优化分配，同时考虑网损率对出力分配的影响。文献[24]通过全面分析低碳电力的形势和特点，建立低碳电力技术的研究框架。文献[25]描述了不同类别电源的电碳调度特性，并建立初步的 LCGD 决策模型。文献[26]通过分析实施 ESGD 对降低电力 CO_2 排放的重要作用，初步探讨 LCGD 和 ESGD 之间的关系。然而，现有的 LCGD 和 ESGD 还存在以下问题。

① 电力系统经济调度问题的求解复杂度受机组数量影响大，而且易陷入维数灾。由于电网规模快速扩大，出力分配的计算量急剧膨胀，迫切需要提出一些新的优化判断准则与快速优化算法。

② 在节能目标和低碳目标的双重要求下，亟需评估 ESGD 办法是否适应新形势的需求，即 LCGD 和 ESGD 的一致性。

③ 我国电力系统长期坚持集中调度，这是电力系统抵御各种风险的关键手段之一。由于发电企业的发电指标来自计划分解，能耗较高的电厂仍需要安排一定

的发电指标，而且厂网分开后，调度不能完全、真实地掌握发电企业的参数，因此集中调度会在一定程度上影响 ESGD 的开展。

对 LCGD 和 ESGD 中存在的问题，本章提出可供读者参考的解决方案。针对问题①，提出一种面向 ESGD 的日前机组组合优化方法和一种基于等综合煤耗微增率的火电机组节能出力分配方法。针对问题②，提出低碳调度和节能调度一致性评估的方法。针对问题③，提出一种集中调度与发电企业自主调度协调的节能方法。

3.2　面向节能发电调度的日前机组组合智能优化

日前机组组合是电网调度的重要环节。本节提出一种面向发电调度的日前机组组合优化新方法，将机组组合问题分解为末状态优化和状态改变时间优化两个过程。该方法基于 ESGD 并通过多贪婪因子完善机组排序指标，利用贪婪算法确定机组组合的初始解，结合深度优先算法遍历机组组合的方案，达到有效处理机组组合各类约束条件和保证节能调度效果的目的。

3.2.1　机组组合模型的完善

1. 目标函数与约束条件

机组组合问题的目标函数有总成本最低、总能耗最低、温室气体排放最低等几种[27-29]。本节以总能耗最低为目标函数，假定已经由水火联合优化调度确定水电机组出力[30-32]。约束条件一般包括系统约束、节点约束、机组约束和物理运行约束 4 大类。

机组组合问题难以求解的原因除了问题本身约束条件繁多且存在大量时间耦合约束外，另一重要的原因是大电网机组数量多，极易陷入维数灾。本节分析日前调度中机组组合的特点，对问题约束条件进行适当修改，并加入如下新约束。

① 允许指定部分机组状态。考虑特定原因，一些机组不参与机组组合优化，如热电联产机组以热定电，根据供热需求，提前确定机组的状态及出力。

② 机组状态改变次数上限，即

$$\sum_{t=1}^{T} | g_{i,t} - g_{i,t-1} | \leqslant \sigma_i \tag{3-1}$$

式中，T 为调度周期时段数；$g_{i,t}$ 为时段 t 机组 i 的状态变量，表示机组运行特点，1 为开机，0 为停机；σ_i 为调度周期内机组 i 状态改变次数的上限。

③ 调度周期内状态改变机组数上限，即

$$C(I) - C(I_1) - C(I_0) \leqslant \gamma_m \tag{3-2}$$

式中，γ_m 为机组状态改变上限；I 为全部机组的集合；$C(I)$ 为集合 I 中的元素个数；I_1 为调度周期内保持开机状态的机组集合，称该类机组为"1 型"机组；I_0 为调度周期内保持停机的机组集合，称该类机组为"0 型"机组。

约束条件②和③限制机组不能过度频繁启停，符合机组经济运行与电网调度的要求。因为机组启停是有一定过程的，尤其是大中型燃煤机组，状态调整的成本高，且机组存在最小开停机时间约束，所以这两个约束可保证调度计划的连续性，以及不同调度周期机组组合计划的衔接。

④ 机组最小开停时间修正约束。机组在不满足停机时间要求的情况下要求启动（必须开该机组才能满足负荷的要求），那么在这段时间间隔内不应停机，即其状态保持为"1"。

2. 机组组合模型的分解

基于上述约束条件的完善和修改，本节将机组组合模型分解为末状态优化与状态改变时间优化两个过程。首先，确定机组组合末状态，即确定调度周期末时段机组组合方案并对其进行排序。然后，对运行状态发生改变的机组优化其状态改变时间，校验末状态是否可行并通过目标函数评价其优劣。通过该分解，可大大降低机组组合模型的复杂度。

1）末状态优化模型

确定调度周期末时段机组组合是以本时段机组运行总煤耗最小为目标，目标函数为

$$\min F_T = \sum_{i \in I} (f_i(P_i) g_{i,T}) \tag{3-3}$$

式中，$f_i(P_i) = a_i P_i^2 + b_i P_i + c_i$ 为机组 i 的发电煤耗函数，a_i、b_i、c_i 为机组 i 的发电煤耗系数；P_i 为机组 i 的出力。

末状态优化模型的约束条件包括系统容量及备用约束、节点约束、机组出力上下限约束、检修计划、机组最小开停时间约束。

2）状态改变时间优化模型

该优化模型不考虑首末状态变量相同的机组开停方案，只对首末状态不一致的机组进行机组组合。在满足各时段系统容量及备用的前提下，通过优化机组出力以合理分配开机机组承担的负荷，使系统运行煤耗最低。目标函数为

$$\min F = \sum_{t=1}^{T} \left(\sum_{i \in I_1} f_i(P_i) + \sum_{i \in I_{10} \bigcup I_{01}} f_i(P_i) g_{i,t} \right) + \sum_{i \in I_{01}} S_i \tag{3-4}$$

式中，I_{10} 为调度周期内状态变量由 1 变为 0 的机组集合，称该类机组为"0 向型"

机组；I_{01} 为调度周期内状态变量由 0 变为 1 的机组集合，称该类机组为"1 向型"机组；$S_i = S_{0i} + S_{1i}(1 - \mathrm{e}^{-t_s/\tau_i})$ 为机组 i 的启动煤耗函数，t_s 为机组停机时间，本节方法对其进行简化，将机组启动煤耗分为冷启动和热启动两种情况。

状态改变时间优化模型的约束条件需要在末状态优化的约束条件下，考虑与时间耦合的因素，如爬坡约束等。

3.2.2　扩展贪婪因子的机组开机排序

1. 扩展贪婪因子

1）煤耗水平

$$M_i = \frac{m_i}{\max\{m_1, m_2, \cdots, m_N\}} \qquad (3\text{-}5)$$

式中，N 为机组数；$m_i = \mu_{i\min}/P_{i\max}$ 为机组 i 的煤耗水平（$\mu_{i\min}$ 为机组 i 的最小煤耗量，$P_{i\max}$ 为机组 i 的最大出力）；记 $A_1 = [M_1, M_2, \cdots, M_N]$ 为机组煤耗指标向量。

2）污染物排放水平

《节能发电调度办法（试行）》强调机组能耗水平相同时以污染物排放水平作为排序标准，把污染物排放作为一个安排调度计划的影响因子，体现 LCGD 与 ESGD 的一致性，即

$$E_i = \frac{e_i}{\max\{e_1, e_2, \cdots, e_N\}} \qquad (3\text{-}6)$$

式中，e_i 为机组 i 的单位出力污染物排放量；记 $A_2 = [E_1, E_2, \cdots, E_N]$ 为机组污染物排放指标向量。

3）机组开机煤耗

为简化计算，对机组开机煤耗进行简化，分为热启动与冷启动两种，即

$$h_i = \frac{s_{i,\mathrm{h}}}{\max\{s_{1,\mathrm{h}}, s_{2,\mathrm{h}}, \cdots, s_{N,\mathrm{h}}\}} \qquad (3\text{-}7)$$

$$j_i = \frac{s_{i,\mathrm{c}}}{\max\{s_{1,\mathrm{c}}, s_{2,\mathrm{c}}, \cdots, s_{N,\mathrm{c}}\}} \qquad (3\text{-}8)$$

式中，$s_{i,\mathrm{h}}$、$s_{i,\mathrm{c}}$ 为机组 i 的热、冷启动煤耗；记 $A_3 = [h_1, h_2, \cdots, h_N]$、$A_4 = [j_1, j_2, \cdots, j_N]$ 为机组热、冷启动煤耗指标向量。

考虑机组开机顺序时，若某台机组在该调度周期内的开机顺序会造成热启动与冷启动两种结果，则选择新开机时优先考虑该类机组。

4）相似日运行状态

分析历史日相似时段各机组开停状态，机组在相似时段运行的比例越高，表示目标时段开机的可能性越大，即

$$\begin{cases} d_{it} = \dfrac{\sum\limits_{k=1}^{m} g_{kit}}{m} \\ 0.8 P_{\mathrm{L},t} \leqslant P_{\mathrm{L},kt} \leqslant 1.2 P_{\mathrm{L},t} \end{cases} \tag{3-9}$$

式中，k 为历史日编号；m 为选取的历史日数量；g_{kit} 为机组 i 在历史日 k 时段 t 的状态指数；$P_{\mathrm{L},t}$ 为时段 t 的平均负荷；$P_{\mathrm{L},kt}$ 为历史日 k 时段 t 的平均负荷；$D_t = [d'_{1t}, d'_{2t}, \cdots, d'_{Nt}]$ 为时段 t 各机组相似日运行指标向量，其元素的表达式为

$$d'_{it} = \begin{cases} 1, & d_{it} \geqslant \overline{d} \\ 0, & d_{it} \leqslant \underline{d} \\ d_{it}, & \text{其他} \end{cases} \tag{3-10}$$

式中，$\overline{d}$、$\underline{d}$ 为相似日机组运行指标决策上限、下限。

5）所在分区的电力盈亏

如果某机组所在电网分区机组容量减去负荷为负值，则说明该分区存在电力缺额，分区内的机组运行可能性较大，即

$$c_t^n = \frac{1}{2} \left\{ \frac{P_{\mathrm{L},nt} - \sum\limits_{i \in n} P_{i,\max}}{\max\left\{ \left| P_{\mathrm{L},nt} - \sum\limits_{i \in n} P_{i,\max} \right| \right\}} + 1 \right\} \tag{3-11}$$

式中，n 为电网分区号；$P_{i,\max}$ 为机组 i 最大出力；$P_{\mathrm{L},nt}$ 为分区 n 在时段 t 内的负荷；c_t^n 为电力盈亏指标；$\sum\limits_{i \in n} P_{i,\max}$ 为分区 n 的所有机组总容量；$C_t = [c_{1t}, c_{2t}, \cdots, c_{lt}]^{\mathrm{T}}$ 为时段 t 机组所在分区电力盈亏指标向量，具体表达式为

$$c_{it} = \begin{cases} 1, & \text{机组} i \text{所在分区} c_t^n \geqslant \overline{c} \\ 0, & \text{机组} i \text{所在分区} c_t^n \leqslant \underline{c} \\ c_t^n, & \text{其他} \end{cases} \tag{3-12}$$

式中，$\overline{c}$、$\underline{c}$ 为电力盈亏指标决策的上限、下限。

2. 机组开机排序

取 $G_t = \sum\limits_{f=1}^{2} \omega_f A_f + \omega_3 A_s + \omega_4 D_t + \omega_5 C_t$ 为机组排序的综合排序指标向量，A_s 为

机组开机煤耗向量，由机组热、冷启动煤耗指标向量 A_3 与 A_4 决定；$\sum\limits_{i=1}^{5} \omega_i = 1$，$\omega_i$

为指标 i 的权重。根据式(3-10)和式(3-12)，若机组相似时段的运行比例和所在分
区的电力缺额程度满足决策上下限约束，对应机组的状态变量将由该因子直接确
定。此外，机组最小开停时间、检修计划等约束也可以直接确定机组在调度周期
内某些时段的状态，受这些因素影响的机组将不再参与机组开机排序。

3.2.3　机组组合优化方法过程描述

1. 机组组合优化方法流程

由贪婪算法确定初始解与深度优先搜索遍历可行解相结合的机组组合优化方
法流程如图 3-1 所示。末状态与状态改变时间优化两个环节均分为确定初始解和
遍历两个求解过程。

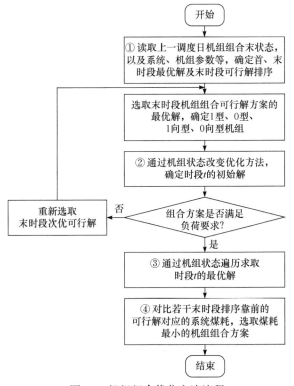

图3-1　机组组合优化方法流程

2. 初始可行解的确定

1) 末时段初始可行解求解

根据机组最小开停时间及检修计划约束，确定一部分必开或必停机组的状态指数，利用扩展贪婪因子排序确定必开、必停机组。

① 若某机组相似日运行比例与分区电力盈亏因素的影响因子起决定作用，则限制该机组的状态变量。

② 在开机指数排序中，靠前的边际机组一般情况下是开机的，负责提供系统的基本负荷；排序靠后的机组一般情况下为停机状态。通过基本负荷比例和备用裕度确定必开、必停机组，其他为边际机组。

尽可能少选排序靠前的边际机组，令 $g_{i,t}=1$，作为一个初始解。同时，判断该解是否可行的标准为机组出力优化分配是否满足网络约束和容量是否满足负荷及备用要求，即

$$\sum_{g_{i,t}=1} P_{i,\max} \geqslant (1+\alpha)(P_{\mathrm{L},t}+R_t) \tag{3-13}$$

式中，α 为机组容量裕度系数；$P_{\mathrm{L},t}$、R_t 为时段 t 的系统平均负荷、备用，此处 t 取 T。

2) 首时段初始可行解的求解

与末时段方法基本一致，在确定机组最大、最小出力时加入机组爬坡约束，对式(3-13)进行修正，即

$$\sum_{g_{i,t}=1} P_{i,t,\max} \geqslant (1+\alpha)(P_{\mathrm{L},t}+R_t) \tag{3-14}$$

式中，$P_{i,t,\max}$ 为机组 i 在时段 t 可达到的最大出力，$P_{i,t,\max}=P_{i,t-1}+R_{i,\mathrm{u}}$，$R_{i,\mathrm{u}}$ 为机组爬坡速率，此处 t 取 1。

3) 中间时段机组状态初始解

确定必开、必停机组。对于"1 型"与"0 型"机组，直接确定整个调度周期的状态变量，受最小开停机、检修约束影响的机组要确定某些时段的状态。

以时段 t 为例说明确定边际机组初始方案的步骤。

步骤 1：计算时段 t 的系统冗余容量 ΔP_t，即

$$\Delta P_t = \sum_{g_{i,t}=1} P_{i,\max} - P_{\mathrm{L},t} - R_t \tag{3-15}$$

若该时段冗余容量为负值，表明目前开机机组不能满足负荷与备用要求，需要新选择开机机组，转入步骤 2；否则，转入步骤 3。

步骤 2：选择"1 型"机组新开机以满足负荷需求。首先，按照开机排序表确

定初始可行解。然后，利用深度优先搜索确定最优解，校验方法参照下节，约束条件中加入机组爬坡约束，如式(3-14)所示。同时，对于新开机机组，考虑第一个运行时段的出力为机组最小稳定出力。

步骤 3：判断 ΔP_t 是否满足式(3-16)，即

$$\Delta P_t \leqslant (1+\rho)(P_{\mathrm{L},t}+R_t) \tag{3-16}$$

式中，ρ 为系统冗余系数上限。

若满足，则时段 t 的机组状态变量与时段 $t-1$ 保持一致，进入下一个时段的组合方案求解；否则，进入步骤 4。

步骤 4：选择"0 型"机组作为新停机机组来保证系统运行的经济性；同时，对于新停机机组，考虑最后一个运行时段出力为其最小稳定出力，对组合方案进行修正。

3. 边际机组组合的遍历与校验

利用深度优先搜索逐步松弛约束条件对边际机组的状态组合进行遍历，得到各个方案对应的最优出力分配时的系统煤耗。在松弛过程中，优先校验计算量较小、对煤耗影响较明显的约束条件。

1）单时段边际机组遍历

以末时段为例说明单时段边际机组遍历的校验方法。

步骤 1：假设机组组合初始可行解为 $X_{T,0}$。$X_{T,0}$ 为 I 维列向量，元素为机组的状态指数。根据出力优化分配程序求解 $X_{T,0}$ 对应的系统煤耗最小值 $f_{T,0}$。

步骤 2：在必开、必停机组状态不变的前提下，假设有 B 台边际机组，则对剩余 $s=2^B$ 种组合方法进行校验，假设组合方案向量为 $X_{T,1}$。

计算 $X_{T,1}$ 中状态为 1 的机组最大、最小出力，若满足式(3-13)，进入下一步校验；否则，$X_{T,1}$ 为不可行解，进入下一个组合方案的校验过程。

根据机组状态改变次数上限的约束，任一时段系统开机机组数最大为首时段或末时段开机机组数之和。开机机组数最小为首时段与末时段均开机的机组数之和。利用式(3-17)校验 $X_{T,1}$ 是否为末状态可行方案，若满足式(3-17)，对 $X_{T,1}$ 进行下一步校验；否则，$X_{T,1}$ 为不可行解，进入下一个组合方案的校验过程，即

$$\begin{cases} \sum_{i \in I_{10} \bigcup I_{01}} P_{i,\max} \geqslant (1+\alpha)\max\{P_{\mathrm{L},\max}+R_t\} \\ \sum_{i \in I_1} P_{i,\min} \leqslant (1-\alpha)P_{\mathrm{L},\min} \end{cases} \tag{3-17}$$

式中，$P_{\mathrm{L},\max}$、$P_{\mathrm{L},\min}$ 为系统负荷最大值、最小值。

对 $X_{T,1}$ 进行出力分配，判断是否满足网络约束。若满足，进入下一步校验；否则，$X_{T,1}$ 为不可行解，进入下一个组合方案的校验过程。

根据出力优化分配程序计算 $X_{T,1}$ 对应的系统最小煤耗 $f_{T,1}$，比较 $f_{T,1}$ 与 $f_{T,0}$，若满足式（3-18），以 $X_{T,1}$ 代替 $X_{T,0}$，$f_{T,1}$ 代替 $f_{T,0}$；否则，$X_{T,1}$ 为非最优解，进入下一个组合方案的校验过程，即

$$f_{T,1} < f_{T,0} \tag{3-18}$$

步骤 3：$F_T = [f_{T,0}, f_{T,1}, \cdots, f_{T,Z}]$ 为各组合方案的最低煤耗向量，Z 为组合方案数。对于不可行解，取煤耗为 ∞；$X_T = [X_{T,0}, X_{T,1}, \cdots, X_{T,Z}]$ 为机组组合方案矩阵，以煤耗从小到大对可行方案进行排序，为下阶段工作做准备。

2）中间时段机组遍历

在机组状态改变优化中，对受爬坡约束限制的时段，在边际机组遍历过程中需考虑爬坡约束引起的煤耗增加情况，如果考虑爬坡约束，系统煤耗大于初始可行解，则排除该解。

在求解中间时段机组组合方案时，若出现无法通过调整边际机组状态来满足负荷要求的情况，则按照机组排序表以边际机组为中心向前或向后扩展边际机组范围来满足负荷要求，即对末状态进行修改或者按照末状态机组组合方案排序表进行修正。

3.2.4　算例分析

本节通过 10 台机组 24 时段的机组组合最优方案求解验证本节所提算法的合理性。机组参数如表 3-1 所示。对于文献[33]中未详细说明的数据，本节在求解时做相应的设定，例如为机组 9 安排检修计划，则设定该机组不参与出力优化分配。系统各时段平均负荷如表 3-2 所示。旋转备用取平均负荷的 10%。

表 3-1　机组参数

机组编号 i	P_{max}/MW	P_{min}/MW	a/(t/(MW$^2 \cdot$ h))	b/(t/(MW$\cdot$h))	c/(t/h)	S_0/h	S_1/h	τ	T/h	R/(MW/h)
1	150	50	0.00251	1.2034	25	0	85	3	2	150
2	80	20	0.00396	1.9101	25	0	101	3	2	80
3	300	100	0.00293	1.8518	40	0	114	3	2	300
4	120	25	0.00382	1.6966	32	0	94	4	3	120
5	150	50	0.00212	1.8015	29	0	113	4	3	150
6	280	75	0.00261	1.5354	72	0	176	6	5	280
7	320	120	0.00289	1.2643	49	0	187	8	5	300

续表

机组编号 i	P_{max}/MW	P_{min}/MW	a/(t/(MW²·h))	b/(t/(MW·h))	c/(t/h)	S_0/h	S_1/h	τ	T/h	R/(MW/h)
8	445	125	0.00208	1.2130	82	0	227	10	8	250
9	520	250	0.00147	1.1954	105	0	267	12	8	300
10	550	250	0.00189	1.1285	100	0	280	12	8	300

表 3-2　系统各时段平均负荷

时段 t	$P_{L,t}$/MW	时段 t	$P_{L,t}$/MW	时段 t	$P_{L,t}$/MW
1	1600	9	1600	17	1500
2	1500	10	1700	18	1600
3	1400	11	1800	19	1700
4	1300	12	1800	20	1800
5	1300	13	1700	21	1900
6	1400	14	1700	22	1800
7	1400	15	1600	23	1800
8	1500	16	1500	24	1700

　　在对该系统进行算例分析时，首末时段机组状态按照本节单时段优化方法确定最优解，得到的边际机组为机组 2、4、6。在时段 11 系统负荷达到最大值之前，开机机组容量在保证系统负荷及备用的前提下无过多冗余，初步机组组合方案不变，利用出力分配优化算法确定各机组出力。时段 11 负荷到达最大值时需要新开机组保证系统负荷平衡及备用要求，选择"1 型"机组新开机，此时优先选择开机排序表靠前的机组 2 新开机。机组 2 具体开机的时间需要通过算法重新选择，即利用回推的方式确定机组 2 在时段 11 之前的哪个时段开机时系统的煤耗最低。这里通过设定回推时段上限或煤耗变化精确度确定回推的时段数。结果表明，在时段 9 选择机组 2 开机，出力设定为 50 MW，同样的方法可确定机组 4、6 状态改变的时间。该系统机组组合及出力分配优化方案如表 3-3 所示。系统总煤耗为123798 t。

表 3-3　机组组合及出力分配优化方案

i	$P_{i,1}$	$P_{i,2}$	$P_{i,3}$	$P_{i,4}$	$P_{i,5}$	$P_{i,6}$	$P_{i,7}$	$P_{i,8}$	$P_{i,9}$	$P_{i,10}$	$P_{i,11}$	$P_{i,12}$	$P_{i,13}$	$P_{i,14}$	$P_{i,15}$	$P_{i,16}$	$P_{i,17}$	$P_{i,18}$	$P_{i,19}$	$P_{i,20}$	$P_{i,21}$	$P_{i,22}$	$P_{i,23}$	$P_{i,24}$
1	150	150	150	150	150	150	150	150	150	150	150	150	150	150	150	150	150	150	150	150	150	150	150	150
2	0	0	0	0	0	0	0	0	50	80	80	80	80	80	80	80	80	80	80	80	80	80	80	80
3	168	144	136	110	110	110	136	144	172	182	202	202	182	182	186	166	166	186	206	204	221	194	194	178
4	120	120	116	105	105	105	116	120	120	120	120	120	120	0	0	0	0	0	0	0	0	0	0	0

续表

i	$P_{i,1}$	$P_{i,2}$	$P_{i,3}$	$P_{i,4}$	$P_{i,5}$	$P_{i,6}$	$P_{i,7}$	$P_{i,8}$	$P_{i,9}$	$P_{i,10}$	$P_{i,11}$	$P_{i,12}$	$P_{i,13}$	$P_{i,14}$	$P_{i,15}$	$P_{i,16}$	$P_{i,17}$	$P_{i,18}$	$P_{i,19}$	$P_{i,20}$	$P_{i,21}$	$P_{i,22}$	$P_{i,23}$	$P_{i,24}$
5	0	0	0	0	0	0	0	0	0	0	0	0	0	0	0	0	0	0	0	0	0	0	0	0
6	0	0	0	0	0	0	0	0	0	0	0	0	0	0	0	0	0	0	0	110	176	157	157	139
7	320	316	289	265	265	265	289	315	270	286	306	306	286	306	290	270	270	290	310	299	315	299	299	282
8	390	356	331	308	308	308	331	356	387	409	438	438	409	429	415	387	387	415	443	443	440	427	427	404
9	0	0	0	0	0	0	0	0	0	0	0	0	0	0	0	0	0	0	0	0	0	0	0	0
10	452	414	387	367	367	367	387	414	452	473	504	504	473	483	479	449	449	479	510	522	518	493	493	467

在算例求解的过程中，以下几个方面可以体现本节方法的优点。

① 利用单时段优化方法求解首、末时段机组组合最优解，处理时间耦合的约束条件简单。

② 利用逐步松弛约束条件的遍历方法，不必对所有可行方案均做全部约束条件的校验。例如，通过容量校验可以排除其中一部分方案。以全部可行方案的松弛度为指标，设共有 J 类约束条件，第 j 类约束条件校验需耗时 t_j，共有 N_1 个可行方案，取 $v = \sum_{n=1}^{N_1} \sum_{j=1}^{J_n} t_j \Big/ \left(N_1 \sum_{j=1}^{J} t_j \right)$ 表示松弛的效果。该值越小表示校验过程越短，其中 J_n 为第 n 个可行方案校验的约束条件类别数，算例系统 $v = 46\%$。

③ 得到首、末时段机组状态后，边际机组的数量会大大减少，优化中间时段组合方案时的可行路径数会降低。算例系统在求解首、末时段时，边际机组均为 5 台，然而首、末状态确定之后，边际机组数量变为 3，可行路径由 5^{24} 变为 3^{24}。

④ 边际机组数量的减少使同一时间段可能改变状态的机组数量更少。当开机机组容量与负荷无法平衡时，算例需要遍历的机组数量最多为 2 台。这些优势在求解机组数量极多的大系统机组组合问题时更加明显。

本节方法在减少计算量方面还体现在对问题求解过程的颗粒度分解中，机组组合可行方案的校验是相对独立的单元。因此，可根据计算资源选择深度优先搜索中遍历的程度。计算量具有较强的伸缩性，有利于引入云计算技术进行求解，当计算资源充足时，计算速度和优化深度均可大幅提高。

3.3　基于综合煤耗微增率的机组出力优化分配

ESGD 是我国调度体系的发展方向。本节首先综合考虑发电煤耗与网损率对系统能耗的影响，提出机组综合煤耗微增率的概念。然后，将等煤耗微增率原则与 OPF 结合，提出火电机组 ESGD 最优性判定条件及优化算法。最后，利用等综合煤耗微增率原则，在满足约束条件的前提下，降低系统总煤耗率及网损。

3.3.1　火电机组综合煤耗微增率

机组综合煤耗率定义为火电机组煤耗量除以供电量，即单位供电量的煤耗值。机组综合煤耗微增率定义为系统负荷微增，在其他机组出力不变的情况下，引起该机组发电煤耗改变量与负荷变化量的比值为

$$\lambda_i = \frac{\Delta f(P_{Gi})}{\sum\limits_{j=1}^{M} \Delta P_{Lj}} \tag{3-19}$$

式中，λ_i 为机组 i 的综合煤耗微增率；$f(P_{Gi})$ 为机组 i 的发电煤耗量；M 为负荷节点数；P_{Lj} 为节点 j 的有功负荷。

对于给定的系统负荷，衡量机组出力分配是否达到节能最优，需判断负荷变化对各机组造成的煤耗变化是否相同。传统的等发电煤耗微增率从机组发电煤耗曲线出发，考虑各机组出力变化与发电煤耗变化之间的对应关系，忽略网损的影响，需要通过网损修正进行优化。机组综合煤耗微增率是将系统负荷变化与机组发电煤耗变化对应起来，包含网损因素。式(3-19)的含义为当系统负荷发生微变时，考虑由某台机组单独承担功率平衡任务，该机组出力和发电煤耗的变化率，将负荷波动与机组煤耗变化相对应，无需进行网损修正工作。在给定的运行方式下，考虑系统负荷微变，即

$$\begin{bmatrix} P'_{Lj} \\ Q'_{Lj} \end{bmatrix} = \begin{bmatrix} \varepsilon_{Pj} P_{Lj} \\ \varepsilon_{Qj} Q_{Lj} \end{bmatrix} \tag{3-20}$$

式中，P_{Lj}、Q_{Lj}、P'_{Lj}、Q'_{Lj} 为节点 j 处负荷变化前后的功率值；ε_{Pj}、ε_{Qj} 为节点 j 负荷的变化率。

对目标机组 p 求综合煤耗微增率时，如果机组 p 在当前运行状态下达到最大出力，则取 $\varepsilon_{Pj} < 1$，否则取 $\varepsilon_{Pj} > 1$。

计算机组 p 的综合煤耗微增率，将其作为平衡节点按式(3-20)对潮流方程进行修改，重新求解潮流，可以得出机组 p 出力的变化量。

此时，机组 p 的综合煤耗微增率可表示为

$$\lambda_p = \frac{\Delta f(P_{Gp})}{\sum (\varepsilon_j - 1) P_{Lj}} = \frac{f_p(P'_{Gp}) - f_p(P_{Gp})}{\sum (\varepsilon_j - 1) P_{Lj}} \tag{3-21}$$

式中，P_{Gp} 和 P'_{Gp} 为机组 p 在负荷微增前后的出力；$f_p(P_{Gp})$ 为机组 p 的发电煤耗函数。

3.3.2 出力分配的最优性条件与优化算法

1. 单时段最优性条件

基于机组等综合煤耗微增率的单时段 ESGD 目标函数为该时段系统机组发电煤耗最低。等式约束条件考虑网损因素，即

$$\sum_{i=1}^{N} P_{Gi} - \sum_{j=1}^{M} P_{Lj} = L \tag{3-22}$$

式中，N 为机组数；M 为节点数；L 为系统网损。

建立该优化问题的拉格朗日函数，即

$$F = \sum_{i=1}^{N} f_i(P_{Gi}) - \beta \left(\sum_{i=1}^{N} P_{Gi} - \sum_{j=1}^{M} P_{Lj} - L \right) \tag{3-23}$$

该函数取得最小值的条件分为两类，即

$$\frac{\partial F}{\partial P_{Gi}} = 0, \quad i = 1, 2, \cdots, N \tag{3-24}$$

$$\frac{\partial F}{\partial \beta} = 0 \tag{3-25}$$

式 (3-25) 即等式约束条件，式 (3-24) 等效为

$$\frac{\Delta f_i(P_{Gi})}{\Delta P_{Gi}} - \beta + \beta \frac{\Delta L}{\Delta P_{Gi}} = 0 \tag{3-26}$$

$$\beta = \frac{\Delta f_i(P_{Gi})}{\Delta P_{Gi} - \Delta L} = \frac{\Delta f_i(P_{Gi})}{\sum \Delta P_{Lj}} \tag{3-27}$$

可以看出，目标函数取最小值时 $\beta = \lambda_i (i = 1, 2, \cdots, N)$，即可以依据各机组是否具有相同的综合煤耗微增率判断当前运行状态下是否满足 ESGD 优化要求。至此，还未考虑优化问题的不等式约束，与单时段出力分配问题有关的不等式约束主要是机组出力最大、最小值限制。当按式 (3-27) 求得的机组出力不满足出力限制时，设其为机组最大或最小出力值。

在不改变机组组合且不考虑网络约束的前提下，单时段出力分配的 ESGD 最优性条件如下。

① 充分不必要条件，各机组具有相同的综合煤耗微增率。

② 必要不充分条件，无出力限制机组具有相同的综合煤耗微增率。

③ 充要条件，即

$$\begin{cases} \lambda_i = \lambda, & i = 1 \sim A' \\ \lambda_u < \lambda, & u = A'+1 \sim S \\ \lambda_d > \lambda, & d = S+1 \sim K \end{cases} \tag{3-28}$$

式中，A' 为出力未受上下限限制的机组数；i 为机组编号，对应的综合煤耗微增率取 λ_i；$S-A'$ 与 $K-S$ 分别为出力达到上限机组和下限机组的数量；u 和 d 为对应机组编号；λ_u 和 λ_d 为对应机组综合煤耗微增率。

式(3-28)为系统给定负荷情况下，各机组出力分配应遵循等综合煤耗微增率的基本原则。按此原则分配机组出力时，综合煤耗微增率小的机组增加出力，造成系统的煤耗上升较小，因此应该增大出力，直到出力达到机组上限。同理，综合煤耗微增率大的机组应该少出力，直到出力达到机组下限；未受机组出力上下限约束的机组应具有相同的综合煤耗微增率。

2. 多时段最优性条件

电网在编制实际发电计划时，是多时段优化问题，目标函数为运行时段内综合煤耗率最低，约束条件应加入机组爬(下)坡限制。假设系统出力分配计划为 $S = \begin{bmatrix} X_1, X_2, \cdots, X_{T_1} \end{bmatrix}^{\mathrm{T}}$，其中 T_1 为出力分配时段数，$X_t = \begin{bmatrix} P_{G1,t}, P_{G2,t}, \cdots, P_{GN,t} \end{bmatrix}$ 为时段 t 的出力分配解。在不考虑改变机组组合和网络约束的前提下，ESGD 最优性条件如下。

① 充分不必要条件。

条件一：$X_1, X_2, \cdots, X_{T_1}$ 均符合单时段 ESGD 最优性条件。

条件二：孤立时段 t 出力分配解 X_t 不满足单时段 ESGD 最优性条件(即 X_{t-1} 与 X_{t+1} 均满足单时段 ESGD 最优性条件)时，在不考虑爬坡约束限制的前提下重新对时段 t 进行出力分配，得到 $X_t^{(1)} = \begin{bmatrix} P_{G1,t}^{(1)}, P_{G2,t}^{(1)}, \cdots, P_{GN,t}^{(1)} \end{bmatrix}$，若 $X_t^{(1)}$ 与 X_{t-1} 之间各机组均满足爬坡约束，则 S 不是多时段 ESGD 最优解。

条件三：孤立时段 t 出力分配解 X_t 不满足单时段 ESGD 最优性条件，若 $X_t^{(1)}$ 与 X_{t-1} 之间存在机组不满足爬坡约束，则将这类机组编号存放于集合 A 中。利用 ESGD 优化算法对时段 t 进行出力分配调整时不改变 X_{t-1}，若 $j \notin A$，λ_j 符合单时段 ESGD 最优条件，若 $j \in A$ 且符合式(3-29)，则为多时段 ESGD 最优解，即

$$\begin{cases} \lambda_j \leqslant \lambda, & \text{机组 } j \text{ 受到爬坡约束} \\ \lambda_j \geqslant \lambda, & \text{机组 } j \text{ 受到下坡约束} \end{cases} \tag{3-29}$$

条件四：连续时段 $X_t, X_{t+1}, \cdots, X_{t+n}$ 均不满足单时段 ESGD 最优性条件时，若 $X_t^{(1)}, X_{t+1}^{(1)}, \cdots, X_{t+n}^{(1)}$ 中各机组出力均满足爬坡约束，则 S 不是多时段 ESGD 最优解。

② 必要不充分条件。

条件一：同一时段内不受出力上下限及爬坡约束的机组具有相同的综合煤耗微增率。

条件二：改变出力分配计划，造成系统运行时段内煤耗上升。

3. ESGD 优化算法

单时段 ESGD 优化算法步骤如下。

步骤1：选取某个出力分配作为初始值，一般取按照等发电煤耗微增率原则得到的出力分配解。

步骤2：计算目标机组的综合煤耗微增率。

步骤3：对机组综合煤耗微增率从小到大进行排序。

步骤4：调整出力分配。对排序靠前的机组增加出力，排序靠后的机组减小出力。调整各机组出力直到满足 ESGD 最优条件。由于不考虑机组爬坡约束，若在调整过程中机组出力达到上限或下限，则将出力固定为该值，并不再参与计算与排序。

该算法有以下优点。

① 考虑网络因素，将负荷波动与相应的机组出力变化相对应。

② 利用等发电煤耗微增率原则得到迭代初值，接近最优解，迭代过程收敛。

③ 在调整的计算中，因为 $M-1$ 个节点为 PQ 节点，1 个节点为平衡节点，并且是在初始值附近微调，迭代次数少，每次迭代的网络方程不变，因此每次迭代的计算量都比较小。

在机组组合方案确定的前提下，多时段出力优化分配会遇到机组爬坡速率的限制，为保证优化深度，采取回推的方式对相关时段的机组出力进行调整。本节以回推时段数为 2 时说明多时段 ESGD 优化算法的步骤。

步骤1：采用单时段 ESGD 优化算法，对时段 1 出力进行分配得到机组出力解 X_1。

步骤2：不考虑爬(下)坡约束对时段 2 出力进行分配得到出力解 X_2，判断 X_2 与 X_1 是否满足机组爬坡约束。若满足，则进入下一时段的出力分配；否则，进入下一步。

步骤3：若时段 t 的出力解 X_t 有机组不满足爬(下)坡约束。以爬坡为例，设 $P_{Gi,t} - P_{Gi,t-1} > r_{u,i} \Delta t, i = 1, 2, \cdots, n$，其中 $r_{u,i}$ 为机组 i 的爬坡速率，n 为不满足爬坡约束的机组数。

步骤4：定义机组 i 时段 t 功率差额 $\Delta P_{Gi} = P_{Gi,t} - P_{Gi,t-1} - r_{u,i} \Delta t$，令

$$\Delta P_{Gi,t} = \varphi_i \Delta P_{Gi}$$
$$\Delta P_{Gi,t-1} = (1-\varphi_i)\Delta P_{Gi} \tag{3-30}$$

式中，$0 \leqslant \varphi_i \leqslant 1$，$\varphi = [\varphi_1, \varphi_2, \cdots, \varphi_n]$ 为机组出力调整因子矩阵。

步骤 5：更新 X_t 与 X_{t-1}。令

$$P'_{Gi,t} = P_{Gi,t} - \Delta P_{Gi,t}$$
$$P'_{Gi,t-1} = P_{Gi,t-1} + \Delta P_{Gi,t-1} \tag{3-31}$$

并将功率差额 $\sum_{i=1}^{n}(P_{Gi,t} - P'_{Gi,t})$ 与 $\sum_{i=1}^{n}(P_{Gi,t-1} - P'_{Gi,t-1})$ 按照等综合煤耗微增率原则分配给时段 t 与 $t-1$ 内其他机组，并更新 X_t 与 X_{t-1}。

步骤 6：在 X_t 与 X_{t-1} 机组均满足爬坡约束的前提下，求煤耗函数 $f(\varphi) = \sum_{s=t-1}^{t}\sum_{i=1}^{N} f_i(P_{Gi,s})$ 取最小值时 φ 的取值，根据式 (3-30) 和式 (3-31) 确定最终出力分配解 X_t 与 X_{t-1}。

步骤 7：进入下一时段的出力分配。

上述算法引入机组出力调整因子矩阵，该矩阵元素可根据计算量、优化深度等要求进行选取。当要求计算量小或者对优化深度要求不高时，可以选择少数机组参与回推调整。当计算资源丰富或者优化深度大时，选择多台机组参与回推调整。在设定回推时段和矩阵元素的大小时也可以考虑上述因素，所以该算法的计算量和优化深度都具有较强的伸缩性，而且能有效处理约束条件。

4. 考虑网络约束的情形

上述算法均未考虑网络约束，包括线路传输能力、断面传输能力等。当网络约束不起约束作用时，本节提出的单时段和多时段最优性条件及 ESGD 优化算法在考虑与不考虑网络约束时的结果一致；当网络约束起作用时，网络约束将电网划分为不同的分区，每个分区可采用上述最优性条件与算法。

5. LCGD 中的应用

LCGD 是在 ESGD 的基础上发展起来的，以碳排放最低作为目标函数优化机组出力分配，是电力系统面向低碳发展，减少碳排放的重要手段。本节提出的最优性判断准则和求解算法同样适用于低碳调度的情况。在 LCGD 与 ESGD 中，有以下对应关系。

① 目标函数方面，碳排放最低对应能耗最低。

② 约束条件方面，电碳特性对应能耗函数，其他相同。

③ 最优性条件方面,采用相同方法定义综合碳排放微增率,对应综合能耗微增率。

3.3.3 算例分析

1. 单时段 ESGD 优化调度

本节以电气与电子工程师协会(Institute of Electrical and Electronics Engineers, IEEE)118 节点系统为例,说明利用 ESGD 最优性条件调整机组出力的合理性。该系统共有 54 台机组,其中燃煤火电机组 24 台,水电机组 29 台,核电机组 1 台。在机组组合不变,水、核电机组出力确定的前提下,选取其中的 10 台火电机组优化其出力分配。由于 IEEE 118 节点系统未给出机组煤耗参数,本节对机组煤耗参数进行设定。IEEE 118 节点系统机组煤耗参数及厂用电数据如表 3-4 所示。

表 3-4　IEEE 118 节点系统机组煤耗参数及厂用电数据

机组编号	$a/(t/(MW^2 \cdot h))$	$b/(t/(MW \cdot h))$	$c/(t/h)$	γ	$r/(MW/h)$
1	0.00135	1.1285	100	0.08	300
2	0.00289	1.12643	49	0.075	250
3	0.00284	1.2704	58	0.069	200
4	0.00248	1.2345	68	0.08	255
5	0.00261	1.5354	72	0.085	260
6	0.00148	1.213	82	0.075	300
7	0.00125	1.1258	95	0.07	300
8	0.00129	1.1269	100	0.065	300
9	0.00115	1.125	96	0.07	300
10	0.0023	1.128	84	0.08	200

首先,按照等发电煤耗微增率原则分配各机组出力,并计算该运行状态下各机组的综合煤耗微增率。此时,各机组的综合煤耗微增率不符合 ESGD 最优性条件。以该结果作为初始值按照 ESGD 出力分配优化算法对机组出力进行调整,得到新系统单时段 ESGD 出力分配结果,如表 3-5 所示。此时,系统煤耗率和网损率均有所降低。

表 3-5　IEEE 118 节点系统单时段 ESGD 出力分配结果

机组编号	出力上限 /MW	等煤耗微增率			等综合煤耗微增率		
		出力/MW	煤耗率 /(t/h)	综合煤耗微增率	出力/MW	煤耗率 /(t/h)	综合煤耗微增率
1	550	466	919.04	0.0228	485	964.88	0.02272
2	320	194	403.04	0.0234	150	303.67	0.02272

机组编号	出力上限/MW	等煤耗微增率			等综合煤耗微增率		
		出力/MW	煤耗率/(t/h)	综合煤耗微增率	出力/MW	煤耗率/(t/h)	综合煤耗微增率
3	304	196	416.1	0.0225	239	523.85	0.02272
4	255	232	487.89	0.0226	250	531.63	0.02272
5	260	163	391.62	0.0230	139	335.85	0.02272
6	492	397	796.82	0.0229	405	816.02	0.02272
7	805	504	979.92	0.0230	554	1102.34	0.02272
8	577	488	957.13	0.0228	484	947.61	0.02272
9	707	547	1055.47	0.0243	470	878.79	0.02272
10	352	241	526.14	0.0228	240	523.75	0.02272
总煤耗率/(t/h)		6933.169			6928.38		
网损/MW		125.82			122.82		

2. 多时段 ESGD 优化调度

以 4 时段出力分配为例,说明 ESGD 优化算法的节能效果,且每个时段为 30min。通过计算得到的各时段机组出力分配结果如表 3-6 所示。时段 1 各机组出力之间满足 ESGD 最优性条件,当系统负荷发生变化时,首先按照单时段等综合煤耗微增率原则求解出力分配。若遇到约束条件不满足的情况,利用限制机组出力或改变相邻时段中机组出力的方法对出力分配结果进行调整,各个时段均符合 ESGD 最优性判定条件,因此上述多时段的出力分配结果为 ESGD 最优解,符合系统运行时段内煤耗最低的要求。

表 3-6　各时段机组出力分配结果

机组编号	机组出力/MW			
	时段 1	时段 2	时段 3	时段 4
1	485	496	520	540
2	150	170	206	241
3	239	212	220	242
4	250	245	245	240
5	139	180	196	213
6	405	435	455	468
7	554	552	627	681
8	484	520	532	554
9	470	608	655	683
10	240	251	268	306

3.4　集中调度与发电企业自主调度相协调的节能调度

本节提出发电企业自调度概念，设计集中调度与发电企业自调度协调的新调度体系，在保证安全的前提下，在制定生产计划的过程中赋予发电企业一定的自主权。发电企业和调度机构互动、协调，在发电企业内部、发电企业之间进行优化，提高电力系统运行的经济性，实现节能减排。

3.4.1　基本设计

集中调度与发电企业自调度协调的新调度体系的基本框架如图 3-2 所示。其中，t_0 为当前时刻；t_1、t_2 为 t_0 之前的两个时间点。图 3-2 的含义是，提前较长时间(如 t_2 时刻之前)进行初始发电计划协调；在 $t_2 \sim t_1$，基于可行的初始发电计划进行发电计划调整协调；在 $t_1 \sim t_0$，按照实时调度程序实施协调。在实时调度中，因为离实际执行时间比较短，可禁止不同节点的发电机组之间替代发电，只在厂级负荷中优化。

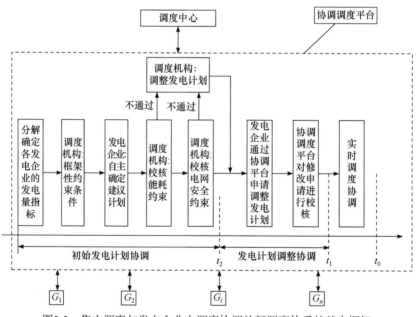

图3-2　集中调度与发电企业自调度协调的新调度体系的基本框架

3.4.2　初始发电计划协调

在确定初始计划阶段，允许发电企业自主调整能达到较好的节能效果。因电量分解时,能耗较高的发电企业也将获得一定的发电指标,在初始计划形成阶段,通过发电企业之间的协调,鼓励高能耗发电企业的发电指标向低能耗企业转移。具体包括如下环节。

① 根据负荷预测等因素,分解确定各发电企业的计划发电量指标。

② 调度机构确定框架性约束条件。

若完全由各发电企业自主制定发电计划,发电计划很可能破坏电网安全约束。调度机构可能需要对各发电企业制定的计划做较大幅度调整才能保证可行。这将使发电企业失去自拟发电计划的积极性,发电企业自主调度便失去意义。因此,建议调度机构先确定框架性约束,使剩余的自由域与可行域有较大的重叠或接近,各发电企业自拟的初始计划是可行解或接近可行解。框架性约束条件在不同的情况下是不同的,举例说明如下。

情况一:指定发电企业发电量上下限。例如,在一定期限内,分配给发电企业 i 的发电量指标为 E_i,在发电企业的自主调度中,该发电企业可能转让或受让其他发电企业发电指标,如集团内的其他发电厂。若该发电厂处于负荷中心,则可限制其发电量下限;若处于电源中心,则可限制其发电量上限,即

$$E_{i,\min} \leqslant E_i' \leqslant E_{i,\max} \tag{3-32}$$

式中,$E_{i,\min}$ 和 $E_{i,\max}$ 为调度机构确定的发电厂 i 的发电量下限和上限;E_i' 为发电厂在自主调度中的计划发电量。

情况二:特定时间段指定必须运行或者必须停机的机组。

情况三:特定时间段指定发电集团,某个区域应运行或者停机的机组容量。例如,大负荷方式时指定某发电集团运行的发电容量不少于装机容量的70%等。

调度机构给出上述框架性约束条件,虽然在一定程度上会限制发电企业的自主权,但可以提高发电计划可行性。

③ 发电企业自主确定建议计划。

根据调度机构给出的框架性约束条件,发电企业自主优化生产计划,如集团内节能调度、厂内经济调度,或者开展场外发电权交易,自主确定各机组的运行方式、出力的建议计划。

④ 调度机构校核能耗约束。

发电企业在自主调度中,可能转让或者受让其他企业发电指标,或者厂内机组之间进行调整,发电指标的转移应保证能耗不升高。赋予发电企业一定的自主调度权限的核心目标是节能减排,因此应考虑发电厂能耗及网损变化,校验能耗约束。

⑤ 调度机构校核安全约束。

电网安全约束包括节点有功平衡约束、节点电压约束、线路传输约束、短路

电流约束、电网稳定约束、系统备用约束、系统调频能力约束等。各发电企业制定的建议方案汇总形成发电计划，若能通过电网安全校核，则将发电企业自主制定的调度计划作为初始发电计划下发执行；否则，调度机构按照调整幅度最小的原则进行调整。以机组组合调整为例，即

$$\min f = \sum_{i=1}^{N} \sum_{t=1}^{T_2} (|s'_{i,t} - s_{i,t}| C_i) \tag{3-33}$$

式中，f 为调整机组组合的目标函数；N 为机组数；T_2 为时段数；$s'_{i,t}$ 为机组 i 第 t 时段调整后的启停状态；C_i 为机组 i 的装机容量。

式 (3-33) 的含义是，调度机构在调整运行方式时，被调整运行状态的机组容量总数最小。在初始发电计划形成阶段，调度机构校核各发电企业自拟的建议计划时，以对各发电企业自拟计划调整幅度最小为目标，主要原因如下。

① 在保证安全的前提下，尽量尊重发电企业自主权，发挥发电企业自主节能的积极性。通过发挥发电企业自主节能的积极性，可以解决目前 ESGD 中，对需要关停、发电量大幅度降低的发电企业的合理补偿问题，发电企业可以在集团内、厂内、发电企业之间转移发电指标，并由双方协商转让价格。

② 发电企业自拟的建议计划，经过发电企业的自主优化，且能通过能耗校核，即建议计划中单位上网电量的煤耗低于政府下发的电量分解计划对应的煤耗水平，已经是能耗水平较低的方案，越小幅度的调整，引起的能耗变化越小。约束条件是电网调度中机组组合和经济调度常见的约束条件。

求解算法可采用 3.2 节提出的贪婪算法，根据 ESGD 管理办法，对机组排序；根据排序，当电网某节点或者某个分区需要增加运行的机组时，从未运行的机组中选择排序靠前的机组启动；当需要减少运行机组时，从建议方案中安排运行的机组中选择排序靠后的机组停机。发电企业自主拟定的发电计划，一定比按照计划电量分解形成的发电计划更节能，但有可能存在进一步优化的空间，而且实际生产情况可能发生一些变化，如负荷变化、水电厂来水情况变化、风力等新能源发电情况异于原预测情况。因此，为进一步实现节能，允许发电企业申请调整发电计划。

3.4.3　发电计划调整的协调过程

形成初始计划后，允许发电企业继续申请调整发电计划。该阶段与初始计划形成阶段的主要区别是，该阶段是基于可行的初始计划。该阶段的协调模型遵循的基本思路是，首先建设协调平台，记录初始发电计划、各项约束条件。然后，发电企业通过协调平台电子化申请调整发电计划。最后，协调调度平台对修改申请进行校核，接受通过校核的申请。校核方式可采用集中校核和即时校核。校核

的安全约束包括能耗约束条件、电网安全约束。对能耗约束进行校核可以确保调整发电计划时能耗降低。因为电厂自主申请调整发电计划，所以可不校核机组约束。

对于各发电企业申请，设定接受申请的关门时间，协调调度平台一次性集中校核。集中校核方式的优点是能较大限度地接受修改申请。原因是，修改申请可能出现一些相互冲抵的现象。例如，发电集团 A_1 申请进行的调整，使从母线 1 到母线 2 的功率增加，并导致越限，但发电集团 B_1 申请进行的调整，潮流方向与发电集团 A_1 的申请相反。同时，考虑 A_1、B_1 的申请，可能使其都完成调整。在考虑备用率等其他约束条件时也可能发生同样的现象。集中校核方式存在优先级的问题，如 C_1、D_1 两个发电厂分别提交申请，系统只接受其中一个时，若采用集中校核方式，建议优先接受节能效果显著的申请。

集中校核也可用一个优化模型描述，即

$$\max g = \sum_{q=1}^{Q} s_q f_q \tag{3-34}$$

式中，g 为集中校核模型的目标函数；Q 为申请调整的调度计划个数；s_q 为是否接受，等于 1 表示接受，等于 0 表示不接受；f_q 为第 q 笔申请所能产生的节能效果，以吨标准煤表示。

该优化模型的约束条件是电网安全运行的各项约束条件。在该模型中，获得理论最优解，需要遍历所有可能的情况，共有 2^Q 种情况。当 Q 不大时，遍历是可行的；当 Q 较大时，遍历是不可行的，可采用遍历与贪婪算法相结合的方法。设第 q 笔申请转移的发电量为 h_q，按单位转移电量所产生的节能效果进行排序，即

$$J_q = f_q / h_q \tag{3-35}$$

式中，J_q 为转移电量的平均节能量。

遍历与贪婪算法相结合的具体方法如下。

① 当 $h_q \geqslant h_t$（转移电量门槛值）时，遍历。申请转移的电量较多时，对电网安全校核可能有较大影响，是否批准这些申请，需要遍历。

② 对其他申请采用贪婪算法，按照 J_q 排序，J_q 越大，越优先校核。

每个发电企业提交申请，系统立即自动校核是否满足约束条件，若不满足，则自动拒绝，否则接受，并使接受修订后的计划覆盖修订前的计划。其他发电企业申请修改发电计划，在修订计划后的基础上进行校核。例如，发电厂 A_1 有 5 台机组，为了提高能效，申请厂内 5 台机组中微调出力计划；调整后，系统备用率下降，但仍然满足要求。因此，A_1 提交的修订申请被接受。当发电厂 B_1 再申请时，在接受 A_1 申请的基础上进行安全校核，若 B_1 电厂的申请也降低电网备用率，并

且使电网备用率下降到破坏约束条件,则 B_1 的申请被拒绝。即时校核模型的优点是,发电企业能立即得知申请是否获得批准。若未获批准,可适当修订后继续提交。发电企业可多次提交修改申请。采用即时校核模型可以进行多次迭代,且每次迭代应确保能耗下降,直到发电企业不再申请调整发电计划,此时可认为优化深度已经是理想情况。

　　不同节点的发电厂申请调整发电计划时,将遇到线损问题,即发电厂能耗可能降低,但线损可能升高。发电厂申请调整发电计划时必须保证总能耗(含线损)是下降的,且发电企业应对线损变化负责,避免损害电网企业利益。因此,发电企业申请调整发电计划时必须在发电厂或机组出力中,预留一个电厂(或一台机组)出力不指定。在重新计算潮流时,未被指定的节点视为平衡节点,其出力经潮流计算后确定,网损变化由其承担。计算后,网损变化可分为两种情况。

　　① 线损不升高,即

$$\sum_{i=1}^{k} P_{i,0} \geqslant \sum_{i=1}^{k} P_{i,1} \tag{3-36}$$

式中, $\sum_{i=1}^{k} P_{i,0}$ 为调整前的各机组出力之和; $\sum_{i=1}^{k} P_{i,1}$ 为调整后的各机组出力之和。

　　线损降低时,调整后的各机组出力之和下降。由于该调整降低线损,发电企业将获得线损降低带来的效益,体现为各机组出力之和下降。

　　② 线损升高,即

$$\sum_{i=1}^{k} P_{i,0} < \sum_{i=1}^{k} P_{i,1} \tag{3-37}$$

　　线损升高时,发电企业将承担由其带来的后果。在能耗校核时,比较调整前和调整后的总能耗,能耗降低时予以批准,能耗升高时予以拒绝。通过这种方式,可在能耗校核中考虑线损变化,并且不损害电网企业利益。

3.4.4　算例分析

　　本节采用 IEEE-RTS96 的 24 节点系统,以两阶段发电厂申请调整发电计划为例,说明集中调度与发电企业自主调度协调的基本思想。IEEE-RTS96 的 24 节点系统单线图如图 3-3 所示[34](以母线 15 为例,母线电压为 230kV,发电机出力为 2.15 + j0.00p.u.,负荷为 3.17 + j0.64p.u.,与母线 16 间的线路阻抗为 0.002 + j0.017p.u.)。RTS96 系统没有指定各个机组的能耗。按文献[19]的假定,与母线 7 连接的电厂(3 台机组运行)的每台机组的煤耗特性曲线拟定为

$$F = 0.000182P^2 + 0.25P + 5.0 \qquad (3\text{-}38)$$

与母线 13 连接的电厂（3 台机组运行），其每台机组的煤耗特性曲线拟定为

$$F = 0.000179P^2 + 0.26P + 4.55 \qquad (3\text{-}39)$$

与母线 16 连接的电厂机组的煤耗特性曲线拟定为

$$F = 0.0007P^2 + 0.3P + 4.0 \qquad (3\text{-}40)$$

式中，F 为机组的煤耗；P 为机组的负荷。

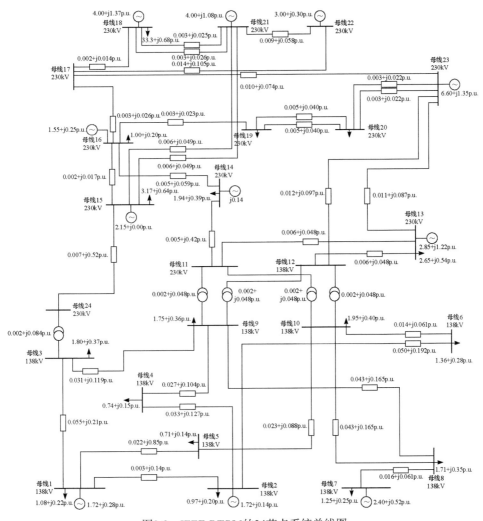

图3-3　IEEE-RTS96的24节点系统单线图

根据文献[35]提供的线路稳定负载约束及各个发电机无功功率约束条件，校

验各条线路及其与母线 13 相连的发电机均能满足要求。假设发电企业申请调整发电计划，调整与母线 7、13、16 相连的机组所发的有功功率，如表 3-7 所示。需要说明的是，将母线 13 视为平衡节点。该节点虽参加调整，但申请单上不指定与该节点相连的机组出力，由潮流计算确定。潮流计算结果表明，没有节点、线路越限。计及线损变化，假设持续运行 1h，调整前后的线损和能耗数据如表 3-7 所示。

表 3-7　调整前后的线损和能耗数据

指标	母线 7 机组有功功率/MW	母线 16 机组有功功率/MW	母线 13 机组有功功率/MW	母线 7 电厂煤耗率/(t/h)	母线 13 电厂煤耗率/(t/h)	母线 16 电厂煤耗率/(t/h)	母线 7、13、16 电厂总煤耗率/(t/h)	230kV 与 138kV 每小时总线损/(MW·h)
调整前	240	155	188.28	78.49440	64.71795	67.3175	210.5299	51.15876
调整 I	235	145	202.89	77.10032	68.85754	62.2175	208.1754	50.78271
调整 II	227	153	203.37	74.87609	68.99397	66.2863	210.1564	51.24208

调整前，与母线 7、13 和 16 相连的发电机组的总出力为 583.28MW，总煤耗为 210.53t/h，线损为 51.16 MW·h。如采取方案 1，与 3 条母线相连的发电机组的总出力为 582.89MW，总煤耗为 208.18t/h，线损为 50.78 MW·h，较调整前煤耗和线损都下降；如采取方案 2，与 3 条母线相连的发电机组的总出力为 583.37MW，总煤耗为 210.16t/h，线损为 51.24 MW·h，较调整前的线损有所增加，但总能耗还是下降的，不过下降幅度比较小。因此，方案 1 和方案 2 均可接受。

由此可知，允许发电企业申请调整发电计划，可实现一定程度的节能减排。若在发电计划的形成阶段，允许发电企业在一定程度上自主决策，也可以实现节能。值得注意的是，因为发电行业节能的基本方式是降低火电机组消耗的化石能源，所以着重描述火电机组的情况。本节提出的体系和模型，对可再生能源发电调度也是适用的。

3.5　低碳调度与节能调度的一致性评估

本节从解的一致性和目标函数一致性两个角度出发，提出评估 ESGD 和 LCGD 一致性的方法，定义一致性评估指标，为 ESGD 管理办法的完善、节能与低碳的协调提供支持。

3.5.1　调度优化数学模型

1. 目标函数

电力系统调度是一个典型的多目标优化问题，可表示为

$$\min F(X) = [\min f_1(X), \min f_2(X), \cdots, \min f_m(X)]^{\mathrm{T}} \tag{3-41}$$

式中，$X \in S'$，S' 为定义域；$f_i(X)$ 为第 i 个目标函数。

目标函数 $f_i(X)$ 包括以下目标。

① 能耗最低，即

$$\min f = \sum_{t=1}^{T_2} \sum_{i=1}^{N} (s_{i,t} f_{\mathrm{EC}i}(P_{i,t})) \tag{3-42}$$

式中，f 为系统能耗函数；N 为机组数；T_2 为时段数；$s_{i,t}$ 为机组的运行状态，值为 0 时表示停机，为 1 时表示运行；$P_{i,t}$ 为机组 i 第 t 时段的有功出力；$f_{\mathrm{EC}i}(P_{i,t})$ 为机组能耗函数，表示机组 i 第 t 时段出力为 $P_{i,t}$ 时消耗的化石燃料质量(折算成标准煤)。

② 碳排放最低，即

$$\min g_{\mathrm{c}} = \sum_{t=1}^{T_2} \sum_{i=1}^{N} (s_{i,t} d_i(P_{i,t})) \tag{3-43}$$

式中，g_{c} 为系统的 CO_2 排放函数；$d_i(P_{i,t})$ 为机组的电碳特征函数，表示机组 i 第 t 时段出力为 $P_{i,t}$ 时的 CO_2 排放量。

③ 电网企业电力电量采购成本最低，即

$$\min B = \sum_{t=1}^{T_2} \sum_{i=1}^{N} (s_{i,t} \rho_{i,t} P_{i,t}) \tag{3-44}$$

式中，B 为电力电量采购成本；$\rho_{i,t}$ 为机组 i 第 t 时段的上网电价。

④ 发电总成本最低，即

$$\min H = \sum_{t=1}^{T_2} \sum_{i=1}^{N} (f_{\mathrm{FC}i}(P_{i,t}) + f_{\mathrm{SC}i,t} + V_{i,t} + f_{\mathrm{LC}t}(P_{i,t})) \tag{3-45}$$

式中，H 为发电成本；$f_{\mathrm{FC}i}(P_{i,t})$ 为机组能耗费用函数，表示机组 i 第 t 时段出力为 $P_{i,t}$ 时所需的能源耗量费用；$f_{\mathrm{SC}i,t}$ 为机组启停费用；$V_{i,t}$ 为发电机组耗量曲线的阀点效应；$f_{\mathrm{LC}t}(P_{i,t})$ 为网损函数，表示机组 i 第 t 时段出力为 $P_{i,t}$ 时相应的网损分摊费用。

此外，还有污染物排放量最少等目标函数。ESGD 以能耗最低为主要目标，LCGD 以碳排放最低为主要目标。本节探讨能耗最低和碳排放最低这两个目标的

一致性。

2. 约束条件

电网调度方案必须满足各项约束，约束条件大致可分为以下三类。

① 机组约束。包括机组出力范围约束、机组启停机出力变化速率约束、机组最小运行/停运时间约束等。例如，机组出力范围约束为

$$\underline{P_i} \leqslant P_{i,t} \leqslant \overline{P_i}, \quad i = 1, 2, \cdots, N \tag{3-46}$$

式中，$\overline{P_i}$ 和 $\underline{P_i}$ 为机组 i 的出力上下限。

② 节点约束。包括节点电压约束、有功和无功范围约束等。例如，节点电压约束为

$$\underline{U_i} \leqslant U_{i,t} \leqslant \overline{U_i}, \quad i = 1, 2, \cdots, N \tag{3-47}$$

式中，$U_{i,t}$ 为节点 i 第 t 时段的电压；$\overline{U_i}$ 和 $\underline{U_i}$ 为节点 i 的电压上限和下限。

③ 网络约束。包括系统有功平衡约束、系统备用约束、基尔霍夫电压定律约束、线路传输容量约束、断面传输容量约束等。例如，系统有功平衡约束为

$$\sum_{i=1}^{N} s_{i,t} P_{i,t} = L_t, \quad t = 1, 2, \cdots, T_2 \tag{3-48}$$

式中，L_t 为 t 时段系统负荷（含线损）。

3.5.2 多目标优化的一致性评估方法

1. 解的一致性评估

为了从解的角度评估多目标优化的一致性，本节给出如下定义。

定义 1　设多目标问题如式(3-41)所示，$X_0 \in S'$，若 X_0 使多目标函数 F 达到最优，则称 X_0 为理想解。

定义 2　设多目标问题如式(3-41)所示，若采用逼近理想解的方法获得多目标函数 F 中各目标函数的最优值 $f_{i,0}$，将其对应的解 $X^{(i)}$ 称为局部理想解，即令目标函数 f_i 最小的解。

通过各局部理想解与理想解之间、各局部理想解之间的距离，可评估多目标优化问题的一致性。各个 $X^{(i)}$ 组成一个 $n \times m$ 的矩阵，即

$$X = \begin{bmatrix} x_{11} & x_{12} & \cdots & x_{1m} \\ x_{21} & x_{22} & \cdots & x_{2m} \\ \vdots & \vdots & & \vdots \\ x_{n1} & x_{n2} & \cdots & x_{nm} \end{bmatrix} \tag{3-49}$$

式中，第 i 列向量构成局部理想解 $X^{(i)}$。

对式 (3-49) 中的每一行取平均值，形成新的列向量 A，称为平均向量。其表达式为

$$
A = \begin{bmatrix} a_1 \\ a_2 \\ \vdots \\ a_n \end{bmatrix} = \frac{1}{m} \begin{bmatrix} \sum_{i=1}^{m} x_{1,i} \\ \sum_{i=1}^{m} x_{2,i} \\ \vdots \\ \sum_{i=1}^{m} x_{n,i} \end{bmatrix} \tag{3-50}
$$

以式 (3-49) 中每一行绝对值的最大值为基准，对解向量和平均向量进行归一化处理，即

$$
x'_{ij} = \frac{x_{ij}}{\max\limits_{j=1,2,\cdots,m} |x_{ij}|} \tag{3-51}
$$

$$
a'_i = \frac{a_i}{\max\limits_{j=1,2,\cdots,m} |x_{ij}|} \tag{3-52}
$$

然后，计算各局部理想解与平均向量 A 之间的距离，除以 $\sqrt{n}$ 进行归一化处理，即

$$
h_j = \frac{1}{\sqrt{n}} \frac{\left| X^{(j)} - A \right|}{\max\limits_{j=1,2,\cdots,m} |x_{ij}|} = \frac{1}{\sqrt{n}} \sqrt{\sum_{i=1}^{n} (x'_{ij} - a'_i)^2} \tag{3-53}
$$

式中，h_j 为第 j 个局部理想解与平均向量间的距离。

取距离的平均数作为解的一致性评估指标，指标的定义为

$$
S = \frac{1}{m} \sum_{i=1}^{m} h_i \tag{3-54}
$$

式中，S 的取值范围为 0～1。在理想情况下，解的一致性评估指标为 0，即各个局部理想解都是理想解，能同时使目标函数的各个分量达到最优。任意两个目标函数解之间的差别可以用其各自归一化后的局部理想解之间的距离进行评估，即

$$
S_{i,j} = \left| X^{(i)'} - X^{(j)'} \right| = \sqrt{\sum_{k=1}^{n} (x'_{k,i} - x'_{k,j})^2} \tag{3-55}
$$

在理想情况下，$S_{i,j} = 0$，两个目标函数解之间没有差别。$S_{i,j}$ 的值越大，说明两个目标函数优化后决策变量的取值差别越大，目标越不一致。

2. 目标函数的一致性评估

目标函数的一致性是指多目标优化问题中一个目标达到最优时的函数值与所有目标同时达到最优时函数值的差别。各目标函数的最优值 $f_{i,0}$ 构成 F 的最优值向量，即

$$F_{i,0} = [f_{1,0}, f_{2,0}, \cdots, f_{m,0}]^{\mathrm{T}} \tag{3-56}$$

令

$$F_i = F(X^{(i)}) = [f_1(X^{(i)}), f_2(X^{(i)}), \cdots, f_m(X^{(i)})]^{\mathrm{T}} \tag{3-57}$$

式中，F_i 为局部理想解 $X^{(i)}$ 对应的目标函数向量，此时多目标函数第 i 个分量取最优值。

以各目标函数绝对值的最大值为基准，对目标函数向量和最优值向量归一化，即

$$f'_j(X^{(i)}) = \frac{f_j(X^{(i)})}{\max\limits_{i=1,2,\cdots,m} \left| f_j(X^{(i)}) \right|} \tag{3-58}$$

$$f'_{j,0}(X^{(i)}) = \frac{f_{j,0}(X^{(i)})}{\max\limits_{i=1,2,\cdots,m} \left| f_{j,0}(X^{(i)}) \right|} \tag{3-59}$$

可得 F_i 与最优值之间归一化后的距离，即

$$D_i = \frac{1}{\sqrt{m}} \frac{\left| F_i - F_{i,0} \right|}{\max\limits_{i=1,2,\cdots,m} \left| f_j(X^{(i)}) \right|} = \frac{1}{\sqrt{m}} \sqrt{\sum_{j=1}^{m} (f'_j(X^{(i)}) - f'_{j,0})^2} \tag{3-60}$$

式中，D_i 为第 i 个分量取最优值时对应的目标函数向量与最优值之间的距离。

进一步，根据式(3-60)可定义多目标优化问题的目标函数一致性评估指标，即

$$C = \frac{1}{m} \sum_{j=1}^{m} D_i \tag{3-61}$$

式中，C 为目标函数的一致性指标，指各个局部最优值与最优值之间的距离归一化后的平均数，C 的取值范围为 0～1。

在理想情况下，各个局部最优值与最优值相同，D_i 均为 0，一致性指标 C 为 0。C 的值越接近 0，表明两个目标函数的一致性越强。

3.5.3　电力调度典型条件下的一致性分析

1. ESGD 与 LCGD 一致性条件

在 ESGD 和 LCGD 各自的优化模型中，目标函数只有机组能耗函数 $f_{\mathrm{EC}i}(P_{i,t})$

和电碳特征函数 $d_i(P_{i,t})$ 不同，约束条件与决策变量都相同。若系统中各个机组的能耗函数和电碳特征函数都相似，即满足

$$\begin{cases} \dfrac{f_{EC1}(P_{1,t})}{d_1(P_{1,t})} = \cdots = \dfrac{f_{ECi}(P_{1,t})}{d_i(P_{1,t})} = \lambda, & d_i(P_{1,t}) \neq 0 \\ f_{ECi}(P_{1,t}) = 0, & d_i(P_{1,t}) = 0 \end{cases} \tag{3-62}$$

式中，λ 为常数。

ESGD 和 LCGD 的目标函数也成比例相似，即

$$\min(f) = \sum_{t=1}^{T_2} \sum_{i=1}^{N} (s_{i,t} f_{ECi}(P_{i,t})) = \min \sum_{t=1}^{T_2} \sum_{i=1}^{N} \{s_{i,t}[\lambda d_i(P_{i,t})]\} = \min(g\lambda) = \lambda \min(g) \tag{3-63}$$

在这种情况下，优化后两个函数的决策变量取值相同，即两种调度方式的结果是一致的。式(3-62)是 ESGD 和 LCGD 结果一致的充分非必要条件。

2. 不考虑燃油/气电厂(oil power plant/gas power plant，OPP/GPP)和 CCPP 的一致性分析

事实上，水电、核电、风电等电源机组在电能生产中消耗的化石燃料和 CO_2 排放量均可忽略不计，也就是认为这些机组的能耗函数和电碳特征函数等于0，即

$$\begin{cases} f_{EC水电等}(P_{i,t}) = 0 \\ d_{水电等}(P_{i,t}) = 0 \end{cases} \tag{3-64}$$

普通化石燃料类电源的电碳特征函数可定义为

$$d_t = \frac{e}{q\eta_t} P_t \tag{3-65}$$

式中，e 为该电源所用燃料的 CO_2 排放系数，即单位燃料充分燃烧后排放的 CO_2 量；q 为该燃料的单位发热值；η_t 为发电效率。

按照发电效率的定义，即

$$\eta_t = \frac{3600kJ/(kW \cdot h) \times P_t}{29308kJ/kg \times f_{EC}(P_t) \times 10^3} \times 100\% \tag{3-66}$$

电碳特征函数可以表示为

$$d_t = \frac{e}{q\eta_t} P_t = \frac{29308}{3600} \times \frac{e}{q} \times \frac{f_{EC}(P_t)}{P_t} \times P_t \tag{3-67}$$

式中，q 为 $8.14(kW \cdot h)/kg$ 标准煤。

式(3-67)可化简为

$$d_t = 1.0014 e f_{EC}(P_t) \tag{3-68}$$

不同的化石燃料燃烧后 CO_2 排放系数各不相同。例如，燃料煤的排放系数 $e_{燃料煤}$ 为 2.77kgCO$_2$/kg 标准煤，燃料油的排放系数 $e_{燃料油}$ 为 2.27kgCO$_2$/kg 标准煤，天然气的排放系数 $e_{天然气}$ 为 1.64kgCO$_2$/kg 标准煤，则不同化石原料的火电厂的电碳特征函数各不相同，即

$$\begin{cases} d_{t燃料煤} = 2.77 f_{EC}(P_t) \\ d_{t燃料油} = 2.27 f_{EC}(P_t) \\ d_{t天然气} = 1.64 f_{EC}(P_t) \end{cases} \tag{3-69}$$

由此可见，若调度范围只包含水电等能耗函数和电碳特征函数均等于 0 的电源，以及使用同一种原料的化石燃料类电厂，那么这些电源能满足 ESGD 和 LCGD 结果一致的充分非必要条件。若化石燃料类电厂使用不同的原料，则各机组间的能耗函数和电碳特征函数不相似，ESGD 和 LCGD 的目标不一致。

3. 考虑 OPP/GPP 和 CCPP 的一致性分析

目前，碳捕集与封存技术被认为是未来大规模减少温室气体排放最经济可行的方法。装备有碳捕集装置的电厂，其 CO_2 的排放量与普通火电厂相比最多能减少 90%。同时，现有的燃油或燃气电厂因为其一次能源的燃烧率高于煤炭，所以将燃料按燃烧值或市场价格折算成标准煤后，其电碳特征函数与传统的燃煤机组有所不同。在这两种情况下，发电机组的能耗函数与电碳特征函数不成比例。虽然当前 CCPP 和其他化石燃料电厂的数量十分有限，但是这两种电厂，尤其是 CCPP 是未来的发展方向之一，因此有必要对含有这两种电厂的系统进行 LCGD 和 ESGD 的一致性评估。

此外，如果普通化石燃料类电厂装备有碳捕集装置，机组的电碳特性将发生改变，即

$$d_t' = d_t - W \tag{3-70}$$

式中，W 为电厂所捕集的 CO_2 总量。

当电厂不实施 CO_2 捕集时，W 取最小值 0，当电厂对排放的全部 CO_2 实施碳捕集时，W 将取最大值 W_{max}，即

$$\begin{cases} 0 \leqslant W \leqslant W_{max} \\ W_{max} = \gamma d_t \end{cases} \tag{3-71}$$

式中，γ 为 CO_2 捕集率，一般取值在 80% 和 95% 之间。

此时，CCPP 和普通化石燃料类电厂的能耗函数与电碳特征函数的比值不同，ESGD 和 LCGD 的目标函数不相似，优化结果可能不一致。

4. 应用前景分析

通过评估 LCGD 和 ESGD 的一致性,可以为现行调度管理办法的修订提供参考。若一致性差距较大,则对 ESGD 管理办法进行修订,以同时实现两个目标;若一致性较高,则暂时不需要修订,因为实现节能目标的同时就可以实现减排。从理论上来说,若多目标优化问题的多个目标函数之间的一致性不同,则采用不同的多目标优化方法。

3.5.4 算例分析

1. 算例说明

本节对 IEEE 118 节点系统进行 LCGD 和 ESGD 的一致性评估[28]。系统共有机组 54 台,其中燃煤火电机组 24 台,水电机组 29 台,核电机组 1 台。IEEE 118 系统没有指定各个机组的能耗,本节采用文献[36]拟定的各燃煤机组能耗函数。

算例基于相同的机组组合方案评估 LCGD 与 ESGD 的一致性。选取一天中负荷最大的小时点进行出力分配,默认所有机组均开机,忽略出力变化速率约束。系统备用容量为 50MW。同时,因为线路众多,假定输电线路的最大传输容量为 200MW,不考虑断面传输容量约束,为简化算例,只选取与节点 69 相连的 4 条线路作为监测线路。

2. 比较分析

为验证本节所提 LCGD 和 ESGD 的一致性评估的有效性,分别分析三种场景下节点调度一致性评估指标的变化情况。

场景一:不含 OPP/GPP 和 CCPP。

不考虑系统中存在 OPP/GPP,以及 CCPP,按照 ESGD 和 LCGD 的优化数学模型进行优化,得到相同的结果,如表 3-8 第 2 列所示。系统消耗 9320.144t 标准煤,排放 CO_2 24592.465t。解的一致性评估指标 S 和目标函数的一致性评估指标 C 都为 0。

表 3-8 比较分析的优化结果

机组编号	不考虑 OPP/GPP 和 CCPP 的机组出力/MW	考虑 OPP/GPP 和 CCPP 的 ESGD 结果/MW	考虑 OPP/GPP 和 CCPP 的 LCGD 结果/MW	增加 CCPP 比例的 LCGD 结果/MW
1	30	30	30	5
2	30	30	30	5
3	30	30	30	5
4	267.687	267.687	161.446	150
5	138.887	138.887	300	293.563

机组编号	不考虑 OPP/GPP 和 CCPP 的机组出力/MW	考虑 OPP/GPP 和 CCPP 的 ESGD 结果/MW	考虑 OPP/GPP 和 CCPP 的 LCGD 结果/MW	增加 CCPP 比例的 LCGD 结果/MW
6	30	30	30	30
7	41.484	41.484	100	100
8	30	30	30	30
9	30	30	30	30
10	148.714	148.714	101.538	300
11	289.350	289.35	190.75	100
12	30	30	30	30
13	30	30	30	30
14	38.922	38.922	100	25
15	30	30	30	30
16	100	100	100	100
17	30	30	30	30
18	30	30	30	30
19	100	100	100	100
20	250	250	250	250
21	250	250	250	250
22	100	100	100	100
23	100	100	100	100
24	200	200	200	200
25	200	200	200	200
26	100	100	100	100
27	420	420	420	420
28	420	420	420	420
29	266.881	266.881	261.391	255.401
30	80	80	80	80
31	30	30	30	30
32	30	30	30	30
33	20	20	20	20
34	100	100	100	99.444
35	100	100	100	100
36	300	300	300	300
37	100	100	100	100
38	30	30	30	30
39	268.098	268.098	263.029	259.823
40	200	200	200	200

续表

机组编号	不考虑 OPP/GPP 和 CCPP 的机组出力/MW	考虑 OPP/GPP 和 CCPP 的 ESGD 结果/MW	考虑 OPP/GPP 和 CCPP 的 LCGD 结果/MW	增加 CCPP 比例的 LCGD 结果/MW
41	20	20	20	20
42	50	50	50	50
43	268.309	268.309	263.314	260.59
44	300	300	300	300
45	268.471	268.471	263.533	261.18
46	20	20	20	20
47	100	100	100	100
48	100	100	100	100
49	20	20	20	20
50	52	52	50	50
51	100	100	100	100
52	100	100	100	100
53	33.197	33.197	25	100
54	50	50	50	50

由此可见，当不考虑系统中存在 CCPP 和 OPP/GPP 时，LCGD 和 ESGD 的目标是一致的。这是因为，机组的能耗函数和排放函数的相似度很高，例如水电机组和核电机组的化石能源消耗基本为 0，对应的 CO_2 排放也基本为 0；传统燃煤火电机组的 CO_2 排放和化石燃料的燃烧量也成正比。对机组能耗进行优化的同时也就是对 CO_2 排放量进行同比例优化，使两个目标均达到最小。

场景二：含有 OPP/GPP 与 CCPP。

为了使碳捕集装置发挥较大的作用，选择能耗较大（即碳排放量较大）的机组作为 CCPP。选取机组 5 和 7 作为 CCPP，约占系统总容量的 5.5%；选取机组 14 作为 GPP。CCPP 的能耗函数不变，由于碳捕集装置会使原有机组的发电效率轻微下降，认为此时的发电效率 η_t 相比普通机组下降 1%。假定碳捕集装置运行在最大方式，CO_2 捕集率 γ 取值为 85%。电碳特征函数变为

$$d_t' = d_t - W = (1-\gamma)d_t = 0.15\frac{e_{燃料煤}}{q\eta_t} \times P_t = 0.051\frac{P_t}{\eta_t} \qquad (3\text{-}72)$$

式中，取发电效率 η_t 为经验值。

火电机组的发电效率如表 3-9 所示。对新系统重新进行优化，ESGD 和 LCGD 结果如表 3-8 第 3、4 列所示。

表 3-9　火电机组的发电效率

机组出力/MW	发电效率/%
100~200	36
200~300	38
300~600	40
≥600	43

经过LCGD优化，CO_2排放量降为23327.367t。解的一致性评估指标S=0.0817，两种调度方式结果之间的距离为1.2002，目标函数的一致性评估指标C=0.0235。

当系统中存在 CCPP 和 GPP 时，虽然 LCGD 和 ESGD 密切相关，但是其调度结果存在一定的差异。主要原因是，碳捕集装置使化石燃料的消耗与 CO_2 排放量不成正比，不同化石燃料按燃烧值或市场价格折算后单位标准煤对应的 CO_2 排放量不相同，不能满足 LCGD 和 ESGD 一致的充分非必要条件。

解和目标函数的一致性评估指标都比较接近理想值 0。这是由于目前这两种电厂的比重都很低，LCGD 与 ESGD 一致性程度比较高。

场景三：增加 CCPP 在系统中所占比例。

随着对 CCS 技术的进步，CCPP 成为低碳电力的重要发展方向，因此有必要讨论当 CCPP 的比重增加时，LCGD 和 ESGD 的一致性。在选取机组 5 和 7 作为 CCPP 的基础上，也给机组 10 和 53 加上碳捕集装置。此时，CCPP 在系统中所占的容量比重约为 11%。重新进行优化，得到的结果如表 3-8 最后一列所示。

比较分析的评估指标如表 3-10 所示。增加碳捕集装置后，CO_2 的排放量为 21693.133t，较之前只有两个 CCPP 时下降 1634.234t。解的一致性评估指标 S= 0.1387，两种调度方式结果之间的距离为 2.0391，目标函数的一致性评估指标 C=0.0414。可见，提高 CCPP 比重后，LCGD 和 ESGD 的一致性从解的角度和目标函数的角度都有所下降，两种调度结果的距离也会拉大。因此，未来 CCPP 普及之后，需要采用适应新形势的协调调度方法。

表 3-10　比较分析的评估指标

模型类别	CO_2 排放量/t	S	C
不考虑 OPP/GPP 和 CCPP 的 LCGD	24592.465	0	0
考虑 OPP/GPP 和 CCPP 的 LCGD	23327.367	0.0817	0.0235
增加 CCPP 比例的 LCGD	21693.133	0.1387	0.0414

3.6　本章小结

本章提出四种面向现代电力系统的发电侧节能调度方法。

① 面向 ESGD 的日前机组组合优化方法可以完善日前调度中机组组合模型，将问题分解为机组末状态和状态改变时间优化两个问题；对约束条件进行改进，使算法更实用；采用贪婪算法与遍历相结合的方式，在保证问题优化深度的同时将求解过程分解为颗粒度较小的计算单元；遍历时引入深度优先搜索，采用逐步松弛约束条件的方法，优先校验计算量较小、对煤耗影响较大的约束条件，可以缩短遍历的过程。

② 基于等综合煤耗微增率的火电机组节能出力分配方法定义机组综合煤耗微增率，将负荷波动和与之引起的机组出力调整对应起来。考虑网络因素，基于综合煤耗微增率，将经济调度与 OPF 结合，提出机组出力优化分配的等综合煤耗微增率原则。该原则可以作为 ESGD 的最优性判定条件，分别对单时段和多时段两种情况研究判定出力优化分配是否最优。该最优性判定条件形象、直观。在最优性判定条件的基础上，提出 ESGD 优化算法。该算法能有效减少系统煤耗，并且计算量和优化深度都具有较强的伸缩性，能有效处理约束条件。

③ 集中调度与发电企业自主调度节能方法定义了发电企业自主调度的概念，建议在调度计划制定过程中赋予发电企业一定的自主权，分析调度机构与发电企业互动形成初始发电计划的过程；提出发电企业申请修改调度计划的流程和模型。将集中调度与发电企业自主调度相协调，可以提高调度计划的优化深度，更好地实现节能减排目标。电力市场建设的一般目标是提高用户的自主权，提高发电企业的自主权同样也具有重要意义。本章提出的协调调度体系可支撑发电企业之间的场外发电权交易、促进节能，是将电力市场与 ESGD 相结合的调度方式。

④ 低碳调度和节能调度的一致性评估方法从解的一致性和目标函数的一致性两个角度评估 ESGD 对低碳目标要求的适应性。LCGD 与 ESGD 密切相关，当不考虑系统中存在 CCPP 和 OPP/GPP 时，LCGD 和 ESGD 是一致的；反之，LCGD 和 ESGD 的一致性存在一定差异。

参 考 文 献

[1] Wu Y W, Lou S H, Lu S Y. A model for power system interconnection planning under low-carbon economy with CO_2 emission constraints. IEEE Transactions on Sustainable Energy, 2011, 2(3): 205-214.

[2] 李树山, 李刚, 程春田, 等. 动态机组组合与等微增率法相结合的火电机组节能负荷分配方法. 中国电机工程学报, 2011, 31(7): 41-47.

[3] 国务院办公厅. 国务院办公厅关于转发发展改革委等部门节能发电调度办法(试行)的通知. http://www.gov.cn/gongbao/content/2007/content_744115.htm[2007-12-20].

[4] 文福拴, 陈青松, 褚云龙, 等. 节能调度的潜在影响及有待研究的问题. 电力科学与技术学报, 2008, 23(4): 72-77.

[5] 孙静, 于继来. 节能发电调度问题的多目标期望控制模型及解法. 电力系统自动化, 2010, 34(11): 23-27.

[6] 赵亚涛, 南新元, 贾爱迪. 基于情景分析法的煤电行业碳排放峰值预测. 环境工程, 2018, 36(12): 177-181.

[7] 康重庆, 周天睿, 陈启鑫. 电力企业在低碳经济中面临的挑战与应对策略. 能源技术经济, 2010, 22(6): 1-8.

[8] 徐致远, 罗先觉, 牛涛. 综合考虑电力市场与节能调度的火电机组组合方案. 电力系统自动化, 2009, 33(22): 14-17.

[9] 尚金成. 兼顾市场机制与政府宏观调控的节能发电调度模式及运作机制. 电网技术, 2007, 31(24): 55-62.

[10] 黎灿兵, 尚金成, 李响, 等. 集中调度与发电企业自主调度相协调的节能调度体系. 中国电机工程学报, 2011, 31(7): 112-118.

[11] 程哲, 杨军, 叶廷路, 等. 考虑机组分区排序的河北南网节能调度安全稳定分析. 电力系统自动化, 2010, 34(12): 95-99.

[12] 许宁. 火电机组负荷分配等微增与动态规划算法的比较. 北京: 华北电力大学硕士学位论文, 2009.

[13] 杨毅刚, 彭建春, 周易诚, 等. 水火电力系统有功无功经济调度的研究. 中国电机工程学报, 1994, 14(4): 19-25.

[14] 陈之栩, 谢开, 张晶, 等. 电网安全节能发电日前调度优化模型及算法. 电力系统自动化, 2009, 33(1): 10-13.

[15] 余加喜, 白雪峰, 郭志忠, 等. 考虑负荷变化率的日发电计划. 电力系统自动化, 2008, 32(18): 30-34.

[16] 王徭. 节能发电调度模型的研究. 北京: 华北电力大学硕士学位论文, 2009.

[17] 贾晓峰. 电力系统日发电计划的模型和算法研究. 重庆: 重庆大学硕士学位论文, 2010.

[18] 赵维兴, 林成, 孙斌, 等. 安全约束条件下综合煤耗最优的节能调度算法研究. 电力系统保护与控制, 2010, 38(9): 18-22.

[19] 余廷芳, 林中达. 部分解约束算法在机组负荷优化组合中的应用. 中国电机工程学报, 2009, 29(2): 107-112.

[20] 苏鹏, 刘天琪, 赵国波, 等. 基于改进粒子群算法的节能调度下多目标负荷最优分配. 电网技术, 2009, 33(5): 48-53.

[21] 王宪荣, 柳焯. 最优潮流与经典法经济调度的相通性. 中国电机工程学报, 1993, 13(3): 8-13.

[22] 李彩华, 郭志忠, 樊爱军. 电力系统优化调度概述(I)——经济调度与最优潮流. 电力系统及其自动化学报, 2002, 14(2): 60-63.

[23] Burade P G, Helonde J B. A novel approach for optimal power dispatch using artificial intelligence(AI)methods//IEEE International Conference on Control, Automation, Communication

and Energy Conservation, 2009: 1-6.

[24] 康重庆, 陈启鑫, 夏清. 低碳电力技术的研究展望. 电网技术, 2009, 33(2): 1-7.

[25] 陈启鑫, 康重庆, 夏清. 低碳电力调度方式及其决策模型. 电力系统自动化, 2010, 34(12): 18-22.

[26] 陈启鑫, 周天睿, 康重庆, 等. 节能发电调度的低碳化效益评估模型及其应用. 电力系统自动化, 2009, 33(16): 24-29.

[27] 吕素, 黎灿兵, 曹一家, 等. 基于等综合煤耗微增率的火电机组节能发电调度算法. 中国电机工程学报, 2012, 32(32): 1-8.

[28] 黎灿兵, 刘玙, 曹一家, 等. 低碳发电调度与节能发电调度的一致性评估. 中国电机工程学报, 2011, 31(31): 94-101.

[29] 黎灿兵, 吕素, 曹一家, 等. 面向节能发电调度的日前机组组合优化方法. 中国电机工程学报, 2012, 32(16): 70-76.

[30] 王民量, 张伯明, 夏清. 考虑多种约束条件的机组组合新算法. 电力系统自动化, 2000, 24(12): 29-35.

[31] 郭三刚, 管晓宏, 翟桥柱. 具有爬升约束机组组合的充分必要条件. 中国电机工程学报, 2005, 25(24): 14-19.

[32] 杨争林, 唐国庆, 李利利. 松弛约束发电计划优化模型和算法. 电力系统自动化, 2010, 34(14): 53-57.

[33] 吴冠玮. 基于混沌遗传和模糊决策算法的负荷经济调度. 北京: 北京交通大学硕士学位论文, 2008.

[34] Grigg C, Wong P, Albrecht P, et al. The IEEE reliability test system-1996: a report prepared by the reliability test system task force of the application of probability methods subcommittee. IEEE Transactions on Power Systems, 2002, 14(3): 1010-1020.

[35] 陈皓勇, 王锡凡. 机组组合问题的优化方法综述. 电力系统自动化, 1999, 23(5): 51-56.

[36] 杨鑫. 多智能体进化算法在火电厂负荷优化分配中的应用. 北京: 华北电力大学硕士学位论文, 2008.

第 4 章　现代电力系统负荷侧优化调度

4.1　概　　述

电力 DSM 由 Gelling 于 1981 年首次提出。DSM 将需求侧节约的电力和电量作为一种资源，改变了传统调度中以供应满足需求的单一思路。通过全面比较供应侧和需求侧两种资源经济上的优势，按最小成本的原则寻求最优方案，可以获得最大的经济效益和社会效益。其中，DSM 对电力行业节能减排的贡献总结为以下几个方面。

① 降低系统的最大负荷，提高发电和供电设备的利用率，减少为满足短时间高负荷需求而必须增加的设备，节约建设投资。

② 平稳负荷曲线，使发电机组能平稳运行，减少机炉设备的启停次数和调整频度，提高整个发电厂的热效率，降低发电煤耗。

③ 充分体现用户侧的用电意愿，实现电力资源和社会资源的优化配置，保证电力工业和社会的可持续发展。

目前，关于 DSM 的研究涉及领域广泛，本章主要对需求侧参与节能调度[1]、电力市场中需求侧电价优化[2]、多家庭协调需求响应[3]三方面研究成果进行介绍。文献[4]讨论需求侧市场的经济补偿模型及报价清算规则，阐明参与系统备用服务的需求侧市场与发电侧备用市场之间的协调对于发电充裕性的重要程度。文献[5]利用负荷需求的弹性特点，将 IL 参与到阻塞管理机制中，通过市场供需关系确定电价可显著减轻阻塞，提出一种计及 IL 参与阻塞管理后的定价方法。文献[6]将需求响应融入传统发电日前调度计划，将风电备用成本纳入目标函数，同时增加正负旋转备用约束，综合考虑发用电侧资源，将分时电价和 IL 这两种需求响应措施融入同一模型，用于应对风电的反调峰特性和间歇性。文献[7]为具有分布式发电和 IL 的配电公司提供一种日前电力市场中多周期能量采集方法，研究分布式发电 IL 在需求侧响应中的作用，改善需求侧响应，使配电公司利益最大化。关于市场需求侧电价优化，文献[8]以最小化电网峰负荷、最大化电网谷负荷，以及尽可能降低电力用户的电费支出为目标函数，提出基于 DSM 的分时电价优化模型。文献[9]基于电力用户的需求响应，将电网的节能调度作为向导，考虑发电方在各时段的电量生产和分配情况，及其上网的电量，在确保发电方、供电方和用电方的利益在峰谷电价下不受损害时,提出发电侧和售电侧的分时电价综合优化模型。文献[10]考虑居民阶梯电价策略中阶梯电量的边界划分含有一定的随意性和人为因素的缺点,基于密度聚类建立居民阶梯电价、阶梯电量划分的综合制订方案。文献[11]全面考虑用户的用电成本、用电单价约束,供电方的运行成本、售电收益,以及系统容量等约束条件,建立居民阶梯电价优化模型。文献[12]通过秩和比方法确定最适合该地区的阶梯划分次数,以节能为目的提出居民的阶梯电价数学优化模型。文献[13]在微网日前经济调度中考虑辅助服务的作用,建立考虑辅助服务的微电网负荷调度模型。文献[14]提出一种分层框架解决配电系统运行控制中心下多个家庭的用电优化问题。文献[15]对智能小区家庭侧需求响应问题,考虑家庭用电行为的集中性提出一种电网和用户之间双向互动的需求响应策略。文献[16]以配电变压器功率限制为约束,综合考虑电动汽车、储能及分布式发电等因素,以所有家庭用电费用最小为目标,综合分析多个家庭协调用电时各个家庭的用电构成。文献[17]为满足用电高峰时配网运行约束,提出一种需求响应下家庭终端用户集中协调机制对家庭可控负荷直接控制。文献[18]以负荷服务公司在平衡市场购电成本最小为目标,提出一种分布式协调机制优化多个家庭的负荷需求。文献[19]提出一种分层的分布式算法最大化所有家庭用户的效益。文献[20]基于多代理框架提出一种新的需求响应机制,维持家庭供电配电变压器的功率。

上述关于 DSM 方面虽然进行了大量研究,但仍存在许多问题。例如,ESGD 在尖峰负荷时段存在节能效益低下的瓶颈问题;阶梯电价无法较好地兼顾各方利益与最大限度发挥节能减排效果;关于多家庭协调需求响应的研究,仅对用电结构作了初步探讨,并未给出具体的策略,也未考虑配网的运行约束。

为此,本章提出 IL 调度节能效益评估方法、考虑低碳效益的 IL 调度计划制定方法,以及以节能为目标的阶梯电价优化模型;建立两阶段用户群协调需求响应优化模型,并提出基于投影变换的高维目标需求响应优化算法。

4.2　可中断负荷参与节能调度

本节首先引入 IL 作为调度资源参与 ESGD,基于火电机组边际能耗(marginal energy consumption, MEC)和平均能耗(average energy consumption, AEC)指标的分析揭示火电机组的微观能耗特性。然后,提出逐步独立寻优思路,制定 IL 参与的节能调度计划。最后,充分考虑 CCPP 的低碳效益对 ESGD 的影响,提出差异化调度理论,达到降低发电过程中碳排放量的目的。

4.2.1 可中断负荷调度的节能效益评估

1. MEC 与 AEC 的关系

IL 作为可调资源参与节能调度，给电力节能减排带来机遇。供应侧出力和需求侧负荷都可控，调度灵活性增加的同时伴随着调度方案节能效益的复杂化，这对电力调度提出新的挑战。因此，准确、全面地掌握发电侧火电机组能耗特性就显得极为重要。特别是，科学地制定 IL 调度计划，对提高 ESGD 节能效益有至关重要的意义。

能耗是衡量火电机组煤耗水平的重要指标，按统计口径的不同可分为发电煤耗、供电煤耗和用电煤耗。本节火电机组的总能耗指供电煤耗，其值等于发电煤耗与上网电量之比。在 ESGD 中，通常以总能耗为系统节能效益的目标函数和评估指标，但是对总能耗与负荷量之间微观的能耗特性缺乏体现力，无法预判负荷需求量变化对系统能耗的影响。因此，本节通过对火电机组的 MEC 和 AEC 分析，揭示火电机组微观能耗特性。

火电机组 MEC 是指系统负荷需求量微增时，火电机组总能耗增量与负荷需求变化量之间的比值，即

$$f_{\mathrm{MEC}} = \frac{\sum\limits_{i=1}^{c} \Delta f_i(P_{\mathrm{G}i})}{\Delta Q_{\mathrm{D}}} \tag{4-1}$$

式中，ΔQ_{D} 为系统负荷增量；$\Delta f_i(P_{\mathrm{G}i})$ 为系统负荷增量引起机组 i 的煤耗增量；c 为机组数；当 $\Delta Q_{\mathrm{D}} \to 0$ 时，f_{MEC} 为火电机组总能耗曲线上任意一点切线的斜率。

火电机组 AEC 指 X 时段平均每单位负荷对应的火电机组能耗，即

$$f_{\mathrm{AEC}} = \frac{\sum\limits_{i=1}^{c} f_i(P_{\mathrm{G}i})}{Q_{\mathrm{D}}} \tag{4-2}$$

式中，$f_i(P_{\mathrm{G}i})$ 为 X 时段机组 i 的煤耗总量；Q_{D} 为 X 时段总负荷需求量。

AEC 以系统当前负荷值下所有机组总能耗为考虑对象，是系统当前负荷值下单位负荷能耗水平的体现。MEC 反映系统当前负荷值下增加或减少单位负荷产生的能耗。因此，MEC 能够更好地体现系统当前负荷值下微观的能耗水平。两者之间的关系能够进一步反映火电机组的能耗特性，为节能调度的决策提供参考。

以天津大港电厂 4 台机组为例，根据文献[21]的机组参数，不计及机组启停，测算 MEC 与 AEC 随负荷需求量增长的变化情况。天津大港电厂 4 机组 MEC 曲线与 AEC 曲线如图 4-1 所示。火电机组能耗的基本变化规律如下。

① 当负荷水平低时，绝大多数火电机组维持在最小技术出力附近，致使部分

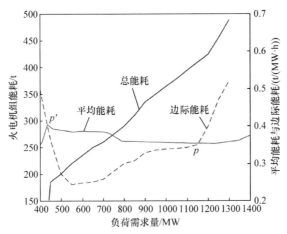

图4-1　天津大港电厂4机组MEC曲线与AEC曲线

低能耗机组的负荷率低。机组总体产能效率都未得到充分发挥。厂用电在机组发电量中所占比例较大，因此上网电量的 MEC 相对较大。

②　随着负荷需求量的增加，按照发电序位表和等微增率法优化机组出力分配，能耗机组负荷率按照能耗从低到高依次增加，在以低能耗机组为主的阶段，增加出力，能效迅速增大。反之，在高能耗机组出力占主要地位的阶段，能效趋于降低。因此，MEC 呈现先减小后增加的趋势。当到达尖峰负荷时段，低能耗机组接近满发，被迫增加高能耗机组出力满足负荷需求。这使 MEC 随着发电量的增加而激增。

总能耗量可以看作以总需求量为变量的函数，f_{AEC} 可以转化为以总需求量 Q_{D} 为变量的单变量函数。对其求导可得最值，即

$$\frac{\mathrm{d}f_{\mathrm{AEC}}}{\mathrm{d}Q_{\mathrm{D}}} = \frac{\left(\sum_{i=1}^{c} f_i(P_{\mathrm{G}i})\right)' Q_{\mathrm{D}} - \sum_{i=1}^{c} f_i(P_{\mathrm{G}i})}{Q_{\mathrm{D}}^2} \tag{4-3}$$

取极值的条件为

$$f_{\mathrm{MEC}} = \left(\sum_{i=1}^{c} f_i(P_{\mathrm{G}i})\right)' = \sum_{i=1}^{c} f_i(P_{\mathrm{G}i})/Q_{\mathrm{D}} = f_{\mathrm{AEC}} \tag{4-4}$$

可以得出，平均单位煤耗与 MEC 之间的对应关系对系统能耗变化趋势的影响如下。

①　当 $f_{\mathrm{MEC}} < f_{\mathrm{AEC}}$ 时，火电机组增加发电量，AEC 减小，系统趋向于节能；反之，减少发电量，AEC 增加，系统节能水平降低。

②　当 $f_{\mathrm{MEC}} > f_{\mathrm{AEC}}$ 时，火电机组增加发电量，AEC 有增加的趋势；反之，减

少发电量，AEC 降低。

③ 当 $f_{MEC} = f_{AEC}$ 时，在负荷高峰时段，f_{MEC} 与 f_{AEC} 相交于点 p（AEC 最小极值点），火电机组的发电量越接近点 p，AEC 越小，运行状态越节能。

④ 在负荷低谷时段，f_{MEC} 与 f_{AEC} 相交于点 p'（AEC 最大极值点），火电机组的发电量越接近点 p'，AEC 越大。

2. 计及火电机组启停能耗的 MEC

在尖峰负荷时段，当已运行机组容量不能满足供需平衡时，需要启动边际机组迎峰。火电机组启停机时间长，并且产生的能耗巨大。因此，将启停机过程中产生的能耗科学地纳入 MEC 的计算中，对保证 MEC 指标的有效性至关重要。

以启动能耗为例，启动能耗分布在该机组整个运行时段的前端，可能出现在尖峰负荷时段之前或者未覆盖整个调峰时段，而且在整个启动过程中呈递减趋势。如果按照启动能耗实际分布情况，将其计入各个时段的 MEC 计算，则使峰前时段的 MEC 大于其负荷增量的实际能耗水平，甚至大于尖峰负荷时段的 MEC。同理，停机能耗也需考虑此问题。因此，要对启停机能耗作适当的处理，使其科学、有效地反映尖峰负荷时段的 MEC。

根据启停边际机组调峰的主要目的，将启停机组的总能耗分摊到尖峰负荷全部电量中，得到的 MEC 由两部分组成。一部分为运行中所有机组发电的实际 MEC，该部分能耗取决于机组自身的能耗特性。另一部分为附加的启停机能耗，该部分能耗不是实际产生在尖峰负荷时段，而是根据其产生的原因将其折算到尖峰负荷时段的尖峰电量上。其值等于边际机组启动能耗除以尖峰负荷的总电量，大小由机组的启停机能耗与尖峰电量共同决定，即

$$f_{MEC,st} = f_{MEC} + \frac{f_{st}}{Q_{peak}} \tag{4-5}$$

$$Q_{peak} = \sum Q_{D,X_T} - \sum_{i=1}^{c-1} P_{Gi} \tag{4-6}$$

式中，f_{MEC} 和 $f_{MEC,st}$ 为不计及启停能耗的 MEC 和计及启停能耗的 MEC；f_{st} 为边际机组的启停机能耗；Q_{peak} 为尖峰负荷的总电量；Q_{D,X_T} 为 X_T 时段总的负荷需求量，X_T 为调度 IL 削峰时段。

同样，按照此方法将各机组的启动能耗归算到相应的负荷电量中，可以求取各时段的 MEC。边际机组启停能耗对应的电量如图 4-2 所示。

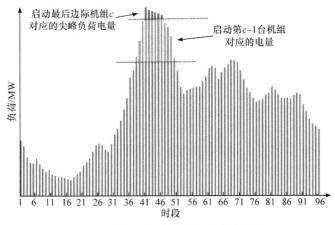

图4-2　边际机组启停能耗对应的电量

根据机组发电序位表可知，边际机组的能耗水平往往大于非边际机组，计及启停机的附加能耗后，启用边际机组调峰产生的 MEC 将在不计及启用边标机组 MEC 的基础上激增，且尖峰负荷电量越少，尖峰负荷的 MEC 越大。

3. 考虑 IL 的调度方案节能效益评估

基于对发电侧火电机组能耗特性的分析，引入 IL 作为调度资源参与节能调度，利用 IL 削峰填谷特性，缓解峰谷差，使负荷水平维持在 ESGD 能效最大的范围内。

1）IL 对 ESGD 的影响

尖峰负荷时段，IL 参与调峰时的系统电力平衡为

$$\sum_{i=1}^{c} P_{Di,X_T} = \sum_{j=1}^{n} L_{j,X_T} - \sum_{j=1}^{g} Q_{Dj,X_T} \tag{4-7}$$

式中，P_{Di,X_T} 为各火电机组调用 IL 后的出力；L_{j,X_T} 和 Q_{Dj,X_T} 为 IL 调度前系统用户 j 的需求量和 IL 用户 j 的中断容量；g 为 IL 数量，$g < n$，n 为总负荷数。

在机组组合不变的情况下，IL 调度后负荷需求减少，机组出力将按 IL 调度后的负荷水平重新分配。如果原定调度计划安排了边际机组迎峰，调度 IL 可以避免启用此边际机组。

不同的 IL 用户结束中断后，重新接入电网后具有不同的用电特性，如补偿用电需求。尖峰时段中断的负荷用户的补偿用电，会改变非高峰时段的负荷需求量，对系统能耗水平也有影响。因此，本节将参与中断的 IL 按恢复供电后是否有补偿用电需求分为两类（表 4-1）。

表 4-1　IL 分类

类型	补偿用电需求	对负荷曲线的影响
非补偿型 IL	无	削峰
补偿型 IL	有	削峰填谷

非补偿型 IL 用户（Q_{ur}）往往仅对激励报酬具有高敏感度，且对特定时段内的用电需求低，一般是照明负荷或者装设储能装置的用户。在恢复供电时段，这部分被中断的负荷没有补偿用电需求，因此这类负荷的中断只对系统负荷起到削峰作用。

补偿型 IL 用户（Q_r）一般也对激励报酬的敏感度较高，可以根据激励措施在时间尺度上调整用电计划，并且在恢复供电时段有较强的补偿用电需求，进而对负荷曲线起到削峰填谷的作用。

同样，在补偿用电时段，补偿型 IL 重新接入电网引起负荷水平增加，导致机组出力计划重新分配。系统在非高峰补偿时段的供需平衡关系为

$$\sum_{i=1}^{c} P_{Gi,X_R} = \sum_{j=1}^{n} L_{j,X_R} + \sum_{i=1}^{r} Q_{rj,X_R} \tag{4-8}$$

式中，X_R 为补偿用电时段；P_{Gi,X_R} 为计及 IL 补偿的火电机组 i 的出力；L_{j,X_R} 和 Q_{rj,X_R} 为用户 j 的原始负荷需求量和补偿型 IL 用户 j 中断负荷中接入电网的容量；r 为补偿型 IL 的数量，且 $r < g$。

若 IL 用户在负荷低谷时段补偿用电，并且没有引起边际机组的启停，则可以增加运行中低能耗机组的负荷率，减少厂用电在能耗中所占的比重，因此也具有节能的可能性。

2）单时段节能潜力评估

实施 IL 调度必然引起火电机组能耗和需求量变化。调度引起的变化能否带来节能效益，以及带来多少节能效益，这就需要对 IL 调度施行时段的节能潜力进行准确评估。以量化的方法得出具体的数值评估结果是准确制定高效的 IL 调度计划的前提，本节引入边际节能指数的概念，定量地评估施行 IL 调度在单时段具体的节能潜力。边际节能指数 ϕ_{X_k} 定义为

$$\phi_{X_k} = \frac{\Delta f_{AEC,X_k}}{\Delta Q_{IL,X_k}} \tag{4-9}$$

式中，X_k 为 IL 参与调度的时段；$\Delta Q_{IL,X_k}$ 和 $\Delta f_{AEC,X_k}$ 为 X_k 时段 IL 调度引起的负荷变化量和 AEC 相应的变化量。

该指标的物理意义为在时段 X_k，当 IL 调度引起负荷需求量变化时，单位负

荷量所能减少的机组发电的单位平均煤耗。

不同 IL 中断容量对应的边际节能指数绘成边际节能曲线。该曲线能直观地反映当前负荷值下具有的节能效益，以及制定 IL 调度计划后剩余的节能空间。

3）多时段节能调度方案的节能效益评估

当能耗变化量一定时，该时段负荷基数与 AEC 的变化量成反比，而不同时段的负荷基数不同，因此直接比较不同时段边际节能指数没有意义。调度中往往要考虑最小中断时间、机组爬坡速率等跨时段约束，使相邻时段 IL 调度计划之间存在约束，因此单时段边际节能指数的评估范围存在一定的局限性。定义综合节能指数 λ，从 IL 调度计划总体的角度对节能效益进行评估。其数学表达式为

$$\lambda = \frac{\Delta f_{\text{AEC,cut}}}{\sum\limits_{X_k=1}^{l} \Delta Q_{\text{IL},X_k}} + \frac{\Delta f_{\text{AEC,reture}}}{\sum\limits_{X_k=1}^{l} \Delta Q_{\text{IL},X_k}} \tag{4-10}$$

式中，$\Delta f_{\text{AEC,cut}}$ 和 $\Delta f_{\text{AEC,reture}}$ 为调度 IL 削峰和填谷对应的日调度计划 AEC 变化量；l 为 IL 参与调度的时段数。

节能指数 λ 的物理意义为整体 IL 调度计划中单位 IL 变化引起的日调度计划 AEC 变化量，其单位与 ϕ_{X_k} 相同。若考虑 IL 调度的补偿用电，λ 为调峰时段和补偿用电时段两部分的节能效益之和。

4. IL 调度节能效益评估流程

IL 调度可看作对 ESGD 进行优化的补充调度方案，利用 IL 削峰填谷特性使负荷值趋向 ESGD 能效最大的区域。IL 调度节能效益评估流程如图 4-3 所示。整个流程大致可分为以下步骤。

步骤 1：ESGD 计划制定及数据处理。按照负荷预测结果和 ESGD 的标准化流程制定火电机组日前发电计划。

步骤 2：IL 调度前的节能潜力评估。首先根据 ESGD 计划计算各时段的总煤耗、MEC、AEC，并绘出相关曲线，然后根据 MEC 与 AEC 的关系进行单时段节能潜力评估。若低谷时段的 MEC 小于 AEC，可以根据负荷低谷的边际节能曲线，为低谷用电制定激励机制提供参考。

步骤 3：IL 调度后的节能效益评估。对已确定的 IL 调度方案测算综合节能指数 λ，将综合能耗评估结果返回到电力调度中心，由电力调度中心确定调度计划的实施。

可以看出，在 ESGD 的基础上，对单时段的节能潜力进行准确评估是制定 IL 调度方案的重要基础。IL 调度后的节能效益评估是检验整个 IL 调度是否科学、有效的重要步骤。

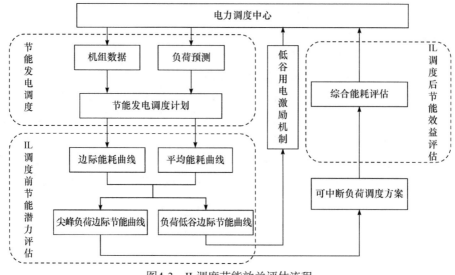

图4-3　IL调度节能效益评估流程

5. 算例分析

本节采用 IEEE 39 节点 10 台火电机组数据[22]，并通过放大我国某城市经典日负荷数据 2 倍近似模拟尖峰负荷。以不考虑启停机情况为例，验证调度 IL 提高ESGD 节能效益的可行性和评估指标的科学性、有效性。机组参数如表 4-2 所示。

表 4-2　机组参数

机组编号	P_{max}/MW	P_{min}/MW	$a/(t/(MW^2 \cdot h))$	$b/(t/(MW \cdot h))$	$c/(t/h)$	S_0/t	S_1/t
1	300	100	0.000158	0.18	4.0	0	180
2	600	240	0.000182	0.25	5.0	0	280
3	700	280	0.000182	0.26	4.5	0	260
4	700	200	0.000178	0.25	5.0	0	300
5	600	150	0.000181	0.25	4.5	0	290
6	700	220	0.000178	0.25	5.0	0	300
7	600	180	0.000185	0.30	4.5	0	300
8	600	230	0.000183	0.28	5.5	0	260
9	900	320	0.000175	0.26	5.0	0	320
10	1000	400	0.000180	0.27	6.0	0	290

1）单时段潜力分析

首先，按照机组和负荷数据制定 ESGD 计划，96 点日负荷曲线、MEC 曲线，以及 AEC 曲线如图 4-4 所示。由此可知，8:00～24:00 时段火电机组的 MEC 大于 AEC，指示出当前负荷水平下负荷微增（减）对应的能耗微增（减）速度相对较大。尤其是，在时段 10:00～10:15，两者比值达到 1.585，若计及边际机组 10 的启停能耗，根据式（4-6）计算得到的尖峰负荷的电量为 296MW，其 MEC 为 1.593 t/(MW·h)，约为 AEC 的 5 倍；在 0:45～7:45 时段，火电机组的 MEC 小于 AEC，负荷增量对应的能耗相对较小。

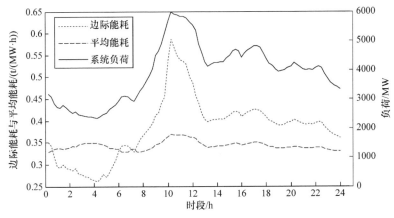

图4-4　96点日负荷曲线、MEC曲线以及AEC曲线

对 MEC 最高的时段 10:00～10:15 进行节能效益和节能潜力分析，计算边际节能指数，并绘出曲线。10:00～10:15 时段边际节能指数-IL 中断容量关系曲线如图 4-5 所示。由此可知，当不计机组启停能耗时，边际节能指数是一条平滑的曲线，而且调度的 IL 容量越小，边际节能指数越大，即越靠近负荷尖峰，能耗越大，IL 调度的单位节能效益越大；反之，尖峰负荷电量的 MEC、边际节能指数也随之激增。同时，边际节能指数也可以揭示尖峰负荷时段调度中单位容量 IL 的节能效益随 IL 调度容量的增加而减小的变化规律，且 IL 容量在 500MW 以内时节

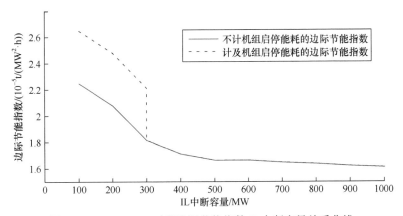

图4-5　10:00～10:15时段边际节能指数-IL中断容量关系曲线

能效益非常大，超过 500MW 后节能效益趋于平缓，但仍大于 0，说明存在潜在节能空间。

2）IL 调度方案对节能调度的影响分析

为定性分析 IL 调度在尖峰负荷时段，以及补偿用电时段对系统能耗的影响，本节对 IL 中断时间和补偿用电时段进行限制，采用以下调度方案进行仿真。

方案 1：调度非补偿型 IL 削去尖峰负荷。

方案 2：将方案 1 调度 IL 视为补偿型削峰填谷。

方案 3：将方案 2 的补偿用电时段改为峰后。

方案 4：在方案 1 的基础上增加非补偿型 IL 削峰。

基于 4 种 IL 调度方案的 IL 容量获取方案如表 4-3 所示。

表 4-3　基于 4 种 IL 调度方案的 IL 容量获取方案

IL 编号	容量/MW	原始用电时段	补偿用电时段	IL 调度方案/MW			
				1	2	3	4
				Q_{ur1}	Q_{r2}	Q_{r3}	Q_{ur4}
1	100	8:30~12:30	2:00~6:00	100	100	0	100
2	150	8:00~12:00	1:00~5:00	150	150	0	150
3	100	8:30~12:30	20:00~24:00	0	0	100	0
4	100	8:00~12:00	19:00~23:00	0	0	100	0
5	150	8:30~12:30	3:00~7:00	150	150	0	150
6	50	9:00~12:00	3:00~6:00	50	50	0	50
7	50	8:00~12:00	20:00~24:00	0	0	50	0
8	50	9:00~12:00	20:00~23:00	0	0	50	0
9	150	8:30~12:30	19:30~23:30	0	0	150	0
10	250	8:00~12:00	1:00~5:00	0	0	0	250

根据 4 个 IL 调度方案对负荷曲线与 ESGD 计划进行调整，ESGD 与 IL 调度方案 1~4 的 AEC 曲线如图 4-6 所示。

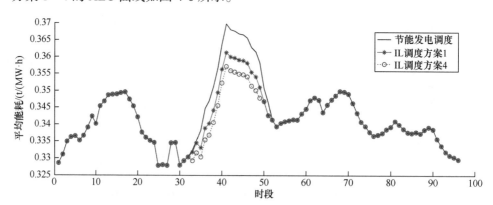

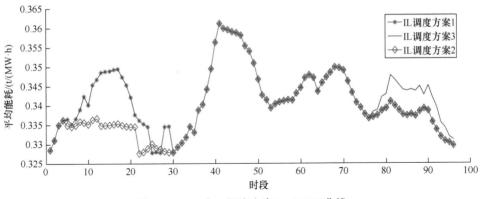

图4-6　ESGD与IL调度方案1～4 AEC曲线

结论1：方案1中IL削减尖峰负荷后，IL参与调度的时段AEC明显降低。

结论2：方案2和方案3将方案1中的IL中断容量全部视为补偿型，且总的负荷需求量与最初的ESGD计划相同。方案2在低谷时段IL补偿用电后，AEC明显降低，与最初的ESGD计划相比总能耗量减少294.7t。方案3将补偿用电时段设置在峰后，使该时段的AEC增加，且总能耗量仅减少119t，小于方案2。

结论3：方案4在方案1的基础上增加非补偿型IL中断容量进行深度调峰，使AEC继续减小，表明施行调度方案1后该时段仍存在节能潜力。

3）IL调度方案的综合节能效益

按照式(4-10)计算得到的IL调度方案综合节能效益如表4-4所示。

表 4-4　IL调度方案综合节能效益

IL 调度方案	综合节能指数/$(t/(MW^2 \cdot h))$
方案 1	1.038×10^{-6}
方案 2	1.776×10^{-6}
方案 3	4.911×10^{-7}
方案 4	9.716×10^{-7}

对比IL调度方案的综合节能指数，可得到以下结论。

结论1：4个IL调度计划综合节能指数都大于零，说明科学的IL调度计划，能够优化负荷曲线，不同程度地提升ESGD的节能效益。

结论2：比较方案1～3，IL用户在低谷时段补偿用电的节能指数大于非低谷时段补偿用电的节能指数，后者甚至小于未补偿用电的调度方案1的节能指数。这说明，补偿用电时段的选取对调度计划节能效益的影响非常大，因此科学引导

IL 用户的补偿用电能够增加 IL 调度节能效益。

结论 3：对比方案 1 和方案 4，增加 IL 调度容量深度调峰，综合节能指数减小，IL 调度中单位中断容量的节能效益服从随中断容量增大而递减的变化规律。

4.2.2　可中断负荷参与的节能调度计划制定

1. 调度计划的分步独立寻优思路

分步寻优思路如图 4-7 所示。在 IL 参与的整体调度计划制定过程中，发电侧和需求侧的灵活可变性使调度工作更加复杂。首先，将发电侧的火电机组节能效益问题独立出来得出机组出力方案。借尖峰负荷的节能潜力评估的分析，综合考虑相关的约束条件，以节能效益最大化为目标，从理论上确定高峰负荷时段的发电量，其与实际负荷预测的差值为要削去的峰值负荷初值。对调峰后的负荷制定 ESGD 计划，并对比削峰前后的负荷曲线，提取其差值作为 IL 调度的负荷曲线，即差值负荷曲线。

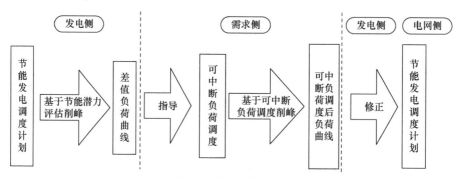

图4-7　分步寻优思路

当发电侧的机组出力得到初步确定后，IL 调度就转变成为单目标优化问题。在制定 IL 调度计划的过程中采用逆向思维方式，当 IL 中断容量可变时，可以看作需求侧的虚拟发电机。当发电机组出力不变时，可以看作发电侧的虚拟负荷，而差值负荷曲线就是 IL 调度的负荷曲线。根据 IL 的价格、容量等信息，以差值负荷曲线为参考，结合约束条件，对 IL 调度计划进行建模和求解。

考虑 IL 的时间耦合特性和容量的离散特性，IL 调度计划与削峰后 ESGD 的差值不完全匹配，因此必须对 ESGD 计划进行修正。由于 IL 调度计划已经确定，可求出可中断调度后的负荷曲线，因此整个调度又转换为 ESGD 计划模型，用求解 ESGD 计划的方法即可求解。

2. 差值负荷曲线

在尖峰负荷时段，峰值负荷具有最大负荷值高、持续时间短的特点，因此电量往往不太大。为了满足供需平衡必须启动边际机组，导致发电能耗非常大。因此，最大负荷值大于运行中机组的总出力，迫使启动 MEC 的尖峰电量。在制定 IL 调度计划的过程中，以负荷值最大的时段为基准确定中断容量初值。中断容量初值的最小限值是以削去这部分尖峰负荷电量为参考来确定的。其值为尖峰负荷的最大值与运行中的机组考虑旋转备用后的最大发电容量之间的差值，即

$$Q_{D,min} = P_{peak} - \sum_{i=1}^{c-1} P_i + Q_{RG} \tag{4-11}$$

式中，$Q_{D,min}$ 为中断容量初值的最小限值；P_{peak} 为尖峰负荷最大值；Q_{RG} 为机组旋转备用容量；P_i 为第 i 台机组容量。

IL 最大中断容量限值的确定比较复杂，本节提出两个原则。

① IL 调度不能过于降低运行中机组的负荷率。

② IL 调度成本不能大于等值能耗效益。

IL 调度施行必定会影响运行中机组的负荷率，因此 IL 调度不能过于降低运行中机组的负荷率，避免给发电厂的盈利带来重大的影响。首先，在考虑机组旋转备用容量的基础上，保证机组的总出力大于前 $c-3$ 台机组的容量总和，即保证第 $c-2$ 台边际机组必须承担部分负荷。最大中断容量限值为尖峰负荷的最大值与运行机组的出力与前 $c-2$ 台机组发电容量总和之差，其表达式为式(4-12)。然后，在考虑系统运行节能效益的同时还应该考虑成本的问题，保证调度计划为系统运行带来的综合社会效益恒为正。当调用的 IL 成本等效能耗最大值大于火电机组对应的最小 MEC 值时，则认为成本过大，停止调用 IL。当二者相等时，对应的 IL 容量即最大中断容量值，如式(4-13)。IL 调度中断容量的最大限值取式(4-12)与式(4-13)中的较小者，即

$$Q_{D,max} = P_{peak} - \sum_{i=1}^{c-2} P_i \tag{4-12}$$

$$Q_{D,max} = Q(f_{MEC,min}) \tag{4-13}$$

式中，$Q_{D,max}$ 为中断容量最大限值；$f_{MEC,min}$ 为火电机组总能耗增量与负荷需求变化之间的最小比值。

按照式(4-13)可以得出一个初步的最大 IL 调度容量，根据 IL 调度前的节能潜力评估数据对其审核，判断最大调度容量对应的节能潜力是否大于零。若大于零，则最大 IL 调度容量可行，反之最大 IL 调度容量选用节能潜力为零的点对应的负荷值。以最大调度容量为基准，调整负荷曲线得出调峰前后差值的负荷曲线。

3. IL 调度计划模型

1）目标函数

用电侧 IL 中断的成本直接影响电网的经济效益，得出差值负荷曲线后 IL 调度计划的制定转化为一个成本优化问题。在管制电力市场，IL 的价格要事先通过签订合同确定，按照中断负荷容量大小、中断时间长短等条件的不同，其价格也不尽相同。价格-容量曲线按价格从小到大依次可以绘制成阶梯型上升线段，假设签订合同 IL 的用户数量较多，价格-容量曲线可绘制近似平滑的曲线。IL 调度计划的制定只需在满足系统运行安全性的前提下，优先调度价格低的 IL 达到经济性最优。因此，IL 调度的目标函数为

$$\min F(C,Q) = \min \sum_{X_k=1}^{l} \sum_{j=1}^{g} C_j Q_j \tag{4-14}$$

式中，C_j 为 IL 用户 j 的中断价格；Q_j 为第 j 个负荷节点的容量大小。

与 IL 参与电力市场提供备用服务不同，参与日前调度的 IL 必然会调用，因此用户的中断成本可以将电量成本和容量成本用中断价格 C_j 表示。

2）约束条件

IL 调度主要考虑以下约束。

约束 1：IL 成本约束。系统运行的节能效益和成本效益在满足系统安全性的条件下，实行 IL 调度成本的最大等效能耗不能大于机组对应的最小 MEC，即

$$f_{\text{MEC,min}} > f_{\max}(\text{IL调度成本}) \tag{4-15}$$

尖峰负荷调度 MEC 和可中断成本等效能耗与中断容量的关系如图 4-8 所示。按照价格由小到大依次调用 IL 调度产生的成本随 IL 调度容量的增大而增大，成本等效能耗也有同样的规律。图中两曲线的交点对应的 IL 中断容量满足系统安全约束下最大 IL 节能调度容量。

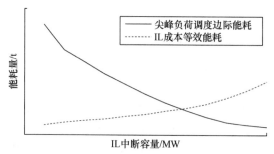

图4-8 尖峰负荷调度MEC和可中断成本等效能耗与中断容量的关系

约束 2：中断时间约束。保证用户的效益，每次参与调度 IL 用户的中断时间

不能低于最小持续时间，可以保证每次调度的最低收入。同时，又要充分体现用户对中断持续时间不能过长的意愿，因此每次中断时间必须控制在最小持续时间和最大持续时间之间，即

$$T_{\mathrm{IL},j,\min} \leqslant T_{\mathrm{IL},j} \leqslant T_{\mathrm{IL},j,\max} \tag{4-16}$$

式中，$T_{\mathrm{IL},j}$ 为用户 j 每次中断的时间；$T_{\mathrm{IL},j,\min}$ 与 $T_{\mathrm{IL},j,\max}$ 分别为用户 j 每次中断的最小持续时间和最大持续时间。

约束 3：中断时间间隔约束。保证用户在恢复供电后的一段时间内正常用电，同一个用户之间的两次中断之间的时差应该选取一个常数作为最小值对其约束，即

$$T_{j,\mathrm{stop}} - T_{j,\mathrm{start}} \geqslant T_{\mathrm{gap}} \tag{4-17}$$

式中，$T_{j,\mathrm{stop}}$ 与 $T_{j,\mathrm{start}}$ 为上一次中断结束的时刻与下一次中断开始的时刻；T_{gap} 为最小间断时间。

约束 4：中断总时间约束为

$$\sum T_{\mathrm{IL},j} \leqslant T_{\mathrm{IL,total}} \tag{4-18}$$

式中，$T_{\mathrm{IL,total}}$ 为中断总时间。

3）模型求解方法

考虑 IL 调度是一个多时段耦合问题，为满足差值负荷曲线的负荷需求，对曲线进行分段处理。根据基准容量，将差值负荷曲线按照某一个基准容量分划成 $l_1, l_2, \cdots, l, l_p$ 段，相应的持续时间为 $h_1, h_2, \cdots, h, h_p$。差值负荷曲线分段如图 4-9 所示。

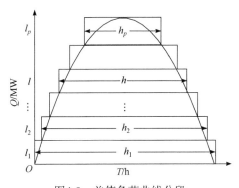

图 4-9　差值负荷曲线分段

定义负荷匹配度 α 为负荷段 1 实际的需求电量与调用的 IL 电量的比值，即

$$\alpha = \frac{Q_j h_j}{\displaystyle\int_0^h Q_{l,X_k}\,\mathrm{d}t} \tag{4-19}$$

式中，Q_j 为第 j 个负荷节点的容量大小；h_j 为第 j 个负荷节点的中断时间；分母为负荷段 l 实际的需求电量；为确保调度后的负荷需求值不越限，负荷匹配度数值必须大于 1。

定义单位平衡成本为 IL 调度中第 j 个负荷节点满足单位需求电量的成本，其值为 C_j 与负荷匹配度 α 的乘积，即

$$C'_j = C_j \alpha = \frac{C_j Q_j h_j}{\int_0^h Q_{l,X_k} \mathrm{d}t} \qquad (4\text{-}20)$$

IL 调度模型是多阶段离散组合问题，可以应用逆向思维将其看作需求侧发电厂机组组合的问题，用机组组合问题的求解方法求最优解。本节采用考虑匹配度和单位平衡成本约束的深层遍历的优先顺序法求解。模型求解流程如图 4-10 所示。

优先顺序法思路简单，运算时间短，在负荷调度这类问题中能够快速地获得准确的最优解。将系统中参与调度的 IL 按照价格进行事先排序，存放于向量 $C = [C_1, C_2, \cdots, C_j, \cdots, C_g]$，向量中各元素按价格递增排列，其对应的容量以向量 $Q = [Q_1, Q_2, \cdots, Q_j, \cdots, Q_g]$ 表示。

匹配度约束是指调用节点的电量与其削去的实际负荷电量之差的绝对值不应过大，即

$$\alpha \leqslant (1 + \varepsilon p) \qquad (4\text{-}21)$$

式中，ε 为当匹配度偏差系数，其值越小表示匹配度越高，IL 的成本效益和节能效益越大。

同时考虑负荷尖峰电量极小且时间短暂这种情况，IL 调度要遵循中断时间约束中的最大持续时间约束，因此将匹配偏差系数乘以负荷层段数 p 使匹配度约束的阈值按照负荷段由下往上依次递增。按照价格从小到大先调用 IL Q_1，将中断时间约束中的最大持续时间 $T_{\mathrm{IL},j,\max}$ 和最小持续时间 $T_{\mathrm{IL},j,\min}$ 与尖峰负荷最低层 l_1 负荷时间 h_1 进行匹配，以 Q_1 同等容量计算匹配度区间 $[k_{j,\min}, k_{j,\max}]$。若匹配度区间内有值满足匹配度约束，则成功调用 IL Q_1，取其中断时间为 h_j 或者大于且最接近 h_j 的时间值，并计算单位平衡成本 C'_1，存放于分段负荷成本向量 $C' = [C'_1, C'_2, \cdots, C'_j, \cdots, C'_p]$，同时设置 $l_1 = Q_1$，未成功调度部分重新平均划分层次。若不满足匹配度函数，则继续与 l_2 层等上层匹配，并计算单位平衡成本。

Q_j 从尖峰负荷最低层 l_1 开始匹配，若 Q_j 满足匹配度约束，且层已经调用 Q_{j-N}，对比 C'_j 与分段负荷成本向量 C' 中该层的单位平衡成本 C'_{j-N}，若 C'_j 小于 C'_{j-N}，则以 C'_j 替换已成功调用的 C'_{j-N}，并将 Q_{j-N} 向上层依次进行匹配；若 C'_j 大

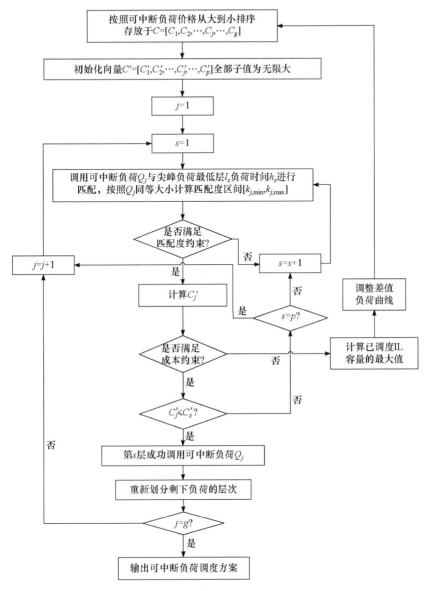

图4-10 模型求解流程图

于 C'_{j-N}，则将 Q_j 继续与上层进行匹配。

　　若因成本等效能耗大于对应的发电能耗而停止调用新的 IL 用户,则按照已经成功调度的 IL 计划中最大中断容量调整差值负荷曲线的高度,再按照新的差值负荷曲线重新进行匹配。

4. ESGD 计划修正

当 IL 调度计划确定后，由于 IL 的离散性与发电计划的连续性之间存在不完全匹配，需要通过修正 ESGD 计划，使节能发电计划中机组的出力和 IL 调度计划中负荷中断容量与实际负荷需求完全相等。这样问题就还原到 ESGD 层面。发电机向负荷输送电能引起的网损也是存在于电网侧的能耗。在规模大的电网中，远离负荷中心的大机组将当地电网消纳不了的电量传输到远端的用户，产生的网损不容忽视。基于节能效益的节能调度，为得到准确的最优解，必须对网损加以考虑。

将 IL 调度对火电机组能耗与网损的等效能耗的代数和最小作为节能调度的目标函数，有利于提高对发电侧和输电侧的能耗控制，最大限度地降低一次能源的消耗，即

$$\min F = \sum_{t=1}^{T}\sum_{i=1}^{c} U_{i,t} f_i(P_{Gi,t}) + Z_i U_{i,t}(1 - U_{i,t-1}) + f_g \tag{4-22}$$

式中，$U_{i,t}$ 为火电机组的运行状态，当开机运行时，其值为 1，其值为 0 时表示停机状态；$f_i(P_{Gi,t})$ 为火电机组 i 在时段 t 出力为 $P_{Gi,t}$ 时产生的能耗；Z_i 为火电机组 i 的启停机能耗；f_g 为网损等效能耗。

对比最初未考虑 IL 参与的 ESGD 计划与修正后的节能发电计划，IL 调度在尖峰负荷时段使发电机节点的出力和负荷节点的需求都减少。电网中传输的有功功率总体减少，使电网中的网损也相应变小。反之，在补偿用电时段网损将有增大的可能性。其节能效益体现为 IL 调度前后网损的差值。因此，在考虑输电侧网损部分的节能效益后，综合节能指数 λ 计算中应该加上网损部分综合节能指数 λ'，即

$$\lambda' = \frac{\Delta f(L_{\text{cut}})}{\left(\sum_{X_k=1}^{l} \Delta Q_{\text{IL},X_k}\right)^2} + \frac{\Delta f(L_{\text{reture}})}{\left(\sum_{X_k=1}^{l} \Delta Q_{\text{IL},X_k}\right)^2} \tag{4-23}$$

$$\lambda'' = \lambda + \lambda' \tag{4-24}$$

式中，$\Delta f(L_{\text{cut}})$ 和 $\Delta f(L_{\text{reture}})$ 为调度 IL 削峰和填谷对应的网损变化量对应的等价能耗；λ'' 为计入输电侧网损节能效益后的综合节能指数。

5. 算例分析

算例采用 IEEE 39 节点系统进行仿真，验证 IL 调度方案的合理性和有效性。图 4-11 所示为 IEEE 39 节点系统拓扑图，包含 10 台发电机、39 个节点、46 条线

路。发电机组参数如表 4-2 所示,第 10 台发电机组等价于与该系统相联的其他电力系统。PQ 节点编号为 1~29,PV 节点编号为 30~38,平衡节点编号为 39。连接母线 14、15、16、17 的两条线路恰好将整个测试系统分成两个独立区域,即这两条线路为区域间联络线,是潮流监测的两条主要线路。

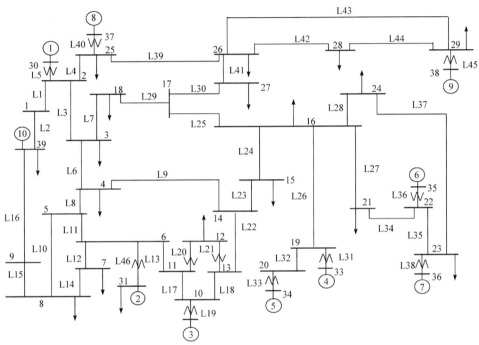

图4-11　IEEE 39节点系统拓扑结构图

图中所有数字均为编号,无单位,其中○表示发电机,W表示变压器

为体现 IL 参与调度的情况,IL 信息统计如表 4-5 所示。根据文献[23]中不同节点用户的负荷中断成本,设置不同 IL 的容量和价格,并按价格从小到大依次排列编号,价格相同的用户按照其所在节点序号大小进行排序。设定 IL 中断持续时间的最小值和最大值,以体现 IL 用户规划用电的意愿。

表 4-5　IL 信息统计表

IL 编号	节点	容量/MW	$T_{IL,min}$/h	$T_{IL,max}$/h	价格/(元/MW)	IL 编号	节点	容量/MW	$T_{IL,min}$/h	$T_{IL,max}$/h	价格/(元/MW)
1	2	50	3	4	50	6	11	30	2	3	90
2	24	50	3	4	60	7	14	50	3	4	90
3	5	80	3	4	60	8	3	90	2	3	100
4	1	100	2	3	70	9	7	100	2	4	100
5	6	50	2	3	80	10	23	90	3	4	100

IL 编号	节点	容量/MW	$T_{IL,min}$/h	$T_{IL,max}$/h	价格/(元/MW)	IL 编号	节点	容量/MW	$T_{IL,min}$/h	$T_{IL,max}$/h	价格/(元/MW)
11	15	50	1	4	120	16	18	50	0.5	1	210
12	20	80	1	4	130	17	25	60	0.5	1	220
13	16	70	1	4	150	18	19	100	0.5	1	250
14	18	60	3	4	150	19	4	80	0.5	1	250
15	22	90	0.5	1	200	20	22	80	0.5	1	280

对尖峰负荷时段进行节能潜力评估，尖峰时段负荷曲线如图 4-12 所示。根据式(4-11)与式(4-12)，IL 调度中中断容量的最小和最大限值分别为 300MW 与 1100MW。按照 500 元每吨的标准煤价格对 IL 价格进行等值能耗换算，并由 IL 成本约束计算得到最大限值为 950MW，由此得出差值负荷曲线为图 4-12 中虚线以上部分。

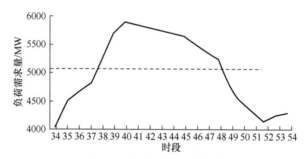

图4-12　尖峰时段负荷曲线

按照匹配度和单位平衡成本约束的深层遍历法进行求解。匹配度偏差系数 ε 取 0.05，当 IL 的匹配度区间内有值满足匹配度约束，其取值以 15min 为单位，单位取值越小匹配度越高。IL 调度结果如表 4-6 所示。各个 IL 用户的中断时间段如图 4-13 所示。

表 4-6　IL 调度结果

IL 编号	T_{IL}/h	成本/元	k	C'/(元/MW)	IL 编号	T_{IL}/h	成本/元	k	C'/(元/MW)
1	3	150	1.04	52	6	2.5	225	1.05	94.5
2	3	180	1.07	64.2	7	0	0	0	0
3	3	180	1.1	66	8	2.5	250	1.08	108
4	2.75	192.5	1.09	76.3	9	2.25	225	1.12	112
5	2.75	220	1.13	90.4	10	0	0	0	0

续表

IL 编号	T_{IL}/h	成本/元	k	C'/(元/MW)	IL 编号	T_{IL}/h	成本/元	k	C'/(元/MW)
11	2	240	1.18	141.6	16	0	0	0	0
12	1.5	195	1.25	162.5	17	0	0	0	0
13	1.75	262.5	1.34	201	18	0	0	0	0
14	0	0	0	0	19	0	0	0	0
15	0.75	150	1.49	298	20	0	0	0	0

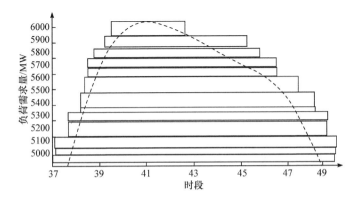

图4-13　各个IL用户的中断时间段

由表 4-6 可得出以下结论。

① 中断持续限值范围广的 IL 用户具有较好的匹配性能，可以体现服从系统调度的意愿，减少系统运行成本，被成功调度的概率极大。

② 尖峰负荷的坡度越大、中断持续最小限值越小的用户越具竞争力，参与调度几率越大。该部分用户的价格一般稍高于其他用户，但价格过高会导致被中断持续最小限值稍长的 IL 用户的低价格优势替代。

按照 IL 调度计划中具体节点中断负荷的容量，对调度后的负荷曲线进行修正。根据修正后的负荷曲线修正 ESGD 计划。采用文献[24]中的等综合煤耗微增率调度算法对 ESGD 模型进行求解，修正后的 ESGD 计划如表 4-7 所示。可以看出，时段 37～时段 48 修正后的节能调度发电计划消耗的总能耗为 5189t，相比调度前总能耗 6141t 减少 952t 标准煤。调度的 IL 容量为 1887.5MW，成本为 172375 元，平均每兆瓦 IL 节约煤耗 0.5043t。按照式(4-23)和式(4-24)计算其综合节能指数为 1.071×10^{-7}t/(MW$^2 \cdot$h)，表示该 IL 调度计划中平均每兆瓦 IL 降低 AEC 1.071×10^{-7}t。

表 4-7　修正后的 ESGD 计划

时段	煤耗/t	时段	煤耗/t
37	434	43	444
38	443	44	441
39	448	45	439
40	456	46	335
41	452	47	428
42	447	48	422

4.2.3　考虑低碳效益的可中断负荷调度

我国电源结构以高碳型火电为主，火电机组装机容量占总发电装机容量的74.6%。目前，电力行业消耗的化石燃料在全国燃料消耗中的比例逐年递增，碳排放系数远超发达国家水平。因此，2010 年国家电网有限公司发布《绿色发展白皮书》，承诺 2011～2015 年间电力行业推动累计减排 105 亿吨温室气体，其中包括对用户侧优化管理贡献约 30%的减排量。此举强有力地推进了电力行业的低碳化日程，对我国低碳经济的发展有至关重要的意义。

在低碳经济时代，碳税、碳排放权、碳交易机制等调控手段和经济机制的引入，赋予碳减排经济价值，体现低碳效益在经济性层面与节能效益一致的重要性，可以显著改变各类化石燃料机组的发电成本和发电调度的决策空间。将对环境的影响程度转化为经济量化值，可以充分利用经济杠杆对碳排放进行管制，让系统自行对低碳和节能双重效益进行调度优化。在调度计划实施过程中，IL 可视为零能耗和零排放，增加电力调度决策的灵活性。因此，在 IL 参与的节能调度整体环节中，充分考虑低碳效益的目标和要求，无疑是实现电力行业减排工作顺利推进，适应低碳经济发展的重要举措。

1. 火电厂的低碳规划趋势

近年来，电力行业的低碳发展得到广泛的关注，对发电企业实施碳排放监管的时代也将在各国相继拉开序幕。碳捕集技术通过对二氧化碳捕集、运输，以及封存等环节，阻止其排入大气层，通常可以使电网发电碳排放减少 85%～90%。比较成熟的碳捕集方式主要有燃烧前碳捕集、燃烧后碳捕集，以及富氧燃烧。燃烧后碳捕集的技术成熟程度较高，且技术原理具有代表性，应用较为广泛。下面提及的 CCPP 均为采用燃烧后碳捕集的电厂。

将 CCPP 的出力与碳排放量之间的关联关系定义为电碳特性。在未装碳捕集系统的常规火电厂中，电碳特性往往呈现出线性相关的函数关系。由于碳捕集系统的引入，以及碳捕集系统运行需要耗费不菲的能量，会将这种对应关系打破。

CCPP 的发电出力与实际上网的发电功率不相等，其差值为供应给碳捕集系统的能量。供应给碳捕集系统的能量决定了二氧化碳的碳捕集量，因此 CCPP 的发电出力与碳排放量之间存在相互关联的制约关系。

火电机组电碳特征函数可表示为

$$E = \frac{\delta}{q\eta} P - E_c \tag{4-25}$$

$$E_c = \gamma \frac{\beta_c}{q\eta} P \tag{4-26}$$

式中，E 为 CO_2 排放量；P 为火电机组的发电量；δ 为该火电机组所用燃料的 CO_2 排放因子；q 为该燃料的单位发热值；η 为火电机组的能量转化率；β_c 为捕集单位 CO_2 排放所消耗的能量；γ 为碳捕集机组的 CO_2 捕集率；E_c 为火电机组捕集 CO_2 的总量，当 $E_c = 0$ 时，式(4-25)表示无碳捕集设施的火电机组的排放量，当 $E_c = E$，即 $\gamma = 1$ 时，表示机组捕集了排放的全部 CO_2。

火电厂规划阶段如表 4-8 所示。随着碳捕集成熟度的不断提高与相关政策的支持，例如欧盟与英国政府发布的有关新建燃煤电厂必须具备碳捕集资质的规定，CCPP 可能逐步取代常规火电厂，成为电源结构中的重要组成部分。从电源规划和建设过程来看，将出现表 4-8 中的三个阶段。

表 4-8　火电厂规划阶段

阶段	常规火电厂为主导	常规火电厂和 CCPP 并存	CCPP 为主导
碳排放监管力度	无	严格	一般
碳捕集成本	无	高	低
低碳财政补贴	无	有	无
调度决策	能耗	能耗和碳排放量	能耗和碳成本

常规火电为主导阶段的 IL 参与节能调度的方法，完全以能耗为主要决策变量制定。在 CCPP 完全取代常规火电的阶段，碳捕集的成熟度高，碳捕集的成本大大降低，碳捕集系统同步运行，无须考虑碳排放权的问题，并且所有 CCPP 的出力和碳捕集的成本线性相关。因此，在节能调度中，单纯以能耗为决策变量制定调度计划，或者以能耗和碳成本共同决策调度。这两个阶段制定 IL 调度可以引用 4.2.1 节的方法。

在未来相当长的一段时间内，常规火电厂和 CCPP 将并存并逐步淘汰高能耗、高排放量的常规火电厂。由于碳排放量严格监管的施行与高额的碳成本引入，此阶段主要以碳排放量为主要调度目标，甚至以碳定电。在此阶段，IL 调度方法与其他两个阶段有明显的变化。本节就此进行分析。LCGD 基本思路如图 4-14 所示。

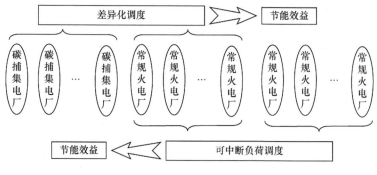

图4-14　LCGD基本思路

2. CCPP 的低碳效益对 ESGD 的影响

1）CCPP 运行特性

通过电碳特性分析可知，碳捕集系统需要注入能量，CCPP 原本的上网电量与能耗的对应关系发生变化。CCPP 运行空间如图 4-15 所示。

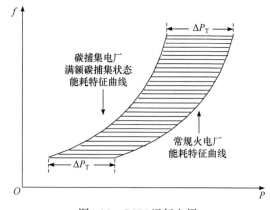

图4-15　CCPP运行空间

可以看出，碳捕集系统的满额碳捕集的能量消耗使上网电量的上限值下降 ΔP_T。电厂在低碳运行状态下满足相同数值的负荷需求产生的对应能耗值有所提高。同时，得益于碳捕集设备的能量吸收，电厂的出力下限也能够下潜 ΔP_T，增加机组的利用率。综上所述，CCPP 通过改变碳捕集量，使其自身的运行机制具有较高的灵活性。其性能类似于抽水储能电站，图中阴影部分为 CCPP 的运行空间，理论上 CCPP 可以通过调节，使其运行状态对应于阴影区域中的任意一点。

2）计及低碳效益的差异化调度理论

通过对 CCPP 能耗的影响分析可知，CCPP 低碳运行时的能耗相应提高，运行成本也相应增大。在 ESGD 的决策过程中，按照等煤耗微增率排序 CCPP 往往比较靠后。各个火力发电厂碳捕集系统的配置情况存在差异，进而导致各个机组之间的低碳效益不同，在调度决策中必然要对此充分考虑。因此，为提高发电调度对低碳效益的重视，体现 CCPP 在调度决策中的公平性，可以将碳成本纳入调度决策中，由发电能耗与碳成本共同决策调度。

碳成本由两部分组成，一部分为 CO_2 排放成本，另一部分为捕集 CO_2 所需的成本。其表达式为

$$C_{Ti}(P_{Gi}) = k_1 E + k_2 E_c \qquad (4\text{-}27)$$

式中，$C_{Ti}(P_{Gi})$ 为电厂 i 的碳成本；k_1 和 k_2 为 CO_2 排放成本系数和 CO_2 捕集成本系数。

装配碳捕集系统的 CCPP 在参与日前发电计划中的竞争力体现在碳捕集成本与碳排放成本之间的差值。差值越大，竞争力越强。

计及低碳效益的 ESGD，不但要将节能效益和低碳成本效益视为同等重要地位的调度决策条件纳入决策空间，而且要考虑碳成本与能耗之间不具有统一量纲，节能目标和低碳目标不能同时取得最优解。此外，碳捕集发展不同阶段的技术成熟度与财政补贴也不同，各地区对经济发展与低碳发展的要求也随之呈现阶段性变化，对调度决策变量的倚重程度也不同。

鉴于此，本节引入差异化调度的概念，以实现调度计划中节能效益和低碳效益综合最优的目标。所谓差异化调度是指按照各个机组的节能效益和低碳效益的不同，调整系统负荷在各机组中的分配，实现节能效益和低碳效益高的机组多出力，减少高能耗、大排放量机组的发电量。因此，ESGD 中各个发电厂的碳煤综合能耗可表示为

$$F_{CC,i}(P_{Gi}) = f(P_{Gi}) + \omega_i \beta_e C_{Ti}(P_{Gi}) \qquad (4\text{-}28)$$

式中，$F_{CC,i}(P_{Gi})$ 为发电厂 i 的碳煤综合能耗，代表电厂在调度决策中煤耗和碳成本量化特性；β_e 为成本等效能耗值，将碳成本划归能耗层面，使之与发电能耗统一；ω_i 为低碳效益权重因子，通过设置各个机组的低碳效益权重因子，调整碳煤综合指数中碳成本的占比，改变各个机组低碳效益对调度决策的影响力。

当 ω_i 取零值时，表示不考虑碳成本，此时问题退化到 ESGD 上；当碳排放监管严厉时，设置 ω_i 的取值使碳成本与能耗的比值大到可以忽略，此时问题退化到不考虑发电能耗的低碳调度上，即以碳定电。

ESGD 的目标函数可以表示为

$$\min F(P_{Gi}) = \sum_{i=1}^{c} (F_{CC,i}(P_{Gi})) \qquad (4\text{-}29)$$

式中，c 为发电场个数。

为定量描述差异化调度的差异度，方便分析差异化调度对节能效益及低碳效益的影响，定义差异度指数为

$$H = \sqrt{\frac{1}{M} \sum_{i=1}^{M} (\omega_i - 1)^2} \tag{4-30}$$

式中，M 为参与调度计划中的机组数。

差异度指数是无量纲指标，衡量差异化调度中各机组与无差异经济调度之间决策影响力的平均偏差率。

同时，纳入碳成本的差异化调度中，约束条件方面也相应增加 CO_2 捕集约束和 CO_2 排放约束等低碳调度的约束条件。

CO_2 捕集约束为

$$0 \leqslant E_{c,t} \leqslant E_c^{\max} \tag{4-31}$$

CO_2 排放约束为

$$\sum_{t=1}^{g} \sum_{i=1}^{n} E_{i,t} \leqslant E^{\max} \tag{4-32}$$

3）考虑低碳效益的节能发电序位表制定方法

ESGD 计划制定过程，首先按各发电机组的能耗排序，能耗相同的机组按照污染物排放的大小决定优先顺序，制定发电序位表。低碳效益以与节能效益同等重要的地位纳入发电调度的决策条件中，以能耗为主污染物排量为辅的发电制定发电序位表的方法也需随之做出调整。

火电机组煤耗特征曲线在其出力上下限范围内近似于线性。当碳捕集火电机组的碳捕集率为定值时，碳成本也是关于出力 P 的线性函数，因此碳煤综合能耗函数可以近似认为是线性函数。

碳煤综合能耗微增率是指火电机组最大出力对应的碳煤综合能耗与最大出力的比值，即

$$\theta_i = \frac{F_{CC,i}(P_{Gi})}{P_{Gi}} \tag{4-33}$$

取 $P_{Gi,\max}$ 时 θ_i 对应的值 $\theta_{i,\max}$ 作为火电机组编排发电序位表的参考指标，按照从小到大的顺序依次编排机组的优先级，可以得到计及低碳效益的火电机组发电序位表。

3. 考虑低碳效益的 IL 调度制定方法

1）IL 调度优化对象

在尖峰负荷时段，CCPP 将部分能量分配给碳捕集系统以满足低碳运行的要

求，使 CCPP 的能耗特性曲线整体左移。对比不启动碳捕集系统的情况，一方面，低碳运行使 CCPP 最大出力有所下降，系统中发电总容量也相应下降，高能耗、大排放量的非 CCPP 容量占比增大，在满足同样尖峰负荷值时较未启用碳捕集系统的情况负荷率总体增高；另一方面，在碳捕集系统运行的情况下，CCPP 相同出力对应的能耗值相对增高，即尖峰负荷对应机组的煤耗微增率提高。此外，为提高系统运行的低碳效益而实施的差异化调度会增加 CCPP 的负荷承担比值，使 CCPP 的能耗维持在较高的水平，因此使 CCPP 成为 IL 调度提高系统运行节能效益的主要对象。

通过差异化调度调整常规火电厂和 CCPP 的出力，对发电过程中的碳排放具有一定的缓解作用，通常这种缓解作用主要体现在 CCPP 具有充分可调空间的负荷低谷时段和平段。在负荷高峰时段，为维持系统的供需平衡，常规火电厂的负荷率显著提高，而常规火电厂高度一致的电碳特性，往往使系统运行陷入安全性与环保性之间的矛盾。因此，对常规火电厂的碳排放进行限制，能够显著地提升发电的低碳效益。

基于以上分析，尖峰负荷时段 CCPP 的节能效益和常规火电厂的低碳效益都受到一定程度的遏制。以零能耗、零排放特性的 IL 作为调度资源，代替发电调度中高能耗或者高排放的部分电量，达到提高系统运行的节能效益和低碳效益的目的。

2）节能潜力评估

节能潜力评估是指导 IL 调度计划制定的重要环节。由于 CCPP 和常规火电厂的电碳特性不同，系统运行的能耗与碳排放分别倚重 CCPP 和常规火电厂两个载体，因此必须对 CCPP 和常规火电厂开展尖峰负荷时段的节能潜力评估和低碳潜力评估，具体步骤如下。

步骤 1：将常规火电厂和 CCPP 各种承担的负荷从整个初步节能调度计划中分离。常规火电厂和 CCPP 承担的负荷值如图 4-16 所示。将所有常规火电厂在差异化 ESGD 计划中各个时段的出力相加，得到常规火电厂承担的负荷，即图 4-16 中虚线以下的部分。同理可得 CCPP 对应的负荷，即图 4-16 中实线与虚线之间的负荷值。

步骤 2：分别制定常规火电厂和 CCPP 的 ESGD 计划。当常规火电厂和 CCPP 分离成两部分后，各部分都具有相似的电碳特性。根据步骤 1 求得的常规火电厂和 CCPP 各自承担的负荷，以能耗为单一决策变量制定 ESGD 计划。

步骤 3：分别对常规火电厂和 CCPP 进行节能潜力评估。由于常规火电厂的电碳特性具有线性关系，常规火电厂的节能潜力与低碳潜力具有高度的一致性，可以以节能潜力替代评估其低碳潜力。

3）IL 调度计划的制定与 ESGD 计划的修正

根据对常规火电厂发电和 CCPP 节能潜力评估和低碳潜力评估的结果，按照

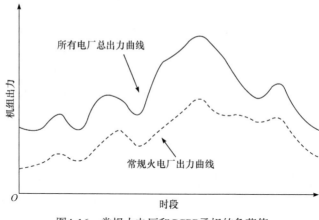

图4-16　常规火电厂和CCPP承担的负荷值

4.2.2 节的原则和方法确定中断容量的最小限值和最大限值,进而得到各自的差值负荷曲线。最后,将常规火电厂和 CCPP 的差值负荷曲线进行叠加,得到最终的差值负荷曲线(图 4-17)。

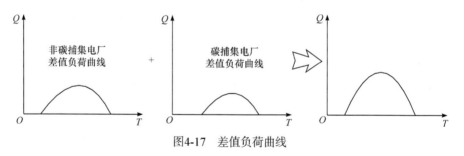

图4-17　差值负荷曲线

IL 调度计划可按照下节的方法制定,其中低碳运行使 CCPP 供电能耗增加,碳排放量总体下降,碳成本也随之下降,因此其碳煤综合能耗的大小决定供电能耗与碳成本二者的等效差值。该差值将影响 IL 成本约束,进而影响 IL 调度的决策。若 CCPP 的碳煤综合能耗大于常规火电厂的碳煤综合能耗,则优先调度 IL 满足 CCPP 的差值负荷曲线,即修正节能发电计划环节,只修正常规火电厂的发电计划。反之,优先调度 IL 满足常规火电厂的差值负荷曲线,即修正节能发电计划环节,只修正 CCPP 的发电计划。

4.2.4　算例分析

在 IEEE 39 节点标准算例中,机组 6～9 设定为装设碳捕集系统的 CCPP。根据文献[25]统一设定 q 为 8.13(kW·h)/kg 标准煤,并取 δ 为 2.62kg CO_2/kg 标准煤;碳捕集机组的 CO_2 捕集率 γ 为 85%,捕集能量损失为 0.31(kW·h)/kg CO_2;k_1 设

为 80 元/t，k_2 设为 40 元/t，设置低碳效益权重因子 ω 为 1.2。

　　首先，按照本节方法计算未考虑碳成本、考虑碳成本但不计及各机组低碳效益差异两种情况下，各机组在发电序位表中的碳煤综合能耗微增率，并以此制定各机组的排序。考虑碳成本的机组发电序位表如表 4-9 所示。考虑碳成本时，各机组的发电序位发生显著变化，CCPP 的碳煤综合能耗微增率相对较低，在序位表中的排序都有不同程度的上升，并排列在发电序位表前列；常规火电厂表现出较高的碳煤综合能耗微增率，在部分电厂的序位明显下降。

表 4-9　考虑碳成本的机组发电序位表

机组编号	ESGD 机组序位	能耗微增率/(t/MW)	考虑碳成本机组序位	碳煤综合能耗微增率/(t/MW)	机组序位变化
1	1	0.43914	1	0.64342	不变
2	5	0.51314	8	0.71742	降 3 位
3	2	0.55342	7	0.7577	降 5 位
4	4	0.53514	6	0.73886	降 2 位
5	6	0.51228	9	0.7177	降 3 位
6	3	0.54942	5	0.66708	升 2 位
7	8	0.58714	3	0.70572	升 5 位
8	7	0.55684	2	0.67456	升 5 位
9	9	0.59642	4	0.71438	升 5 位
10	10	0.64284	10	0.84714	不变

　　各时段系统负荷如表 4-10 所示。

表 4-10　各时段系统负荷

时段	系统负荷/MW	时段	系统负荷/MW	时段	系统负荷/MW
1	2700	9	4640	17	4810
2	2520	10	5980	18	4220
3	2410	11	5830	19	3950
4	2340	12	5340	20	4240
5	2640	13	4130	21	3980
6	3070	14	4270	22	4110
7	2930	15	4650	23	4540
8	3580	16	4570	24	3360

　　按照表 4-10 中日负荷曲线进行仿真，得到的 ESGD 计划与差异化调度下各时段的能耗、碳排放量曲线分别如图 4-18、图 4-19 所示。

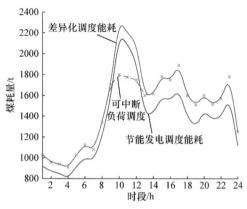

图4-18 各时段能耗曲线

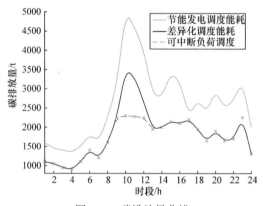

图4-19 碳排放量曲线

由图 4-18 可知，差异化调度的煤耗量总体高于 ESGD 计划，在低谷时段和尖峰负荷时段的差值相对较小，在负荷平段的差值最大。由图 4-19 可知，在差异化调度中，高峰负荷时段和负荷平段的碳排放量明显低于 ESGD。取第 10 时段为例，分析 ESGD 与差异化调度下各机组出力对比，差异化调度中的 CCPP 6～9 的出力明显增加，常规火电机组的出力降低。综上所述，差异化调度提高 CCPP 的出力，以牺牲较高的能耗换取碳排放量的降低。

根据表 4-5，对 9～12 时段制定 IL 调度计划，并计算调度后发电侧的能耗值、碳排放量。尖峰负荷 10 时段三种方案下各机组出力曲线如图 4-20 所示。对比调度计划数据如表 4-11 所示。结合图 4-20 中各机组出力的变化情况，说明 IL 调度的有效性。实施 IL 调度主要降低常规火电厂的出力，尖峰负荷时段的发电能耗和碳排放量大幅下降。同时，CCPP 6～9 的出力也略有下降，其中 9 号机组下降幅度最大，其主要原因是该电厂的发电能耗比较高。从微观上分析，平均每兆瓦 IL 节约 0.635t 煤耗，可减少 1.544t 碳排放量。

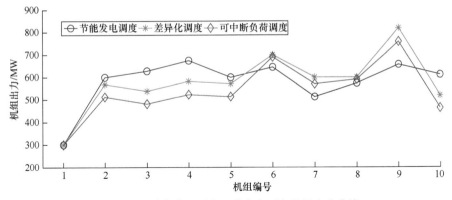

图4-20　尖峰负荷10时段三种方案下各机组出力曲线

表 4-11　对比调度计划数据

对比调度计划	ESGD	差异化调度	IL 调度
机组总出力/MW	93540	93540	91490
发电总煤耗/(t/h)	32210	36540	35239
IL 调度容量/MW	0	0	2050
IL 调度成本/(元/h)	0	0	257923
CO_2 总排放量/(t/h)	66587	46402	43236

改变 ω 取值调整差异度，计算差异度指数，仿真分析差异度指数和能耗与碳排放之间的关系，得到的平均碳排放量、AEC 量与差异度指数如图 4-21 所示。差异度指数分析能耗和碳排放的变化趋势，对 IL 调度优化节能效益和低碳效益具

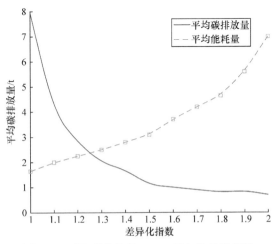

图4-21　平均碳排放量、AEC量与差异度指数

有重要的参考价值。当差异化指数大的时候，系统的 AEC 高，调度 IL 能提高系统运行的节能效益。反之，当差异化指数较小，系统的碳排放量大，调度 IL 能提高系统运行的低碳效益。

4.3　管制电力市场中的居民用电阶梯式电价优化

阶梯电价又称累进制电价，是激励用户节约用电的重要价格手段。本节建立居民阶梯电价优化模型，全面考虑各方面的约束条件，如用户的用电成本、用电单价约束，供电方运行成本、售电收益约束，以及系统容量约束等，在管制电力市场中具有较强的通用性。采用罚函数法将带约束优化问题转化为无约束优化问题，并运用遗传算法(genetic algorithm，GA)求解。

4.3.1　阶梯电价优化模型

阶梯电价又称累进制电价，是指把用电量划分为若干个阶梯，每一分段用电量范围内都有一个单位电价。单位电价在分段内保持不变，但单位电价随分段而增加。阶梯电价示意图如图 4-22 所示。阶梯电价共划分为三档，总的用电费用=第一阶梯电价×第一阶梯电量+第二阶梯电价×第二阶梯电量+第三阶梯电价×第三阶梯电量。假定 $s_1=100\,\mathrm{kW\cdot h}$，$s_2=200\,\mathrm{kW\cdot h}$，$p_1=0.1$美元$/(\mathrm{kW\cdot h})$，$p_2=0.15$美元$/(\mathrm{kW\cdot h})$，$p_3=0.2$美元$/(\mathrm{kW\cdot h})$。若某用户的用电量为 $240\,\mathrm{kW\cdot h}$，则其应支付的电费为 $(100\times0.1+100\times0.15+40\times0.2)$美元。

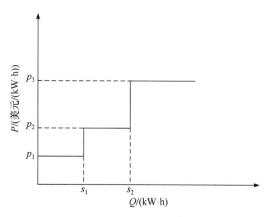

图4-22　阶梯电价示意图

1. 决策变量

国家发改委是我国阶梯电价的制定者，其在进行阶梯电价的定价决策时关心三方面内容，即分档次数、分档电量、分档电价。分档次数设计一般要综合考虑地区生活习惯，对于用电需求比较集中的地区，分档次数可以适当减少。对于居民用电需求比较分散的地区，多档次的电量划分更易体现社会公平。目前，国外阶梯电价一般分为 4～6 档，我国分为 3～4 档。分档电量的划分一般以各地区的平均用电水平为参考，第一档电量一般低于平均用电水平；后面各档电量等于或高于平均用电水平，可以反映不同居民群体的用电水平。各档单位电价的确定宜以平均电价作为依据，第一档的单位电价一般小于或接近平均电价，后面各档电价一般高于平均电价，以便对不同居民群体差别定价，达到公平负担和避免浪费用电的目的。

事实上，阶梯电价的定价是一个多变量决策过程。假定阶梯电价共划分为 N 个档次，则待决策的分档电量变量个数为 $N\text{-}1$，分档电价变量个数为 N，待决策变量总数为 $2N\text{-}1$ 个。

2. 目标函数

实施阶梯电价政策的目的是提高电能效率。因此，目标函数可以设定为节能效果最佳，即

$$\max Q_{\text{save}} = \sum_{i=1}^{m} q_{i0} - \sum_{i=1}^{m} q_{i1} \tag{4-34}$$

式中，Q_{save} 为阶梯电价实施后，节约的居民用电总量；m 为某地区居民用户总数；q_{i0} 和 q_{i1} 为该地区第 i 个居民用户在阶梯电价实施之前和之后的月用电量，q_{i1} 体现居民用户对阶梯电价的响应结果，是一个关于阶梯电价和 q_{i0} 的函数。

3. 约束条件

为表达方便，定义比较函数为

$$F(X_1, X_2) = \begin{cases} 1, & X_1 > X_2 \\ 0, & X_1 \leqslant X_2 \end{cases} \tag{4-35}$$

阶梯电价应保证公平、公正，因此阶梯电价在实施中，应受到如下约束。

约束 1：实行阶梯电价后，有一定比例用户的用电成本不上升，即

$$\frac{\sum_{i=1}^{m} F(C_{i0}, C_{i1})}{m} \geqslant \lambda_1 \tag{4-36}$$

式中，C_{i0} 和 C_{i1} 为居民用户 i 在阶梯电价实行前后的用电成本；$\lambda_1 (0 < \lambda_1 < 1)$ 为比例系数。

C_{i0} 和 C_{i1} 可表示为

$$\begin{cases} C_{i0} = p_0 q_{i0} \\ C_{i1} = \sum_{j=1}^{L_i - 1} p_j s_j + p_{L_i}(q_{i1} - s_{L_i - 1}) \end{cases} \tag{4-37}$$

式中，p_0 为阶梯电价实行之前的单一电价；p_j 为阶梯电价实行之后第 j 档次的单位电价；s_j 为第 j 档次的电量；L_i 为居民用户 i 的用电量跨越电量区间的个数。

约束 2：为保证阶梯电价的分档定价效果，应使不少于一定比例的用户用电量跨越至少两个区间，即

$$\frac{\sum_{i=1}^{m} F(q_{i1}, s_1)}{m} \geqslant \lambda_2 \tag{4-38}$$

式中，λ_2 为比例常数。

约束 3：总平均电价变化幅度在一定范围内，即

$$p_0 - \xi_1 \leqslant \frac{\sum_{i=1}^{m} C_{i1}}{\sum_{i=1}^{m} q_n} \leqslant p_0 + \xi_2 \tag{4-39}$$

式中，ξ_1 和 ξ_2 为常数。

约束 4：供电收入约束。对供电企业来说，制定阶梯电价应使销售收入与未实施阶梯电价前相比没有减少，即

$$\sum_{i=1}^{m} C_{i1} \geqslant \sum_{i=1}^{m} C_{i0} \tag{4-40}$$

约束 5：基本用电需求约束。阶梯电价在引导用户节约用电的同时，应保证用户的基本用电需求，即不能使用户反应过大，造成基本用电需求受到限制。令 Q_{base} 为用户的基本用电需求，实行阶梯电价后的用户用电量应满足

$$q_{i1} \geqslant Q_{\text{base}} \tag{4-41}$$

约束 6：运行成本约束。实行阶梯电价之后的总售电收益应该大于系统运行成本 C_{op}，即

$$\sum_{i=1}^{m} C_{i1} \geqslant C_{\text{op}} \tag{4-42}$$

约束 7：系统容量约束。尽管目标函数是减少电能消耗，但是为了提高现有发电设备的利用率，实行阶梯电价之后的用电量应该满足

$$kQ_{\text{gen}} < \sum_{i=1}^{m} q_{i1} < Q_{\text{gen}} \tag{4-43}$$

式中，Q_{gen} 为发电容量；$k(0<k<1)$ 为比例系数，表示发电设备的最小利用率。

约束 8：变量关系约束。阶梯电价的特性决定各个决策变量之间存在的关系，即

$$\begin{cases} 0 < p_1 < p_2 < \cdots < p_N \leqslant p_{\max} \\ 0 < s_1 < s_2 < \cdots < s_{N-1} < s_{\max} \end{cases} \tag{4-44}$$

式中，电价 p 和电量 s 的上限值由各地区的电力消费水平、政策、经济等因素决定，存在一定的地区差异。

4. 求解算法

GA 是求解多变量优化问题的有效手段，已成功应用于函数优化、机器学习、复杂性问题研究等多个领域。优化模型是一个带非线性约束的多变量优化问题，适合 GA 进行寻优求解。在应用 GA 之前，采用罚函数法对约束条件进行处理。

上述优化模型可抽象为

$$\begin{aligned} &\min f(x) \\ &\text{s.t. } g_i(x) \leqslant 0, \quad i=1,2,\cdots,k \end{aligned} \tag{4-45}$$

采用加法形式构造惩罚函数，即

$$P(\sigma,x) = \sigma \sum_{i=1}^{k} C_i^2(x) \tag{4-46}$$

式中，$C_i(x) = \max\{0, g_i(x)\}$；$\sigma$ 为罚因子。

因此，最终的适应度函数为

$$F(x) = f(x) + P(x) \tag{4-47}$$

GA 求解阶梯电价的详细步骤可参考文献[2]。

4.3.2 居民用电需求分析

居民用电需求与电价之间存在密切关系。一般来说，居民用电需求随电价的升高而降低。需求价格曲线如图 4-23 所示。

为定量分析，常将该曲线在某一均衡点附近线性化。定义需求弹性系数为 $e = \dfrac{\Delta q/q_0}{\Delta p/p_0}$。当 $\Delta p \to 0$ 时，e 将演变为曲线上某点切线斜率的倒数。也就是说，e

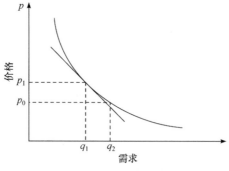

图4-23　需求价格曲线

实际上是电量q_0的函数。对于居民用户来讲，月均用电量的不同反映不同居民在经济收入、用电方式等方面存在的差异。正因为存在上述差异，居民用户对电价变化的反应也不尽相同。基于上述分析，下面首先探讨需求价格弹性与用电量的函数关系，为后续建立不同居民用户对阶梯电价的响应模型提供基础。

选取某地区样本数为 10000 的居民用户群作为研究对象，该地区居民月均用电量跨度为 5～600kW·h。该地区在 2006 年对电价进行调整，用电单价由之前的 0.523 元/(kW·h) 上调为 0.573 元/(kW·h)。统计该地区居民用户在 2005 年和 2006 年的月均用电量数据，以及用电量变化，结果如表 4-12 所示。

根据上表数据，以及用电单价变化，可以求得不同居民用户的需求弹性系数 e，再将需求弹性系数 e 与用电量q_0进行拟合，可以得到 e 和q_0的关系曲线。如图 4-24 所示，用电量较少的居民用户弹性系数较小，随着用电量增加，居民的弹性系数将增大，达到某一临界点后，弹性系数将减小，但是当弹性系数减小到某一数值后，将维持在一个稳态值。

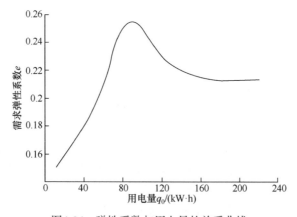

图4-24　弹性系数与用电量的关系曲线

事实上，月均用电量较少的居民用户一般只维持基本生活用电需求，因此电

表 4-12　某地区居民部分用电数据

项目	1 月	2 月	3 月	4 月	5 月	6 月	7 月	8 月	9 月	10 月	11 月	12 月
2005 年月均用电量/(kW·h)	36	52	64	73	86	97	109	113	124	131	148	572
2006 年月均用电量/(kW·h)	35	52	62	72	84	95	106	111	121	128	146	563
用电量变化/(kW·h)	−1	0	−2	−1	−2	−2	−3	−2	−3	−3	−2	−9
2005 年月均用电量/(kW·h)	160	187	202	245	306	363	391	438	456	489	511	594
2006 年月均用电量/(kW·h)	157	182	195	240	301	357	385	429	446	479	501	585
用电量变化/(kW·h)	−3	−5	−7	−5	−5	−6	−6	−9	−10	−10	−10	−9

价变化对其影响不大；中等用电水平的居民用户，除维持必需的生活用电外，还可以将一部分电力消费用于提高生活质量，因此该类用户的需求弹性较大；高用电水平的居民用户大多拥有足够的经济实力来应对电价变化，因此他们的需求弹性相对一致。对于那些处在中等用电水平与高用电水平之间的居民用户来讲，可以自由和自愿调整的用电负荷事实上较大，因此这类用户的需求弹性居各类用户之首。

在已知需求价格弹性系数 e 与居民用电量 q_0 的关系后，就可以确定不同居民用户的需求价格弹性。考虑阶梯电价的多级电价特性，多级弹性系数概念被提出，即对每个居民用户来讲，每一级阶梯电价对应一级弹性系数，则每个居民用户的总用电量由多级弹性系数共同确定，即

$$\Delta q/q_0 = \begin{bmatrix} e_1 & e_2 & \cdots & e_N \end{bmatrix} \begin{bmatrix} \Delta p_1/p_0 \\ \Delta p_2/p_0 \\ \vdots \\ \Delta p_N/p_0 \end{bmatrix} \tag{4-48}$$

式中，$\Delta q = q - q_0$，$\Delta p_i = p_i - p_0$，q_0、q 为实行阶梯电价之前和之后的用电量，$p_i(i=1,2,\cdots,N)$ 为第 i 级的阶梯电价；e_i 为第 i 级的需求弹性系数。

有研究指出，需求弹性与电价变化之间存在非线性关系。这表明，同一用户的多级弹性系数事实上是各不相同的。但是，考虑多级弹性系数在实际操作中难以确定，因此假定同一用户的多级弹性系数取相同值。在一定的电价变化范围内，居民用户的消费行为存在一定的惯性，即不会突然大幅度改变原有的用电需求，用电变化基本会与电价变化保持一致。因此，可以认为上述假设具有一定的合理性。

对于 m 个居民用户群来说，存在需求价格弹性矩阵，即

$$A = \begin{bmatrix} e_{11} & e_{12} & \cdots & e_{1N} \\ \vdots & \vdots & & \vdots \\ e_{i1} & e_{i2} & \cdots & e_{iN} \\ \vdots & \vdots & & \vdots \\ e_{m1} & e_{m2} & \cdots & e_{mN} \end{bmatrix} \tag{4-49}$$

式中，$e_{ij}(i=1,2,\cdots,m; j=1,2,\cdots,N)$ 为用户 i 在第 j 级电价的需求弹性系数。

m 个居民在执行阶梯电价后的用电量变化为

$$\Delta Q/Q_0 = A \cdot \Delta P/P \tag{4-50}$$

式中，$Q_0 = [q_{10}, q_{20}, \cdots, q_{m0}]$ 为各用户在实行阶梯电价之前的用电量。

m 个居民在执行阶梯电价后的总用电量为

$$Q = Q_0 + \mathrm{diag}Q_0(A \cdot \Delta P/P) \tag{4-51}$$

式中，$\mathrm{diag}Q_0$ 为对角矩阵，即 $\mathrm{diag}Q_0 = \begin{bmatrix} q_{10} & & & \\ & q_{20} & & \\ & & \ddots & \\ & & & q_{m0} \end{bmatrix}$

至此，居民用户对阶梯电价的响应模型已经建立。最终的响应模型由式(4-51)描述，各个量之间的关系由式(4-49)和式(4-50)确定。

4.3.3　算例分析

以某地区 300 个用户的月用电量为研究对象，实行单一电价(阶梯电价之前)时，该居民用户群的月用电量如图 4-25 所示。

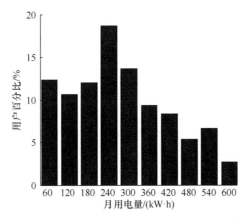

图4-25　实行单一电价(阶梯电价之前)时某居民用户群的月用电量

GA 采用实值编码，种群大小为 100，最大遗传代数为 100，交叉概率为 0.8，变异概率为 0.05。各约束条件参数取值如下，$\lambda_1=0.6$、$\lambda_2=0.7$、$\xi_1=\xi_2=0.3$元/(kW·h)、$Q_{\mathrm{base}}=80$kW·h。电价范围定为(0,2)，单位为元；电量范围为(0,500)，单位为 kW·h。

如图 4-26 所示，算法能够较快地收敛到稳定值，表明算法具有较好的收敛性。

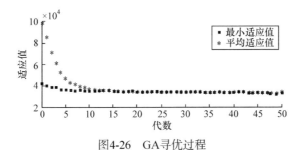

图4-26　GA寻优过程

为消除 GA 固有的不确定性带来的计算误差，进行 1000 次优化计算，取其平均值作为最终的优化结果。将实行阶梯电价之前的单一电价视为 $N=1$ 的阶梯电价。阶梯电价实行前后居民用电对比如表 4-13 所示。

表 4-13　阶梯电价实行前后居民用电对比

电价结构	分档电价/(元/(kW·h))	分档电量/(kW·h)	总用电量/(kW·h)	用电成本/元
1	1.0	—	47247	47247
3	(0.860, 1.4257, 1.8538)	(36.6255, 199.7908)	36906	48679
4	(0.7369, 1.4002, 1.6517, 1.6543)	(25.1334, 57.4798, 73.2355)	34156.9217	48197.8475
5	(0.9048, 1.4121, 1.4912, 1.5612, 1.6827)	(8.1384, 15.0412, 31.9061, 95.1024)	28633.8595	43801.0787
6	(0.8726, 1.3594, 1.4500, 1.4902, 1.5244, 1.6216)	(4.9809, 6.4804, 8.4811, 13.0626, 62.6377)	26219.877	40155.9428

对比分析阶梯电价实施前后的居民用电情况可知，阶梯电价实行之后使居民总用电量减少，即达到节能降耗目的。节能效果与阶梯电价结构有关，阶梯电价分级越多，节能效果越显著，但是供电公司的售电收益将减少。因此，制定阶梯电价时，应在节能效果和供电公司的售电收益之间寻求均衡点。

4.4　基于高维目标优化的多家庭协调需求响应

电力峰荷的持续增长给电力系统功率的供需平衡带来新的挑战。家庭侧需求响应为维持电力系统功率的供需平衡提供了新的方向。一方面，电网可通过刺激家庭用户参与需求响应引导家庭错峰来电以缓解系统容量短缺，提高电力设备利用率。另一方面，家庭用户可以通过响应诱导性激励信号，改变可控设备原先的用电模式获得经济上的补偿。家庭侧需求响应可能因激励效果不佳形成新一轮的负荷波峰、波谷，导致电网能源利用效率和经济性降低。同时，由于家庭侧的用电行为具有集中性，在各个家庭分别进行需求响应时，如电动汽车这类充电功率大的设备都尽可能地在电价较低时充电，导致家庭侧负荷形成新的用电高峰，尽管新的用电高峰比优化前的用电高峰小，但是仍然超过家庭侧配电变压器的额定功率，加快家庭侧配电变压器的老化。

对以上问题，本节综合考虑供电侧和家庭侧的效益，提出一个两阶段用户群协调需求响应多目标优化模型，并提出一种新型的基于投影变换的高维目标进化（evolutionary many-objective optimization based on the hyperplane projection，

EMOHP)算法求解众多家庭参与激励型需求响应的问题。

在内容安排上,本节首先建立两阶段用户群协调需求响应多目标优化模型,包括配电变压器负荷管理模型和家庭侧协调用电优化模型。然后,阐述 EMOHP 算法的整体框架,对参考点生成机制、Pareto 边界点搜索方法、基于超立方体空间投影变换的种群进化机制进行详细地说明。最后,通过将 EMOHP 算法应用到基于高维目标优化的多家庭协调用电优化模型,对比 EMOHP 算法与其他进化算法的收敛性指标和分布性指标,验证算法在求解多家庭协调用电优化问题的有效性。

4.4.1 配电变压器负荷管理模型

由于家庭侧具有数量众多的负荷可控设备,通过刺激家庭用户参与需求响应可使配电变压器负荷分布在一定程度上得到改善,达到削峰填谷的作用,进而减缓配电变压器的衰老程度、延长配电变压器的工作年限、提高配电变压器的利用效率,因此通过家庭侧需求响应机制对配电变压器进行负荷管理意义重大。本节主要在激励型需求响应机制下对家庭侧配电变压器的负荷进行优化,构建考虑配电变压器生命损耗成本的配电变压器负荷管理模型。基于激励机制鼓励每个智能家庭参与到需求响应调节机制中,可以得到该配电变压器供电下的最优负荷分布。

1. 目标函数

配电变压器负荷管理模型以最小化调度区间内家庭侧配电变压器生命损耗成本、总用电成本、需求响应激励成本为目标函数。

1) 生命损耗成本

在 t 时段,家庭侧配电变压器在给定条件下的等效生命损耗成本为

$$C_t^{\text{LOL}} = \frac{C_{\text{DT}}}{T_{\text{L}}} T_t^{\text{LOL}} \tag{4-52}$$

式中,C_t^{LOL} 为 t 时段家庭侧配电变压器所处条件下的等效生命损耗成本;C_{DT} 为配电变压器的初始投资成本;T_{L} 为配电变压器在标准条件下的使用寿命;T_t^{LOL} 为配电变压器在 t 时段所处条件下的等效生命损耗[26]。

2) 总购电成本

在 t 时段时,总购电成本为

$$C_t^{\text{P}} = \gamma P_t^{\text{DT}} \tag{4-53}$$

式中,γ 为供电侧购电电价;P_t^{DT} 为 t 时段家庭侧配电变压器的负荷总量。

3）需求响应激励成本

需求响应激励成本由可转移负荷的激励成本和可削减负荷的激励成本构成，即

$$C_t^{\text{INC}} = P_{t \to t'}^{\text{DT}} C_{\text{D}} + \Delta P_t^{\text{DT}} C_{\text{R}} \tag{4-54}$$

式中，C_{D} 和 C_{R} 为对延迟负荷和削减负荷的单位激励成本；$P_{t \to t'}^{\text{DT}}$ 和 ΔP_t^{DT} 为从时间 t 转移到 t' 的负荷总量和在时间 t 削减的负荷总量。

由此构造出的配电变压器负荷管理模型的目标函数为

$$\min \left(\sum_{t=1}^{T_{\text{end}}} C_t^{\text{LOL}} + C_t^{\text{P}} + \sum_{t'=t+1}^{t+T_{\text{max}}} P_{t \to t'}^{\text{DT}} C_{\text{D}} + \Delta P_t^{\text{DT}} C_{\text{R}} \right) \tag{4-55}$$

式中，T_{max} 为配电变压器负荷可移动的最大时间长度；T_{end} 为优化的结束时段。

2. 约束条件

在配电变压器对家庭侧用户进行供电时，其总的转移负荷、总的削减负荷，以及转移前后功率平衡受家庭侧需求响应容量的限制。

首先，变压器转移到当前时间段之后总的负荷转移量不应超过变压器能够转移到之后时间段总的转移负荷量，即

$$0 \leqslant \sum_{t'=t_m}^{t+T_{\text{max}}} P_{t \to t'}^{\text{DT}} \leqslant \sum_{t'=t_m}^{t+T_{\text{max}}} P_{t \to t'}^{\text{DTM}} \tag{4-56}$$

式中，$t_m \in \{t+1, t+2, \cdots, t+T_{\text{max}}\}$，$t_m$ 为家庭侧可延迟负荷向之后某一时段延迟后的时间；$P_{t \to t'}^{\text{DTM}}$ 为 t 时段需求响应下，配电变压器能转移到 t' 时段的最大负荷总量。

此外，配电变压器在 t 时段能够削减的负荷量应小于该时段家庭侧进行需求响应时允许的最大削减能力，即

$$0 \leqslant \Delta P_t^{\text{DT}} \leqslant \Delta P_t^{\text{DTM}} \tag{4-57}$$

式中，ΔP_t^{DTM} 为 t 时刻进行需求响应，配电变压器的最大可削减负荷总量。

需求响应后 t 时段配电变压器负荷 P_t^{DT} 为

$$P_t^{\text{DT}} = \Delta P_t^{\text{DT0}} + \sum_{t'=t-T_{\text{max}}}^{t-1} P_{t' \to t}^{\text{DT}} - \sum_{t'=t+1}^{t+T_{\text{max}}} P_{t \to t'}^{\text{DT}} - \Delta P_t^{\text{DT}} - P_t^{\text{PV}} \tag{4-58}$$

式中，P_t^{DT0} 为需求响应前的配电变压器负荷；$\displaystyle\sum_{t'=t-T_{\text{max}}}^{t-1} P_{t' \to t}^{\text{DT}}$ 为从之前时间段转移到 t 时段的负荷总量；$\displaystyle\sum_{t'=t+1}^{t+T_{\text{max}}} P_{t \to t'}^{\text{DT}}$ 为从当前 t 时段转移到之后时段的负荷总量；ΔP_t^{DT} 为

当前 t 时段总的负荷削减量；P_t^{PV} 为当前 t 时段光伏电池板的输出功率。

4.4.2 家庭侧协调用电优化模型

在用电高峰时期，供电侧会向家庭侧发出诱导性激励信号，家庭侧接收到此信号后，会尝试改变原用电模式以获得经济上的补偿。本节基于高维目标优化构建家庭侧协调用电优化模型。该模型以实现所有参与需求响应的家庭效益最优为目标，不仅考虑家庭电气设备的异构性，还考虑家庭用户在参与需求响应时的满意度水平。模型第一阶段为配电变压器负荷管理模型，主要从电力公司的角度出发，得到配电变压器负荷的最优分布；第二阶段为家庭侧协调用电优化模型，从家庭侧出发，将多个家庭参与需求响应的用电优化问题看成一个高维目标优化模型，解决在总的负荷削减量和负荷转移量确定的情况下各个家庭用户的用电协调问题。此外，模型还考虑家庭参与需求响应时的满意度水平，保证不同满意度因子设置下的家庭参与需求响应的公平性。图 4-27 所示为用户群协调需求响应框架图。

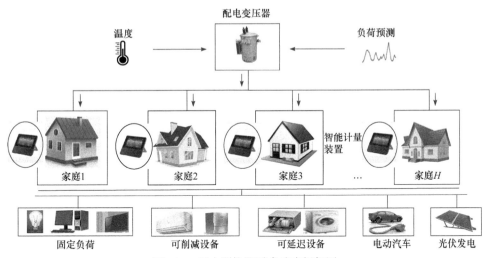

图4-27 用户群协调需求响应框架图

1. 家庭用电效益函数

同传统电网相比，智能电网的一大特征就是强调用户积极主动地参与电网运行。同不参加用电优化的情况相比，用户在参与用电优化时，若家庭负荷运行模式改变较大，则用户的日常生活将受到较大的影响，这会对用户积极主动参与需求响应起到消极影响。考虑可延迟负荷和温控型负荷的运行特性不同，本节对这两类负荷分别建立对应的用电舒适度模型。对于可延迟负荷，用户的舒适度同等待时间息息相关。可延迟负荷在运行时间允许范围内，越靠前运行，用户的舒适性越高；反之，越靠后运行，用户的舒适性越低。对于空调、热水器类温控型负荷，在设定温度允许的范围内，越靠近最佳设定温度，用户的舒适性越高；反之，越远离最佳设定温度，用户的舒适性越低。本节建立的家庭侧能量分配模型中的家庭效益函数由 3 部分构成，分别是需求响应下家庭用户的激励收益、用电行为改变后电费减少值，以及需求响应下用户的满意度水平。

1）需求响应下家庭的激励收益

需求响应下家庭获得的激励收益由对可转移负荷的激励收益和对可削减负荷的激励收益两部分构成，即

$$C_{h,t}^{\mathrm{INC}} = \sum_{t'=t+1}^{t+T_{\max}} \sum_{a \in A_{h,1},\mathrm{EV}} P_{h,a,t \to t'} C_{\mathrm{D}} + \sum_{a \in A_{h,2},A_{h,3}} \Delta P_{h,a,t} C_{\mathrm{R}} \tag{4-59}$$

式中，C_{D} 和 C_{R} 为对延迟负荷和削减负荷的单位激励成本；$P_{h,a,t \to t'}$ 和 $\Delta P_{h,a,t}$ 为家庭 h 的可控设备 a 从时间 t 转移到 t' 的负荷和在时间 t 削减的负荷。

2）需求响应下电费减少值

在需求响应激励下，家庭用户负荷可削减设备在用电高峰时可能有部分负荷削减。在此情况下，用户本身用电量相对减少，由此带来对应的用电费用减少，即

$$C_{h,t}^{\Delta P} = \sum_{a \in A_{h,2},A_{h,3}} \Delta P_{h,a,t} \lambda \tag{4-60}$$

3）需求响应下用户的用电满意度水平

家庭用户的用电满意度水平是指家庭用户在参与需求响应后，各个可调控设备用电模式改变后对家庭用户本身用电带来的影响大小。例如，对家庭用户而言，尽管在用电高峰时，对负荷优化后用户用电费用会减少，家庭用户能得到额外的需求响应激励，但有些家庭仍然希望可削减设备尽可能地少削减负荷，最大限度地满足用电体验，因此在需求响应优化时应充分考虑这些家庭的满意度要求。根据负荷可转移设备和负荷可削减设备用电要求的不同，家庭用户用电满意度水平分为两部分，即对负荷可转移设备的基于转移时间的满意度水平和对可削减设备的基于温度或热指数的满意度水平。

基于转移时间的满意度水平 $C_{h,t}^{\mathrm{Shift}}$ 由负荷可转移设备的用电转移时长 $T_{h,a}^{\mathrm{Shift}}$、家庭用户对转移时长的不满意度因子 $\tau_{h,a}^{\mathrm{Shift}}$ 和转移的功率值 $P_{h,a,t \to t'}$ 决定，即负荷可转移设备的用电转移时长、用户对转移时长的不满意度因子和转移的功率值越大，用户的满意度水平越小，即

$$C_{h,t}^{\mathrm{Shift}} = \sum_{a \in A_{h,1}} (-\tau_{h,a}^{\mathrm{Shift}} T_{h,a}^{\mathrm{Shift}} P_{h,a,t \to t'}) \tag{4-61}$$

基于温度的满意度水平 $C_{h,t}^{\text{Reduce},\theta}$ 由家庭用户设置的理想温度值与负荷可削减设备工作运行产生的温度差值 $\Delta\theta_{h,a,t}$、用户对温度差值的不满意度因子 $\tau_{h,a}^{\text{Reduce},\theta}$ 和削减的功率值 $\Delta P_{h,a,t}$ 决定，即

$$C_{h,t}^{\text{Reduce},\theta} = \sum_{a \in A_{h,2}} (-\tau_{h,a}^{\text{Reduce},\theta} \Delta\theta_{h,a,t} \Delta P_{h,a,t}) \tag{4-62}$$

基于热指数的满意度水平 $C_{h,t}^{\text{Reduce,HI}}$ 由家庭用户设置的理想热指数值与负荷可削减设备工作运行带来的热指数差值 $\Delta\text{HI}_{h,a,t}$、用户对热指数差值的不满意度因子 $\tau_{h,a}^{\text{Reduce,HI}}$ 和削减的功率值 $\Delta P_{h,a,t}$ 决定，即

$$C_{h,t}^{\text{Reduce,HI}} = \sum_{a \in A_{h,3}} (-\tau_{h,a}^{\text{Reduce,HI}} \Delta\text{HI}_{h,a,t} \Delta P_{h,a,t}) \tag{4-63}$$

2. 目标函数

在激励型需求响应下，各个智能家庭为使各自的效益最大化，彼此之间产生了利益竞争关系。因此，H 个家庭参与需求响应的多目标优化模型为

$$\max\{f_1, f_2, \cdots, f_h, \cdots, f_H\} \tag{4-64}$$

$$f_h = \sum_{t=1}^{T_{\text{end}}} (C_{h,t}^{\text{INC}} + C_{h,t}^{\Delta P} + C_{h,t}^{\text{Shift}} + C_{h,t}^{\text{Reduce},\theta} + C_{h,t}^{\text{Reduce,HI}}) \tag{4-65}$$

式中，f_h 为家庭 h 在需求响应下的效益函数。

由式 (4-64) 和式 (4-65) 组成的 4 个及以上目标的优化问题称为高维多目标优化问题。

3. 约束条件

约束条件主要考虑可控设备的模型及设备容量约束，包括负荷可转移设备模型、负荷可削减设备模型、电动汽车充电模型，以及可调控设备的整体容量约束。

1) 负荷可转移设备模型

对于负荷可转移设备，家庭用户须对其设置对应的运行参数。例如，对负荷可转移设备设置运行开始时间和运行截止时间。在设定的时间内，才能对可转移设备用电进行调度。假设家庭 h 拥有的可转移设备的集合为 A_h^1，负荷可转移设备 a 的运行时间长度为 $l_{h,a}$，则家庭 h 设置的可转移设备的运行开始时间 $\alpha_{h,a}$ 和运行截止时间 $\beta_{h,a}$ 间必须满足

$$\beta_{h,a} - \alpha_{h,a} \geqslant l_{h,a}, \quad a \in A_{h,1} \tag{4-66}$$

在家庭用户设定的用电时间范围 $T_{h,a} \in [\alpha_{h,a}, \beta_{h,a}]$ 内，家庭 h 的负荷可转移设

备 a 在 t 时段的实际用电功率 $P_{h,a,t}$ 必须在最小运行功率 $P_{h,a}^{\min}$ 和最大运行功率 $P_{h,a}^{\max}$ 之间，而在设定的用电时间范围外，实际用电功率为 0，即

$$P_{h,a}^{\min} \leqslant P_{h,a,t} \leqslant P_{h,a}^{\max}, \quad a \in A_h^1, t \in T_{h,a} \tag{4-67}$$

$$P_{h,a,t}=0, \quad a \in A_h^1, t \notin T_{h,a} \tag{4-68}$$

此外，家庭用户在当前时刻 t 转移到之后时间段 t' 的转移功率 $P_{h,a,t \to t'}$ 之和必须小于用户在当前时刻能够转移功率的最大值 $P_{h,a,t}^{\max}$，即

$$0 \leqslant \sum_{t'=t+1}^{t+T_{\max}} P_{h,a,t \to t'} \leqslant P_{h,a,t}^{\max}, \quad a \in A_h^1 \tag{4-69}$$

由于负荷可转移设备完成任务需要的电量一定，转移之后的功率满足以下约束，即

$$\sum_{t=\alpha_{h,a}}^{\beta_{h,a}} P_{h,a,t} = E_{h,a}, \quad a \in A_h^1 \tag{4-70}$$

式中，$P_{h,a,t}^{\max}$ 为家庭 h 的负荷可转移设备 a 在 t 时段可转移负荷的最大值；$E_{h,a}$ 为家庭 h 用电设备 a 的总能量需求。

2）负荷可削减设备模型

负荷可削减设备主要指具有热力学特性的温控类设备，如热水器，空调设备。此类设备用电能耗较大，其用电特性与季节、地理位置、天气环境、个人习惯等因素有关。对于此类设备，在保证满足家庭用户提前设定的温度要求的同时，可以通过改变此类设备的运行状态减少用电量。

空调设备的热指数的计算公式为

$$\begin{aligned} \mathrm{HI}_{h,a,t} = &M_1\theta_{h,a,t} + M_2\theta_{h,a,t}R_t + M_3(\theta_{h,a,t})^2 \\ &+ M_4\theta_{h,a,t}(R^t)^2 + M_5(\theta_{h,a,t})^2(R_t)^2 + F_R(R_t), \quad a \in A_h^2 \end{aligned} \tag{4-71}$$

式中，$\theta_{h,a,t}$ 和 $\mathrm{HI}_{h,a,t}$ 为家庭 h 在时段 t 经需求响应调节后，空调设备 a 的温度和热指数；$M_1 \sim M_5$ 为温度、湿度表示热指数时的多项式系数；$F_R(R_t)$ 为相对湿度 R_t 决定的常数；A_h^2 为家庭 h 空调设备的集合。

对家庭成员而言，空调运行带来的热指数值须限制在一定范围内，其约束为

$$\mathrm{HI}_{h,a}^{\min} \leqslant \mathrm{HI}_{h,a,t} \leqslant \mathrm{HI}_{h,a}^{\max}, \quad a \in A_h^2 \tag{4-72}$$

式中，$\mathrm{HI}_{h,a}^{\min}$ 和 $\mathrm{HI}_{h,a}^{\max}$ 为家庭 h 对设备 a 设定的热指数的最小值和最大值。

与空调设备不同，家庭用户对热水器的用电体验重点体现在水温上。热水器制热带来的水温须控制在用户设置的范围内，其约束为

$$\theta_{h,a}^{\min} \leqslant \theta_{h,a,t} \leqslant \theta_{h,a}^{\max}, \quad a \in A_h^3 \tag{4-73}$$

式中，$\theta_{h,a}^{\min}$ 和 $\theta_{h,a}^{\max}$ 为家庭 h 对设备 a 设定温度的最小值和最大值；A_h^3 为家庭 h 的热水器设备的集合。

此外，空调和热水器代表的负荷可削减设备的功率消耗与环境温度等很多因素有关。此类用电设备总的可削减负荷 $\Delta P_{h,a,t}$ [27]可表示为

$$\Delta P_{h,a,t} = (\theta_{h,a,t} - \theta_{h,a,t^*})L_{h,a}, \quad a \in A_h^2, A_h^3 \tag{4-74}$$

$$0 \leqslant \Delta P_{h,a,t} \leqslant \Delta P_{h,a}^{\max}, \quad a \in A_h^2, A_h^3 \tag{4-75}$$

式中，θ_{h,a,t^*} 为家庭 h 对用电设备 a 设定的温度期望值；$L_{h,a}$ 为线性化功率-温度因子；$\Delta P_{h,a}^{\max}$ 为家庭 h 用电设备 a 的最大负荷削减量。

3）电动汽车充电模型

在电动汽车快充模式下可通过优化电动汽车的充电行为调整各个家庭的充电负荷分布，因为电动汽车的充电具有灵活的可延迟特性，可认为是特殊的负荷可控设备，对电动汽车建立的模型如下。

首先，需求响应后电动汽车当前时段的充电功率 $P_{h,t}^{\mathrm{EV}}$ 是需求响应前电动汽车的充电功率加上之前时段转移到当前时段的功率，并减去当前时段转移到之后时段的功率之和，即

$$P_{h,t}^{\mathrm{EV}} = P_{h,t}^{\mathrm{EV0}} + \sum_{t'=t-T_{\max}}^{t-1} P_{h,t' \to t}^{\mathrm{EV}} - \sum_{t'=t+1}^{t+T_{\max}} P_{h,t \to t'}^{\mathrm{EV}} \tag{4-76}$$

然后，受电池充电行为的影响，电动汽车的充电功率必须限制在最大充电功率阈值下，即

$$0 \leqslant P_{h,t}^{\mathrm{EV}} \leqslant P_h^{\mathrm{EV,max}} \tag{4-77}$$

最后，电动汽车电池的能量状态必须保证在第二天离开家之前是充满状态，由此产生的约束条件为

$$\mathrm{SOE}_{h,t}^{\mathrm{EV}} = \mathrm{SOE}_{h,t-1}^{\mathrm{EV}} + P_{h,t}^{\mathrm{EV}}\eta \tag{4-78}$$

$$\mathrm{SOE}_h^{\mathrm{EV},T_{h,\mathrm{leave}}} = \mathrm{SOE}_h^{\mathrm{EV,max}} \tag{4-79}$$

式中，$P_{h,t}^{\mathrm{EV0}}$ 和 $P_{h,t}^{\mathrm{EV}}$ 为需求响应前和响应后电动汽车当前时段的充电功率；$P_{h,t \to t'}^{\mathrm{EV}}$ 和 $P_h^{\mathrm{EV,max}}$ 为家庭用户 h 的电动汽车从时间段 t 延迟到 t' 的充电功率和最大充电功率；$\mathrm{SOE}_{h,t}^{\mathrm{EV}}$ 和 $\mathrm{SOE}_h^{\mathrm{EV,max}}$ 为家庭 h 电动汽车的车载电池在 t 时段的能量状态和最大能量状态值；$\mathrm{SOE}_h^{\mathrm{EV},T_{h,\mathrm{leave}}}$ 为电动汽车离家时电池能量状态；η 为电动汽车电池的充

效率；$T_{h,\text{leave}}$ 为家庭用户 h 的电动汽车的离家时间。

4）可调控设备的整体容量约束

除了设备的模型约束，还应考虑变压器负荷管理模型下可调控设备的整体容量约束，即

$$\sum_{h=1}^{H}\left(\sum_{a\in A_{h,1}} P_{h,a,t\to t'}+P_{h,t\to t'}^{\text{EV}}\right)=P_{t\to t'}^{\text{DT}} \tag{4-80}$$

$$\sum_{h=1}^{H}\sum_{a\in A_{h,2},A_{h,3}}\Delta P_{h,a,t}=\Delta P_{t}^{\text{DT}} \tag{4-81}$$

式中，$\displaystyle\sum_{h=1}^{H}\left(\sum_{a\in A_{h,1}} P_{h,a,t\to t'}+P_{h,t\to t'}^{\text{EV}}\right)$ 为参与需求响应的所有家庭用户的可延迟负荷总

量；$P_{t\to t'}^{\text{DT}}$ 为家庭侧配电变压器总的转移负荷；$\displaystyle\sum_{h=1}^{H}\sum_{a\in A_{h,2},A_{h,3}}\Delta P_{h,a,t}$ 为参与需求响应的

所有家庭用户的可削减负荷总量；ΔP_{t}^{DT} 为家庭侧配电变压器总的削减负荷。

家庭用户用电设备及用电喜好的不同会导致不同的用电需求，而家庭用户的效用函数往往是对立的，因此多家庭协调需求响应问题可以看作是一个多准则决策模型来协调用电高峰时段家庭群体的用电需求问题。

4.4.3　EMOHP 算法框架

EMOHP 算法首先初始化种群；然后通过交叉、变异操作生成子代种群，将所产生的子代种群与之前的父代种群结合，对组合种群进行选择、排序。除此之外，EMOHP 算法与基于参考点的非支配遗传算法 III(non-dominated sorting genetic algorithm version III, NSGA-III) 的不同之处在于，在种群选择、排序上，EMOHP 算法首先采用中心投影将超立方体上的目标解集映射到超平面上，然后通过计算目标解投影点到参考点的距离对目标解进行分类，最后将归属同类的个体按照综合距离量度进行评估、排序，以此提升进化算法对进化种群的选择能力。EMOHP 算法流程如图 4-28 所示。

1. 参考点生成机制

EMOHP 算法通过判断参考点与目标解投影点的距离对进化种群分类，从而选择下一代的亲代种群，完成算法种群的进化。为了使参考点在目标空间中均匀分布，我们采用正交边界交叉算法中参考点的生成机制[28]。例如，当优化目标数为 3 个，坐标轴间距为 1 时，21 个参考点产生过程示意图如图 4-29 所示。

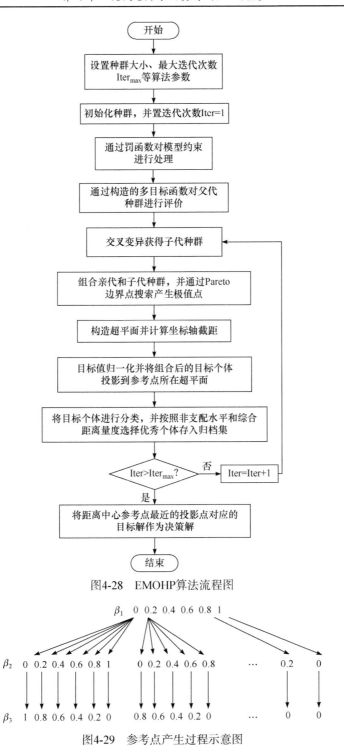

图4-28　EMOHP算法流程图

图4-29　参考点产生过程示意图

对于目标数目为 H 的优化问题，当间距 $\delta=1/s$（s 为正整数）时，产生的参考点个数为 C_s^{H+s-1}。

2. Pareto 边界点搜索

在对目标值进行归一化处理时，需用到当前进化阶段解集空间中 H 个极值点的坐标。此时的极值点就叫做 Pareto 边界点。本节将文献[29]的 Pareto 边界点搜索方法应用到 EMOHP 算法。Pareto 边界点搜索方法原理如下，首先将单个目标最小时对应的解作为前 H 个边界点，将除一个目标外剩下的目标组成的向量 L_2 范式取最小值时所对应的解作为后 H 个边界点，然后在所选的 $2H$ 个边界点中，挑选单个目标值取最大值时对应的 H 个解，将这些个体作为解空间的极值点。这些极值点用来构造超平面，计算目标坐标轴对应的间距，在上述选择极值点的过程中，若极值点数目小于 H，则直接取单个目标的最大值作为对应坐标轴的间距。

3. 基于投影变换的种群进化机制

EMOHP 算法采用 NSGA-III 算法中的交叉、变异算子对多目标进化算法中的父代种群进行交叉变异操作得到子代种群。算法在每次执行交叉、变异后，将子代种群及其父代种群进行合并生成组合种群，并对组合种群归一化处理，之后根据目标空间的极值点构建超平面，最后将目标解集投影到参考点所在超平面。EMOHP 算法在进化过程中产生的动态超平面由解集的极值点确定。H 个极值点构成的超平面的一般表达式为

$$k_1 f_1 + k_2 f_2 + \cdots + k_h f_h + \cdots + k_H f_H = 1 \tag{4-82}$$

式中，$(k_1, k_2, \cdots, k_H)$ 为超平面的单位法向量；$(f_1, f_2, \cdots, f_H)$ 为极值点坐标。

EMOHP 算法利用式(4-83)对父代种群和子代种群组合后构成的目标解集进行归一化处理，即

$$\overline{f}_h = \frac{f_h - f_{h,\min}}{I_h - f_{h,\min}} \tag{4-83}$$

式中，种群中个体的第 h 个目标对应的坐标轴截距 $I_h = 1/k_h$；$f_{h,\min}$ 为当前进化个体第 h 个目标的最小值；$\overline{f}_h$ 为归一化处理后进化个体的第 h 个目标值。

经过式(4-83)归一化，h 个目标值组成的理想解由 $(f_{1,\min}, f_{2,\min}, \cdots, f_{H,\min})$ 变为 $Z^*=(0,0,\cdots,0)$。然后，EMOHP 算法将归一化处理后的目标解投影到超平面上，得到的投影点的坐标为

$$f_h' = \frac{\overline{f}_h}{\overline{f}_1 + \overline{f}_2 + \cdots + \overline{f}_H} \tag{4-84}$$

式中，f'_h 为家庭用户 h 对应的适应度函数值在超平面上投影点的坐标。

图 4-30 为三个家庭用户参与需求响应时，各个家庭适应度值组成的解集的投影和分类示意图。图中点 $B'(f'_1, f'_2, \cdots, f'_H)$ 是解 $B(\overline{f}_1, \overline{f}_2, \cdots, \overline{f}_H)$ 在超平面上的中心投影。利用最近邻法，通过计算投影点与参考点的距离将进化过程中的解集分成 N 组，即若解 $B(\overline{f}_1, \overline{f}_2, \cdots, \overline{f}_H)$ 的投影点 $B'(f'_1, f'_2, \cdots, f'_H)$ 距离某个参考点 R_n 最近，可以认为解 $B(\overline{f}_1, \overline{f}_2, \cdots, \overline{f}_H)$ 属于参考点 R_n，其中 N 是通过正交分解法在超平面上生成的 N 个一致分布的参考点个数。

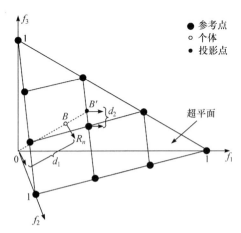

图4-30　三个家庭时解集的投影和分类示意图

EMOHP 算法利用两个独立的距离量度评价种群中的精英解，并将选择出的精英解存入当前 Pareto 前沿集中。在图 4-30 中，距离 d_1 是点 $B(\overline{f}_1, \overline{f}_2, \cdots, \overline{f}_H)$ 的解到理想解的距离，距离 d_1 越小，说明得到的解和理想解越接近。进一步，此解越接近算法所求的 Pareto 前沿，相反，距离 d_1 越大，此解越是远离理想解，说明此解距离 Pareto 前沿越远，因此距离 d_1 可衡量算法的收敛程度。距离 d_2 是点 $B(\overline{f}_1, \overline{f}_2, \cdots, \overline{f}_H)$ 的投影点 $B'(f'_1, f'_2, \cdots, f'_H)$ 到参考点 R_n 的距离，由于 EMOHP 算法使解的投影点分散到不同参考点附近，以控制种群的多样性，若解的投影点距离对应的参考点越近，说明 EMOHP 算法极大程度上已找到该参考点对应的投影点，即找到对应的解，对于其他同样距离此参考点最近的解，可以作为备选解保留或删除，因此距离 d_2 可以衡量 EMOHP 算法所求种群的分布程度。距离量度 d_1 和距离量度 d_2 的表达式为

$$d_1 = \sqrt{\sum_{h=1}^{H} (\overline{f}_h)^2} \tag{4-85}$$

$$d_2 = \sqrt{\sum_{h=1}^{H}(f_h' - r_h^n)^2} \qquad (4\text{-}86)$$

式中，d_1 为当前解到种群理想解之间的距离；d_2 为当前解在超平面上的投影点与超平面上距离该投影点最近的参考点之间的距离；$(r_1^n, r_2^n, \cdots, r_H^n)$ 为距离投影点 $B'(f_1', f_2', \cdots, f_H')$ 最近的参考点坐标。

种群中的个体被投影到超平面上，并在超平面上执行种群的选择。EMOHP 算法中权重因子的赋值可以加强进化算法的搜索能力并控制其性能。该算法利用两个有代表性的距离维持收敛性和多样性之间的平衡。收敛性距离量度 d_1 和多样性距离量度 d_2 的组合关系为

$$d = \omega_1 \frac{d_1 - d_1^{\min}}{d_1^{\max} - d_1^{\min}} + \omega_2 \frac{d_2 - d_2^{\min}}{d_2^{\max} - d_2^{\min}} \qquad (4\text{-}87)$$

其中

$$\omega_1 = 1 - (\text{Iter}/\text{Iter}_{\max})^2 \qquad (4\text{-}88)$$

$$\omega_2 = 1 - \omega_1 \qquad (4\text{-}89)$$

式中，d 为进化中个体的综合距离量度；ω_1 和 ω_2 为随着迭代次数变化的权重因子；$d_1^{\min}$ 和 $d_1^{\max}$ 为由目标解集计算出的所有 d_1 值中对应的最小值和最大值；$d_2^{\min}$ 和 $d_2^{\max}$ 为由目标解集计算出的所有 d_2 值中对应的最小值和最大值；Iter 为 EMOHP 算法的当前迭代次数；$\text{Iter}_{\max}$ 为算法设置的最大迭代次数。

可以看出，EMOHP 算法在前期迭代过程中 d_1 的权重 ω_1 取值相对较大，EMOHP 算法优先保持解集的收敛性，在之后的迭代过程中，权重 ω_1 取值相对减小，而权重 ω_2 取值相对增大，算法将在保持收敛性的基础上使解集的分布更加均匀，直到满足算法的终止条件。

4.4.4 算例分析

为了说明不同家庭数目下模型的扩展性，本节分别仿真家庭数目为 3、6、9、15 的情况。除此之外，对第一阶段配电变压器的负荷优化，我们分别在 3 种需求响应策略下进行仿真。其中，策略 1 指没有执行需求响应时配电变压器的基本负荷分布；策略 2 指文献[26]所用的以变压器热点温度为阈值，并以需求响应激励成本最小为目标的优化策略；策略 3 指从供电侧角度出发并考虑配电变压器生命损耗成本的配电变压器负荷策略。为了说明在不同负荷场景时，家庭参与需求响应时变压器负荷分布的优化效果，将以上三种策略在 3 种不同的负荷场景下作对比分析。由于多家庭协调需求响应下配电变压器负荷管理模型是一个混合整数线

性规划(mixed-integer linear programming，MILP)模型，可通过调用 GAMS 软件中的 BONMIN 求解器解答。对于第二阶段家庭侧不同家庭间的用电协调问题，采用 EMHOP 算法探究家庭数目对用户群协调需求响应优化结果的影响。

1. 参数设置

算例采用的变压器参数来自文献[26]，单位负荷转移成本、单位负荷削减成本及电价数据来自文献[30]、[31]，外界环境温度及光伏电池板数据来自文献[32]。变压器相关参数如表 4-14 所示。

表 4-14　变压器相关参数

参数类型	参数值
期望标准寿命长度	180000h
额定负载下变压器顶层油温与环境温度温度差值	80℃
额定负载下变压器热点温度与顶层油温温度差值	55℃
参考热点温度	110℃
额定负载与空载时的损耗比	8
绕组的时间常数	5min
油的时间常数	155min
温升方程指数 n, m	0.8, 0.8

2. 变压器负荷优化结果分析

由于配电变压器负荷管理模型是一个 MILP 模型，可通过调用 GAMS 软件中的 BONMIN 求解器解答，优化结果几乎不受家庭侧家庭数目的影响。本节在分析供电侧负荷聚合优化结果时，仅以 15 个家庭为例说明负荷优化结果。除此之外，本节分析是在 3 种不同负荷场景下进行的。

在负荷场景 1 下，家庭侧负荷总体偏低，峰值负荷为 0.867p.u.，不同策略下的优化结果如表 4-15 所示。对应的配电变压器负荷分布如图 4-31 所示。变压器热点温度分布如图 4-32 所示。变压器衰老加速因子与热点温度关系如图 4-33 所示。可以看出，在没有变压器负荷分布优化的策略 1 下，家庭侧配电变压器热点温度最大值为 106℃低于 110℃。对照图 4-33 可知，此时变压器衰老加速因子小于 1，其生命损耗成本为 0.222 美元，其值较小。此时，若通过给予家庭侧激励来刺激家庭侧参与需求响应调整用电，激励成本值将大于变压器生命损耗值与用电成本的总和，因此以需求响应激励成本最小为目标的策略 2 和从供电侧角度考虑的变压器负荷优化的策略 3 的优化结果与策略 1 的优化结果相同。

表 4-15　策略 1～3 在负荷场景 1 下的优化结果对比

策略	峰值负荷/(p.u.)	HSTmax/℃	DR 成本/美元	LOL 成本/美元	购电成本/美元	总成本/美元
策略 1	0.867	106	0	0.222	37.120	37.342
策略 2	0.867	106	0	0.222	37.120	37.342
策略 3	0.867	106	0	0.222	37.120	37.342

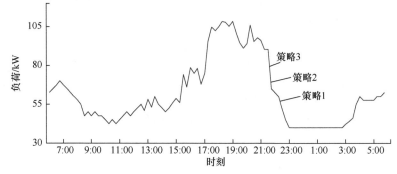

图4-31　策略1～3在负荷场景1下优化所得变压器负荷分布图

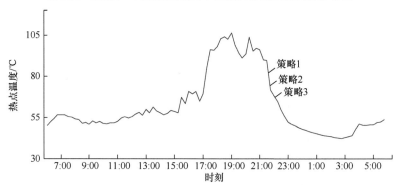

图4-32　策略1～3在负荷场景1下优化所得变压器热点温度分布图

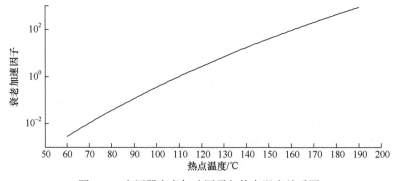

图4-33　变压器衰老加速因子与热点温度关系图

在负荷场景 2 下，家庭侧负荷较高，其峰值负荷为 1.102p.u.。3 种策略下优化结果如表 4-16 所示。可以看出，此时策略 2 和策略 3 优化所得的总成本都低于基本负荷下的总成本，主要原因是在基于激励的需求响应机制下变压器负荷分布得到改善，使变压器热点温度得到改善，最终使变压器生命损耗成本降低。进一步，可以看出策略 3 下的总成本为 47.587 美元，小于策略 2 下总成本 51.638 美元，造成这种结果的主要原因是策略 2 使变压器热点温度限制在 110℃ 内，但从文献 [33] 可知，在实际情况下，变压器热点温度是可以短时间大于 110℃ 的。如果强制要求配电变压器热点温度降低到 110℃，必须转移或者削减更多的家庭侧可控负荷。此时，给予家庭侧的需求响应激励成本相对来说比变压器的生命损耗大。因此，虽然在此负荷场景下，经策略 2 优化后的热点温度最大值为 110℃，小于策略 3 优化后所得的热点温度最大值 131℃，但经策略 2 优化所得的总成本比策略 3 优化所得的总成本大。

表 4-16　策略 1~3 在负荷场景 2 下的优化结果

策略	峰值负荷/(p.u.)	最大热点温度/℃	DR 成本/美元	LOL 成本/美元	购电成本/美元	总成本/美元
策略 1	1.102	150	0	12.406	40.428	52.834
策略 2	0.964	110	12.635	0.774	38.229	51.638
策略 3	1.045	131	3.938	4.536	39.113	47.587

此外，3 种优化策略下对应的配电变压器负荷分布如图 4-34 所示。配电变压器热点温度分布如图 4-35 所示。可以看出，与不经优化的策略 1 下家庭侧配电变压器所带负荷曲线相比，策略 2 和策略 3 在很大程度上使变压器峰值负荷下降到额定功率 125kW 左右，起到削峰填谷的作用。由于策略 2 是在优化时给配电变压器热点温度加上 110℃ 阈值约束，虽然对于配电变压器而言，生命损耗小，但是以给予家庭更多的激励成本为代价。

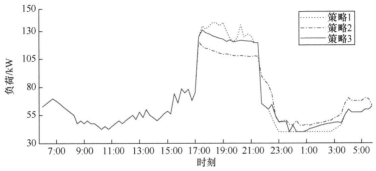

图4-34　策略1~3在负荷场景2下优化所得配电变压器负荷分布图

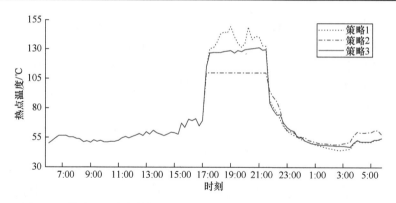

图4-35　策略1~3在负荷场景2下优化所得配电变压器热点温度分布图

在比负荷场景 2 更高的负荷场景 3 下,3 种策略下的优化结果如表 4-17 所示。可以看出,此时通过激励家庭侧参与需求响应,在变压器负荷分布得到改善之后,其生命损耗成本大幅度减小,因此策略 2、策略 3 的总成本依然小于策略 1 的总成本。策略 3 在负荷场景 2 下的总成本减少 5.247 美元,减少百分比为 9.93%。在负荷较重的负荷场景 3 下,策略 3 的总成本减少值为 17.41 美元,对应的总成本减少百分比为 24.82%。由此可知,家庭侧负荷越大时,策略 3 优化后所得的家庭侧变压器负荷分布的效果越明显,因为变压器生命损耗成本与其热点温度呈指数关系,在变压器所处环境温度不变时,变压器上所承载的负荷越大,其生命损耗呈指数关系增长,若在此时优化变压器负荷分布,成本优化效果越明显。此时,3 种优化策略对应的变压器负荷分布与热点温度对比如图 4-36 和图 4-37 所示。

表4-17　负荷场景 3 下策略 1~3 的优化结果

策略	峰值负荷/(p.u.)	HSTmax/℃	DR 成本/美元	LOL 成本/美元	购电成本/美元	总成本/美元
策略 1	1.150	160	0	29.013	41.108	70.121
策略 2	0.964	110	16.746	0.776	39.135	56.657
策略 3	1.046	133	7.723	4.751	40.237	52.711

3. 家庭数目对用户群协调需求响应优化结果的影响

在利用 EMHOP 算法求解基于高维目标优化的多家庭协调需求响应模型时,采用的对比算法分别是基于分解的多目标进化算法(multiobjective evolutionary algorithm based on decomposition, MOEA/D)[34]、带精英策略的非支配排序遗传算法(non-dominated sorting genetic algorithm II, NSGA-II)[35]、受 ε 支配的排序遗传

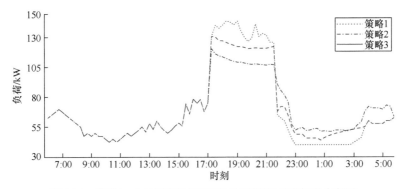

图4-36　策略1~3在负荷场景3下优化所得变压器负荷分布图

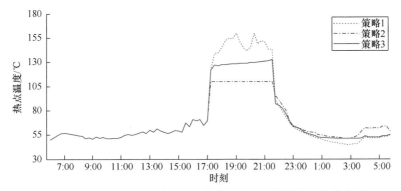

图4-37　策略1~3在负荷场景3下优化所得变压器热点温度分布图

算法（ε-NSGA）[36]、NSGA-III[37]。为了对比算法的性能，以上每个算法的种群大小和最大迭代次数分别设置为 200 和 500，交叉率设置为 0.9，变异率设置为 0.1。

1）EMHOP 算法性能分析

为了说明 EMHOP 算法在求解多家庭需求响应问题的优越性能，与其他对比算法都是在运行 10 次的情况下进行结果比较，并且多家庭需求响应问题的家庭数目分别为 3、6、9、15。EMOHP 求解多家庭协调需求响应优化问题的前沿解集如图 4-38 所示。

由于基于高维目标优化的家庭侧用户群体协调用电优化的 Pareto 解集不是已知的，在计算算法指标时需用到原问题的 Pareto 前沿。下面通过将各类算法求解得到的 Pareto 前沿解集中到一起，然后对所有个体进行非支配排序，最后将非支配排序后所得的非支配解作为用户群体协调用电优化的 Pareto 解集。图 4-39 所示为不同算法在求解 15 个家庭协调需求响应优化问题时，倒代距离（inverse generational distance, IGD）指标随着迭代代数变化的过程。由此可知，在迭代次数为 200 次左右时，EMOHP 算法所得的 IGD 指标基本属于领先趋势，这是因为 EMOHP 算法的距离量度 d_1 的权重在迭代初期设置得较大，使算法在迭代初期种群选择上不断朝着算法收敛的方向进行。在迭代初期算法所得的种群已逼近Pareto 前沿，在之后的迭代过程中，虽然距离量度 d_1 的权重逐渐减小，EMOHP算法所得的 IGD 指标表面上看起来进展缓慢，但仍然优于其他进化算法。

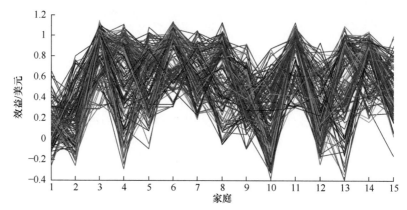

图4-38　EMOHP求解多家庭协调需求响应优化问题的前沿解集

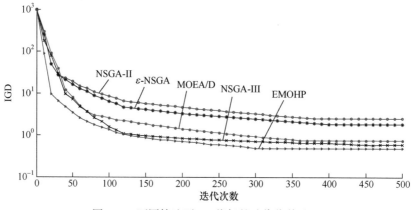

图4-39　不同算法下IGD指标的迭代收敛过程

表 4-18 和表 4-19 所示为不同家庭数目下应用不同算法优化所得的多家庭需求响应的 IGD 指标和空间分布指标（spacing profile，SP）对比结果。表 4-20 所示为不同进化算法平均每轮迭代时间对比结果。可以看出，当家庭数目为 3 时，MOEA/D 在 IGD 指标和 SP 指标上稍微优于其他算法。值得注意的是，由于MOEA/D 在进化过程通过将多目标问题分解为多个子问题来实现种群的更新，算法最终获取最优解集的好坏严重依赖子问题的个数，因此 MOEA/D 在求解多目标问题时最优解集的不确定性大。当家庭数目超过 6 时，所提的 EMOHP 算法在指标上明显优于其他算法，尤其对家庭数目为9和15时的多家庭协调需求响应问题。这是因为 EMOHP 算法在进化过程中将分散在超立方空间中的种群投影到超平面

上，通过判断种群投影点与参考点位置关系对进化种群进行分类排序，在处理高维目标优化问题时更能够保持算法的收敛性和多样性。除此之外，所提算法在时间上仅次于 MOEA/D。由此可见，EMOHP 算法在解决多家庭协调需求响应时具有优越的收敛性和时效性。

表 4-18　不同家庭数目下各个算法 IGD 指标对比

算法指标	家庭数目	NSGA-II	ε-NSGA	MOEA/D	NSGA-III	EMOHP
IGD	3	1.0132	1.2344	**0.5634**	0.6477	0.5853
	6	1.5342	1.3893	0.8975	0.7883	**0.6734**
	9	2.2014	1.5323	0.8735	0.8145	**0.7473**
	15	2.4329	1.7246	0.9103	0.8566	**0.7892**

表 4-19　不同家庭数目下各个算法 SP 指标对比

算法指标	家庭数目	NSGA-II	ε-NSGA	MOEA/D	NSGA-III	EMOHP
SP	3	0.2385	0.1757	**0.0720**	0.0836	0.0764
	6	0.2674	0.2879	0.1583	0.1805	**0.1255**
	9	0.3492	0.4033	0.3907	0.3056	**0.1548**
	15	0.6380	0.7354	0.4871	0.4952	**0.1912**

表 4-20　各个算法平均每轮迭代时间对比

算法名称	NSGA-II	ε-NSGA	MOEA/D	NSGA-III	EMOHP
运行时间/s	1.4039	1.4132	**1.3084**	1.6212	1.4012

2）用户侧家庭用电分析

该分析是在负荷场景 3 下家庭侧配电变压器负荷最优分布的基础上完成的。为了说明基于高维目标优化的多家庭协调用电优化模型的优越性，将 4.4.2 节第二阶段所提的考虑家庭满意度的用户群用电协调优化方法与其他两种方法作对比，其中方法 1 指将第一阶段优化得到的家庭侧总的削减负荷和转移负荷平均分配到每个家庭，方法 2 指优化所有家庭的需求响应效益之和，方法 3 指考虑家庭满意度的用户群用电协调优化方法。图 4-40～图 4-42 所示为三种方法下 15 个家庭的激励奖励、家庭侧不满意度和家庭侧效益对比图。

由图 4-40 可以看出，在方法 1 的优化下，每个家庭在需求响应后得到的奖励是一样的。由图 4-41 和图 4-42 可以看出，此方法对需求响应不满意度较高的家

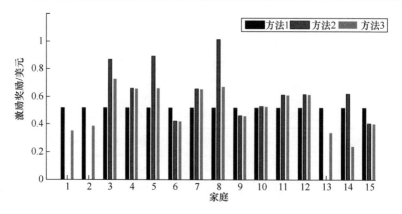

图4-40　负荷场景3下所得家庭激励奖励比较

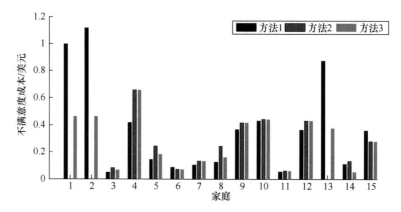

图4-41　负荷场景3下所得家庭不满意度程度比较

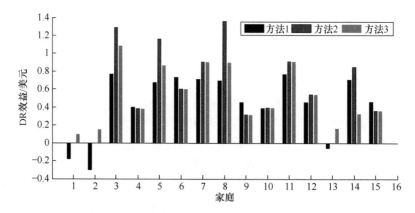

图4-42　负荷场景3下所得家庭需求响应效益比较

庭 1、2、13 产生负的效益，造成这种结果的原因是这三个家庭参与需求响应的意愿相对较小，从而设置的不满意度因子大，最后导致这些家庭在参与用电调整后的不满意度项较大,甚至高于家庭参与用电调整后所得的激励奖励和用电削减后的电费减少量。由此可见,方法 1 在激励奖励分配过程中没有考虑不同家庭参与用电调整的意愿大小,对参与用电调整意愿小的家庭将产生不利的影响。

方法 2 是将所有参与用电调整的家庭看成一个整体,使所有家庭的效用之和最大化。由图 4-40~图 4-42 可以看出,对于不满意度因子设置低的家庭,如家庭 3、5、8 在方法 2 下能得到较多的需求响应激励。与此同时,不满意度高的家庭,如家庭 1、2、13 在方法 2 下没有获得激励奖励,说明实际上并没有参与需求响应。造成以上结果的原因是,方法 2 在优化过程中会尽可能减少用户总的不满意度项,从而导致那些参与用电调整意愿大而设置不满意度因子低的家庭优先参与用电调整。经第一阶段优化后的家庭侧总的负荷转移量和负荷削减量一定,参与用电调整意愿小的家庭没有获得收益。

多家庭协调需求响应方法 3 是基于所有家庭效益联合最优的策略,在此方法下所得的拥有不同用电设备和不同需求响应意愿的异构家庭的效益都是正值,且对于拥有较高需求响应容量和较低不满意度因子的家庭用户 3、5、7、8 能获得更多的效益。因此,相比方法 1、方法 2 优化后的结果,所有家庭都能从两阶段协调需求响应方法中获得对应效益。

通过所提方法对用户群协调需求响应下多个家庭的用电进行优化后,所得的 3 个典型家庭的不同用电设备的能量分析如图 4-43~图 4-45 所示。可以看出,由于每个家庭的电动汽车的到达时间、离开时间和充电功率不一样,它们的充电时间和充电负荷分布各不相同。此外,异构家庭对用电高峰的激励机制会展现出不同的需求响应行为。

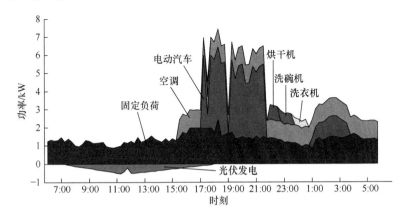

图4-43 家庭1不同用电设备的能量分析

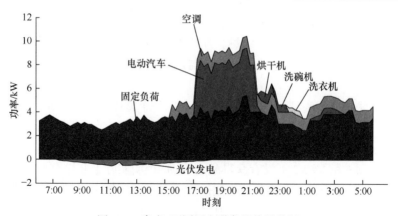

图4-44　家庭3不同用电设备的能量分析

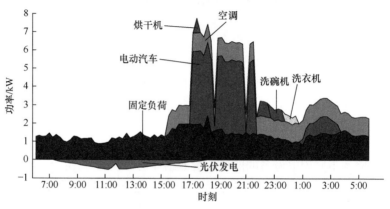

图4-45　家庭14不同用电设备的能量分析

4.5　本 章 小 结

　　本章讨论现代电力系统负荷侧调度，提出 IL 作为调度资源参与 ESGD 的模型、阶梯电价的优化计算模型和基于高维目标优化的多家庭协调需求响应方法。

　　① 引入 IL 作为调度资源参与 ESGD，平缓负荷曲线，降低峰谷差，提高 ESGD 的节能效益；提出 IL 方案节能效益评估方法，用量化的评估方法为 IL 调度计划的制定提供依据，有助于消除调度计划与实际负荷需求之间的差值；提出 IL 调度详细的思路和方法，并在其基础上将碳成本纳入决策空间，提出考虑低碳效益的 IL 调度方法，提高发电调度的低碳效益。

　　② 提出的阶梯电价的优化计算模型考虑用户对阶梯电价的反应，以多级需求弹性系数反映用户对不同级电价的响应，表明阶梯电价能够起到节能降耗作用，有利于我国能源经济的可持续发展。

③ 提出一种新型的 EMOHP 算法，用于求解众多家庭参与激励型需求响应的问题。通过将 EMOHP 算法应用到基于高维目标优化的多家庭协调用电优化模型，对比 EMOHP 算法与其他进化算法的收敛性指标和分布性指标验证 EMOHP 算法在求解多家庭协调用电优化问题的有效性。此外，通过对比 EMOHP 算法获得的多目标决策解与另外两种家庭侧用电优化模型所得的结果，验证用户侧各个家庭在多家庭协调需求响应下获利的公平性。

参 考 文 献

[1] 周俊宏. 可中断负荷参与节能调度的理论与方法. 长沙: 湖南大学硕士学位论文, 2014.

[2] 张谜. 管制电力市场的分时阶梯电价策略. 长沙: 湖南大学硕士学位论文, 2015.

[3] 刘炬. 基于高维目标优化的多家庭协调需求响应方法. 长沙: 湖南大学硕士学位论文, 2018.

[4] 薛禹胜, 罗运虎, 李碧君, 等. 关于可中断负荷参与系统备用的评述. 电力系统自动化, 2007, 31(10): 1-6.

[5] 杨炳元, 吴集光, 刘俊勇, 等. 计及可中断负荷影响的阻塞管理定价模型研究. 电网技术, 2005, 29(9): 41-45, 55.

[6] 王蓓蓓, 刘小聪, 李扬, 等. 面向大容量风电接入考虑用户侧互动的系统日前调度和运行模拟研究. 中国电机工程学报, 2013, 33(22): 35-44.

[7] Li H Y, Li Y Z, Li Z Y. A multi-period energy acquisition model for a distribution company with distributed generation and interruptible load. IEEE Transactions on Power Systems, 2007, 22(2): 588-596.

[8] 吴秋伟, 汪蕾, 程浩忠. 削峰填谷最优时基于 DSM 分时电价的确定与分析. 继电器, 2004, 3(32): 10-13.

[9] 谭忠富, 陈广娟, 赵建保, 等. 以节能调度为导向的发电侧与售电侧峰谷分时电价联合优化模型. 中国电机工程学报, 2009, 29(1): 55-62.

[10] 黄海涛, 张粒子, 乔慧婷, 等. 基于变密度聚类的居民阶梯分段电量制定方法. 电网技术, 2010, 34(11): 1-6.

[11] Li C B, Tang S W, Cao Y J, et al. A new stepwise power tariff model and its application for residential consumers in regulated electricity markets. IEEE Transactions on Power Systems, 2014, 28(1): 300-308.

[12] 朱柯丁, 宋艺航, 谭忠富, 等. 居民生活阶梯电价设计优化模型. 华东电力, 2011, 39(6): 1-6.

[13] Gomes M H, Saraivab J T. Allocation of reactive power support, active loss balancing and demand interruption ancillary services in microgrids. Electric Power Systems Research, 2010, 80(10): 1267-1276.

[14] Bharati G R, Razmara M, Paudyal S, et al. Hierarchical optimization framework for demand dispatch in building-grid systems//IEEE Power and Energy Society General Meeting, 2016: 1-5.

[15] 陆俊, 朱炎平, 彭文昊, 等. 计及用电行为聚类的智能小区互动化需求响应方法. 电力系统自动化, 2017, 41(17): 113-120.

[16] Paterakis N G, Erdin O, Pappi I N, et al. Coordinated operation of a neighborhood of smart

households comprising electric vehicles, energy storage and distributed generation. IEEE Transactions on Smart Grid, 2016, 7(6): 2736-2747.

[17] Shi W B, Li N, Xie X R, et al. Optimal residential demand response in distribution networks. IEEE Journal on Selected Areas in Communications, 2014, 32(7): 1441-1450.

[18] Chang T H, Alizadeh M, Scaglione A. Real-time power balancing via decentralized coordinated home energy scheduling. IEEE Transactions on Smart Grid, 2013, 4(3): 1490-1504.

[19] Brusco G, Burgio A, Menniti D, et al. Energy management system for an energy district with demand response availability. IEEE Transactions on Smart Grid, 2017, 5(5): 2385-2393.

[20] Khamphanchai W, Pipattanasomporn M, Kuzlu M, et al. An approach for distribution transformer management with a multiagent system. IEEE Transactions on Smart Grid, 2015, 6(3): 1208-1218.

[21] 刘星. 基于遗传算法的火电厂厂级负荷经济调度的研究. 北京: 华北电力大学硕士学位论文, 2007.

[22] 吕素. 火电机组节能发电调度优化方法研究. 郑州: 郑州大学硕士学位论文, 2012.

[23] 夏叶, 康重庆, 宁波, 等. 用户侧互动模式下发用电一体化调度计划. 电力系统自动化, 2012, 36(1): 17-23.

[24] 吕素, 黎灿兵, 曹一家, 等. 基于等综合煤耗微增率的火电机组节能发电调度算法. 中国电机工程学报, 2012, 32(32): 1-7.

[25] 陈启鑫, 康重庆, 夏清. 低碳电力调度方式及其决策模型. 电力系统自动化, 2010, 34(12): 18-22.

[26] Humayun M, Degefa M Z, Safdarian A, et al. Utilization improvement of transformers using demand response. IEEE Transactions on Power Delivery, 2015, 30(1): 202-210.

[27] Chen Y W, Chen X X, Maxemchuk N. The fair allocation of power to air conditioners on a smart grid. IEEE Transactions on Smart Grid, 2012, 3(4): 2188-2195.

[28] Das I, Dennis J E. Normal-boundary intersection: a new method for generating Pareto optimal points in multicriteria optimization problems. SIAM Journal on Optimization, 1998, 8(3): 631-657.

[29] Singh H K, Isaacs A, Ray T. A Pareto corner search evolutionary algorithm and dimensionality reduction in many-objective optimization problems. IEEE Transactions on Evolutionary Computation, 2011, 15(4): 539-556.

[30] Sarker M R, Ortega-Vazquez M A, Kirschen D S. Optimal coordination and scheduling of demand response via monetary incentives. IEEE Transactions on Smart Grid, 2015, 6(3): 1341-1352.

[31] Humayun M, Safdarian A, Degefa M Z, et al. Demand response for operational life extension and efficient capacity utilization of power transformers during contingencies. IEEE Transactions on Power Systems, 2014, 30(4): 2160-2169.

[32] Paterakis N G, Pappi I N, Erdinç O, et al. Consideration of the impacts of a smart neighborhood load on transformer aging. IEEE Transactions on Smart Grid, 2015, 7(6): 2793-2802.

[33] Olsen D J, Sarker M R, Ortega-Vazquez M A. Optimal penetration of home energy management systems in distribution networks considering transformer aging. IEEE Transactions on Smart

Grid, 2016, 9(4): 3330-3340.

[34] Zhang Q F, Li H. MOEA/D: A multiobjective evolutionary algorithm based on decomposition. IEEE Transactions on Evolutionary Computation, 2007, 11(6): 712-731.

[35] Deb K, Pratap A, Agarwal S, et al. A fast and elitist multiobjective genetic algorithm: NSGA-II. IEEE Transactions Evolutionary Computation, 2002, 6(2): 182-197.

[36] Ishibuchi H, Tsukamoto N, Nojima Y. Evolutionary many-objective optimization: a short review. IEEE Congress on Evolutionary Computation, 2008, 2419-2426.

[37] Deb K, Jain H. An evolutionary many-objective optimization algorithm using reference-point-based nondominated sorting approach, part I: solving problems with box constraints. IEEE Transactions on Evolutionary Computation, 2014, 18(4): 577-601.

第5章　智能电网互动式优化调度

5.1　概　　述

随着世界经济的发展，能源需求量持续增长，环境污染问题日益严峻。调整和优化能源结构，应对全球气候变暖，实现可持续发展成为人类社会普遍关注的焦点，也成为电力行业实现转型发展的核心驱动力。智能电网对调整能源结构、实施节能减排、加强资源优化配置有着至关重要的作用，符合我国建设资源节约型、环境友好型社会的基本要求，也是未来电网的发展趋势。智能电网的概念涵盖电网运行的各个方面，包括发电、输电、配电、用电，以及调度。它的特征主要包括以下方面。

① 自愈。能够及时发现电网运行过程中的异常情况，并对电网进行风险评估，预见可能发生的问题。特别是出现故障时，能够及时通过自动控制设备进行快速故障隔离，实现自我恢复，避免大停电事故的发生，最大限度地减少经济损失。

② 互动。通过信息实时沟通分析，实现电源、电网和用户资源的良性互动与高效协调，并激励电源和用户主动参与电网的调节。

③ 兼容。能够实现大量分布式能源的接入，包括各种可再生能源，以及移动储能设备。

④ 高效。提高电网运行、输送的效率，减少电力运营的成本。

⑤ 创新。在电力市场环境中提供创新产品，最大限度地发挥市场的创造力。

⑥ 优质。提供高质量的电能服务，降低电网的电压、频率波动性，实现谐波的有效治理。

⑦ 安全。保证电网的物理、网络安全，提高抗攻击的能力和电网的安全稳定运行水平。

随着全球能源危机和环境问题的加剧，可再生能源发电在全世界受到越来越多的关注。未来，大量的分布式电源(distributed generation，DG)，如风力发电，将融入配电网，同时随着电动汽车的推广和普及，大量电动汽车充电负荷将接入配电系统，因此配电网中的可调度资源会越来越多，配电网的调度管理也将更智能和主动。

国内外学者对智能电网调度理论做了大量的研究。文献[1]从分时电价的角度入手，探讨实施分时电价后，智能电网调度体系通过储能装置利用可再生能源，并提出一种新算法提升分布式可再生能源在智能调度中的利用率。文献[2]对未来智能电网控制中心技术进行分析，从上下层信息互动、不同时间尺度信息之间协调的角度来研究控制系统架构，探讨适应特高压电网的智能电网调度新技术。文献[3]通过对智能调度的发展趋势进行解读，提出电网调度要做好实际的需求分析，在现有电网调度控制系统基础上，根据电网公司的物理资源状况，有计划地进行调度系统的建设。文献[4]对智能电网调度发电计划的发展方向进行探讨，设计了智能电网调度发电计划的体系架构，提出日前发电计划的一体化协作模型。文献[5]提出智能调度分布式一体化建模方案，为实现信息的共享，通过模型的拆分技术和合并技术等建立全电网的模型和图形，满足调度中心对全电网的模型分析。文献[6]提出基于多智能体的电力系统智能调度的理念，结合电网调度和智能体技术特点，将多智能体技术应用到电力系统智能调度，实现其智能决策。在智能电网中，电动汽车作为一类重要负荷，其动态特性对智能电网调度提出新的要求。电动汽车大量的充电负荷将对电网的稳定运行产生较大冲击[7]，然而现有的电网在规划之初没有考虑大规模电动汽车的接入，在电力供应和稳定运行方面显示出局限性，智能电网应用车-电互联（vehicle-to-grid，V2G），以及先进的信息通信技术（information and communication technology，ICT）可以使电动汽车在改善负荷特性和优化系统运行方面发挥重大作用[8]。电动汽车作为储能单元将对未来电网的运行和控制带来很大的影响。文献[9]从这一角度研究电动汽车利用 V2G 技术向电网提供辅助服务。正常情形下，可利用电动汽车多余的电能平抑风电出力波动。在电网故障等紧急情形下，集合大规模电动汽车提供功率支撑有望在未来成为现实[10,11]。文献[12]～[15]阐述了智能电网互动技术，建立智能电网互动通信平台，实现多方互动。文献[16]提出互动是未来智能调度的发展趋势。综上所述，目前智能电网智能调度理论在一体化、互动、自主决策等方面进行了重点研究和展望，但仍存在以下问题。

① 许多能耗高的发电企业面临困境，无法实现发电和用电双方的协调优化，节能调度计算量过大，导致模型简单，优化深度不够。

② 随着电动汽车保有量的不断增长，其无序充电可能给电网带来电能质量下降、电网频率电压特性恶化、供电系统负担重等不利影响。

③ 无法兼顾节能调度和低碳调度经济价值的一致性与低碳效益的差异性。

针对问题①，本章提出智能电网互动式节能优化调度理论框架。针对问题②，本章提出考虑电动汽车充放电的互动式优化调度模型。针对问题③，本章提出考虑低碳效益的互动式节能优化调度模型。

5.2　互动式节能优化调度理论框架

本节首先提出互动式节能优化调度理论框架，梳理尖峰负荷与节能优化调度之间的内在关系，在此基础上提出用户侧互动式节能调度的方法，为 ESGD 和低碳减排提供技术支持。

5.2.1　智能电网互动式调度理论框架

根据我国资源结构和储量的实际情况，受历史发展条件和技术水平的限制，目前发电装机容量的 50%以上是火电，而且其中绝大部分是煤电。如何提高大容量、高效率发电机组的市场份额、加快小机组退出市场，成为实现电力结构调整和节能降耗目标的一个重要课题。然而，实施电力节能减排、资源优化配置，将引起各方利益的调整。要在节能减排、资源优化配置方面取得突破，妥善处理各方利益关系、化解矛盾，就要研究理论、创新机制、认真实践，充分利用计划调控与市场机制相结合的手段，促进电力节能减排与电力结构调整。

节能优化调度是智能电网的重要组成部分，也是应对气候变暖、环境污染、能源紧缺最有效的措施之一。特高压电网的建设，以及大规模互联电网的推进，可以为节能优化调度在全国范围内的实施提供可能性。作为智能电网运行控制的神经中枢，节能优化调度能有效促进电力行业的节能减排。

1. 面向智能电网的节能优化调度

我国电力系统实施统一调度，调度机构对调度对象(电源、电网、负荷)的调度方式被形象地称为"一竿子插到底"。发电企业和用户均被动接受调度指令。这种调度方式会阻碍我国节能优化调度的发展，存在高能耗机组发电量过大、高效机组无法得到充分利用等问题。依托智能电网的建设，结合我国电力行业的特征，本节提出实现节能优化调度的新途径。

1) 发电侧新机遇

ESGD 以能耗大小为唯一的优化条件，可以对节能减排起到明显的效果。但它是一种行政行为，其实质是经济调度的另一种形式，是在厂网没有分开时期采用的一种资源分配手段。在厂网分离后，由于利益主体的多元化，发电调度既要考虑社会效益，也要兼顾企业的发展过程和经济利益。《节能发电调度办法(试行)》侧重于通过行政力完成节能减排任务，经济利益关系的处理缺乏可操作性，增加了《节能发电调度办法(试行)》实施的难度。目前，厂网分开改革的实施导致调度机构不能准确掌握发电企业的能耗与污染物排放情况,因此现有 ESGD 的效果将存在一定的偏差。同时,ESGD 会损害某些发电企业的利益,强制推行 ESGD 的阻力较大。

随着我国华北-华中-华东特高压同步电网规模的扩大,自动化程度的提升和互联能力的加强,单个电源在电力系统中的角色越发淡化,使发电企业在调度方面获得一定自主权的条件趋于成熟。为了使发电企业与调度机构之间互动,可以利用智能电网的先进技术,在不同时间尺度的调度计划编制过程中,使发电权在发电企业之间有序转移,促进 ESGD 的推行。

2) 用电侧新机遇

在我国早期的调度体制中,当机组出力不能满足负荷增长的需求时,调度中心采取拉闸限电或者切负荷等方式保证电力系统中的功率平衡。虽然电力用户只是被动接受调度指令,其意愿也是被迫的,这实际上是用户互动的早期形式。随着调度技术的发展,用户能通过与电力企业签订 IL 合同等方式进行调度计划的控制。用户不了解电网运行情况,仍不能积极主动参与电力系统的节能减排工作,用户参与的积极性不高,调度的资源也严重缺乏,互动性不强。

高级测量体系(advanced metering infrastructure,AMI)在智能电网中的应用将改变用户无法获知电力信息的现状,为用户与电网之间实现双向互动提供可靠的平台,以及技术支持。用电负荷中有相当一部分负荷的用电时间具有灵活性,如空调、电热水器、电动汽车等。空调、冰箱等家用电器的智能电网用电技术也被广泛研究,美国西北太平洋国家实验室(Pacific Northwest National Laboratory,PNNL)研发出一种新型控制器。该控制器适用于冰箱、空调、热水器和其他各种家用电器,可以监控电网运行状态,适时响应。电网负荷过载时,该控制器可将电器关闭几秒到几分钟的时间,以减少电网中的部分负荷,平衡供需关系。该控制器的研发从电力设备端出发,维持电网稳定运行,可以提高家用电器的自动化水平,对电网的频率、电压、价格主动响应,让用户参与互动更加便捷。

电动汽车作为一种新型的电网友好型负荷,随着世界各国政府极力推广,其数量急剧增加。装载在电动汽车上的车载电池可以在智能电网中发挥很好的移动储能功能,特别是在电网高峰负荷时段,通过有序引导,电动汽车车载电池的电能可以传输给电网;在电网低谷负荷时段,电动汽车车载电池再通过电网进行充电。这样能够削峰填谷,有效降低调峰发电备用容量,实现电网的高效利用。同时,电动汽车还可以进行需求响应等辅助服务,在电网负荷较低的时候吸纳电能,在电网负荷较高时释放电能,辅助电网有效地接纳波动性发电容量。这也给智能电网与用户的双向互动提供了新渠道,因此利用双向互动平台技术,让用户参与互动,实现对用电时间灵活的负荷进行调度,是未来电网发展的趋势。

2. 智能电网互动式节能优化调度内涵

1）互动式节能调度基本内容

在国外建立的开放用户侧的电力市场中，发电、配电、零售企业和用户均可参与市场交易，用户在价格信号的激励下决策用电行为，与发电企业、电网企业等互动。我国情况比较特殊，一是发电企业执行核定电价和电量政策，使不同的发电企业上网电价有较大差别；二是用户侧实施目录电价，不同的用户电价也有较大差别。从这个意义上讲，允许发电企业和用户全方位参与电力调度交易目前都不现实，可以借鉴国外的成功经验，考虑我国现行电力管理体制，赋予发电企业和用户部分自主权，使其参与电力调度，解决 ESGD 的瓶颈问题，充分调动发电企业，以及用户参与互动，创造经济和安全效益。

因此，互动式节能调度是指在不影响电网安全的前提下，赋予发电企业、用户一定的自主权，允许其将发电计划、用电计划向节能的方向调整，并获得相应的经济利益。互动式节能调度示意图如图 5-1 所示。

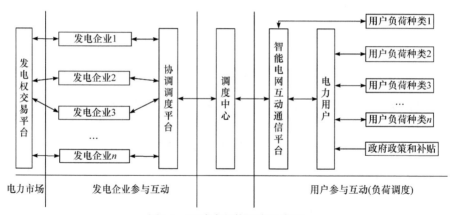

图5-1　互动式节能调度示意图

2）发电企业参与互动

在集中调度的基本原则下，在年发电计划、月发电计划、周发电计划、日前发电计划，以及实时发电计划编制中，调度中心给予发电企业一定的自主权。在不同的时间尺度、不同的地域电网、不同的发电企业被赋予不同自主权的条件下，激励发电企业利用不同情况下的自主权，充分实施厂内、发电集团内、不同发电企业间的节能调度。在发电企业参与互动式调度中，鼓励发电企业间的场外发电权交易，利用智能电网通信与控制技术在电力市场中建立发电权交易平台，并在平台中建立基于节能减排的发电权交易模型，实现能耗和污染物排放最小的目标，引导发电企业在合理的经济秩序中将发电指标从高能耗机组向低能耗机组转移。在发电权交易中，采用全效用模式让发电企业更加高效、公平地参与交易，并依据"上大压小、以大代小、水火置换、关停小火电、调整电源结构"的政策，享受 ESGD 经济补偿，使发电企业自愿、自主参与 ESGD，基本上解决调度和生产过程中能耗较高电厂的补偿问题。

在保证安全的前提下，根据我国电力行业的基本情况，设计集中调度与发电企业自主调度相协调的 ESGD 框架如图 3-2 所示。在确定调度初始计划阶段，分解发电量指标时，能耗较高的发电企业也获得一定的发电指标，并允许发电企业自主转移发电权。为防止发电企业自主制定的发电计划破坏电网的安全稳定，调度机构需制定框架性约束条件。在约束条件内，发电企业进行集团内或者厂内的协调优化，与其他发电企业进行场外发电权交易，自拟发电计划。为保证发电企业在自主调度中不增加能耗，调度机构需校验系统的能耗约束；为保证电网的安全稳定，调度机构还需校核电网安全约束，形成初步发电计划。由于实际生产过程中可能遇到负荷变化、水电厂来水情况变化等意外因素，允许发电企业通过协调平台申请调整发电计划，然后协调调度平台对修改申请的发电计划进行校核。在实时调度中，存在操作时间短的问题，因此不允许出现不同发电厂之间替代发电的现象，一般只需利用厂级负荷优化，对用户负荷进行实时调度。这种协调调度框架既能有效激发发电企业自主节能的积极性，解决目前 ESGD 中对高能耗企业合理补偿的问题，又能充分利用低能耗机组，提高电力系统运行的经济性，促进电力行业的节能减排。

3）用户参与互动

由于电力系统需要维持瞬时平衡，且平衡的主动方是负荷，机组出力需被动跟踪负荷。在不同的负荷水平及负荷的波动幅度与速度下，系统的能耗也不同。研究发现，某些情况下尖峰负荷导致的系统 MEC 是 AEC 的数倍。解决系统 MEC 过大的问题，将大力促进节能减排。在我国以火力机组发电为主的背景下，根据用户负荷特性的不同特点，结合电力系统负荷建模和预测方法，对尖峰负荷进行准确地预测。根据尖峰负荷的峰值大小、持续时间和负荷率，测算出尖峰负荷导致的 MEC，并与 AEC 进行比较，通过改变用户用电负荷，对尖峰负荷进行削峰处理，可以大大降低尖峰负荷带来的 MEC 水平。

利用负荷预测技术，在负荷尖峰到来之前，激励用户主动参与互动，调度中心可以对部分用电负荷实施调度，实现削峰。为激励用户主动参与互动，需采用技术和政策的双重手段。

① 技术上，给用户参与互动提供技术平台，以及信息渠道。在发电企业部署 WAMS，调度中心对发电企业的成本、机组能耗、机组容量、污染物排放、检修计划、交易数据，以及各发电机组的实时运行数据进行监控和采集。在调度中心与用户之间建立智能电网互动通信平台，利用 AMI 技术把智能电表部署到每家每户，并把用电负荷大小、种类等用电信息实时反馈给调度中心，同时

调度中心对从发电企业采集到的数据进行分析整理，得出系统能耗水平、电网实时运行状态，然后将这些信息，以及用户实时用电状态、电价和天气等信息传递给用户。此外，调度中心需对用户用电的历史和实时信息数据进行分析，预测用电负荷高峰时间，及时把负荷调度的信息通过互动通信平台传递给用户，并提供相应的负荷调整指导意见，用户利用自身的负荷资源进行主动响应，并及时调整用电策略，实现用户互动。

② 政策上，利用 DSM 的措施激励用户参与电网调峰，引导用户科学、合理用电。同时，通过价格补偿激励的方式鼓励用户购买能够主动响应电网信号的电网友好型电器，利用这些自动化水平高的负荷资源，用户可以更加方便地互动。特别是，在实时调度中利用这种自动响应的负荷资源进行削峰，对实现节能具有重要的现实意义。用户侧互动优化调度基本框架如图 5-2 所示。

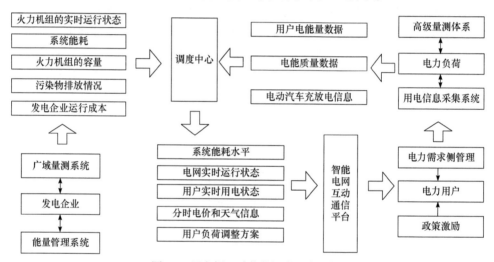

图5-2　用户侧互动优化调度基本框架

3. 考虑低碳效益的互动式节能优化调度模型

智能电网拥有先进的通信、信息和控制技术，具有信息化、自动化、互动化等特征。通过依托智能电网的建设，结合国内电力行业特征，下面从发电、用电的角度出发，提出一条节能调度新路径。

1) 发电方面

厂网分开改革的实施导致调度机构不能准确掌握发电企业的能耗与污染物排放情况。因此，ESGD 的效果存在一定的偏差，同时 ESGD 会损害某些发电企业的利益，强制推行 ESGD 的阻力较大。

随着华北-华中-华东特高压同步电网的形成，电网规模不断扩大、互联程度不断加强、自动化程度不断提高，电力系统对单个电源的依赖程度逐渐降低，在调度方面赋予发电企业一定自主权的条件已经基本成熟。因此，可以研究利用智能电网先进的通信和控制技术，通过赋予发电企业一定自主权，让发电企业和调度机构进行互动。在不同时间尺度的调度计划编制过程中，允许发电权在发电企业间有序转移，以期较好地解决强制推行 ESGD 的弊端问题。

2）用电方面

目前，国内绝大部分情况下不对用户侧负荷实施调度。特殊情况下，用户只是被动接受调度指令而不了解电网运行情况，不能积极主动地参与电力系统的节能减排工作。

AMI 在智能电网中的应用将改变用户无法获知电力信息的现状，并为用户与电网之间实现双向互动提供可靠的平台，以及技术支持。空调、冰箱等用电时间具有灵活性的家用电器的智能电网用电技术也开始被广泛研究。美国西太平洋国家实验室研制了电网友好控制器，提高了家用电器的自动化水平，对电网的频率、电压、价格主动响应，使用户参与互动更加便捷。电动汽车是具有充放电和储能特性的主动负荷，并且电动汽车的保有量大幅度提高，也给智能电网与用户的双向互动提供了新渠道。因此，利用双向互动平台技术，让用户参与互动，实现对用电时间灵活的负荷进行调度，是未来电网发展的趋势。

4. 互动式节能调度模型和算法

面向智能电网的互动式节能调度与传统的 ESGD 相比，其研究对象将大大扩展，相应的模型和算法也应有新的变化。

1）互动式节能调度模型

应智能电网的要求，互动式节能调度的内涵更加丰富，除了降低发电化石能源消耗这一传统节能调度的目标之外，还需要考虑其他因素。例如，某些情况下电网调度成本过高，电网运行的不确定性过高等。因此，互动式节能调度的目标函数应包含以下几个方面，即系统能耗、经济成本、温室气体排放、污染物排放、不确定性和可靠性等。为提高所制定的调度计划的可行性，需要考虑不同条件下，不同目标的一致性、重要性，以及协调方式。

为实现切实可行的节能调度，在约束条件方面，需要更全面、准确地考虑电网运行中的不确定性，如负荷的不确定性、设备运行状态的不确定性、外部环境的不确定性等。为可靠、有效地实现削峰，还需要考虑负荷预测方法在电网互动环境下的预测精度问题。在决策变量方面，除了考虑传统的机组出力，还应充分考虑发电企业、电网企业，以及用户的参与及互动。为保证互动式节能调度的顺利实施，需要考虑三者之间的协调问题。

为解决以上问题，将对以下几个模型进行探讨。

模型一：多目标一致性评估模型。研究互动式节能调度的目标是否与传统节能调度的目标具有一致性，若一致性程度高，可采用简易的加权平均方式形成单一化的目标函数；若不一致，则考虑不同情况下不同目标的重要性。文献[17]对LCGD与ESGD展开了一致性评估研究，从解的一致性和目标函数的一致性角度对低碳电力调度与ESGD等多目标进行一致性评估，研究ESGD对低碳目标要求的适应性，以及低碳与节能相互协调调度的方法。对于低成本、高可靠性等目标与节能目标的一致性仍有待进一步研究。研究节能、低碳、低成本，以及高可靠性等目标之间的关系，分析这些多目标一致性的程度，可以实现不同条件下多目标的协调等。

模型二：多目标协调优化模型。对于互动式节能调度中多目标一致性评估不一致的情况进行多目标协调优化。由于互动式节能调度中可能存在多个目标函数，其协调优化问题的复杂度将大大提高。通过对影响每一个单目标的基本要素进行研究，建立多目标协调优化模型，利用决策树的方法，分析不同条件下应采用的优化目标。因此，可将调度计划按时间尺度细分成实时、分钟、小时、天、周、月和年调度计划，对不同时间尺度调度计划的调度资源及其对节能优化目标的影响程度进行研究，在不同时间尺度调度计划中调用其各自最优的可调度资源实现节能调度。

模型三：调度计划的时间颗粒度优化模型。目前调度计划的时间颗粒度(时间长度)基本为一个固定值，较普遍的情况是15min，研究是否可通过优化调度计划的时间颗粒度来提高调度计划的优化程度。例如，在负荷短期内可能产生较大波动，且调用自动发电控制(automatic generation control，AGC)、旋转备用等能耗和成本相对普通发电机组较高的情况下，可通过细化时段长度及更准确地把握负荷波动情况优化调度计划。在波动性电源大量接入的情况下，建立调度计划的时间颗粒度优化模型以进一步优化调度计划具有较大意义。

模型四：智能多代理模型。为保证发电企业、电网企业，以及用户三方能够较好地协调、处理互动过程中的行为，可以利用比较成熟的智能多代理理论，建立智能多代理模型，具有智能性、中介性、机动性等特点，将特定环境下运行的软件实体嵌入互动式节能调度中，通过统一的调控一体化平台，实现智能多主体共同决策。

随着未来电力市场完全开放，以及互动式节能调度体系日渐成熟，用户完全参与电力市场中的电力交易。此时，需要研究博弈理论，建立协作博弈的基本模型，探讨发电企业、电网企业，以及用户在电力市场中利益分配的问题，最大限度地发挥三者的自主性，推动互动式节能调度的发展。

2) 互动式节能调度优化算法

电力系统互动式节能调度是一个超大规模、离散、非线性、时变的优化问题。很多学者和研究机构在电力系统优化调度新型算法上已经进行了较多的研究。例如，启发式方法、动态规划法、拉格朗日松弛法、混合整数规划法、遗传算法、模拟退火算法、粒子群算法、神经网络算法等在机组组合优化中已有广泛应用。随着智能电网的建设和互联电网的形成，电网优化计算量随着问题规模的增加呈指数上涨的趋势，而且非线性程度高、离散变量多的问题尤为突出。以湖南省电网的优化调度计算为例，决策变量约为 10 万个，其中离散变量约为 2 万个；约束条件约为 1 万个，其中 90% 以上为非线性方程。在以往的优化调度算法研究中，由于计算量的限制经常会忽略很多约束条件，特别是在节能优化调度中引入多方互动后，优化调度计算将更加复杂，继续采用以往的优化算法会导致优化深度不够。为应对这些问题，可从以下两个方面进行探讨。

算法一：基于贪婪算法的可伸缩机组组合算法。引入互动后，在保证安全稳定的前提下，互动式节能调度优化算法应以《节能发电调度办法(试行)》要求为基础，充分考虑机组煤耗水平，分析影响机组开停的其他因素，引入多贪婪因子的贪婪算法解决机组开机排序问题。当发电企业之间申请转移电量较多时，在处理电网安全校核、能耗校核时可能会有影响，需采用遍历算法保证安全和节能效果。其他情况可采用贪婪算法，根据 ESGD 的管理办法，对机组进行排序实现节能。

算法二：基于综合煤耗微增率的出力优化分配算法。在目前大规模互联电网远距离输电情况下，发电企业存在线损问题，即发电厂能耗可能降低，但线损可能升高。在以等综合煤耗微增率为原则的基础上，考虑线损对系统煤耗的影响，降低系统发电煤耗，实现出力最优。

5. 互动式节能优化调度理论研究框架

面向智能电网的互动式节能优化调度与传统的 ESGD 相比，其研究对象将大大扩展，新的互动环境也赋予整个电网新的形态。其技术研究的目标是实现节能、低碳、环保、安全，以及经济的智能电网互动式节能优化调度。互动式节能优化调度技术研究框架如图 5-3 所示。其包括如下四个部分。这四方面虽然各有不同的研究内容，但是相辅相成，都服务于最终的研究目标。

1) 适应前提与支撑技术

智能电网互动式节能优化调度需要在适应的环境中，具备两个前提条件。一是，能够建立开放的电力市场，允许发电企业在电力市场中进行竞价和交易。特别是发电权的交易，也允许用户将可调用的负荷资源参与到电力市场中进行竞价。二是，智能电网各种量测系统，如能量管理系统、广域量测系统、高级量测体系，以及用电采集系统等较为完善，具有先进的智能电网控制技术，可以处理各种复杂的互动行为。

在市场经济中，价格机制起着中心调节的作用，国家辅之以宏观干预和调控，资源根据市场价格信号的变化，在部门间自由移动。这样，资源从价格较低的部门向价格较高的部门转移，从而实现资源从经济效益较低的部门向经济效益较高的部门转移，实现资源的有效配置。由于传统的电力管理体制缺乏市场竞争，效率低下，只有引入市场竞争机制，形成电力市场环境才能提高资源利用率。由于用户侧负荷资源的控制性，以及执行力都远不及发电企业，调度中心对其调度的积极性不高，需要国家政策的大力支持。

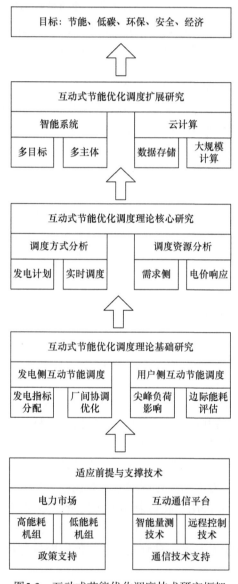

图5-3　互动式节能优化调度技术研究框架

　　智能电网量测和智能控制系统是实现智能电网互动节能优化调度的物理基础，需要建立智能电网互动通信平台，能够在平台上对数据进行统一共享，提高电网控制水平。

　　2）互动式节能优化调度理论的基础研究

　　互动式节能优化调度理论的基础研究主要包括发电侧互动节能优化调度分析和用户侧节能优化调度分析两个方面。

　　发电侧互动节能优化调度分析的重点在于给予发电企业自主权，激励其充分实施厂内、发电集团内、不同发电企业间的节能调度。发电权交易是其研究的重点。在市场机制中，利用发电权交易可以促使低能耗机组逐渐代替高能耗、高污染机组，实现节能减排，促进 ESGD 的发展。特别是，电力市场需要建立基于机组能耗和污染物排放的市场准入机制，规定参与市场交易的火力发电机组的能耗和污染物排放标准，让准入的发电企业能够在电力市场中进行自主决策，实现资源的优化配置。

　　用户侧互动节能优化调度分析的研究重点是用户侧互动与节能调度之间的关系。目前较多的学者对用户侧的互动进行研究，但与节能调度之间联系的研究较少。为此我们将从由用户用电导致的尖峰负荷入手，评估尖峰负荷对发电机组 MEC 的影响，为用户侧互动节能优化调度提供理论依据，这也是本节的研究重点。

　　3）互动式节能优化调度理论的核心研究

　　调度方式的分析，以及调度资源的分析是其理论的核心部分。互动式节能优化调度跟以往的大机组集中调度模式不同，已不再是单一的调度中心对发电计划刚性的制定，而是发电企业自拟发电计划，用户的可调度资源也被纳入调度计划当中。新的发电计划需要发电企业、调度中心、用户三者的协调，如何建立新的调度模式、制定日前发电计划，以及实时发电计划是本节的研究重点。

　　用户侧参与互动需要对其参与的可调度资源进行分析，哪些资源可以参与调度计划，哪些资源是为了保证电网的安全可靠稳定运行，用户侧互动特性分析则显得非常必要。

　　4）互动式节能优化调度扩展研究

　　互动式节能优化调度存在多个目标，其中节能减排和安全经济的目标已经有大量学者进行研究。由于经济性与节能减排之间的目标存在一定的矛盾，需要进行多目标优化，以实现整体效益的 Pareto 最优。随着国家社会和经济的发展，低碳逐渐成为一种重要目标融入智能电网。为此，文献[18]对 LCGD 和 ESGD 进行研究，在碳成本和碳约束的基础上建立 LCGD 决策的初步模型，分析低碳对最优发电计划的影响情况。将低碳电力纳入节能优化调度，并对 LCGD 与 ESGD 展开一致性评估研究，从解的一致性和目标函数的一致性角度对 LCGD 与 ESGD 等多目标进行一致性评估，发现 ESGD 与 LCGD 具有较高的一致性，为多目标优化提供参考依据。

　　多主体的决策可以依靠智能系统实现，利用比较成熟的智能多代理理论，建立智能多代理模型，将特定环境中运行的软件实体嵌入互动式节能优化调度中，通过统一的调控一体化平台实现智能多主体共同决策。

　　随着智能电网、互联电网的发展，电网优化计算量大大增加，云计算的发展能够很好地解决电网优化调度存在的问题。为进一步减少计算量，文献[19]在保证安全稳定的前提下，互动式节能调度优化算法以《节能发电调度管理办法(试行)》要求为基础，充分考虑机组煤耗水平，分析影响机组开停的其他因素，引入多贪婪因子的贪婪算法解决机组开机排序问题，然后结合遍历法对开停状态不明确的边际机组进行开停状态的遍历。

5.2.2　基于尖峰负荷导致的边际能耗测算

1. 尖峰负荷的产生

　　社会经济水平的发展，以及气候变化等因素引起商业用电、居民用电、工业用电等各方面用电需求的增加，导致电网最大负荷不断增长。尖峰负荷是导致电力短缺最主要因素之一，由于新能源的接入，用户的用电习惯等造成负荷波动，在短时间内使部分发电机组达到最大容量值，不但影响电力系统的安全稳定，而且会影响机组的能耗，降低电网的经济性。图 5-4 所示为典型日负荷曲线的尖峰负荷示意图。

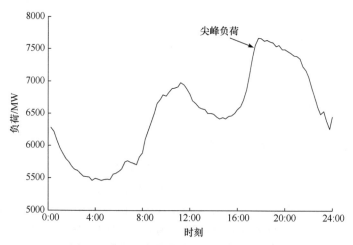

图5-4　典型日负荷曲线的尖峰负荷示意图

2. MEC 的定义

　　截至 2021 年年底，我国的发电装机容量达到 23.7 亿 kW，其中火力装机容量为 13 亿 kW，占总装机容量的 54.85%。从经济发展，以及能源形势的发展来看，火电机组将在未来相当长的一段时间内在发电机组中占大部分比例。因此，本节重点以火力发电机组，以及其他新能源发电机组作参考。

电力系统的能耗一般指火力发电机组的煤耗量。目前测算火力发电机组的煤耗量包括发电煤耗、用电煤耗，以及供电煤耗。

① 发电煤耗。发电煤耗一般是指发电厂的燃料消耗量(折算成标准煤)跟发电量之间的比值。

② 用电煤耗。用电煤耗一般是指电力用户消费 1kW·h 的电所消耗的燃料值(折算成标准煤)。用电煤耗难以计算，一般不采用。

③ 供电煤耗。供电煤耗是指发电厂的发电量在扣除厂用电之后，实际供出的电量所消耗的燃料(折算成标准煤)。

虽然存在不同的测算方法，但是随着智能电网对机组能耗的要求越来越高，特高压长距离输电的网损问题也越来越突出，传统的统计系统能耗方法难以衡量新环境下的能耗水平。本节提出 MEC 评估系统中的能耗计算问题。

当负荷在两台机组间分配，它们的燃料消耗微增率相等的时候，总的燃料消耗量是最小的。由于电力网络中的有功功率损耗是进行发电厂间有功负荷分配时不容忽视的一个因素，因此只需要把某台机组的发电煤耗变化与整个系统的负荷变化对应起来，就可以把网损因素包括进来。

因此，定义机组的 MEC 为在其他发电机组出力保持不变的情况下，该发电机组的煤耗变化量与整个系统负荷微增量之和的比值，即

$$\lambda_k = \frac{f_k(P'_{Gk}) - f_k(P_{Gk})}{\sum (\phi_i - 1) P_{Li}} \tag{5-1}$$

式中，P'_{Gk} 和 P_{Gk} 为机组 k 在负荷微增前后的出力；ϕ_i 为节点 i 的负荷变化率，当发电机组 k 在当前运行状态中为最大出力时，$\phi_i < 1$，否则 $\phi_i > 1$；$f_k(P_{Gk})$ 为发电机组 k 的发电煤耗函数；P_{Li} 为节点 i 的有功负荷大小。

假定网络损耗为 P_{LD}，则考虑网损的约束条件为

$$\sum_{k=1}^{M} P_{Gi} - \sum_{i=1}^{N} P_{Li} = P_{LD} \tag{5-2}$$

建立拉格朗日函数，即

$$F = \sum_{k=1}^{M} f_k(P_{Gi}) - \varphi \left(\sum_{k=1}^{M} P_i - \sum_{i=1}^{N} P_{Li} - P_{LD} \right) \tag{5-3}$$

函数 F 取极值的必要条件为

$$\frac{\partial F}{\partial P_{\mathrm{G}i}}=0,\quad i=1,2,\cdots,n \tag{5-4}$$

由约束条件可以推出下式，即

$$\frac{\partial F}{\partial \varphi}=0 \tag{5-5}$$

因此，可以把式(5-4)等效为

$$\frac{\partial F}{\partial P_{\mathrm{G}k}}=\frac{\mathrm{d}f_k(P_{\mathrm{G}k})}{\mathrm{d}P_{\mathrm{G}k}}-\varphi+\varphi\frac{\mathrm{d}P_{\mathrm{LD}}}{\mathrm{d}P_{\mathrm{G}k}}=0 \tag{5-6}$$

由式(5-6)可得

$$\varphi=\frac{\mathrm{d}f_k(P_{\mathrm{G}k})}{\mathrm{d}P_{\mathrm{G}k}-\mathrm{d}P_{\mathrm{LD}}}=\frac{f_k(P_{\mathrm{G}k}')-f_k(P_{\mathrm{G}k})}{\sum(\phi_i-1)P_{\mathrm{L}i}}=\lambda_k \tag{5-7}$$

可以看出，考虑网损的有功负荷经济分配的目标函数取极值时，耗量微增率与 MEC 相等，说明可以利用 MEC 对发电机组的经济性进行判断。

由此可定义系统的 MEC 为系统负荷微调过程中，引起系统能耗改变量与负荷变化量的比值，即

$$\Omega=\frac{\sum\limits_{k=1}^{M}\left|\Delta f(P_{\mathrm{G}k,t})\right|}{\sum\limits_{i=1}^{N}\left|\Delta P_{\mathrm{L}i,t}\right|} \tag{5-8}$$

$$f(P_{\mathrm{G}k,t})=a_k(P_{\mathrm{G}k,t})^2+b_k(P_{\mathrm{G}k,t})+c_k \tag{5-9}$$

其中，Ω 为系统 MEC；N 为负荷节点数；$P_{\mathrm{L}i}$ 为节点 i 的有功负荷；M 为总的机组数目；a_k、b_k、c_k 为机组 k 的发电煤耗参数。

典型火力机组能耗特性曲线如图 5-5 所示。

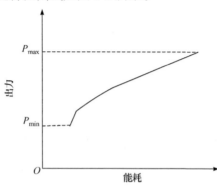

图5-5　典型火力机组能耗特性曲线

定义系统 AEC 为调度周期 T 内系统中总能耗量与总用电量之间的比值，即

$$\Lambda = \frac{\sum\limits_{t=1}^{T}\sum\limits_{k=1}^{M} f(P_{Gk,t})}{\sum\limits_{t=1}^{T}\sum\limits_{i=1}^{N} P_{Li,t}} \tag{5-10}$$

为直观评估系统的 MEC 水平，定义 MEC 评估系数为

$$\upsilon = \frac{\Omega}{\Lambda} \tag{5-11}$$

式中，υ 为系统 MEC 的评估系数。

3. 测算模型的建立

在 ESGD 中，节能是首要目标，因此根据目前的 ESGD 情况，将系统的总能耗最低定为目标函数，即

$$\min F = \sum_{t=1}^{T}\sum_{k=1}^{M}\Big[s_{k,t} f_k(P_{Gk,t}) + Z_k s_{k,t}(1-s_{k,t-1}) \Big] \tag{5-12}$$

式中，F 为系统的能耗数学函数；M 为发电机组的个数；T 为时段数；$s_{k,t}$ 为发电机组的运行状态，当值为 0 时表示停机，为 1 时表示运行；$P_{Gk,t}$ 为发电机组 k 第 t 时段的有功出力；$f_k(P_{Gk,t})$ 为发电机组能耗函数，其含义是第 k 机组的第 t 时段出力为 $P_{Gk,t}$ 时消耗的煤耗；Z_k 为机组 k 的启动煤耗。

约束条件一般为以下几种。

约束 1：有功功率平衡约束，即

$$\sum_{i=1}^{N} P_{Li,t} = \sum_{k=1}^{M} s_{k,t} P_{Gk,t} \tag{5-13}$$

式中，$P_{Li,t}$ 为节点 i 在 t 时刻的有功负荷。

约束 2：旋转备用容量约束，即

$$\sum_{k=1}^{M} s_{k,t} P_{Gk,t\,\max} \geqslant \sum_{i=1}^{N} P_{Li,t} + R_t \tag{5-14}$$

式中，R_t 为 t 时刻系统的备用容量；$P_{Gk,t\,\max}$ 为发电机组 k 第 t 时段出力的最大值。

约束 3：机组出力约束，即

$$P_{Gk,t\,\min} \leqslant P_{Gk,t} \leqslant P_{Gk,t\,\max} \tag{5-15}$$

式中，$P_{Gk,t\,\min}$ 发电机组 k 第 t 时段出力的最小值。

约束 4：机组最小开停时间约束，即

$$(b_{k,t-1} - T_k^{\mathrm{ON}})(s_{k,t-1} - s_{k,t}) \geqslant 0 \tag{5-16}$$

$$(x_{k,t-1} - T_k^{\mathrm{OFF}})(s_{i,t} - s_{k,t-1}) \geqslant 0 \tag{5-17}$$

式中，$b_{k,t-1}$、$x_{k,t-1}$ 为第 t 时段的连续运行时间、停机时间；T_k^{ON}、T_k^{OFF} 为发电机组 k 的最小开机时间、停机时间。

约束 5：发电机组爬坡、下坡速率约束，即

$$P_{Gk,t} - P_{Gk,t-1} \leqslant R_{Hi} \Delta t \tag{5-18}$$

$$P_{Gk,t-1} - P_{Gk,t} \leqslant R_{Li} \Delta t \tag{5-19}$$

式中，R_{Hi}、R_{Li} 为发电机组 k 的爬、下坡速率。

约束 6：出力变化趋势相同约束，即

$$\left(\sum_{i=1}^{N} P_{Li,t} - \sum_{i=1}^{N} P_{Li,t-1} \right)(P_{Gk,t} - P_{Gk,t-1}) \geqslant 0 \tag{5-20}$$

4. 模型求解方法

本节结合遍历算法的优先顺序法进行求解，实现系统总能耗最低。

1）优先顺序法

优先顺序法指对系统中机组按照某种指标进行开机排序，再根据负荷的大小进行相应的机组投运或者停机。这种方法也契合 ESGD 的基本思想，严格按照机组的序位表进行。

① 发电机组的排序。

机组的能耗水平是机组排序的重要指标，反映正常运行状态下发电机组的能源消耗情况，根据序位表可以最大限度地节能减排。《节能发电调度管理办法（试行）》中明确同类型火力发电机组严格按照各发电机组的能耗进行从低到高排序；当出现机组能耗相同的情况时，依据各机组的污染物排放水平排序。目前一般采用发电机组的最小比耗量进行评估。

机组最小比耗量 $\mu_{k,\min}$ 的求取可以根据下式得到，即

$$\mu_{k,\min} = a_k P_{Gk,m} + b_k + \frac{c_k}{P_{Gk,m}} \tag{5-21}$$

$$P_{Gk,m} = \begin{cases} P_{Gk,\min}, & P_{Gk,m} \leqslant P_{Gk,\min} \\ \sqrt{\dfrac{c_k}{a_k}}, & P_{Gk,\min} < P_{Gk,m} < P_{Gk,\max} \\ P_{Gk,\max}, & P_{Gk,m} \geqslant P_{Gk,\max} \end{cases} \tag{5-22}$$

式中，$P_{Gk,m}$ 为第 k 台机组最小比耗量对应的机组出力。

在实际电网调度过程中，机组的检修计划及其最小开停的时间约束条件可以直接确定在某些时段的机组状态，同时这些机组可以不参与那些时间段的机组排序。

② 发电机组台数的确定。

在基本约束条件的情况下，为保证相邻时段的出力平衡，对最少发电机组的台数进行确定。以机组爬坡为例，设 t 时段系统的负荷值为 P_t，$t-1$ 时段发电机组的台数为 N，根据机组的爬坡出力限制，可得每台发电机组能够分配的最大出力，最少只需 $N+L$ 台机组即可满足 t 时段的出力。机组下坡时，同理可得相应的发电机组台数。

2）遍历边际机组

优先顺序法对发电机组排序后，一般排序靠前的机组要进行投运，排序靠后的机组一般不参与投运，处于停机状态。中间的机组由于排序的指标靠近，无法人工做出判断，因此需要采用遍历的方式，对边际机组的组合方式进行评估计算，从而得到各组合方式的系统能耗量，最终确定最优的机组组合方式。对于大规模数量的机组，考虑云计算，利用先进的计算手段提升其优化的深度。

优先顺序算法能够在求解优化问题时，在当前情况的基础上得出最优策略，即寻求局部最优解。算法可以省去穷举过程中不可能出现的求解过程，具有高效性。

模型求解流程如图 5-6 所示。

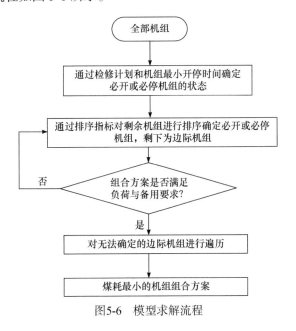

图5-6　模型求解流程

将优先顺序法与遍历相结合，利用机组的基本约束条件，以及通过排序指标得出的机组序位表，确定机组开停的状态，再利用逐步松弛约束条件深度搜索边际机组的状态，得到最优机组组合方案。利用此方法，能够在保证优化深度的情况下简化计算，提高运算速度。

5.2.3　用户侧互动节能优化调度

1. 智能电网互动基础

近年来，AMI 因其在电力系统运行、资产管理、负荷响应所实现的节能减排方面有显著的效果，成为智能电网用电技术方面研究的热点，也是智能电网互动基础。AMI 能够实现双向计量和双向实时通信，支持分布式可再生能源与移动存储设备的接入和监控，可以为智能电网互动提供坚实的基础。图 5-7 所示为 AMI 基本架构。

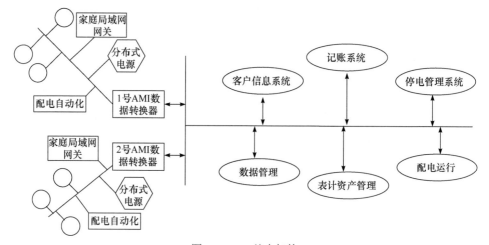

图5-7　AMI基本架构

用电信息采集系统跟 AMI 一样是智能电网建设的重要环节之一。它对电力用户的用电信息进行采集、处理和实时监控，在实现双向计量的基础上，可以实现计量点的电能、电流、电压、功率因素、负荷曲线等电气参数信息的采集。在用电信息采集系统中，智能电能表是关键的技术之一，具备有功和无功电能双向计量；具备阶梯电价计费功能，支持智能 DSM；具备电网运行状态实时监测功能；具备电力故障的在线监测、诊断、报警，以及智能处理，为智能电网的互动提供海量数据参考，同时为用户参与互动提供可能。

智能电网的建设为电力系统的发展提供了新的途径。它可以吸纳大量的可再生能源，提供电力系统与用户互动的平台，让负荷调度成为可能。我国的电力供应目前还处于长期偏紧的情形，在发电企业和电网企业挖掘节能潜力的同时，发掘负荷侧资源的节能潜力是将来研究的重要方向。

传统电力调度中的负荷是不可调的，但是负荷调度通过 DSM、IL 管理，以及需求侧竞价等方式已经有了广泛的应用。

DSM 的主要目的是电力用户能够节约电力和电量，包括能效管理和负荷管理两种方式。前一种方式是引导用户采用最新的用电技术，以及高效的用电设备，提高电能的利用率，实现节约电量的目的。后一种方式是改善用户的用户方式、削峰填谷，取得节约电力和减少装机容量的效益。在管理上有以下四种方式。

① 技术手段。通过先进的节电技术和高效设备提高用电效率；通过电网的负荷特性，引导电力用户改变其电力需求的时间，实现削峰填谷，平滑负荷曲线，最终实现节能减排。

② 经济手段。制定面向用户的多种选择的鼓励性电价。

③ 引导手段。通过引导和宣传对电力用户消费进行指引。

④ 行政手段。政府及相关职能部门依据相关法律、法规，通过行政手段推动电力节能。

不同需求响应的手段应用在不同的调度时间尺度上，需求响应在调度计划中的应用如表 5-1 所示。

表 5-1　需求响应在调度计划中的应用

需求响应类型	日前发电计划	实时调度计划	<15min 调度
实时电价	▲	▲	
分时电价	▲		
IL	▲	▲	
需求侧竞价	▲	▲	
紧急需求响应		▲	
容量/辅助服务计划		▲	▲
直接负荷控制(direct load control，DLC)		▲	▲

2. 用户侧互动表现形式

用户侧互动的主要体现形式为用户接受调度中心的实时电价及电网运行状态信息，同时基于各用户独立分散的意愿与决策，实现用户负荷、分布式发电装置、分布式储能元件等的协调互动。

在用户侧互动的资源中，我们将用户分为传统用户与新型用户。传统用户在电气特性上表现为负载(仅从电网获取电能供应)，在市场特性上表现为消费者。新型用户在电气特性上可表现为电源或负载(既可向电网供能也可从电网吸收电能)，在市场特性上表现为生产者或消费者。在智能电网条件下，大量新型用户的存在可以为互动开辟新的形式。

新型用户在具备传统用户负载特性的同时，也以分布式储能、分布式发电，以及电动汽车放电站等形式体现电源特性。新型用户可以根据相关的激励显示不同的特性。目前主要的激励方式是通过电价实现，包括配网母线节点实时电价、分布式储能并网电价、分布式发电并网电价、电动汽车放电并网电价等。新型用户通过科学的成本收益分析，选择符合自身利益的运行特性。传统用户同样可通过价格信号进行激励，实现资源的优化配置。

由此，相比传统用电侧单纯由配网购买电量的形式，新型用户的出现使用户间电量买卖成为可能，实现用户之间，以及用户与配网之间的信息流互动，最终实现用户侧互动机制。

3. 用户侧互动特性分析

1) 用户互动类型

根据用户互动决策与互动实施之间的时间差，我们将用户互动分为长周期互动、短周期互动、实时互动。用户互动类型对比如表 5-2 所示。

表 5-2　用户互动类型对比

互动类型	时间级	关键词	决策内容
长周期互动	月	计划	基于自身对实时信号的历史响应结果，优化互动决策机制 基于历史电价信号，结合自身效益测算，调整用电结构(传统用户向新型用户转变，新型用户调整售卖机制)，与电网公司签负荷控制的协议
短周期互动	日	调整	基于日前用电、日前电价信号、次日预测电价信号等，决策次日用电
实时互动	时段	动态修正	基于运行日已知电价信号及已过时段用电，修正将至时段用电计划

长周期互动立足长远规划，是用户基于历史信息和未来效益考虑所作的响应，往往通过与电网达成协议，以合同的方式确定下来，实施有利于电网与用户双方的计划及调整，同时用户基于合同调整自身互动机制。短周期互动主要基于短期历史信息，对系统价格信号作合理预测，用以决策目标日用电计划，其决策空间为长周期互动协议之外的用电安排。实时互动完全基于运行日信息，动态修正日前计划，由于决策点与运行点时差很短，不确定性相比前两类互动高，这也是实

时调度关注的重点。

2）影响用户互动特性的因素

影响长周期互动特性的主要因素包括，用电成本占用户生产生活总成本的比例、高峰时段负荷用电优先级及相关政策的支持。可以预见，用电成本在生产生活总成本中所占的比例越高，则用户参与中长期互动的意愿就越高。用户会采取相应的措施来降低成本，例如通过参与可中断响应获得断电补偿。另外，对于高峰时段具备高优先级的关键负荷而言，如果签订长周期互动协议将面临着重大的成本损失，无法通过补偿电费获得弥补，因此可行性不足。最后，在发展用户侧互动的初期，部分高耗能重点企业将获得政策扶持，鼓励其完成用户类型的转变，这将使不同用户间产生不同的响应意愿。

影响短周期互动特性的主要因素包括用电周期特性与生产班制（工业负荷）。对用户而言，若用电特性在各日间存在较强的相似特性，即周期性较强，则用户可直接将日前用电特性作为次日用电的计划蓝本，然后基于预测电价做出计划调整，反之若用户各日之间的用电特性差异大，周期特性不明显，则缺乏基准参考，很难对电价做出响应。对于工业用户而言，生产班制也是影响其日前互动特性的关键因素。班制决定用户在一天当中参与互动的时段数量，班次越多，调整的灵活性越大，即互动特性越强。对于不确定性最大的实时互动，其影响因素也相对复杂，最主要的有用户电价敏感性、负荷惯性、用户响应黏性及随机因素。用户在实时市场主要基于预测电价相对实际电价的误差做出响应，但由于计划变动成本所限，不同用户对该误差具备不同的敏感程度，越敏感的用户参与实时互动的意愿越高。此外，由于实时市场存在诸多随机因素，用户可能做出基于非价格信号的异常响应。这些响应特性难以定性做出分析。

3）具备优质互动潜力的用户

结合上节对影响用户互动特性因素的分析，我们认为，我国发展用户侧互动需重点考虑具备优质互动能力的用户。考虑我国用电结构实际情况，工业负荷的互动潜能明显优于其他负荷，而工业负荷中具备优质互动能力的用户，在各类型互动层面上可作细化分析。具备优质互动潜力的用户特点如表 5-3 所示。

表 5-3　具备优质互动潜力的用户特点

互动类型	具备优质互动潜力的用户特点
长周期互动	用电量大、用电成本比例高、高峰时段负荷用电优先级处中低档、具备相关政策扶持
短周期互动	各日用电特性相似程度高、采用多班制
实时互动	电价敏感程度高

互动类型具备优质互动潜力的用户特点，即长周期互动用电量大、用电成本比例高、高峰时段负荷用电优先级处中低档、具备相关政策扶持；短周期互动各日用电特性相似程度高、采用多班制；实时互动负荷电价敏感程度高。

4）长周期互动特性分析

长周期互动主要分为直接负荷控制与 IL。直接负荷控制与 IL 的相同点在于，电网与用户需以合同的方式确定各自权限，达成协议谋求各自的效益最大化。不同点在于，直接负荷控制在实际运行中完全由调度终端掌握负控权限，用户本身不必参与其中，且多数情况下电网公司无须向用户回馈补偿费用；IL 在实际运行中需要用户与调度终端共同参与，调度终端首先向用户发布中断指令，用户以收益最大化的方式执行指令，自行切除相关负荷，电网公司事后需要向用户回馈切负荷补偿。

实施直接负荷控制项目的策略核心是通过多种控制策略，对用户负荷设备直接进行远程调节。这种调节的先决条件是用户与电网公司之间签订的负控协议。目前电网友好型控制器就能很好地应用其中。

实施 IL 项目的策略核心是，通过下达指令的方式，向用户发布需要的可中断容量及持续时间。用户根据此时的用电结构，通过切断非必要负荷与转移部分必要负荷的方式，执行可中断指令。在 IL 实现过程中，控制信号由调度终端发送至用户负荷，进而由用户负荷作响应反馈，即信号通信是双向的。

对于短周期互动，以及实时互动可以对用户电价响应模型进行探讨。

4. 用户互动响应模型

1）电价响应

电价是反映系统供电成本的重要信号，也是调度中心引导电力用户用电的重要手段。电力用户通过各时段的电价激励做出响应，从而改变各时段的用电量安排，最终实现降低用电成本。为更好地分析电价响应模型，以实时电价为例进行探讨。根据经济学原理，电力居民用电需求与电价之间存在紧密的联系，可以简单通过图 5-8 所示的需求价格曲线表示。

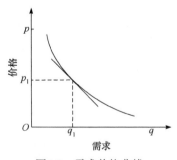

图5-8　需求价格曲线

为定量分析，常将该曲线在某一均衡点附近线性化。定义需求价格弹性系数为

$$e = \frac{\Delta q/q_0}{\Delta p/p_0} \tag{5-23}$$

$$q_0 = \sum_{i=1}^{N} q_i \tag{5-24}$$

$$p_0 = \frac{\sum_{i=1}^{N} q_i p_i}{\sum_{i=1}^{N} q_i} \tag{5-25}$$

式中，q_0 为用户的每日总负荷量；q_i 为每天在 N 时间段中第 i 个时段的负荷量；Δq 为总负荷的变化量；p_0 为综合电价，其为各时段电价的加权平均；Δp 为综合电价的变化量；e 为价格弹性系数。

为研究各时段价格差变化时负荷转移能力，定义价格差弹性系数，即

$$e_{i-k} = \frac{\Delta q_{i-k}/q_i}{\Delta \xi_{i-k}/\xi_{i-k}} \tag{5-26}$$

式中，Δq_{i-k} 为时间段 i 转移到时间段 k 的负荷量；ξ_{i-k} 为时间段 i 与 k 之间的价格差；$\Delta \xi_{i-k}$ 为两时段价格差的变化量。

2）电价响应模型

实时电价对电力用户的激励主要用于日前市场和实时市场。在日前市场中，主要用于日前调度计划的制定，根据次日的实时电价预测值进行用电安排；在实时市场中，主要用于实时调度计划的制定，根据当日获得的实时电价信息进行用电安排。

① 日前市场。

在日前电力市场中，电力用户参考的数据主要是标准日各时段的负荷量，以及实时电价和该日各时段的预测实时电价。

初始定义一个高价时间段和低价时间段，如果两个时间段之间的价格差变大，负荷从高价时间段转移至低价时间段；若两个时间段的价格减小，甚至变负，则负荷由低价时间段转移至高价时间段。由此定义负荷转移系数为

$$\tau_{i-k} = \begin{cases} \dfrac{\varepsilon_{i-k} q_i}{\zeta_{i-k}}, & \zeta_{i-k} \geqslant 0 \\ -\tau_{k-i}, & \zeta_{i-k} \leqslant 0 \end{cases} \tag{5-27}$$

可以得到日前计划中第 i 个时间段的负荷安排，即

$$q'_i = q_i - \sum_{k \neq i} \tau_{i-k} \Delta \zeta_{i-k} \tag{5-28}$$

通过上述模型，可以在日前市场中对预测的实时电价做出响应。

② 实时市场。

实时电价是将发电企业的边际成本实时通过双向互动平台传递给用户侧，因为在日前市场可能出现特殊情况，如突发故障、线路拥塞等，预测的实时电价与实际情况会存在误差，因此在实时响应的过程中需要实时修正用电计划。

在实时市场中，电力用户在某一个时段开始，可以得到前 N 个时间段的价格信息，以及前 $N-1$ 个时间段的负荷数据，这些信息可以修正后续时间段的用电安排。

电力用户应当具备合理的响应机制来处理实时市场中电价误差的激励。一般距离决策点最近的电价预测误差对用户的实时修正激励最强。

可以借鉴消费经济学里的思想，电力用户对价格波动的敏感性不是常数，首先记第 t 个时间段的预测电价误差为 $r_t = p_t^* - p_t^1$，定义价格的修正因子为

$$\theta_t = \begin{cases} 0, & 0 \leqslant |r_t| \leqslant r_d \\ (|r_t| - r_d)/(r_o - r_d), & r_d \leqslant |r_t| \leqslant r_o \\ 1, & |r_t| \geqslant r_o \end{cases} \tag{5-29}$$

式中，r_d 和 r_o 为死区边界值和饱和区边界值；$0 \leqslant |r_t| \leqslant r_d$ 定义为死区，在这个区域用户对电价误差的敏感性为 0；在 $r_d \leqslant |r_t| \leqslant r_o$ 的区域中，用户的修正是线性关系；在 $|r_t| \geqslant r_o$ 的区域称为饱和区，其响应的程度不会随着误差的变大而改变。

因此，可以得到响应的修正模型，即

$$q_i^{(t)} = \left(1 + r_t \frac{e_i \Delta p_0^{(t)}}{p_0^{(t-1)}}\right) q_i^{t-1} \tag{5-30}$$

$$\Delta p_0^{(t)} = \frac{\sum\limits_{i=1} q_i^{(t-1)} p_i^{(t)}}{\sum\limits_{i=1} q_i^{(t-1)}} - \frac{\sum\limits_{i=1} q_i^{(t-1)} p_i^{(t-1)}}{\sum\limits_{i=1} q_i^{(t-1)}} \tag{5-31}$$

式中，$q_i^{(t)}$ 为第 t 个时间段的起始修正计划，$q_i^{(t-1)}$、$p_i^{(t)}$、$p_i^{(t-1)}$ 为该时间点的最新数据信息。

也就是说，若有实际的实时电价，则采用实际电价，否则用日前预测值；若有实际用电量，则取实际的用电量，否则用最新的计划修正值。

3）算例分析

首先选取某工业用户某一天的实际用电量数据，作为标准日的负荷量数据。用户标准日各时段的用电量如表 5-4 所示。

表 5-4 用户标准日各时段的用电量（单位：kW·h）

时段	用电量	时段	用电量	时段	用电量	时段	用电量
1	343	7	359	13	415	19	405
2	360	8	341	14	430	20	520
3	367	9	415	15	400	21	480
4	360	10	480	16	390	22	380
5	358	11	460	17	415	23	350
6	364	12	430	18	420	24	370

由于国内没有实行实时电价，本书参考国外某工业区的实时电价数据进行研究。实时电价数据如图 5-9 所示。

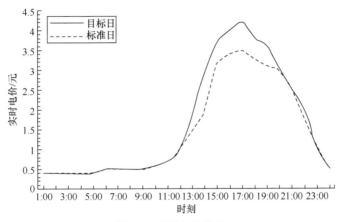

图5-9 实时电价数据

参考需求侧管理中有关电价弹性的数据，可得用户用电的价格弹性系数，如表 5-5 所示。

表 5-5 用户用电价格弹性系数

价格弹性系数	价格差弹性系数
-0.10	0.03

考虑消费经济学中用户实时价格的敏感性，界定预测误差的敏感阈值和饱和值。电价预测误差敏感参数如表 5-6 所示。

表 5-6 电价预测误差敏感参数

阈值	饱和值
-0.02 元	0.2 元

① 日前互动计划。

根据标准日各时段的电价、标准日用电量、目标预测的实时电价数据，以及用户用电价格弹性数据可以得到目标日各时段用电计划，如图 5-10 所示。

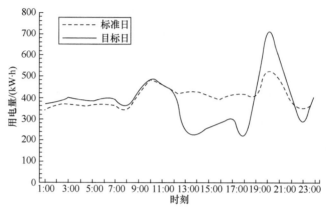

图5-10 目标日的各时段用电计划

可以看出，目标日第 11～19 时段的用电计划明显低于标准日的用电计划，而电价稳定的其他时段用电量则略有上升。

分析标准日的总体电价和目标日的预计总体电价，以及标准日用电总量和目标日计划总体用电量，可以得到日前市场相关数据，如表 5-7 所示。

表 5-7 日前市场相关数据

指标	标准日	目标日预计	差量
总体电价/元	1.52	1.73	0.21
总用电量/(kW·h)	9612	9426	−186

由表 5-7 可见，目标日预计的总体电价相比标准日的电价有 0.21 元的涨幅，用户的用电量随之改变，总的用电量下降 186kW·h，具有较好的节能效果。

② 实时互动计划。

进一步模拟实时市场，用户对实际的电价信息修正响应。假定在实时市场中，目标日的第 16 个时段来临前，此时已知的实时电价信息如图 5-11 所示。可以看到，在 1～11 时段，目标日的实际电价与预测的实时电价保持一致，而在 12～16 时段，目标日的实际电价高于日前市场的预测。根据实时修正模型，对用电计划进行实时修正。第 16 时段前实时修正用电计划如图 5-12 所示。由于 12～16 时段的实际电价比日前市场的预测值都要高，因此用户对差价做出合理的反应，实时调整用电计划。由于 17～24 时段的实际电价未知，因此仍以原预测电价为准。实时市场的相关数据如表 5-8 所示。

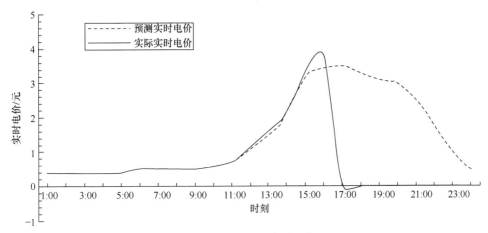

图5-11　前16时段实时电价

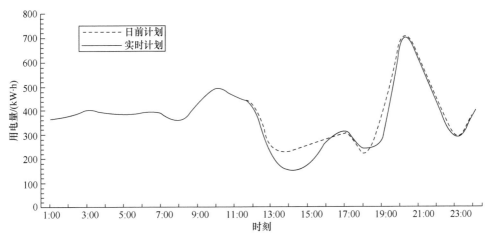

图5-12　第16时段前实时修正用电计划

表 5-8　实时市场的相关数据

指标	第 15 时段	第 16 时段	差量
总体电价/元	1.63	1.66	0.03
总用电量/(kW · h)	9466	9458	−8

由此可知，由于第 16 时段实际电价带来明显差价，从 15～16 时段，总体电价上涨 0.03 元，而用户在总用电量计划上下降 8kW · h，修正之后具有一定的节能效果。

5. 用户侧互动优化调度方法

1）基于日前调度计划的用户侧互动

传统的日前调度由于受尖峰负荷、能源紧缺等因素的影响，仅依靠发电侧调度无法应对电力日渐紧张的局面，更无法满足节能的目标。基于用户互动响应模型，在合理安排发电机组的机组组合方式和出力分配之后，对用户互动与电价采用联动机制，激励用户，可以有效实现削峰。

参与互动的用户在综合考虑自身的需求之后，每日向调度中心提交可调负荷的容量，以及补偿的价格，然后跟发电机组一起由调度中心进行统一调度。基于日前调度计划的用户侧互动的基本流程如图 5-13 所示。

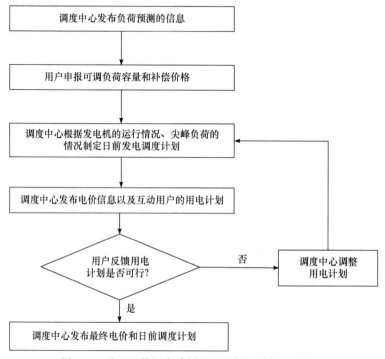

图5-13　基于日前调度计划的用户侧互动的基本流程

利用用户互动，将互动资源作为一种调峰资源，通过赋予用户一定的申请补偿价格的权利，挖掘用户侧资源的优化潜力，实现用户侧节能优化调度。对于可以避峰生产的大用户而言，特别是高能耗企业，对价格更加敏感。例如，在宁夏地区，实行峰谷电价后，高能耗企业进行避峰生产，在原来谷时段负荷高出平均负荷 100～200MW。高能耗企业的移峰潜力巨大。因此，不同的用户需要采用不同的策略，对于居民用户而言，设计适合需求弹性高的电力用户的价格，引导其避峰用电；对于能够避峰生产的大用户，可以赋予其申报移峰价格的权利，最大限度地挖掘移峰能力。

由于在决策变量中加入了用户互动，构建发电资源与可调用负荷资源统一的基于日前调度计划的用户侧互动模型。其目标函数为

$$\min \sum_{t=1}^{T} \left(\sum_{i=1}^{N_{\mathrm{G}}} s_{i,t} C_{\mathrm{EC}i}(P_{i,t}) + \sum_{i=1}^{N_{\mathrm{G}}} C_{i,t} + \sum_{j=1}^{N_{\mathrm{C}}} C_{\mathrm{L}j,t} Q_{\mathrm{L}j,t} \right) \tag{5-32}$$

式中，N_{G} 为发电机组的个数；T 为时段数；$s_{i,t}$ 为发电机组的运行状态，当值为 0 时表示停机，为 1 时表示运行；$P_{i,t}$ 为发电机组 i 第 t 时段的有功出力；$C_{\mathrm{EC}i}(P_{i,t})$ 为发电成本函数，其含义是机组 i 的第 t 时段出力为 $P_{i,t}$ 时的煤耗；$C_{i,t}$ 为发电机组 i 第 t 时段的启动费用函数；N_{C} 为互动负荷的个数，$C_{\mathrm{L}j,t}$ 为 t 时刻互动负荷资源 j 的成本系数，与互动资源大小有关；$Q_{\mathrm{L}j,t}$ 为 t 时刻互动负荷 j 的容量。

在约束条件中，除了传统的约束，还需考虑以下因素。

有功功率平衡约束，即

$$\sum_{i=1}^{N_{\mathrm{G}}} P_{i,t} = P_{\mathrm{LD},t} - \sum_{j=1}^{N_{\mathrm{C}}} Q_{\mathrm{L}j,t} \tag{5-33}$$

式中，$P_{\mathrm{LD},t}$ 为 t 时段的总负荷；$\sum_{j=1}^{N_{\mathrm{C}}} Q_{\mathrm{L}j,t}$ 为互动负荷资源在 t 时段的负荷削减量。

系统备用约束，即

$$\sum_{i=1}^{N_{\mathrm{G}}} s_{i,t} P_{i,\max} + \sum_{j=1}^{N_{\mathrm{C}}} Q_{\mathrm{L}j,t} \geqslant P_{\mathrm{LD},t} + P_{\mathrm{R},t} \tag{5-34}$$

式中，$P_{i,\max}$ 为发电机组 i 的最大出力；$P_{\mathrm{R},t}$ 为 t 时刻的负荷备用需求。

价格约束，即

$$\sum_{j=1}^{N_{\mathrm{G}}} C_{\mathrm{L}j,t} Q_{\mathrm{L}j,t} < S \tag{5-35}$$

式中，S 为在 t 时刻系统增加 $Q_{\mathrm{L}j,t}$ 新增的费用，为了防止出现互动负荷要求的补偿价格过高，损害供电企业的利益，对于互动负荷的补偿价格进行约束。

时间约束为

$$U_i \geqslant T_i \tag{5-36}$$

式中，U_i 为互动用户 i 的负荷持续时间；T_i 为尖峰负荷的持续时间。

2) 基于实时调度计划的用户侧互动

日前调度计划在实际情况中可能遇到极端天气、事故，以及负荷预测不准等意外因素的影响，而且电网实际的安全运行情况也具有一定的波动性。为防止尖峰负荷突然到来或者提前出现，更好地实现削峰，可以将用户互动引入实时调度计划。

电动汽车的电池作为一种移动的分布式储能装置，具有 V2G 新型电网技术。

随着电动汽车保有量的增长，其负荷响应容量潜力巨大，而且电池的可用时间比较长。文献[20]研究发现电动汽车有 95%的时间可以参加服务。由于电动汽车的个体过于分散，为便于管理，建立电动汽车控制中心以管理辖区内所有的充放电站设施，这样可以形成一个大容量的电源，而且快速可控。

为此，本节考虑一种实时调度计划中利用电价补偿的方式引导电动汽车在尖峰时刻放电的用户侧互动模型。

实际上，此模型将电动汽车 V2G 技术和发电机组组合联动，构建基于实时调度计划的用户侧模型。其流程如图 5-14 所示。

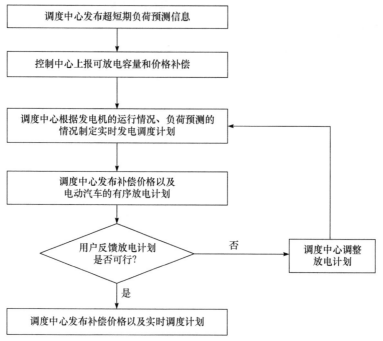

图5-14　基于实时调度计划的用户侧互动流程

其目标函数是系统的能耗最低，即

$$\min f = \sum_{t=1}^{T}\sum_{i=1}^{N}\big(s_{i,t}f_{\mathrm{EC}i}(P_{i,t})\big) \tag{5-37}$$

式中，f 为系统的能耗函数；N 为发电机组的个数；T 为时段数；$s_{i,t}$ 为发电机组的运行状态，当值为 0 时表示停机，为 1 时表示运行；$P_{i,t}$ 为发电机组 i 第 t 时段的有功出力；$f_{\mathrm{EC}i}(P_{i,t})$ 为发电机组能耗函数，即机组 i 第 t 时段出力为 $P_{i,t}$ 时的煤耗。

其约束条件除传统约束条件外，对于电动汽车特性，还需增加其余一些约束。

电动汽车的电池具有荷电状态(state of charge，SOC)特性，需要对其进行探讨。
图 5-15 为电池可承受最大充电功率-SOC 曲线。

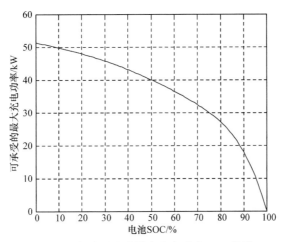

图5-15　电池可承受最大充电功率-SOC曲线

SOC 的定义是充电容量与额定容量的比值。

约束 1：电动汽车充放电频率限制。电动汽车从非尖峰时段充电，在尖峰时段向电网放电，为保护电池的寿命，本节设定每天充放电一次。

约束 2：系统功率平衡，即

$$\sum_{i=1}^{N_\mathrm{G}} P_{i,t} + \sum_{j=1}^{N_\mathrm{V2G}} Z_{j,t} = P_{\mathrm{LD},t} \tag{5-38}$$

式中，N_V2G 为参与 V2G 服务的电动汽车的数量；$Z_{j,t}$ 为在第 t 时段电动汽车的放电容量。

约束 3：系统备用约束，即

$$\sum_{i=1}^{N_\mathrm{G}} s_{i,t} P_{i,\max} + \sum_{j=1}^{N_\mathrm{V2G}} Z_{j,t} \geqslant P_{\mathrm{LD},t} + P_{\mathrm{R},t} \tag{5-39}$$

约束 4：电池容量约束。电池的寿命容量不能低于电池总容量的 20%，即

$$\Delta Z_{j,t,\min} \leqslant \Delta Z_{j,t} \leqslant \Delta Z_{j,t,\max} \tag{5-40}$$

$$\Delta Z_{j,t,\max} = (\mathrm{SOC}_{j,t} - \mathrm{SOC}_{\min}) Z_\mathrm{N} \tag{5-41}$$

$$\Delta Z_{j,t,\min} = (\mathrm{SOC}_{j,t} - \mathrm{SOC}_{\max}) Z_\mathrm{N} \tag{5-42}$$

$$\mathrm{SOC} = Z_{\mathrm{re}} / Z_\mathrm{N} \tag{5-43}$$

式中，SOC 为电池剩余容量与最大容量的比值；$\mathrm{SOC}_{j,t}$ 为电动汽车 j 在时刻 t 的

实时容量值；SOC_{min}、SOC_{max} 为 SOC 最小值和最大值，最小值取 0.2，最大值取 1；Z_N 为电动汽车的实际容量值；Z_{re} 为剩余容量值；$\Delta Z_{j,t}$ 为电动汽车 j 在时段 t 的放电容量；$\Delta Z_{j,t,min}$、$\Delta Z_{j,t,max}$ 为其可用容量的上下限。

约束 5：放电电动汽车数量限制，即

$$N_{V2G} = N_{max} \tag{5-44}$$

式中，N_{max} 为设定的最大数量。

考虑所有的充电汽车不可能在同一时间放电。基于电网可靠性运行和控制，由于电流最大值和能量转换限制，只有一定数量的电动汽车可以同一时间进行放电。

约束 6：价格约束，即

$$C_t < A \tag{5-45}$$

式中，A 为 t 时刻系统增加 $Z_{j,t}$ 新增的费用；C_t 为调度中心补偿的费用，防止出现互动负荷要求的补偿价格过高，损害供电企业的利益，对于互动负荷的补偿价格进行约束。

5.2.4 算例分析

算例采用 IEEE 39 节点系统，IEEE 39 节点系统虽然是对实际系统的一个简化，但是能够很好地揭示电力系统的基本规律，可以比较好地模拟实际电力系统的运行状态[21]。其拓扑结构图如图 4-11 所示，包含 10 台发电机、39 个节点，以及 46 条线路。其中，连接母线 14 和 15、16 和 17 的 2 条线路为区域间联络线，也是监测潮流的主要线路。

IEEE 39 节点系统的各发电机组参数如表 5-9 所示。本节不考虑机组停机煤耗。表 5-10 所示为系统各个时段的平均负荷。由于部分数据没有明确给出，本节对机组连续运行、停机时间等参数依据文献和资料进行设置。

表 5-9　机组参数

编号	P_{max}/MW	P_{min}/MW	a/(t/(MW²·h))	b/(t/(MW·h))	c/(t/h)	η/%	Z_0	Z_1	T/h	R/(MW·h)
1	300	100	0.000158	0.18	4.0	38	0	180	6	200
2	600	240	0.000182	0.25	5.0	40	0	280	8	300
3	700	280	0.000183	0.26	4.5	43	0	260	9	350
4	700	200	0.000178	0.25	5.0	43	0	300	8	350
5	600	150	0.000181	0.25	4.5	40	0	290	8	300
6	700	220	0.000178	0.26	5.0	43	0	300	8	350
7	600	180	0.000185	0.30	4.5	40	0	300	10	300
8	600	230	0.000183	0.28	5.5	40	0	260	9	300
9	900	320	0.000175	0.26	5.0	43	0	320	8	400
10	1000	400	0.000180	0.27	6.0	43	0	290	10	500

表 5-10　系统各个时段的平均负荷

时段	负荷/MW	时段	负荷/MW	时段	负荷/MW	时段	负荷/MW
1	3200	7	3330	13	3950	19	3750
2	3160	8	3480	14	3850	20	3700
3	3110	9	3600	15	3770	21	3600
4	3070	10	3800	16	3690	22	3500
5	3170	11	3950	17	3650	23	3390
6	3270	12	4350	18	3700	24	3290

1）标准场景分析

依据本节提出的模型，进行相关求解，对各时段系统的 MEC 评估系数进行分析。

根据相关公式求解，可以得到各机组的最小比耗量，μ =[0.2303，0.3103，0.3174，0.3100，0.3072，0.3200，0.3577，0.3435，0.3808，0.4170]。由于第 10 号机组相当于与 IEEE 39 节点系统关联的其他的系统，可以看作无穷大母线，在调度周期内应该常开。根据各机组的最小比耗量，可以得到发电机组的开机顺序为 10-9-4-3-6-5-2-8-7-1。然后，根据机组的约束条件，以及对边际机组的遍历，确定系统各个时段的机组组合方式（表 5-11）。

表 5-11　系统各个时段的机组组合方式

时段	1	2	3	4	5	6	7	8	9	10
1	0	1	0	1	1	0	0	0	1	1
2	0	1	0	1	1	0	0	0	1	1
3	0	1	0	1	1	0	0	0	1	1
4	0	1	0	1	1	0	0	0	1	1
5	0	1	0	1	1	1	0	0	1	1
6	0	1	0	1	1	1	0	0	1	1
7	0	1	0	1	1	1	0	0	1	1
8	0	1	0	1	1	1	0	0	1	1
9	0	1	0	1	1	1	0	0	1	1
10	0	1	0	1	1	1	0	0	1	1
11	0	1	0	1	1	1	0	0	1	1
12	0	1	0	1	1	1	0	0	1	1
13	0	1	0	1	1	1	0	0	1	1
14	0	1	0	1	1	1	0	0	1	1
15	0	1	0	1	1	1	0	0	1	1
16	0	0	0	1	1	1	0	0	1	1
17	0	0	0	1	1	1	0	0	1	1
18	0	0	1	1	1	1	0	0	1	1

续表

时段	1	2	3	4	5	6	7	8	9	10
19	0	0	1	1	1	1	0	0	1	1
20	0	0	1	1	1	1	0	0	1	1
21	0	0	1	1	0	1	0	0	1	1
22	0	0	1	1	0	1	0	0	1	1
23	0	0	1	1	0	1	0	0	1	1
24	0	0	1	1	0	1	0	0	1	1

由此可以得到系统各时段的能耗数据（表 5-12）。

表 5-12　系统各时段的能耗数据

时段	能耗/t	时段	能耗/t	时段	能耗/t
1	1279.259	9	1421.803	17	1534.803
2	1260.505	10	1528.835	18	1532.377
3	1240.763	11	1600.699	19	1536.262
4	1222.281	12	1815.372	20	1526.315
5	1247.09	13	1600.762	21	1479.867
6	1247.193	14	1558.424	22	1430.439
7	1319.863	15	1539.515	23	1408.575
8	1372.392	16	1551.079	24	1359.226

根据每时段的系统能耗进行分析，得到每时段的 MEC 评估指标，整个系统的 AEC 为 405.6g/(kW·h)，可得到标准场景每时段的 MEC 评估系数，如图 5-16 所示。

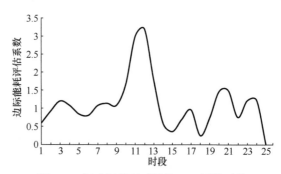

图5-16　标准场景每时段的MEC评估系数

2) 对比场景分析

对标准场景中的负荷曲线进行削峰处理，即在时段 12 时，由 4350MW 削减到 4100MW，然后重新按照标准场景的模型进行求解，可以得到整个系统的 AEC 为 404.2g/(kW·h)。对比场景每时段的 MEC 评估系数如图 5-17 所示。

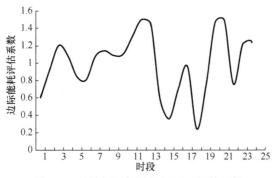

图5-17　对比场景每时段的MEC评估系数

经过对比测算，在标准场景中，尖峰时段的系统 MEC 评估系数达到 3.1，进行削峰处理后，其系统的 MEC 评估系数降为 1.5。尖峰负荷持续时间短，但会带来较高的 MEC，负荷的波动会加剧机组能耗的增加。因此，对尖峰负荷进行削峰处理，会给火力发电机组带来较好的节能效果，促进电力行业的节能减排。由于尖峰负荷是用户侧用电时间集中在某一时刻带来的短时高峰，利用用户侧互动，进行削峰填谷，最终实现节能优化调度。

5.3　考虑电动汽车充放电的互动式优化调度

本节首先研究电动汽车接入配电系统对电能质量带来的影响，提出基于网损最优的充电方式。然后，提出管制市场中电动汽车充电负荷对分时电价的智能响应方法[22]，探讨在 V2G 技术发展背景下电动汽车平抑风电出力波动的充放电控制策略。

5.3.1　电动汽车对电网影响评估

随着全球能源安全和温室气体排放问题的加剧，各国开始寻求可持续发展道路。电动汽车具有高效、清洁等特点，能够降低石油依赖性和尾气排放量，是解决上述问题的一个重要途径。随着电动汽车的推广普及，大量电动汽车充电负荷接入对电网尤其是配电系统的影响已经成为一个亟须研究的重要课题。

电动汽车对电网的影响由电动汽车特性决定。从电网角度来讲，电动汽车特性可以归结为车辆特性、充电特性、电动汽车入网时间特性三个方面。车辆特性是指不同电动汽车本身固有的电机、供能系统等性能。这些特性决定电动汽车的能耗需求大小和能量补给频率。充电特性指由车载充电装置或地面充电机决定的充电功率特性。该特性决定电动汽车入网对系统频率、电压，以及谐波等电能质量方面的影响。电动汽车入网时间特性指电动汽车开始充电时间，以及充电时长。该特性对电力系统的瞬时供需平衡能力、系统运行稳定性，以及用户经济性都有一定的影响。

1. 电动汽车充电负荷预测

电动汽车充电负荷预测是分析和评估电动汽车对电网影响的基础和前提。与传统电力负荷不同，电动汽车充电负荷具有较大的随机性和间歇性。由于电动汽车产业处于起步阶段，可供参考的历史负荷数据几乎没有，因此电动汽车负荷预测存在很大的难度。

作为新兴产业，在全球节能减排的大背景下，电动汽车大规模商业化生产，以及应用的进程越来越快，但是其规模化生产的风险依然存在。主要原因是，电动汽车被公众接受程度、电动汽车使用模式等关键因素目前还存在较大的不确定性。精确预计这些不确定性因素具有很大的难度，因此从产业发展角度对电动汽车数量进行预测尚存在一定的误差。此外，电动汽车的应用和普及条件具有一定的地域性，不同地区的电网结构和能源分布不同，对电动汽车的接纳程度也不同。在可再生资源丰富而行驶里程有限的地区，可能更容易接纳电动汽车入网。

限于充电负荷预测存在的种种困难，现有的研究主要从政策、经济、专家等角度对电动汽车进行预测。文献[23]提出采取专家意见的方法预测电动汽车的渗透率，该预测方法带有较大的主观性，受专家知识储备、推理决策能力影响较大。文献[24]运用经济学理论，提出用 Bass 扩散模型预测电动汽车在目标年的数量。该模型需要利用历史数据获得潜在最大数量、创新系数和模仿系数。该模型同时被广泛应用于许多设备的未来分布预测。该模型表述为

$$\mathrm{TCN}_i = m \int_i^{i+1} \frac{p(p+q)^2 \mathrm{e}^{(p+q)t}}{(p+q \cdot \mathrm{e}^{-(p+q)t})^2} \mathrm{d}t \tag{5-46}$$

式中，TCN_i 为到第 i 年的累计电动汽车数量；m 为潜在的最大电动汽车数量；p 和 q 为创新系数和模仿系数。

为开展电动汽车入网影响研究工作和指导实际的电网规划工作，必须更加深入和全面地进行电动汽车充电负荷预测研究。本节假定以电动汽车的不同渗透率作为电动汽车负荷预测水平。

2. 假设与建模

1）网络拓扑

如图 5-18 所示，该配电网存在一个供电节点 1，通过辐射状网络向多个负荷节点供电。考虑配网电压等级为 220V，假定供电节点电压恒为 231V，其余节点电压根据潮流计算确定。为计算方便，下面统一采用标幺值进行计算。其中，供电节点标幺值为 1.05p.u.，配网平均电压标幺值为 1.0p.u.。

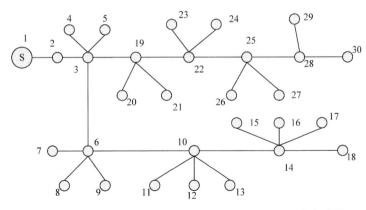

图5-18 IEEE 30节点配电网络拓扑(S为母线，1～30为节点编号)

2）基本负荷

定义配网中充电负荷之外的节点负荷为基本负荷。受电器启停、功率变化、用户类型等影响，配网基本负荷总是处于不断波动之中。本节采用服从高斯分布的概率负荷模型描述基本负荷的波动变化，即

$$f(P) = \frac{1}{\sqrt{2\pi\sigma^2}} e^{-(P-\bar{P})^2/(2\sigma^2)} \tag{5-47}$$

式中，$\bar{P}$ 为负荷平均值；σ 为标准差。

给定负荷均值和标准差，可以产生基本负荷数据。采用典型负荷曲线确定负荷均值，标准差按负荷均值的一定比例设定。这里假定负荷功率因数为0.9。

考虑季节变化影响，对冬夏两季的典型日负荷曲线进行研究。如图 5-19 所示，用电高峰主要集中在上午 11 点和晚上 8 点左右，用电低谷则集中在次日凌晨。

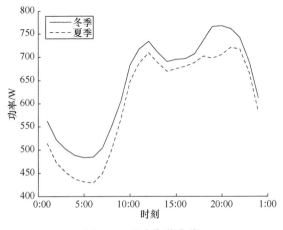

图5-19 基本负荷曲线

3）接入方式

假定在本节考虑的配电网中，每个节点最多允许接入一台电动汽车。以电动汽车的渗透水平表征电动汽车接入配电网的总数量，定义渗透率为接入电动汽车节点数目与配网所有节点数目之比。为描述电动汽车的随机性，电动汽车接入配电网的节点应随机确定。本节首先根据电动汽车的渗透率确定电动汽车的接入节点数目，然后通过随机数发生器产生接入电动汽车的具体节点编号。在每个仿真周期，充电节点保持不变。

4）充电时段

分别采用三种充电时段描述电动汽车的随机充电情形。

充电时段 1：10:00～12:00，即电动汽车的开始充电时间在该时段内随机确定，该充电情形描述高峰充电的情形。

充电时段 2：18:00～21:00，电动汽车开始充电时间在该时段内随机确定，该充电情形反映现实生活中大多数下班回家的电动汽车用户实际充电情形。

充电时段 3：22:00～24:00，该充电情形属于避峰充电方式，反映电力市场中一部分用户为追求充电成本最小化而采取的充电策略。

5）充电需求

假定每台电动汽车动力电池的最大容量为 11kW·h，为保证动力电池的循环使用次数，只有 80%的电池容量可被利用，即可用容量为 8.8kW·h。考虑 AC-DC 充电机 88%的整流效率，实际上需要从电网获取的能量为 10kW·h。

6）潮流计算

配电网一般采用闭环设计、开环运行，其结构一般呈辐射状，功率传送方向确定。另外，配电网线路相对较短，其 R/X 一般较大。常见的牛顿-拉夫逊法、P-Q 分解法等对配网进行潮流计算时，由于收敛难以保证而不宜应用于配电网潮流计算，因此我们采用前推回代法进行潮流计算。其计算速度快，收敛可靠。

3. 对电网影响评估步骤

电动汽车对电网影响的评估步骤如下。

① 获取基本用电需求。利用式(5-47)所示的概率负荷模型确定各节点在没有接入电动汽车时的基本负荷曲线。

② 确定电动汽车的充电参数。主要是确定充电节点和充电开始时段。充电节点个数根据渗透率确定，充电节点编号随机确定。同时，随机确定不同渗透率下各充电节点对应的充电开始时间。这里假设电动汽车采取恒功率负荷模型。

③ 合成新的负荷曲线。根据电动汽车的充电参数确定电动汽车的充电负荷曲线，将该曲线与基本负荷曲线叠加形成总的负荷曲线。

④ 潮流计算。根据不同渗透率下总负荷曲线进行潮流计算，得到不同充电方

式和渗透率下的节点电压偏移和系统网损等。

⑤ 评估分析。分析比较不同充电方式和渗透率下的最大电压偏移和网损率，确定在给定网络条件下可接入的电动汽车总量，并提出有助于降低不利影响的充电方式。

4. 无控制充电方式对电网的影响分析

电力系统要求瞬时平衡，任何时候的供电功率都等于系统的用电需求。其安全稳定运行受多方面条件约束，如电压、频率、功角等。在不增大投资、保证现有电网不扩容的情况下，电动汽车接入电网的总量存在一定的限制。对于配电网来说，限制电动汽车接入总量的主要指标有电压偏移和网络损耗。因此，本节主要从电压偏移和网络损耗两方面进行分析讨论。仿真算例采用图 5-18 所述的 IEEE 30 节点配电系统。基本负荷、接入方式、充电时段等均采取前述假设。由于电动汽车的充电地点随机确定，充电时间在三种充电时段的情形下都随机确定，因此将上述假设的三种充电时段情形统称为无控制充电方式。为表述方便，充电时段 1 下的充电方式称为无控制充电方式 1，充电时段 2 下的充电方式称为无控制充电方式 2，充电时段 3 下的充电方式称为无控制充电方式 3。仿真考察周期为 24h。仿真结果采用 1000 次计算的平均值，以便得到足够精确的随机仿真结果。

1) 电压偏移

如图 5-20 所示，随着渗透率上升，系统各节点的电压水平均下降。系统电压分布符合辐射网络的电压分布规律，即电压沿着功率流向从上级节点向下级节点依次递减。从节点 18 到节点 19 出现电压跃升的现象，这是因为节点 18 和节点 19 属于辐射网络中的两条不同分支。

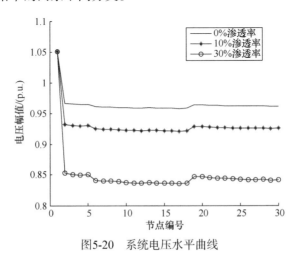

图5-20　系统电压水平曲线

　　如图 5-21 所示，电动汽车充电负荷接入后将引起该点电压急剧下降，反映充电负荷对电能质量的不利影响。

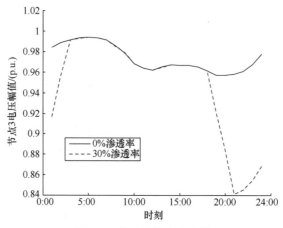

图5-21　节点电压变化曲线

　　如图 5-22 所示，系统最大电压偏移随渗透率的增加呈上升趋势。图中的最大电压偏移波动是由电动汽车的随机接入，以及负荷波动造成的。在不同渗透率下，接入的电动汽车数目，以及节点位置存在差异，并且充电时间也不相同。当高渗透率下的充电时间集中在谷荷时段，低渗透率下的充电时间集中在峰荷时段，则有可能出现高渗透率下的最大电压偏移反而小于低渗透率下的最大电压偏移的情况。负荷波动在一定程度上会对最大电压偏移波动起到减弱或增强效果。

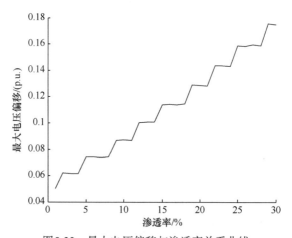

图5-22　最大电压偏移与渗透率关系曲线

　　如表 5-13 所示，考虑季节变化的影响，给出三种充电方式在不同季节下的仿真结果。由此可见，无控制充电方式 2 下的最大电压偏移较其他两种无控制充电方式大，这是因为无控制充电方式 2 的充电时间为高峰负荷时间，电动汽车负荷与高峰负荷叠加造成电压下降严重。无控制充电方式 1 同为高峰充电时间，因此电压偏移也较大，但是该时段的高峰负荷低于无控制充电方式 2。无控制充电方式 3 为避峰充电方式。对比表 5-13 容易发现，该充电方式有利于减少最大电压偏移，能提高系统负载率。另外，表中数据也显示，冬季最大电压偏移也相应地比夏季高。其原因在于冬季负荷比夏季负荷大。

表 5-13　无控制充电方式下的最大电压偏移

充电时段		最大电压位移/%			
		0%渗透率	10%渗透率	20%渗透率	30%渗透率
10:00～12:00	夏季	4.34	7.86	11.92	16.43
	冬季	5.0	8.24	12.36	17.01
18:00～21:00	夏季	4.35	8.1	12.14	16.72
	冬季	5.02	8.72	12.86	17.5
22:00～24:00	夏季	4.35	5.93	9.76	14.11
	冬季	5.01	6.39	10.31	14.64

2）网络损耗

图 5-23 所示为无控制充电方式下配电网的系统网损率与电动汽车渗透率变化的关系曲线。此处，系统网损率为网络损耗与系统总负荷需求之比。与图 5-22 所示的最大电压偏移类似，系统网损随渗透率增加同样呈上升趋势。其波动现象同样是由电动汽车的随机接入和负荷波动造成的。

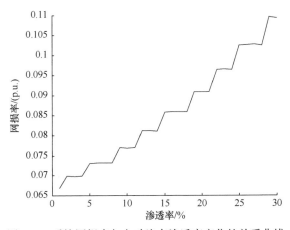

图5-23　系统网损率与电动汽车渗透率变化的关系曲线

考虑季节变化的影响，表 5-14 给出了无控制充电方式下的系统网损率。与表 5-13 对比发现，系统网损随渗透率、季节的变化规律与最大电压偏移随这些因素的变化规律相似，其形成原因也类似。但是，系统网损在不同充电方式下的变化规律与最大电压偏移随充电方式的变化规律并不一致。系统网损在无控制充电方式 1 下达到最大，其原因在于无控制充电方式 1 在整个充电时段的总负荷水平要高于无控制充电方式 2。这可以从图 5-19 所示的负荷曲线看出。

表 5-14　无控制充电方式下的系统网损率

充电时段		系统网损率/%			
		0%渗透率	10%渗透率	20%渗透率	30%渗透率
10:00～12:00	夏季	6.31	7.42	8.97	10.98
	冬季	6.69	7.76	9.26	11.26
18:00～21:00	夏季	6.31	7.31	8.71	10.54
	冬季	6.69	7.69	9.09	10.94
22:00～24:00	夏季	6.31	6.94	8.0	9.52
	冬季	6.69	7.36	8.44	9.96

按照 GB 12325—90 规定，110kV 配电系统允许的电压偏移范围一般为-3%～+7%；10kV 配电系统允许的电压偏移范围一般为-7%～+7%；220V 单相供电电压，允许电压偏移为额定电压的-10%～+7%。考虑电动汽车接入 220V 单相供电的居民配电网，因此允许最大电压偏移为 10%。据此允许最大电压偏移，我们对电动汽车可接入电网的总量进行仿真计算。由表 5-15 可见，无控制充电方式 1 和 2 的最大允许渗透率都限制在 15%以内，而采取避峰充电方式（无控制充电方式 3）使其最大允许渗透率增加，比前述两种无控制充电方式提高 1/3 以上。因此，采取措施对电动汽车充电方式进行调整，避免峰荷充电，可以有效地提高电动汽车接入电网总量。

表 5-15　无控制充电方式下的最大允许渗透率

充电时段	夏季最大允许渗透率/%	冬季最大允许渗透率/%
10:00～12:00	14	14
18:00～21:00	14	11
22:00～24:00	21	18

5. 基于网损最优的充电方式及其对电网的影响分析

为了处理无控制充电方式对配电系统造成的功率损耗，以及电压偏移较大的问题，本节提出基于网损最优的充电方式。该充电方式通过对给定时间段的电动汽车充电曲线进行优化控制以达到降低系统网损的目标。其实现依赖通信系统和智能控制装置。下面对该充电方式进行详细数学描述，以及仿真分析。

1）数学描述

以网损最小作为目标函数，其公式为

$$\min P_{\text{loss}} = \sum_{t=1}^{T_{\text{max}}} \sum_{i=1}^{N_{\text{branch}}} R_i I_{i,t}^2 \tag{5-48}$$

$$\text{s.t.} \begin{cases} 0 \leqslant P_{n,t} \leqslant P_{\text{max}} \\ \sum_{t=1}^{T_{\text{max}}} P_{n,t} \Delta t x_n = C_{\text{max}} \\ x_n \in \{0,1\} \end{cases} \tag{5-49}$$

式中，P_{loss} 为考察周期 T_{max} 内的系统网损；N_{branch} 为配网中支路条数；R_i 为支路 i 的电阻大小；$I_{i,t}$ 为支路 i 在时刻 t 的电流大小；n 为节点编号。

在上述模型中，电动汽车在各个时刻的充电功率 $P_{n,t}$ 是不定的，其值在 0 到最大充电功率 P_{max} 之间变化，并保证在整个考察周期 T_{max} 内的总充电达到满充电量 C_{max}。x_n 取 0 表示没有电动汽车接入该节点，取 1 表示有一台电动汽车接入该节点。该优化模型实际上是对非线性的潮流计算等式再形成，即对系统的潮流分布状况进行重新调整。

2）计算方法

上述优化模型是非线性优化问题，决策变量数目众多。若渗透率取 30%，考察周期采样数为 24，则总的决策变量数目为 216。因此，本书采用 GA 作为寻优算法。基于网损最优的充电方式计算流程如图 5-24 所示。

3）结果分析

为便于与前述无控制充电方式进行对比，本节依旧采用 IEEE 30 节点配电系统作为研究对象，采用的网络参数、基本负荷参数、电动汽车参数等均与无控制充电方式相同。图 5-25 所示为 GA 寻优过程。这表明，算法能够很快收敛到稳定值，从而验证其有效性和正确性。

（1）电压偏移

图 5-26 所示为基于网损最小的充电方式下的系统电压分布。与无控制充电方式对比发现，基于网损最小的充电方式系统电压水平有较大提高。

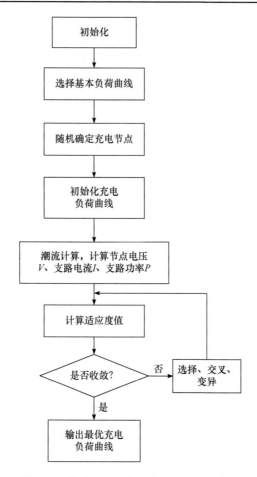

图5-24　基于网损最优的充电方式计算流程

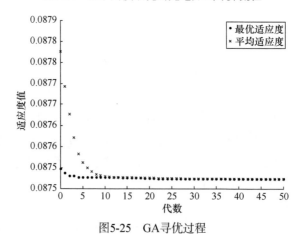

图5-25　GA寻优过程

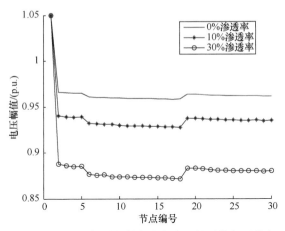

图5-26　基于网损最小的充电方式下的系统电压分布

图 5-27 所示为不同充电方式下的节点电压曲线对比。可见，基于网损最小充电方式下的充电节点电压水平在整个周期内均比无控制充电方式下的电压水平有所提高。

如表 5-16 所示，优化充电后的系统最大电压偏移比无控制充电方式有较大下降，且随着渗透率提高，最大电压偏移下降幅度增大。

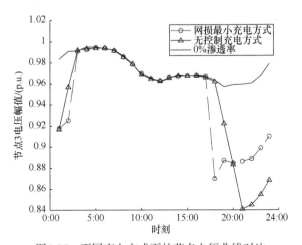

图5-27　不同充电方式下的节点电压曲线对比

表 5-16　基于网损最小充电方式下的最大电压偏移

充电时段		最大电压偏移/%			
		0%渗透率	10%渗透率	20%渗透率	30%渗透率
10:00～12:00	夏季	4.34	6.94	9.66	13.03
	冬季	5	7.23	10.06	13.12

续表

充电时段		最大电压偏移/%			
		0%渗透率	10%渗透率	20%渗透率	30%渗透率
18:00~21:00	夏季	4.35	7.12	10.21	13.84
	冬季	5.02	7.36	10.52	14.11
22:00~24:00	夏季	4.35	5.90	9.61	12.95
	冬季	5.01	6.31	9.77	13.03

（2）网络损耗

表 5-17 所示为基于网损最小充电方式下的系统网损率。可见，优化充电后的系统网损变化与优化充电后的最大电压偏移变化类似。

表 5-17　基于网损最小充电方式下的系统网损率

充电时段		系统网损率/%			
		0%渗透率	10%渗透率	20%渗透率	30%渗透率
10:00~12:00	夏季	6.31	7.39	8.7	10.25
	冬季	6.69	7.63	8.87	10.48
18:00~21:00	夏季	6.31	7.18	8.41	9.81
	冬季	6.69	7.56	8.84	10.19
22:00~24:00	夏季	6.31	6.91	7.86	9.2
	冬季	6.69	7.33	8.32	9.63

表 5-18 所示为基于网损最小充电方式下的最大允许渗透率。可见，网损最小充电方式下的最大允许渗透率比无控制充电方式有较大提高。

表 5-18　基于网损最小充电方式下的最大允许渗透率

充电时段	夏季最大允许渗透率/%	冬季最大允许渗透率/%
10:00~12:00	20	19
18:00~21:00	19	18
22:00~24:00	22	21

上述仿真结果表明，基于网损最小的充电方式能有效降低系统网损和电压偏移，在不扩建或改造现有网络的条件下有利于提高配电系统接纳电动汽车充电负荷的能力，节约系统扩改成本。

5.3.2　考虑分时电价和 SOC 曲线的电动汽车充电优化

智能电网支持电动汽车友好接入电网的方式主要有 V2G 技术、能量管理装置、电价机制。V2G 指电动汽车通过变流装置将电池组中剩余的储能反馈到电网，在系统需要时提供功率支撑。能量管理装置的目标是保持电力系统供需平衡、提高电力设备利用率。通过价格机制使电动汽车用户主动调节充放电模式被认为是一种解决电动汽车友好接入电网的重要方式之一。

考虑电池 SOC 曲线，即电池最大可充电功率与 SOC 的关系曲线，提出电动汽车响应分时电价的优化充电模型，旨在通过调整充电功率和充电时间降低用户充电成本、协助电网削峰填谷，提高电网供电灵活性。

1. 响应分时电价充电优化模型

在受管制的电力市场中，政府事先设定分时电价，且价格保持稳定。用户将电动汽车接入电网，可设定预期充电结束时间；从保护电池的角度考虑，设定最大充电功率。电动汽车充电设施根据内置的分时电价，考虑 SOC 曲线、用户设定的最大充电功率，制定优化充电方案，实现充电成本最低，同时实现电网削峰填谷。

1) 目标函数

以电动汽车用户在一次充电过程中需要支付的充电成本作为目标函数，即

$$\min C = \int_{t_0}^{t_0+T} m(t)P(t)\mathrm{d}t \tag{5-50}$$

式中，t_0 为充电开始时刻；T 为充电持续时间；t_0+T 为充电结束时刻（用户可设定）；$m(t)$ 为时刻 t 的单位电价（元/kW·h）；$P(t)$ 为时刻 t 的充电功率（kW）。

2) 约束条件

不同电动汽车用户的行驶模式和充电习惯不尽相同，各电动汽车电池组的初始 SOC 存在差异。考虑初始 SOC 时的充电电量总需求为

$$\int_{t_0}^{t_0+T} P(t)\mathrm{d}t = (1 - S_{\mathrm{inl}})Q_{\mathrm{r}} \tag{5-51}$$

式中，S_{inl} 为电池初始 SOC；Q_{r} 为电池额定满充电量（kW·h）。

根据马斯定律，为减少电池寿命损耗，充电电流应不超过电池可接受充电电流 $I = I_0 \mathrm{e}^{-\alpha t}$（$I_0$ 为充电开始时最大可充电电流，α 为充电接受比），理论上充电起始电流 I_0 由电池的初始 SOC 和内阻决定。电池组可以承受的最高充电电压也不应超过一定的限值。

根据充电功率表达式 $P=VI$，在充电过程中，电池组的充电功率不能超过一定的限值，存在如下约束，即

$$0 \leqslant P \leqslant P_{\mathrm{battery}}(t) \tag{5-52}$$

式中，$P_{\mathrm{battery}}(t)$ 为电池组在时刻 t 可承受的最大充电功率限值。

对所有蓄电池而言,其最大可充功率 $P_{\text{battery}}(t_i)$ 是 SOC 和温度 T 的函数。若采取恒温措施使电池的充电环境温度保持恒定,忽略温度影响,最大可充功率为

$$P_{\text{battery}}(t) = f(S) \tag{5-53}$$

式中,S 为电池组的当前 SOC 值。

$P_{\text{battery}}(t)$ 与 S 的具体定量关系如图 5-15 所示。

除受电池组可承受最大充电功率 P_{battery} 限制外,充电机输出的最大充电功率还受两方面约束,即用户设定的最大充电功率 P_{user} 和充电机能够输出的最大功率 P_{charger}。因此,在充电过程中,实际最大充电功率取

$$P_{\text{max}} = \min\left\{P_{\text{user}}, P_{\text{charger}}, P_{\text{battery}}\right\} \tag{5-54}$$

一般情况下,P_{user} 和 P_{charger} 均大于 P_{battery}。因此,最大充电功率 P_{max} 常由 P_{battery} 决定。式(5-51)～式(5-54)构成优化充电模型的全部约束条件。

2. 算法设计

上述优化模型是一个连续数学模型,为方便计算,对其进行离散化处理。将时间细分为 N 个时段,每个时段长度为 Δt,则离散化的优化模型可表述为

$$\min C = \sum_{i=1}^{N} m(t_i)P(t_i)\Delta t \tag{5-55}$$

动力电池最大可充功率受 SOC 的约束是非线性约束,可设计启发式算法求解。优化充电流程图如图 5-28 所示。具体步骤如下。

① 从起始时段($t = t_1$)开始,按照最大功率 P_{max} 对电池进行充电,直到电池 SOC=1,或者 $t = t_N$(用户自定的充电时间结束)。若 $t = t_N$ 尚未充满,则停止优化。

② 通过第一步,找到一个初始可行解 $P_0 = [p_1, p_2, \cdots, p_N]$。按照电价高低对充电时段进行排序,用 $\{i, j\}(i = 1, 2, \cdots, N; j = 1, 2, \cdots, N)$ 表示电价从低到高的排序,即 $M(t_{i+1}) > M(t_i)$,$M(t_{j+1}) > M(t_j)$。

③ 设定优化步长 q。将每次从高电价时段转移到低电价时段的充电量 q 定义为优化步长,则功率转移量 $e = q/\Delta t$。每次转移的电量 q 是一个很小的数值,如 10^{-6}。

④ 初始化 i,置 $i = N$。

⑤ 初始化 j,置 $j = 1$。

⑥ 判断时段 t_i 有无电量可以转移。若 $P(t_i) > e$,转到⑦;否则,转到⑪。

⑦ 判断时段 t_i 与时段 t_j 的先后顺序。若 $t_i < t_j$,转到⑧,即直接将时段 t_i 的电量 q 转移到时段 t_j 而不破坏 SOC 约束。以 $Q(t_n)$、$Q(t_n')$ 分别表示转移前后的电池电量。当 $n < j$ 时,存在 $Q(t_n') = Q(t_n)(n < i)$ 或 $Q(t_n') = Q(t_n) - q(n > i)$;当 $n = j$ 时,

$Q(t'_n) = Q(t_n)$。可见，各时段的 SOC 并未增加，因转移之前的功率没越限，转移之后的功率依然不越限。若 $t_i > t_j$，转到⑨。

⑧ 从高电价时段往低电价时段转移电量，即 $P(t_i) = P(t_i) - e$、$P(t_j) = P(t_j) + e$，转到⑥。

⑨ 判断时段 t_j 功率 $P(t_j)$ 是否达到最大可充功率 P_{max}。若 $P(t_j) < P_{max}$，转到⑧；否则，转到⑩。

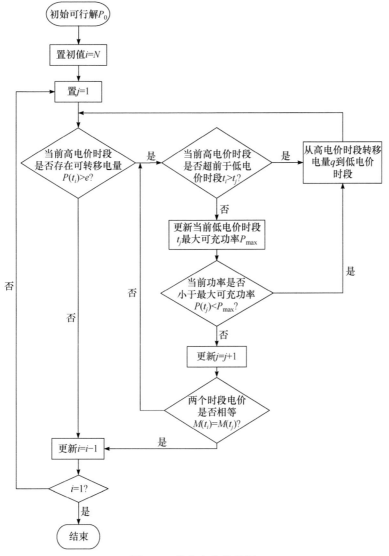

图5-28　优化充电流程图

⑩ 赋值 $j = j+1$，并判断时段 t_j 的电价与时段 t_i 的电价是否相等。若 $M(t_i) = M(t_j)$，转到⑪；否则，转到⑦。

⑪ 赋值 $i = i-1$，并判断 i 是否等于 1。若 $i = 1$，表示不能再从高电价时段往低电价时段转移电量，优化结束；否则，转到⑤。

3. 算例分析

为了验证优化充电模型的有效性，采取典型充电模式作对比。典型充电模式是一种即插即充的充电模式，其充电曲线与电池的充电特性曲线一致。与之不同，优化充电模式的充电曲线可能与电池的充电特性曲线不同，因为各个时刻的充电功率由前述的优化算法决定。另外，将充电成本和不同时段的能量需求分别在两种情形下进行对比，即单台电动汽车充电情形和多台电动汽车充电情形。在多台电动汽车充电情形下，需要对不同电动汽车在初始 SOC 和开始充电时间两方面存在的差异进行考虑，本节采取概率模型描述这种差异性。在单台电动汽车充电情形下，忽略电动汽车在初始 SOC 和开始充电时间这两方面的随机性，对其赋予具体的数值以便得到确定性的结果。

1）仿真设置

（1）典型锂离子电池充电特性

Nissan Altra 锂离子电池充电功率曲线如图 5-29 所示。在完全放电情况下，其能量需求为 29.07kW·h。本节将按图 5-29 对电池进行充电的方式定义为典型充电模式。

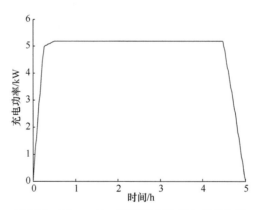

图5-29　Nissan Altra锂离子电池充电功率曲线

（2）充电开始时刻

电动汽车充电开始时刻具有较大的随机性。为描述这种随机性，建立电动汽车开始充电时刻的概率分布模型。假定电动汽车充电开始时刻满足高斯分布，即

$$f(t,\mu,\sigma) = \frac{1}{\sqrt{2\pi\sigma^2}} e^{-(t-\mu)^2/(2\sigma^2)} \tag{5-56}$$

大多数电动汽车用户选择在下班回到家就开始充电，充电时刻一般为 18:00 左右，因此取 μ=18、σ=5。充电开始时刻的概率分布曲线如图 5-30 所示。

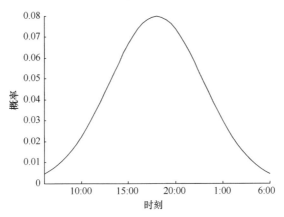

图5-30　充电开始时刻的概率分布曲线

（3）电池初始 SOC 值

电动汽车动力电池的初始 SOC 也具有一定的随机性，可以用概率分布模型描述为

$$f(s,\mu,\sigma) = \frac{1}{\sqrt{2\pi\sigma^2}} e^{-(s-\mu)^2/(2\sigma^2)} \tag{5-57}$$

式中，s 为动力电池的初始 SOC 值。

动力电池 SOC 一般在 0.2～0.8。动力电池 SOC 的均值 μ=0.5，标准差 σ=0.3。

（4）分时电价

根据北京市实际峰谷时段划分，将谷荷时段定义为 23:00～07:00，共 8 个小时；峰荷时段为 10:00～15:00、18:00～21:00，共 8 个小时。其余时段为平荷时段。峰平谷电价采用该市实际电价，分别为 1.253 元/kW·h、0.781 元/kW·h、0.335 元/kW·h。分时电价直方图如图 5-31 所示。

2）仿真结果及其分析

（1）单台电动汽车充电情形

为便于验证优化充电模型的有效性，以单台电动汽车为研究对象，取充电开始时刻为 20:00，充电时长为 12h。单台电动汽车在不同充电模式下的充电表现如图 5-32 所示。

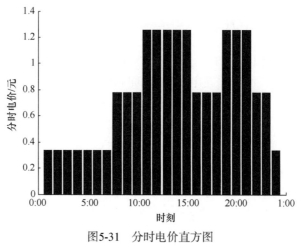

图5-31 分时电价直方图

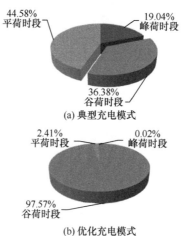

图5-32 单台电动汽车在不同充电模式下的充电表现

可见，优化充电模式能够避开用电高峰、主动选择低谷时段对电动汽车进行智能充电，降低充电成本。

(2) 多台电动汽车充电情形

多台电动汽车充电需要考虑各电动汽车在充电开始时间，以及初始 SOC 上的差异，可采用高斯分布函数描述这种差异性。数据显示，2010 年北京市的汽车保有量已达 469 万辆。电动汽车渗透率(此处渗透率定义为电动汽车数量与总的汽车数量之比[25])取 5%，则电动汽车数量为 234500 辆。在计算过程中，每台电动汽车充电时长取 6h。图 5-33 所示为多台电动汽车在不同充电模式下的充电表现。与单台电动汽车充电类似，优化充电模式能够转移大量峰荷到低谷时段。

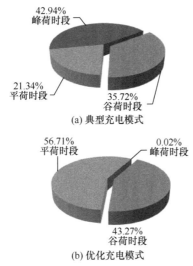

图5-33　多台电动汽车在不同充电模式下的充电表现

如表 5-19 所示，优化充电模式能够较大幅度地降低用户的充电成本。值得注意的是，单台电动汽车充电情形下的表现优于多台电动汽车充电情形。其原因是，可优化的空间不同。在单台电动汽车情形下，用户的充电时段覆盖较多的低电价时段。这意味着，优化空间相对较大。因此，通过优化，大部分充电将集中在低电价时段，使最终的优化表现较好。从另一个角度来讲，上述充电表现的差异性也揭示了电动汽车用户有意识地合理安排充电时间将减少其充电成本。

表 5-19　不同充电模式的充电成本对比

充电成本	典型充电模式	优化充电模式	成本减少百分比
单台充电成本/元	20.67	10.02	51.52%
多台充电成本/10^4 元	2179.4	1314.9	39.67%

5.3.3　考虑风电出力波动的电动汽车充放电策略

电动汽车不但是充电负荷，而且是一种可移动式的储能单元。正常情形下，可利用电动汽车多余的电能平抑风电出力波动。在电网故障等紧急情形下，集合大规模电动汽车提供功率支撑有望在未来成为现实。它的实现至少要满足以下方面条件。

① 具有实现快速充放电的 V2G 技术。

② 具有足够规模的电动汽车用户可参与到 V2G。

③ 存在协调风电出力与电动汽车负荷的控制机制。

目前，V2G 技术日趋成熟，不少生产商已经制造出面向市场的智能充放电装置。随着各方力量的推动，电动汽车的推广应用有望在可见的几十年间达到相当规模，而风电出力与电动汽车负荷的协调控制方面并没有取得突破性进展。

为提高风力发电经济性，以及系统运行可靠性，本节从实现电动汽车充放电的 V2G 技术出发，考虑电动汽车参与风电出力协调的两种 V2G 模式，即分散式 V2G 和集中式 V2G。分散式 V2G 模式以制定反映风电出力变化的实时电价引导电动汽车用户自主参与风电出力协调。集中式 V2G 模式以统一调度控制手段管理电动汽车的充放电，达到平抑风电出力波动的效果。

1. V2G 技术

随着智能电网技术的发展，电网与用户之间允许存在能量流和信息流的双向交互。这种用户与电网之间的互动技术可以显著提高电力系统运行的稳定性、可靠性、经济性。V2G 技术是实现电动汽车用户与电网互动的重要技术。它利用逆变装置将电动汽车多余的电能存储回送给电网，在电动汽车大规模应用的前提下，可为系统提供紧急情况下的功率支撑，减少系统发电备用。实现智能电网下的V2G 需要具备以下基本要素。

① 将直流逆变为交流的连接装置。

② 实现与系统操作员进行通信的控制系统。

③ 车载控制器和计量装置。

电动汽车 V2G 示意图如图 5-34 所示。

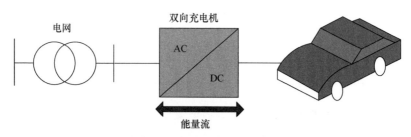

图5-34　电动汽车V2G示意图

概括起来，通过 V2G 技术，电动汽车可以为电网提供三种辅助服务。

① 峰荷供能。传统方式下，高峰负荷一般通过可以短时开启的发电机组发电来满足。高峰负荷累积出现的总时长为每年数百小时，发电机组因短时启停带来的边际成本较大。利用 V2G 技术对电动汽车储能平衡高峰负荷被认为是一种较为经济的方式。峰荷日持续时间一般为 3～5h，单台电动汽车因受车载储能限制很难满

足这一要求,但是对多台电动汽车进行有序充放电控制可以克服该限制。

②　旋转备用。旋转备用是指在系统需要时,快速提供出力的额外发电容量。提供旋转备用的发电机组多数时间处于待命状态(系统实际调用旋转备用时间为 1h,而实际待命时间可能长达 24h),旋转备用成本较高。电动汽车具有即插即用的优点,通过签订合约的形式,能够在规定的时段内较为经济和方便地为系统提供旋转备用。

③　调节服务。调节服务提供 AGC 或频率控制的功能。负荷变化可能引起系统频率波动或电压偏移,因此需要频繁调度资源平衡负荷变化。与旋转备用相比,调节服务调度更为频繁(一天数百次),响应更为快速(小于一分钟),同时持续时间也较短(一次调节数分钟)。作为可控负荷资源,电动汽车能够参与调节服务,可以实现对电网频率调节或电压调节的快速响应。

综上,V2G 技术可充分利用电动汽车的储能潜力,减少系统备用和储能投资费用。目前,可再生能源发电是各国重视的发展方向。若利用电动汽车的储能特性参与风力发电波动性的平抑,将给各方主体带来利益。

2. 风电出力的波动规律

风力发电具有随机性、波动性等不确定性特点。国内外对其波动性进行了大量的理论研究,以及实际测算工作。大量研究结果表明,风电场风速服从威布尔分布或 Rayleigh 分布。

1)　威布尔分布模型

从概率统计学角度来讲,大部分地区的风速变化近似服从两参数的威布尔分布[26],即

$$f(v) = \frac{k}{c^k} v^{k-1} \exp\left(-\left(\frac{v}{c}\right)^k\right) \tag{5-58}$$

式中,k 为威布尔分布的形状指数;c 为规模指数。

若已知风速样本的平均值 v_m,规模指数的计算方法为

$$v_m = \int_0^\infty v f(v) \mathrm{d}v = \int_0^\infty \frac{2v^2}{c^2} \exp\left(-\left(\frac{v}{c}\right)^2\right) \mathrm{d}v = \frac{\sqrt{\pi}}{2} c \tag{5-59}$$

因此,规模指数 $c = 2v_m / \sqrt{\pi}$。

图 5-35 所示为不同参数下的威布尔概率密度函数。可见,k 值越大,曲线峰值越大;c 反映不同地区的风能资源情况。

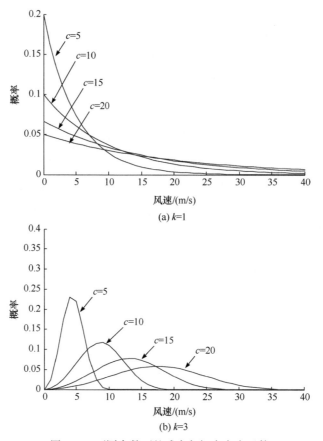

(a) $k=1$

(b) $k=3$

图5-35　不同参数下的威布尔概率密度函数

2）Rayleigh 分布模型

Rayleigh 分布实际上是威布尔分布的一种特殊情况，当形状指数 $k=2$ 时，转化为单参数的 Rayleigh 分布[27]，即

$$f(v) = \frac{v}{\sigma^2}\exp\left(-\frac{v^2}{2\sigma^2}\right) \tag{5-60}$$

实际上，当 $k=2$ 时，风速形状曲线比较符合实际情况。

3）风电出力与风速关系

风电机组出力随风速变化而变化，其是否处于发电状态，以及出力大小均取决于风速的状况。一般认为，风电机组出力与风速成分段函数关系，并在研究应用中根据需要呈现三种分段函数形式，即分段线性函数[28]、分段二次函数[29]、分段三次函数[30]。为便于分析，我们采用分段线性函数，即

$$P_{\text{w}} = \begin{cases} 0, & 0 \leqslant v \leqslant v_{\text{ci}}, v_{\text{co}} \leqslant v \\ P_{\text{w,r}} \dfrac{v - v_{\text{ci}}}{v_{\text{r}} - v_{\text{ci}}}, & v_{\text{ci}} < v \leqslant v_{\text{r}} \\ P_{\text{w,r}}, & v_{\text{r}} < v \leqslant v_{\infty} \end{cases} \tag{5-61}$$

式中，P_{w} 为风电机组实际输出功率；v 为风机风速；v_{ci} 为切入风速；v_{co} 为切出风速；v_{r} 为额定风速；$P_{\text{w,r}}$ 为风电机组的额定输出功率。

风电机组输出功率随风速变化的曲线称为风电机组功率特性曲线，如图 5-36 所示。

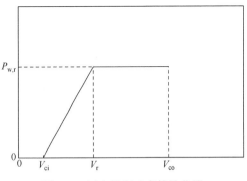

图5-36　风电机组功率特性曲线

4）风电预测偏差

在电力系统调度领域，可预测性是处理风电、太阳能发电等可再生能源波动的关键。精确预测风电功率输出有助于调度人员提前管理和控制其出力波动性。风电预测的精度与选择的时间尺度密切相关，其出力波动性常用不同时间尺度的标准差描述。不同时间尺度风电预测偏差如表 5-20 所示。

表5-20　不同时间尺度风电预测偏差

提前期/h	标准偏差/MW	可能出现的最大变化量/MW	极端变化量/MW
0.5	360	1090～1450	2600
1	700	2100～2800	3950
2	1350	4050～5400	6550
4	2400	7200～9650	13500

值得注意的是，不同容量风机出力波动的标准偏差存在一定的差异。文献[31]给出了不同容量风机出力波动的情况，如表 5-21 所示。

表 5-21　不同容量风电波动偏差

风机容量/GW	1h 提前期偏差/GW	4h 提前期偏差/GW
6	0.164	0.558
16	0.436	1.486
26	0.708	2.415
36	0.98	3.344

3. 考虑风电出力波动的电动汽车充放电控制模型

1) 基于蒙特卡罗方法的风电出力模拟

蒙特卡罗方法是一类随机实验方法,被广泛应用于数学物理、工程技术问题中近似解的求解。考虑风电出力的随机性和间歇性,采用蒙特卡罗方法能较为方便地模拟风电场运行中的实际问题。基于蒙特卡罗方法的风电出力模拟思路如下。

① 将模拟的时间范围划分为若干个时间区间,在每个时间区间内,风电场条件均假定不变。

② 根据式(5-58)所示的威布尔分布概率密度函数进行多次(1000 次)随机抽样试验,取其期望值作为每个时间区间内的风速模拟数据。

③ 将风速模拟数据代入风电功率表达式(5-61),得到模拟时间范围内的风电出力曲线。

2) 参与风电出力协调的电动汽车 V2G 模式

图 5-37 所示为电动汽车参与 V2G 模式的电气结构简图。图中略去能实现双向能量交换的逆变装置。

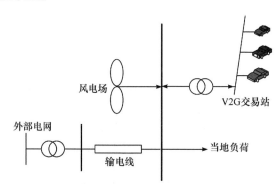

图5-37　电动汽车参与V2G模式的电气结构简图

(1) 分散式 V2G 模式

为激励电动汽车用户参与 V2G 服务,市场化国家多利用价格杠杆调节电动汽车用户的充放电行为。在理想情况下,为追求利益的最大化(充电成本最低或放电收益最高), 电动汽车用户往往会根据实时电价自动选择自身的充放电行为。在电动汽车到达 V2G 服务站后, 电动汽车用户根据联网时段的实时电价, 以及自身的能量需求, 自主选择高电价时段放电, 而在低电价时段充电。考虑个别用户在 V2G 服务站停留时间较短, 且充电需求急切, 可能在整个停留时间内没有放电操作, 但是仍然选择在低电价时段大功率充电, 高电价时段充电功率则较小。这种市场化条件下的 V2G 交易可视为一个局部优化问题, 即各个电动汽车用户以自身获得的充放电收益最大为目标, 其充放电行为是相互独立的, 某个电动汽车用户的充放电行为不会影响其他电动汽车用户的决策。在分散式 V2G 模式下, 各电动汽车用户的优化模型可用下式描述, 即

$$\max G_i = \sum_{j=1}^{T_{\max}} (R_{ij} - C_{ij}) \tag{5-62}$$

式中, G_i 为电动汽车 i 在一个周期内获得的总收益; R_{ij} 为电动汽车 i 在时段 j 的放电收益; C_{ij} 为电动汽车 i 在时段 j 的充电成本; $T_{\max}$ 为电动汽车的充放电周期。

在分散式 V2G 模式下, 电动汽车用户的总出力曲线应该与实时电价曲线基本吻合。不难推断, 当电价曲线与风电出力曲线呈反向同步变化, 即风电输出功率高时电价低、输出功率低时电价高, 大量电动汽车用户参与分散式 V2G 模式将取得较好的协调控制效果。其本质在于低电价时的高功率风电输出被电动汽车充电负荷吸收, 而高电价时的低功率风电输出将被电动汽车放电负荷补偿。从电动汽车与风力发电的总出力效果来看, 风电出力波动减弱, 降低系统调节难度。但是, 运用这种分散式 V2G 模式进行风电出力调节的弊端也是显而易见的, 即当电价曲线在未与风电出力呈反向同步关系的情况下, 电动汽车对风电的协调控制作用可能减弱, 甚至消失。考虑实时电价大多数情况下能反映当前时段的供需情况, 峰荷时段系统发电调节能力有限, 电动汽车响应实时电价进行放电可以间接提高系统调节容量, 减少风电波动对系统的冲击影响。因此, 可以认为, 这种分散式 V2G 模式具有一定的协调控制效果。在实际操作中, 若根据风电出力制定与其反向同步变化的实时电价可能是引导电动汽车用户参与分散式 V2G 服务的可行途径。但是, 这种定价机制可能需要获得来自政府或发电企业的支持和补贴。

运用上述分散式 V2G 模式参与风电出力调节时, 需要进行如下几步工作。

第一步, 精确预测风电出力, 通过信息平台向参与 V2G 服务的电动汽车用户发布与预测曲线匹配的实时电价信息。

第二步, 用户根据实时电价信息、车辆可用性, 以及行驶能量需求等, 启动车载控制器内的优化程序, 确定电动汽车用户在 V2G 交易时间内的最优充放电负荷。

第三步，叠加各电动汽车用户的充放电曲线，形成总的充放电曲线，评价当前实时电价下电动汽车对风电出力波动的平抑效果。根据当前周期内的用户响应情况，以及风电预测结果，制定下一周期的实时电价。

(2) 集中式 V2G 模式

与市场化国家不同，在管制电力市场国家，电价价格激励机制并不完善，电价往往在相当长的一段时间内维持不变。考虑极端情况，假设只有单一电价存在，对于参与 V2G 服务的电动汽车用户来说，价格激励机制消失。在这种情况下，必须有政府出面与电动汽车用户达成协议，以保证用户能够在约定的时段内参加 V2G 服务。同时，由于价格激励机制消失，电动汽车用户失去来自自身对利益追求的内在驱动力，其充放电行为可能陷入无序。此时，必须借助外在驱动力才能使电动汽车充放电达到有序状态。采取集中式调度是一种有效管理无序充放电的方法，即系统调度员或区域性电网调度员根据参与 V2G 服务的电动汽车用户数目，以及各个电动汽车用户的荷电要求，事先制定统一的调度算法，以保证达到最佳的平抑效果。假定所有的电动汽车都装有双向充放电装置和无线网络连接，以便允许远程调度电动汽车的充放电。在系统调度机构和多个电动汽车用户之间建立商用中间连接——聚合器，以便整合多个电动汽车资源进行集中调度和管理。电力调度指令可以通过无线网络每隔一定周期发送给电动汽车用户，而电动汽车用户对调度指令的响应可以被监视和记录。

由于要对所有的电动汽车进行充放电管理，集中式调度方式实际是一个全局优化问题，我们选取反映电动汽车与风电总出力离散程度的变异系数(coefficient of variation，CoV)为目标函数。考虑实际情况，规定集中式 V2G 模式满足如下条件。

① 参与 V2G 服务的电动汽车用户具有较强计划性，总是事先确定达到和离开 V2G 服务站的时间，并将计划提前发送给调度中心。

② 受动力电池特性和行驶能量需求限制，每个电动汽车用户均存在一个可接受的最大充电和放电深度阈值。

③ 假定风电预测精度足够高，可以将预测的风电出力曲线作为参考曲线，以便对电动汽车的充放电进行控制。

3) 优化目标

CoV 亦称标准差系数，是统计学中用来反映数据离散或波动程度的重要统计量。其定义为总体各单位的标准差与其均值之比，计算公式为

$$CoV = \frac{\sigma}{\mu} \tag{5-63}$$

式中，σ 为标准差；μ 为平均值；CoV 是一个相对差异指标，能够对不同水平和

不同量纲的总体之间进行客观、科学的比较，克服标准差的局限性。

基于此，采用 CoV 评价电动汽车对风电波动的平抑效果。定义电动汽车与风电总出力的 CoV 为

$$
\mathrm{CoV} = \frac{\sqrt{\sum (P - \overline{P})^2 / N}}{\overline{P}} \tag{5-64}
$$

式中，总出力为风电出力与电动汽车出力之和，即 $P = P_{\mathrm{wind}} + P_{\mathrm{ev}}$；$\overline{P}$ 为总出力在考察周期内的平均值；N 为整个周期内的采样点数。

显然，CoV 描述总出力曲线在平均出力附近的偏离程度，可以反映电动汽车对风电波动的平抑效果。CoV 越小，平抑效果越好，反之平抑效果越差。因此，集中式 V2G 模式下的电动汽车充放电优化目标函数为

$$
\min \mathrm{CoV} = \frac{\sqrt{\sum (P - \overline{P})^2 / N}}{\overline{P}} \tag{5-65}
$$

电动汽车出力 P_{ev} 为所有参与 V2G 服务进行风电波动调节的电动汽车出力之和，即 $P_{\mathrm{ev}} = \sum P_{\mathrm{ev}}^i$。

此处规定，若电动汽车处于充电状态，则电动汽车出力为负的充电功率；若电动汽车处于放电状态，则电动汽车出力为正的放电功率，即

$$
P_{\mathrm{ev}}^i = \begin{cases} -P_{\mathrm{charge}}, & \text{充电状态} \\ P_{\mathrm{discharge}}, & \text{放电状态} \end{cases} \tag{5-66}
$$

考虑电动汽车的充放电效率，电动汽车实际储能与充放电功率之间的关系为

$$
S(t+1) = \begin{cases} S(t) - \eta_{\mathrm{c}} P_{\mathrm{ev}}^i, & P_{\mathrm{ev}}^i \leqslant 0 \\ S(t) - \dfrac{P_{\mathrm{ev}}^i}{\eta_{\mathrm{d}}}, & P_{\mathrm{ev}}^i > 0 \end{cases} \tag{5-67}
$$

式中，$S(t)$ 为 t 时刻的电动汽车电池储能；η_{c} 为充电效率；η_{d} 为放电效率。

同时，为防止电动汽车在整个充电过程中的过度充放电，对电动汽车在各个时段内的储能进行如下限制，即

$$
0 \leqslant S(t) \leqslant Q_{\mathrm{r}} \tag{5-68}
$$

式中，Q_{r} 为电池的额定容量。

该约束条件限制电动汽车在整个充放电过程中的充放电功率大小，可以避免产生功率过大而出现过充或过放的情况。

假设参与集中式 V2G 模式的电动汽车共有 8 类，其参数如表 5-22 所示。

表 5-22　参与 V2G 模式的电动汽车参数表

电动汽车编号	达到时刻	离开时刻	电池容量/(kW·h)	初始 SOC/%	最大放电深度/%	充放电效率/%
EV1	13:00	18:00	30	65	60	80
EV2	7:00	21:00	30	49	80	80
EV3	2:00	22:00	30	70	60	80
EV4	1:00	15:00	30	98	80	80
EV5	15:00	20:00	30	65	60	80
EV6	18:00	22:00	30	49	80	80
EV7	9:00	13:00	30	70	60	80
EV8	12:00	16:00	30	60	80	80

4）寻优算法及步骤

GA 是一种求解多变量优化问题的有效手段，已成功应用于函数优化、机器学习及复杂性问题研究等多种问题和领域中。本章所述的集中式 V2G 模型是一个带约束的多变量非线性优化问题，适用于采用 GA 进行寻优求解。在应用 GA 之前，采用罚函数法对约束条件进行处理。

上述优化模型可抽象为

$$\min f(x)$$
$$\text{s.t.} \quad g_i(x) \leqslant 0, \quad i = 1, 2, \cdots, k$$

采用加法形式构造惩罚函数，惩罚函数可表示为

$$P(\sigma, x) = \sigma \sum_{i=1}^{k} C_i^2(x) \tag{5-69}$$

其中，$C_i(x) = \max\{0, g_i(x)\}$；$\sigma$ 为罚因子。

最终的适应度函数为

$$F(x) = f(x) + P(x) \tag{5-70}$$

详细的 GA 寻优求解步骤不再赘述。

下面对上述模型的求解步骤进行简单介绍。算法程序流程如图 5-38 所示。

① 根据目标函数和约束条件形成适应度函数。

② 利用 GA 求解各个电动汽车用户在不同时间段的充放电功率。

③ 叠加各台电动汽车的充放电电量，形成总的电动汽车负荷曲线。

④ 将电动汽车总出力曲线与风力发电出力曲线叠加，形成电动汽车与风力发电的总出力曲线，得到电动汽车与风力发电的协调控制效果图。

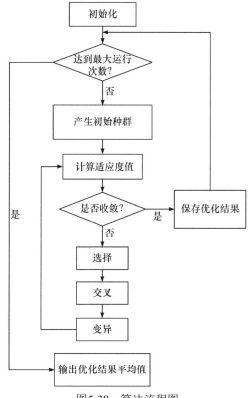

图5-38　算法流程图

4. 算例仿真

考虑我国电力市场价格管制比较严苛，分散式 V2G 模式的实施条件还不成熟。我国一直实行垂直一体化调度，集中调度、管理技术较为成熟，集中式 V2G 模式更易实现和推广。因此，下面对集中式 V2G 模式进行仿真分析。

用于进行仿真分析的电动汽车参数如表 5-22 所示。其中，到达时间和离开时间用来规定电动汽车在一天内参加 V2G 服务的时段。为简便起见，采用时段 T 表示时间，例如时段 1 表示的时间段为 00:00～01:00，时段 24 表示的时间段是 23:00～24:00。假设所有的电动汽车电池容量都是 30kW·h。最大放电深度表示电动汽车离开 V2G 交易站时，SOC 值不得低于该值，以便不影响电动汽车用户的正常使用。在现实生活中，最低 SOC 限值可以由用户根据需要自行决定。电动汽车到达时的 SOC 值决定电动汽车参与 V2G 服务的潜力大小。仿真同时假设电动汽车的充放电效率相等，均为 80%。为与风电功率匹配，将电动汽车充放电功率升级到 MW 级，即表 5-22 中每个 EV 是集合了 1000 台电动汽车的能量管理器。

对于风力发电机组，采用切入风速 $v_{ci} = 5\text{m/s}$，切出风速 $v_{co} = 45\text{m/s}$，额定风

速 $v_r = 15\text{m/s}$ 。假设平均风速 $v_m = 10\text{m/s}$ ，单台风机额定功率 $P_{w,r} = 1.5\text{MW}$ ，整个风电场共有 300 台结构性能完全一样的风机。

GA 的仿真采用实值编码，种群大小为 100，最大遗传代数为 100，交叉概率为 0.8，变异概率为 0.01。为消除 GA 固有的不确定性带来的计算误差，进行 1000 次优化计算，取其平均值作为最终的优化结果。

电动汽车充放电功率如表 5-23 所示。其中，数值为正表示放电状态，数值为负表示充电状态，闲置状态用 0 表示。

表 5-23　电动汽车充放电功率

时段	电动汽车编号							
	EV1	EV2	EV3	EV4	EV5	EV6	EV7	EV8
1	0	0	0	0	0	0	0	0
2	0	0	0	1.6934	0	0	0	0
3	0	0	1.0227	0.5612	0	0	0	0
4	0	0	−1.9283	−0.6554	0	0	0	0
5	0	0	0.1194	−0.2177	0	0	0	0
6	0	0	0.5003	1.2601	0	0	0	0
7	0	0	1.6566	0.6355	0	0	0	0
8	0	0.9713	−1.4006	−0.6032	0	0	0	0
9	0	−0.9938	−0.2757	−0.1353	0	0	0	0
10	0	−0.9998	0.8278	0.5507	0	0	1.7368	0
11	0	0.1449	0.8353	−2.6869	0	0	−2.0405	0
12	0	1.1769	−0.0777	0.9661	0	0	1.4274	0
13	0	1.7033	3.6983	−0.0064	0	0	0.3312	0.3309
14	3.5716	0.0716	0.4671	−0.0197	0	0	0	−4.7148
15	−2.2498	−0.2946	−0.8847	1.4028	0	0	0	−1.8612
16	−2.0306	0.3294	−1.5097	0	−0.8882	0	0	−1.505
17	−2.6671	−10	−1.3183	0	0.4209	0	0	0
18	0.8037	−2.9413	0.7367	0	−0.134	0	0	0
19	0	−0.7639	−0.3068	0	0.6837	−1.91	0	0
20	0	−2.632	0.3145	0	0.514	0.1708	0	0
21	0	−0.3604	−1.5452	0	0	−0.3716	0	0
22	0	0	−2.9769	0	0	−10	0	0
23	0	0	0	0	0	0	0	0
24	0	0	0	0	0	0	0	0

图 5-39 所示为集中优化调度后的各电动汽车在各个时段的充放电行为。对比发现，EV2、EV3、EV4 充放电操作较为频繁，其原因在于充电时间较长（表 5-22）。频繁的充放电行为可以反映电动汽车对风电频繁波动的调节行为，有利于平抑风电出力。

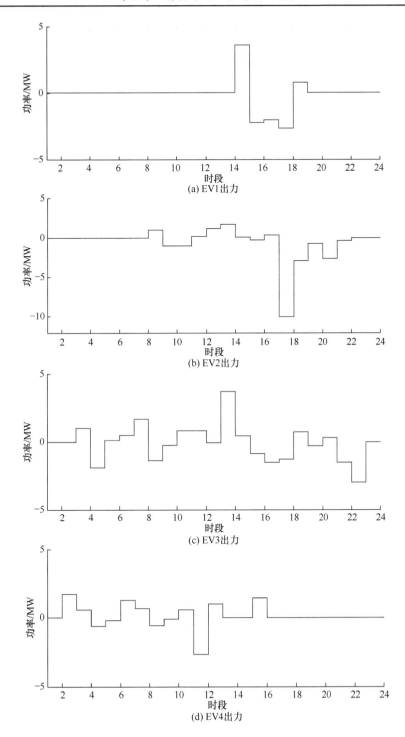

(a) EV1出力

(b) EV2出力

(c) EV3出力

(d) EV4出力

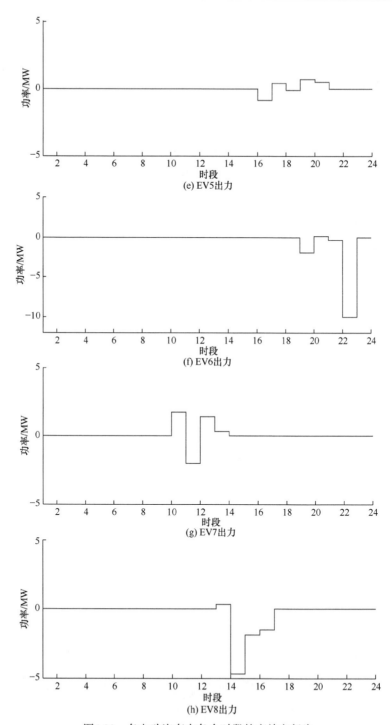

图5-39　各电动汽车在各个时段的充放电行为

结合图 5-40 和图 5-41 可以看出，电动汽车对风电出力波动具有平抑作用。由图 5-40 可见，电动汽车参与风电出力协调后的总出力曲线比风电出力曲线明显平缓了许多，波动幅度显著减少，下午、晚上的风电出力高峰被电动汽车充电负荷消纳。由图 5-41 可见，电动汽车的总出力曲线是与风电出力协调的，当风电出力上升到极大值时，电动汽车总出力将下降到极小值附近。

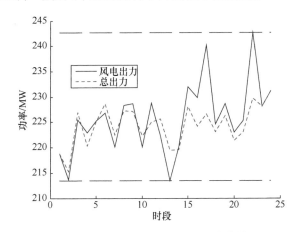

图5-40　电动汽车与风力发电总出力曲线

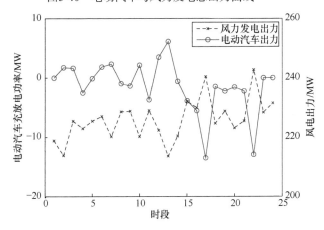

图5-41　电动汽车充放电曲线与风电出力曲线对比

因此，通过电动汽车参与 V2G 服务，电动汽车与风力发电的总出力曲线在平均出力附近波动幅度更小。从外部电网(此处规定风电与电动汽车为内部电网)角度来讲，风电出力波动程度减小会降低系统平衡难度。

如表 5-24 所示，大部分电动汽车处于充电状态，净功率输出为负。这说明，风电过剩需要电动汽车对过剩功率进行消纳。

表 5-24　电动汽车交易功率总表

电动汽车编号	总充电功率/MW	总放电功率/MW	净功率输出/MW
EV1	−6.9476	4.3753	−2.5723
EV2	−18.9859	4.3974	−14.5884
EV3	−12.2241	10.1787	−2.0454
EV4	−4.3245	7.0698	2.7453
EV5	−1.0222	1.6185	0.5963
EV6	−12.2816	0.1708	−12.1108
EV7	−2.0405	3.4953	1.4549
EV8	−8.0809	0.3309	−7.75

如表 5-25 所示,当电动汽车参与 V2G 进行风电协调控制时,总出力的标准差和 CoV 均减少。这说明,在整个时间尺度上,电动汽车都起到较好的平抑作用。

表 5-25　优化前后均值、标准差,以及 CoV 对比

出力	平均值/MW	标准差/MW	CoV
优化前风电出力	225.8625	6.8914	0.0305
优化后总的出力	224.4346	3.9249	0.0175

5.4　考虑低碳效益的互动式节能优化调度

5.4.1　考虑低碳效益的节能发电调度分析

考虑低碳效益的 ESGD 优化问题是双层优化问题。外层问题是将低碳效益和节能效益统一用经济成本形式表示,并以经济成本最优决策调度。内层问题主要研究考虑低碳效益的差异化调度,实现碳排放总量最小。通过将内层问题外层化,在提升调度低碳效益的前提下实现经济性最优。本节以火电机组为例进行分析。

1. 考虑低碳效益的 ESGD 的成本分析

火电机组的发电能耗以燃煤为主,其发电煤耗特性,即火电机组发电量 P 与煤耗量 $f(P)$ 之间的关系,即

$$f(P) = aP^2 + bP + c \tag{5-71}$$

式中,a、b、c 为火电机组煤耗特征曲线参数。

火电厂主要通过安装碳捕集设备达到降低碳排放强度的目的。该类火电厂的机组在运行过程中体现的"发电量-CO_2 排放"的关系可用一个函数表示，称为火电机组电碳特征函数，即

$$E = \frac{\delta}{q\eta} P - E_c \tag{5-72}$$

$$E_c = \gamma \frac{\alpha}{q\eta} P \tag{5-73}$$

式中，E 为 CO_2 排放量；P 为火电机组的发电量；δ 为燃料的 CO_2 排放因子；q 为该燃料的单位发热值；η 为火电机组的能量转化率；α 为捕集单位 CO_2 排放消耗的能量；γ 为碳捕集机组的 CO_2 捕集率；E_c 为火电机组捕集 CO_2 的总量，当 $E_c=0$ 时，式(5-72)为无碳捕集设施的火电机组的排放量，当 $E_c=E$，即 $\gamma=1$ 时，表示机组捕集排放的全部 CO_2。

因此，碳成本由两部分组成：一部分为 CO_2 排放成本；另一部分为捕集 CO_2 所需的成本，即

$$C(P) = k_1 E + k_2 E_c \tag{5-74}$$

式中，k_1 和 k_2 为 CO_2 排放成本系数和 CO_2 捕集成本系数。

计及低碳效益的 ESGD 将节能成本效益和低碳成本效益视为并列的调度决策条件纳入决策空间，因此本节提出的碳-煤综合成本函数作为外层优化问题的表达式为

$$F''(P) = \beta f(P) + C(P) \tag{5-75}$$

式中，β 为煤耗等效成本系数。

2. 考虑低碳效益的差异化调度理论

由于各个火电机组安装碳捕集设备情况存在差异，各个火电机组之间的低碳效益不同，节能效益和低碳效益之间的目标函数和解具有明显的差异性，如何在调度决策中体现各个火电机组之间的低碳效益差异，降低 CO_2 排放量，是内层优化问题的核心。

所谓差异化调度是指按照各个机组低碳效益的不同，调整系统负荷在各机组中的分配，以实现低碳效益高的机组多出力，低碳效益差的机组少出力。通过差异化调度实现 CO_2 排放量最小。

本节引入低碳效益权重因子 ω，通过设置各个机组的低碳效益权重因子，调整碳-煤综合成本函数中碳成本的大小，改变各个机组低碳效益对调度决策的影响力，将内层问题外层化。对差异化后的机组进行经济调度，在实现以 CO_2 排放最

小的基础上寻求调度方案的经济性最优。此时，机组 i 的碳-煤综合成本函数可以改写为

$$F'_i(P) = \beta f_i(P) + \omega_i C_i(P) \tag{5-76}$$

为定量描述差异化调度的差异度，本节引入差异度指数，即

$$H = \sqrt{\frac{1}{N}\sum_{i=1}^{N}(\omega_i - 1)^2} \tag{5-77}$$

式中，N 为参与调度计划的机组数。

差异度指数是一个无量纲指标，衡量的是差异化调度中各机组与无差异经济调度之间决策影响力的平均偏差率。

3. 考虑低碳效益的节能发电序位表制定方法

低碳效益的纳入增加了发电调度的决策条件，使按能耗大小制定的发电序位表也随之做出相应调整。本节定义的碳-煤成本指数是指火电机组最大出力对应的碳-煤综合成本与最大出力的比值，即

$$\theta_i = \frac{F'_i(P)}{P} \tag{5-78}$$

火电机组煤耗特征曲线在其出力上下限范围内近似于线性。当碳捕集火电机组的 CO_2 捕集率为定值时，碳成本也是关于出力 P 的线性函数，因此碳-煤综合成本函数可以近似认为是线性函数。取 $P_{i,\max}$ 时 θ_i 对应的 $\theta_{i,\max}$ 作为火电机组编排发电序位表的参考指标，按照从小到大的顺序依次编排机组的优先级，得到计及低碳效益的火电机组发电序位表。

5.4.2　考虑低碳效益的互动式优化调度模型

1. 调度用户侧资源优化低碳效益的可行性分析

发电侧机组按照发电序位表依次发电，在高峰负荷时段，为维持系统供需平衡，可能需要增加排序靠后的高能耗、大排放量机组满足负荷需求。这使总能耗和排放量激增。

互动式优化调度框架如图 5-42 所示。在互动式节能调度中，需求侧用户可以以响应分时电价、实时电价，或者以 IL 参与日前调度等形式互动，通过中断或者平移负荷等方式对自身用电进行调整，避开系统用电高峰，相当于减少高能耗、大排放量机组的负荷率。同时，需求侧资源的调度可视为零能耗和零排放，仅需考虑其经济层面的问题，因此可以为降低系统能耗和提高低碳效益提供有效的途径。

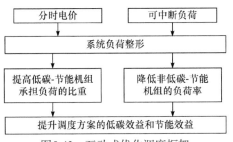

图5-42　互动式优化调度框架

2. 互动式优化调度模型

需求侧资源参与系统的电力系统平衡需要以经济信号激励，因此在调度决策中要考虑需求侧资源的经济成本。本节以 IL 为例，说明需求侧参与调度对经济性和低碳效益的影响。

1）目标函数

在需求侧互动的调度模式下，需求侧资源的调度成本也被一并纳入决策空间，因此目标函数包括发电能耗、碳成本，以及需求侧调度成本三部分，即

$$\min F(P) = \sum_{i=1}^{N}(\beta f_i(P) + \omega_i C_i(P)) + C_{\text{demand}} \tag{5-79}$$

2）约束条件

① 电力系统平衡约束，即

$$\sum_{i=1}^{N} P_{i,t} = D_t - D_{\text{IL}} \tag{5-80}$$

式中，D_t 和 D_{IL} 为 t 时段系统实际负荷值和 IL 中断容量；$P_{i,t}$ 为第 t 个时段机组 i 的出力。

② 机组出力上下限约束，即

$$P_{i,t}^{\min} \leqslant P_{i,t} \leqslant P_{i,t}^{\max} \tag{5-81}$$

③ CO_2 捕集约束，即

$$0 \leqslant E_{\text{c},t} \leqslant E_{\text{c}}^{\max} \tag{5-82}$$

式中，$E_{\text{c},t}$ 为第 t 个时段的 CO_2 捕集量；$E_{\text{c}}^{\max}$ 为 CO_2 捕集量的最大值。

④ CO_2 排放约束，即

$$\sum_{t=1}^{m}\sum_{i=1}^{N} E_{i,t} \leqslant E^{\max} \tag{5-83}$$

式中，$E_{i,t}$ 为第 t 个时段机组 i 的 CO_2 排放量；$E^{\max}$ 为允许的 CO_2 排放量最大值。

⑤ 中断成本约束，即

$$C_{\text{IL},j} \leqslant \theta_i \tag{5-84}$$

式中，$C_{\text{IL},j}$ 为第 j 个负荷节点的 IL 中断成本。

此时，制定多时段调度计划时，还应考虑以下约束。

⑥ 爬坡约束，即

$$R_{i,t}^{\min} \leqslant R_{i,t} \leqslant R_{i,t}^{\max} \tag{5-85}$$

式中，$R_{i,t}$ 为机组 i 的爬坡速率。

⑦ IL 中断时间约束，即

$$T^{\min} \leqslant T \leqslant T^{\max} \tag{5-86}$$

式中，$T^{\min}$ 和 $T^{\max}$ 分别为最小和最大中断时间。

3. 模型的求解方法

考虑低碳效益的互动式节能调度模型的求解流程，如图 5-43 所示。

在分析考虑低碳效益 ESGD 的优化这一双层优化问题的基础上，完成负荷预测结果、机组发电序位表编排工作，以及需求侧资源的信息的收集工作，可以按照以下具体步骤对模型进行求解。

步骤 1：输入初始数据。输入系统负荷 D_t、各个火电机组的序位号 i、IL 的编号 j、价格 $C_{\text{IL},j}$、容量 $D_{\text{IL},j}$。

步骤 2：机组台数的确定。发电序位表的编排顺序，由低到高依次调度机组 i 台，直到满足负荷需求。

步骤 3：计算当前机组数下的 θ_t，确定机组台数 i 以后，以各机组的 θ_i 为参考指标，以等微增率法解决机组之间的负荷分配问题。当机组出力受到出力约束限制时，取机组的出力限值，并计算当前 i 台机组共同的碳-煤成本指数 θ_t。

步骤 4：确定当前台数是否最优。计算第 $i+1$ 台的最小机组出力下的碳-煤成本指数 $\theta_{t,\min}$，将其与步骤 3 计算得到的 θ_t 比较。若 $\theta_{t,\min}$ 小于 θ_t，则增加第 $i+1$ 台发电机；反之，不需要增加。

步骤 5：是否满足 CO_2 排放约束。计算当前机组发电计划下 CO_2 排放量，当 CO_2 排放量超过最大 CO_2 排放 $E_{\max}$ 时，进入步骤 6。

步骤 6：是否调用需求侧资源。将计算得出的 θ_t 与最低报价需求侧资源 $C_{\text{IL},j}$ 相比，若 $C_{\text{IL},j}$ 小于 θ_t，则调用该需求侧资源。

步骤 7：是否继续调用需求侧资源。用总负荷减去调用的负荷容量得到新的负荷值，按照步骤 4 的方法计算 θ_t，将其与需求侧资源 $C_{\text{IL},j+1}$ 进行比较。若 $C_{\text{IL},j+1}$ 小于 θ_t，则继续调用需求侧资源；反之，无需调用。

步骤 8：输出结果。输出各机组出力、机组最终的 θ_t、需求侧资源调用总成本等计算结果。

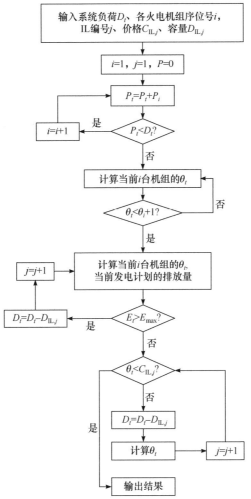

图5-43　互动式节能调度模型求解流程图

5.4.3　算例分析

采用 IEEE 39 节点标准算例的 10 机组数据参数(表 5-9)，设定机组 6、7、8、9 装设碳捕集装置，系统负荷设定为 5800 MW。统一设定 q=8.13(kW·h)/kg 标准煤，并取 δ=2.62kg CO_2/kg 标准煤；碳捕集机组的 CO_2 捕集率 γ=85%，捕集能量损失为 0.31(kW·h)/kg CO_2；k_1 设为 80 元/t；k_2 设为 40 元/t。

1. 机组序位表制定

按照本节方法计算未考虑低碳效益、考虑低碳效益，但是不计及各机组低碳效益差异两种情况下，各机组在发电序位表中的碳-煤成本指数，并以此制定各机组的排序。系统机组序位如表 5-26 所示。考虑碳成本时，各机组的碳-煤成本指数发生显著变化。设有碳捕集装置的机组碳-煤成本指数相对降低，在序位表中的排序都有不同程度的上升。

表 5-26　系统机组序位

机组编号	节能发电机组序位	未计及低碳效益 $\theta_{i,\,max}/(元/(MW \cdot h))$	计及低碳效益机组序位	计及低碳效益 $\theta_{i,\,max}/(元/(MW \cdot h))$	机组序位变化
1	1	113.7	1	185.2	不变
2	5	179.6	8	251.1	降 5 位
3	2	193.7	7	265.2	降 1 位
4	4	187.3	6	258.8	降 5 位
5	6	179.3	9	250.8	降 4 位
6	3	192.3	5	233.5	升 1 位
7	8	205.5	3	246.7	升 5 位
8	7	194.9	2	236.1	升 5 位
9	9	208.75	4	250.0	升 4 位
10	10	225.0	10	296.5	不变

2. 调度方案仿真分析

本节采用的调度仿真方案如表 5-27 所示。其中，方案 5 为本项目提出的考虑低碳效益的互动式节能优化调度模型。在方案 4 和方案 5 中，将设有碳捕集装置的机组的低碳效益权重因子 ω 设置为 1，将未设有碳捕集装置的机组的 ω 设置为 1.2。

表 5-27　调度仿真方案

方案	节能效益	低碳效益	需求侧调度	差异化
1	√			
2	√	√		
3	√	√	√	
4	√	√		√
5	√	√	√	√

根据不同节点用户的移峰成本，设置不同 IL 的容量和价格。IL 上报信息表如表 5-28 所示。

表 5-28　IL 上报信息表

IL 编号	容量/MW	价格/(元/(MW·h))	IL 编号	容量/MW	价格/(元/(MW·h))
1	250	207	4	200	288
2	100	223	5	350	348
3	150	256	6	500	386

按照表 5-27 中 5 种调度方式进行仿真计算,不同方案下各机组的出力情况如图 5-44 所示。机组总出力、CO_2 排放量和成本等计算结果如表 5-29 所示。

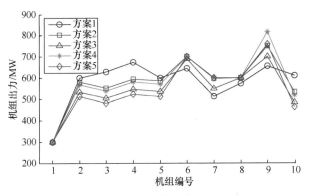

图5-44　5种调度方案下各机组出力

表 5-29　5 种调度方案机组总出力、CO_2 排放量和成本

方案	机组总出力/MW	发电总煤耗/(t/h)	IL 调度容量/MW	IL 调度成本/(元/h)	CO_2 总排放量/(t/h)	碳成本/(10^5元/h)	综合成本/(10^6元/h)
1	5800	2176	0	0	3626	3.730	1.461
2	5800	2183	0	0	3354	3.631	1.454
3	5450	2018	350	74050	3045	3.334	1.416
4	5800	2188	0	0	3284	3.601	1.455
5	5450	2026	350	74050	2932	3.297	1.417

注:综合成本按照式 $H = \sum_{t=1}^{T} \sum_{i=1}^{N} (f_{FCi}(P_{i,t}) + f_{SCi,t} + V_{i,t} + f_{LCt}(P_{i,t}))$ 计算, 式中 H 为发电成本, $f_{FCi}(P_{i,t})$ 为机组能耗费用函数, 表示机组 i 第 t 时段出力为 $P_{i,t}$ 时所需的能源耗量费用; $f_{SCi,t}$ 为机组启停费用; $V_{i,t}$ 为发电机组耗量曲线的阀点效应; $f_{LCt}(P_{i,t})$ 为网损函数, 表示机组 i 第 t 时段出力为 $P_{i,t}$ 时相应的网损分摊费用。

① 在不考虑需求侧资源参与的三种方案中, 方案 1 仅考虑节能效益, 因此其发电煤耗量最小, CO_2 排放量最大, 碳成本最高。

② 方案 2 兼顾机组的低碳效益和节能效益。与方案 1 相比，装有碳捕集装置的机组出力显著增加，CO_2 排放量和碳成本显著降低，综合成本也随之下降。

③ 方案 3 在方案 2 的基础上考虑需求侧资源的参与，降低 CO_2 排放量和碳成本，但是其综合成本随着 IL 市场价格的变化而变化，若调度 IL 成本小于发电成本，则综合成本减小。

④ 方案 4 在方案 2 的基础上考虑各机组低碳效益的差异化，实施差异化调度，仿真结果与方案 2 相比，装有碳捕集装置的机组出力有所增加，CO_2 排放量和碳成本显著降低，但是其发电煤耗增加。

⑤ 方案 5 在方案 4 的基础上调用需求侧资源，相比于未设碳捕集装置的机组出力减小，CO_2 排放量和碳成本相应降低；与方案 3 相比，设有碳捕集装置的机组出力增加。

改变方案 4 中未设有碳捕集装置的机组的 ω 取值，计算差异度指数。如图 5-45 所示，随着差异度指数 H 的增大，CO_2 排放量降低，但是其曲线渐渐趋于平缓。因为当负荷总量不变，差异度变大时，低碳效益高的机组负荷率将增加，其可调空间渐渐变小。综合成本随着差异度指数的增加而增加，由于同一机组低碳效益和节能效益的差异，增加低碳效益的决策影响力，即增加机组出力，等同于增大能耗成本，因此该曲线的斜率逐渐增大。

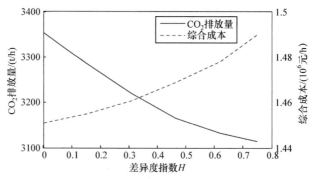

图5-45　差异度指数与CO_2排放量、综合成本的关系曲线

基于以上分析，可以得出以下结论。

① 考虑各机组低碳效益的差异化，增加低碳效益高的机组出力，能够降低 CO_2 排放量和碳成本，但是煤耗成本有所上升，综合成本相差不大。

② 调度需求侧资源能够有效降低高能耗、大排放量机组的负荷率，提升系统运行的节能效益和低碳效益，但是系统运行的总体经济成本随着市场价格波动。

5.5 本 章 小 结

本章讨论电力系统互动式调度，提出相应的模型和算法，包括智能电网互动节能优化调度的概念及其基本理论框架、考虑电动汽车充放电的互动式优化调度模型、考虑低碳效益的互动式节能调度模型。

① 提出智能电网互动节能优化调度的概念及其基本理论框架。该理论体系包括适应前提、理论基础、理论核心，以及理论扩展四部分。研究基于尖峰负荷导致的 MEC 测算方法，探讨用户侧负荷的大小与发电侧节能之间的关系，得到尖峰负荷导致系统的 MEC 评估系数过高的结论。对用户侧互动进行深入地探讨，提出用户侧互动节能优化调度方法，引入电动汽车 V2G 技术，将其与发电机机组组合联动，通过实时电价进行激励，最终实现节能优化调度。

② 提出考虑电动汽车充放电的互动式优化调度模型，从基于网损最小的电动汽车充电方式、基于成本最优的电动汽车优化充电方法和基于风电波动偏差最小的电动汽车充放电控制策略三个方面开展研究。首先，建立电动汽车接入配电系统的随机模型，阐述电动汽车对电网影响的一般评估方法和步骤，对无控制充电方式可能造成现有电网电能质量的严重下降问题，提出基于网损最小的充电方式，并给出求解方法，分析其对电能质量的改善作用。然后，建立以充电成本最小为目标的电动汽车优化充电模型。特别考虑动力电池最大可充功率随电池 SOC 递增而减小的特性，采用启发式方法迭代求解最优的充电功率曲线。最后，建立电动汽车参与风电出力协调控制的优化模型，分析充放电控制策略对风电出力的平抑效果。

③ 提出考虑低碳效益的互动式节能调度模型，从考虑低碳效益的 ESGD 和互动式优化调度两个方面对该模型展开研究。前者用一个两层优化问题描述，基于对需求侧资源参与的互动式优化调度提升低碳效益的可行性分析，提出互动式优化调度框架。在此基础上建立计及低碳效益的互动式节能优化调度模型，并给出求解方法。引入低碳效益权重因子，提出差异化调度方式，将内层问题外层化。最后，在调度需求侧资源的基础上，解决外层单目标优化问题，在保证系统运行经济性最优的同时提升电力调度的低碳效益。

参 考 文 献

[1] Hopkins M D, Pahwa A, Easton T. Intelligent dispatch for distributed renewable resources. IEEE Transactions on Smart Grid, 2009, 3(2): 1047-1054.

[2] 张伯明, 孙宏斌, 吴文传, 等. 智能电网控制中心技术的未来发展. 电力系统自动化, 2009, 33(17): 21-28.

[3] 张强, 张伯明, 李鹏. 智能电网调度控制架构和概念发展述评. 电力自动化设备, 2010,

　　　30(12): 1-6.

[4] 张智刚, 夏清. 智能电网调度发电计划体系架构及关键技术. 电网技术, 2009, 33(20): 1-8.

[5] 米为民, 荆铭, 尚学伟, 等. 智能调度分布式一体化建模方案. 电网技术, 2010, 34(10): 6-9.

[6] 狄义伟. 面向未来智能电网的智能调度研究. 济南: 山东大学硕士学位论文, 2010.

[7] Salihi J T. Energy requirements for electric cars and their impact on electric generation and distribution systems. IEEE Transactions on Industry Applications, 1973, IA-9(5): 516-531.

[8] Kabisch S, Schmitt A, Winter M, et al. Interconnections and communications of electric vehicles and smart grids// IEEE International Conference on Smart Grid Communications, 2010: 161-166.

[9] Sekyung H, Soohee H, Sezaki K. Development of an optimal vehicle-to-grid aggregator for frequency regulation. IEEE Transactions on Smart Grid, 2010, 1(1): 65-72.

[10] Divya K C, Ostergaard J. Battery energy storage technology for power systems-an overview. Electric Power Systems Research, 2009, 79(4): 511-520.

[11] Xu Z, Gordon M, Lind M, et al. Towards a danish power system with 50% wind-smart grids activities in denmark. IEEE Power & Energy Society General Meeting, 2009: 1-8.

[12] Mazumder S K, Acharya K, Tahir M. Towards realization of a control-communication framework for interactive power networks//IEEE Energy 2030 Conference, 2008: 96-105.

[13] Lightner E M, Widergren S E. An orderly transition to a transformed electricity system. IEEE Transactions on Smart Grid, 2010, 1(1): 3-10.

[14] Zhu J, Zhuang E, Ivanov C, et al. A data-driven approach to interactive visualization of power systems. IEEE Transactions on Power System, 2011, 26(4): 2539-2546.

[15] Fahrioglu M, Alvarado F L. Designing incentive compatible contracts for effective demand managements. IEEE Transactions on Power System, 2000, 15(4): 1255-1260.

[16] 马韬韬, 郭创新, 曹一家, 等. 电网智能调度自动化系统研究现状及发展趋势. 电力系统自动化, 2010, 34(9): 7-11.

[17] 黎灿兵, 刘玙, 曹一家, 等. 低碳发电调度与节能发电调度的一致性评估. 中国电机工程学报, 2011, 31(31): 94-101.

[18] 陈启鑫, 康重庆, 夏清. 低碳电力调度方式及其决策模型. 电力系统自动化, 2010, 34(12): 18-22.

[19] 黎灿兵, 吕素, 曹一家, 等. 面向节能发电调度的日前机组组合优化方法. 中国电机工程学报: 2012, 32(16): 70-76.

[20] 韩海英. V2G 参与电网调峰和调频控制策略研究. 北京: 北京交通大学硕士学位论文, 2011.

[21] 李俊雄. 智能电网互动式节能优化调度技术. 长沙: 湖南大学硕士学位论文, 2013.

[22] Cao Y J, Tang S W, Li C B, et al. An optimized EV charging model considering TOU price and SOC curve. IEEE Transactions on Smart Grid, 2012, 3(1): 388-393.

[23] Rahman S, Shrestha G. Incorporation of newly emerging trends in long range energy and peak demand forecasting. University of Oklahoma: The NSF Workshop on Research Needs for Coping with Uncertainty in Power Systems, 1991: 14-17.

[24] Won J R, Yoon Y B, Lee K J. Pediction of electricity demand due to PHEVs (plug-in hybrid electric vehicles) distribution in Korea by using diffusion model//IEEE Transmission &

Distribution Conference & Exposition, 2009: 1-4.

[25] Mets K, Verschueren T, Haerick W, et al. Optimizing smart energy control strategies for plug-in hybrid electric vehicle charging. IEEE/IFIP Network Operations and Management Symposium Workshops, 2010: 293-299.

[26] Caopinelli G, Celli G, Pilo F, et al. Distributed generation siting and sizing under uncertainty. IEEE Power Tech Proceedings, 2001: 1-7.

[27] Hertzer J, Yu D C, Bhattarai K. An economic dispatch model in cooperating wind power. IEEE Transactions on Energy Conversion, 2008, 23(2): 603-611.

[28] Atwa Y M, El-Saadany E F, Seethapathy R, et al. Effect of wind-based DG seasonality and uncertainty on distribution system losses//Power Symposium, 2008: 1-6.

[29] 梁惠施, 程林, 刘思革. 基于蒙特卡罗模拟的含微网配电网可靠性评估. 电网技术, 2011, 35(10): 76-81.

[30] 张旭, 罗先觉, 赵峥, 等. 以风电场效益最大为目标的风电装机容量优化. 电网技术, 2012, 36(1): 237-240.

[31] Black M, Strbac G. Value of bulk energy storage for managing wind power fluctions. IEEE Transactions on Energy Conversion, 2007, 22(1): 197-205.

第6章 新能源接入的有功与无功潮流优化调度

6.1 概　　述

为解决能源危机和空气污染等问题，全世界正进行一场以绿色工业为核心的第四次工业革命。风电、光伏、潮汐等新能源，作为一类开发和使用均不受地域限制、方便和清洁的可再生能源，具有化石能源无法比拟的优点，符合绿色工业革命的理念。因此，对新能源的开发和利用将是取得未来这场绿色工业革命胜利的关键之一。目前对新能源开发和利用的难题集中在新能源发电功率的预测及其不确定性处理方面。以风电和光伏为例，风电场的有功出力主要受风速的影响，光伏发电主要受光照强度的影响。风速的变化与地形、气候、气流、温度等因素有关，而光照强度与云层分布、温度、天气等因素相关。这些不确定性因素在目前技术条件下均无法精确计算或预测。因此，在电力系统中，新能源发电功率和负荷功率都被当作不确定性的输入数据。由于这些不确定性数据的存在，电力系统的安全运行受到威胁，如出现调峰不足、线路潮流越限和电压越限等问题。为此，本章开展考虑新能源不确定性的配电网有功调度[1]和电网无功优化研究[2]，分别从有功调度和无功电压控制两方面为电网应对新能源不确定性提供决策支持。

在配电网运行优化领域，通常使用基于场景分析的方法、点估计法和蒙特卡罗法处理风能发电的不确定性[3]。文献[4]提出一种基于机会约束优化的多目标OPF 模型，用于含有风电接入的不平衡配电网调度，但是需要提前获取风电的概率信息。该信息获取难度大。因此，风力发电不确定因素，以及风力发电机容量因子的量化需要用到模糊优化方法[5]。在以上研究中，风电被观测之后，并未考虑其对配电网络规划和运行决策的影响。在考虑对随机最优化问题决策的影响时，两阶段随机模型是一个有效的方法[6]。这个方法包括两个阶段，即当前阶段(第一阶段)和观望阶段(第二阶段)。第一阶段，在随机变量被观察前就做出决策；第二阶段，根据期望值与随机变量产生的实际值之间的差异评估资源成本，量化决策对配电网运行的影响。文献[7]提出一种基于 OPF 的风电调度模型，不但考虑在风电可被观测之前的总发电损耗，而且考虑由调度的风电与实际风电的区别造成的附加损耗。文献[8]拓展了文献[7]中的模型，从机会成本的角度重新定义附加损耗，但没有考虑第二阶段的安全等级要求。文献[9]提出的风险指数可以用于风电调度，以提高系统安全水平，实现含有风电接入的配电网安全经济运行。基于文献[9]提出的风险指数，本章为风电接入的配电网运行提出一种新的基于 OPF、考虑运行风险的两阶段最优潮流(two stage optimal power flow，TSOPF)模型。

在考虑新能源发电不确定性的无功优化领域，常用的求解方法主要有随机规划法[10]、鲁棒优化法[11]、区间优化法[12]。随机规划法的思想是将不确定性参数看作服从某一分布函数的随机变量，将不确定性无功优化模型表示成期望值模型或者机会约束规划模型，再利用智能算法进行求解，得到能使约束条件和目标函数满足一定置信水平的无功电压控制方案。按模型的处理方法，随机规划法又分为机会约束规划法和概率场景分析法。机会约束规划法的目标是寻找使目标函数和约束条件满足一定置信水平的无功电压控制方案[13]。概率场景分析法是采用不确定性因素的典型场景代替其所有可能发生的场景，利用典型场景发生概率计算目标函数期望值，建立不确定性无功优化的期望值模型，寻找满足典型场景下物理约束和安全运行约束的无功电压控制方案[14]。鲁棒优化法无需假设不确定性数据的概率分布函数，只需给定其不确定集(包括盒式、锥式、椭球不确定集)，寻求能满足不确定集内所有场景下约束条件的优化方案。文献[15]采用盒式不确定集表示不确定性数据，对非线性非凸的潮流方程进行线性化处理。其提出的鲁棒无功优化模型虽然在思想上具有一定的创新性，但采用的是线性化潮流方程，无法准确反映电压和功率的运行情况，因此无法保证无功电压控制方案的可行性。区间优化法是将不确定性优化模型中的不确定性数据表示成区间，状态变量当作区间，控制变量为实数变量。目标是寻求能使区间状态变量满足约束条件且使目标函数(也可能为区间)最优的控制变量。区间优化法的优点如下。

① 不确定性数据建模方式简单,无需假设不确定性数据的概率分布函数或者不确定集类型，只需边界信息，工程应用价值更大。

② 在理论上能保证控制策略在不确定环境下安全可行,无需对模型作凸化或近似处理。

然而，现有区间优化法中的区间迭代法耗时过长，同时智能算法需反复调用区间迭代法[16]，导致算法效率过低，无法实现工程应用。

6.2 考虑新能源接入的配电网有功调度

本节提出考虑过载、低电压、过电压、松弛母线上功率越限等运行风险指标的配电网 OPF 模型，同时考虑随机风力发电的运行风险水平，对各风险指标进行全面评估。

6.2.1　考虑风险的配电网两阶段随机风电调度模型

考虑风险指数的配电网 OPF 模型可以同时优化运行费用和配网风险级别。基于风电调度模型的两阶段随机规划方法流程图如图 6-1 所示(S_i 为第 i 个风电实现场景)。

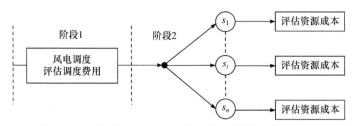

图6-1　基于风电调度模型的两阶段随机规划方法流程图

考虑风险指数的配电网 OPF 数学模型为

$$\min \ C_{\mathrm{w}} + C_{\mathrm{grid}} + \underbrace{C_{\mathrm{res}} + C_{\mathrm{sur}} + \beta \mathrm{Risk}_{\mathrm{w}}}_{\text{成本期望值}} \tag{6-1}$$

$$C_{\mathrm{w}} = \sum_{i=1}^{n} T^{\mathrm{w}} P_i^{\mathrm{w,s}} \tag{6-2}$$

$$C_{\mathrm{grid}} = T^{\mathrm{g}} P_{\mathrm{sw}}^{\mathrm{s}} \tag{6-3}$$

$$C_{\mathrm{res}} = \int T^{\mathrm{r}} \Delta r \, \Pr(Z) \mathrm{d}Z = E(T^{\mathrm{r}} \Delta r) \tag{6-4}$$

$$\Delta r = \begin{cases} \max(P_{\mathrm{sw}} - P_{\mathrm{sw}}^{\mathrm{s}}, 0), & P_{\mathrm{sw}}^{\mathrm{s}} > 0 \\ \max(P_{\mathrm{sw}}, 0), & \text{其他} \end{cases} \tag{6-5}$$

$$C_{\mathrm{sur}} = \int \sum_{i=1}^{n} T^{\mathrm{s}} \Delta w_i \, \Pr(Z) \mathrm{d}Z = E\left(\sum_{i=1}^{n} T^{\mathrm{s}} \Delta w_i\right) \tag{6-6}$$

$$\Delta w_i = \max(P_i^{\mathrm{w}} - P_i^{\mathrm{w,s}}, 0) \tag{6-7}$$

$$\mathrm{Risk}_{\mathrm{w}} = \int \mathrm{Sev}(Z) \Pr(Z) \mathrm{d}Z = E\big(\mathrm{Sev}(Z)\big) \tag{6-8}$$

$$0 \leqslant P_i^{\mathrm{w,s}} \leqslant P_i^{\mathrm{w,r}} \tag{6-9}$$

$$\phi_{i,\min}^{\mathrm{w}} \leqslant \phi_i^{\mathrm{w,s}} \leqslant \phi_{i,\max}^{\mathrm{w}} \tag{6-10}$$

$$V_{\mathrm{sw}}^{\min} \leqslant V_{\mathrm{sw}}^{\mathrm{s}} \leqslant V_{\mathrm{sw}}^{\max} \tag{6-11}$$

$$P_{\mathrm{sw}}^{\min} \leqslant P_{\mathrm{sw}}^{\mathrm{s}} \leqslant P_{\mathrm{sw}}^{\max} \tag{6-12}$$

$$Q_{\mathrm{sw}}^{\min} \leqslant Q_{\mathrm{sw}}^{\mathrm{s}} \leqslant Q_{\mathrm{sw}}^{\max} \tag{6-13}$$

$$V_i^{\min} \leqslant V_i \leqslant V_i^{\max} \tag{6-14}$$

$$-S_i^{\max} \leqslant S_i \leqslant S_i^{\max} \tag{6-15}$$

$$f_{\mathrm{P}}^{s1}(V^{s1}, P^{s1}, Q^{s1}) = 0 \tag{6-16}$$

$$f_{\mathrm{Q}}^{s1}(V^{s1}, P^{s1}, Q^{s1}) = 0 \tag{6-17}$$

$$f_{\mathrm{P}}^{s2}(V^{s2}, P^{s2}, Q^{s2}) = 0 \tag{6-18}$$

$$f_{\mathrm{Q}}^{s2}(V^{s2}, P^{s2}, Q^{s2}) = 0 \tag{6-19}$$

式中，β 为风险级别的权重系数；n 为风力发电机的数量；T^{w}、T^{g}、T^{r}、T^{s} 为单位风力发电成本、单位主网购电成本、单位备用容量成本、弃风惩罚成本系数；$P_i^{\mathrm{w,s}}$、$\phi_i^{\mathrm{w,s}}$ 为第 i 台风力发电机的预期有功输出和功率因数角；$P_{\mathrm{sw}}^{\mathrm{s}}$、$V_{\mathrm{sw}}^{\mathrm{s}}$、$Q_{\mathrm{sw}}^{\mathrm{s}}$ 为平衡节点的预期有功功率、电压幅值、无功功率；P_{sw} 为平衡节点的实际有功功率；Δr、Δw_i 为平衡节点的备用功率增量、第 i 台风力发电机的有功功率减少量；Z、$\mathrm{Sev}(Z)$ 为系统状态矩阵和系统严重度矩阵；$\mathrm{Pr}(Z)$ 为系统状态 Z 的发生概率；P_i^{w}、$P_i^{\mathrm{w,r}}$ 为第 i 台风力发电机的风能出力、容量；V_i 为除平衡节点外的节点 i 的电压幅值；S_i 为配电线路 i 的视在功率；V^{s1}、V^{s2} 为第一、二阶段的母线电压向量；P^{s1}、P^{s2} 分别为第一、二阶段的母线有功功率注入向量；Q^{s1}、Q^{s2} 为第一、二阶段的母线无功功率注入向量。

式 (6-1) 为目标函数，式 (6-2)～式 (6-6) 和式 (6-8) 分别为风力发电费用 C_{w}、主网购电成本 C_{grid}、备用成本 C_{res}、弃风成本 C_{sur}、运行风险 $\mathrm{Risk_w}$。运行风险指第二阶段的期望安全水平。式 (6-4)、式 (6-6) 和式 (6-8) 中的 Z 由随机性风功率决定，式 (6-9)～式 (6-17) 是第一阶段的等式和不等式约束，式 (6-9) 是风功率出力限制，式 (6-10)～式 (6-13) 是可调度风功率因数角约束、平衡节点电压约束、风力的有功和无功出力约束，式 (6-14) 和式 (6-15) 分别是节点电压约束和线路传输功率约束，式 (6-16) 和式 (6-17) 是第一阶段的有功和无功功率平衡方程，式 (6-18) 和式 (6-19) 是第二阶段的有功和无功功率平衡方程。

不同的风电运营商和经营政策对目标函数 (6-1) 都有影响。如果风机为公共单位所有，风力发电费用与弃风成本都为 0，即 C_{w} 和 C_{sur} 等于 0。如果风机为私营单位所有，根据相关规定，弃风会有一定的惩罚。然而，为了最大程度地利用风能，弃风是不可避免的。

在所提模型中，第一阶段的决策变量包括可调度风能、可调度风功率因数角、平衡节点的电压幅值。式 (6-7) 中的 P_i^{w} 是一个随机输入变量，给定风速后，风能出力的概率特性可通过式 (6-20) 确定，即

$$\begin{cases} P_i^{\mathrm{w}} = 0, & v < v_{\mathrm{ci}}, v > v_{\mathrm{co}} \\ P_i^{\mathrm{w}} = P_i^{\mathrm{w,r}} \dfrac{(v - v_{\mathrm{ci}})}{(v_{\mathrm{r}} - v_{\mathrm{ci}})}, & v_{\mathrm{ci}} \leqslant v \leqslant v_{\mathrm{r}} \\ P_i^{\mathrm{w}} = P_i^{\mathrm{w,r}}, & v_{\mathrm{r}} < v < v_{\mathrm{co}} \end{cases} \tag{6-20}$$

式中，v、v_{ci}、v_{co}、v_{r} 为实际风速、切入风速、切出风速、额定风速。

由于初始风能的变化性大，本节没有考虑负荷的不确定性。此外，鉴于主网主要元件几乎不变，主网电价视为恒定。

6.2.2 考虑电压与功率越限的配网运行风险描述方法

风险指数包含预想事故发生导致的确定性越限、近似越限及其严重程度等信息，它能连续评估系统安全水平。式(6-8)定义了一个针对风能随机性描述系统安全水平的风险指数，其中第二阶段系统状态发生的可能性矩阵 Z 和对应的系统严重度矩阵 $\mathrm{Sev}(Z)$ 都用来评估系统的风险水平。

本节研究的系统严重度包括过载严重度、低电压和过电压严重度，以及有功无功越限严重度，即

$$\mathrm{Sev}(Z) = \sum_{i \in NL} \mathrm{Sev}(Z)_{S_i} + \sum_{i \in NB} \mathrm{Sev}(Z)_{V_i} + \mathrm{Sev}(Z)_{P_{\mathrm{sw}}} + \mathrm{Sev}(Z)_{Q_{\mathrm{sw}}} \tag{6-21}$$

式中，$\mathrm{Sev}(Z)_{S_i}$，$\mathrm{Sev}(Z)_{V_i}$，$\mathrm{Sev}(Z)_{P_{\mathrm{sw}}}$，$\mathrm{Sev}(Z)_{Q_{\mathrm{sw}}}$ 分别为过载严重度矩阵、低电压和过电压严重度矩阵，有功越限严重度矩阵和无功越限严重度矩阵；NB 为不包含平衡节点的节点集合；NL 为线路集合。

1. 过载严重度

过载会引发系统的安全问题，如配电线路故障，因此有必要评估线路的负载能力。对于线路 i，给定负载百分比 $\mathrm{Sb}_i = S_i / S_{i,\max}$，过载严重度可以定义为

$$\mathrm{Sev}(Z)_{S_i} = \begin{cases} 10(\mathrm{Sb}_i - 0.9), & \mathrm{Sb}_i \geqslant 0.9 \\ 0, & \mathrm{Sb}_i < 0.9 \end{cases} \tag{6-22}$$

图 6-2(a)是过载严重度曲线，当 Sb_i 超过 1.0 时，就认定为确定性越限事故，当 Sb_i 处于阴影区域中时，就认定为近似越限事件。当 Sb_i 超过 0.9 时，用严重度曲线表示越限风险程度。当 Sb_i 靠近边界值而且处于规定范围内时，风险值不为 0。

2. 低电压和过电压严重度

配网线路电压正常情况下都在限制范围内，低电压或者过电压都会影响电力设备的正常运行。本节将低电压和过电压严重度定义为

$$\mathrm{Sev}(Z)_{V_i} = \begin{cases} \dfrac{V_i - V_{i,\mathrm{th}1}}{V_i^{\min} - V_{i,\mathrm{th}1}}, & V_i \leqslant V_{i,\mathrm{th}1} \\[3mm] \dfrac{V_i - V_{i,\mathrm{th}2}}{V_i^{\max} - V_{i,\mathrm{th}2}}, & V_i \geqslant V_{i,\mathrm{th}2} \\[3mm] 0, & \text{其他} \end{cases} \tag{6-23}$$

式中

$$\begin{cases} V_{i,\mathrm{th}1} = V_i^{\min} + \mu_{\mathrm{v}}(V_i^{\max} - V_i^{\min}) \\[2mm] V_{i,\mathrm{th}2} = V_i^{\max} - \mu_{\mathrm{v}}(V_i^{\max} - V_i^{\min}) \end{cases} \tag{6-24}$$

式中，$V_{i,\mathrm{th}1}$、$V_{i,\mathrm{th}2}$ 为非零严重度下的电压阈值；μ_{v} 为决定电压近似越限范围的参数。

图 6-2(b) 中显示的是低电压和过电压严重度曲线。可以看出，当线路电压超过 $V_{i,\mathrm{th}2}$ 或者电压低于 $V_{i,\mathrm{th}1}$ 时，该线路存在风险，低电压和过电压的问题都可以从图中体现出来。同时，当电压接近边界值时，风险值不为 0；当电压处于阴影区域内时，被认为近似越限事件，当电压超出边界值时，被认为确定性越限事件。如式 (6-24) 所示，μ_{v} 决定近似越限的电压取值范围。实际上，μ_{v} 可以根据实践经验来取值，本节 μ_{v} 取 0.1。通常电压可调的变电站被选作平衡节点，因此本节不考虑平衡节点的低电压或者过电压情况。

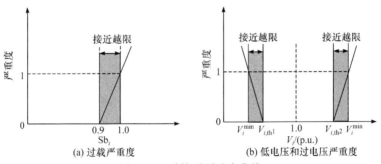

图6-2　三种情形严重度曲线

有学者认为，电压一旦偏离额定值，线路就存在风险。与这种观点相比，本节提出的低电压和过电压严重度曲线更有说服力。在实际当中，电压偏离额定值但不接近边界值时，线路还是安全的。如图 6-2(b) 所示，本节所提的低电压和过电压严重度能够在一定程度上克服传统方法的弊端。

3. 平衡节点有功和无功越限严重度

在配电系统中，平衡节点连接主网和配网。其有功和无功的越限对配电网的

运行也有很大的影响，参考以上对低电压和过电压严重度的定义，可以对平衡节点有功和无功的越限严重度定义，即

$$
\mathrm{Sev}(Z)_{P_{\mathrm{sw}}} = \begin{cases} \dfrac{P_{\mathrm{sw}} - P_{\mathrm{sw}}^{\mathrm{th1}}}{P_{\mathrm{sw}}^{\mathrm{min}} - P_{\mathrm{sw}}^{\mathrm{th1}}}, & P_{\mathrm{sw}} \leqslant P_{\mathrm{sw}}^{\mathrm{th1}} \\[3mm] \dfrac{P_{\mathrm{sw}} - P_{\mathrm{sw}}^{\mathrm{th2}}}{P_{\mathrm{sw}}^{\mathrm{max}} - P_{\mathrm{sw}}^{\mathrm{th2}}}, & P_{\mathrm{sw}} \geqslant P_{\mathrm{sw}}^{\mathrm{th2}} \\[3mm] 0, & \text{其他} \end{cases} \tag{6-25}
$$

$$
\mathrm{Sev}(Z)_{Q_{\mathrm{sw}}} = \begin{cases} \dfrac{Q_{\mathrm{sw}} - Q_{\mathrm{sw}}^{\mathrm{th1}}}{Q_{\mathrm{sw}}^{\mathrm{min}} - Q_{\mathrm{sw}}^{\mathrm{th1}}}, & Q_{\mathrm{sw}} \leqslant Q_{\mathrm{sw}}^{\mathrm{th1}} \\[3mm] \dfrac{Q_{\mathrm{sw}} - Q_{\mathrm{sw}}^{\mathrm{th2}}}{Q_{\mathrm{sw}}^{\mathrm{max}} - Q_{\mathrm{sw}}^{\mathrm{th2}}}, & Q_{\mathrm{sw}} \geqslant Q_{\mathrm{sw}}^{\mathrm{th2}} \\[3mm] 0, & \text{其他} \end{cases} \tag{6-26}
$$

式中

$$
\begin{cases} P_{\mathrm{sw}}^{\mathrm{th1}} = P_{\mathrm{sw}}^{\mathrm{min}} + \mu_{\mathrm{p}}(P_{\mathrm{sw}}^{\mathrm{max}} - P_{\mathrm{sw}}^{\mathrm{min}}) \\[2mm] P_{\mathrm{sw}}^{\mathrm{th2}} = P_{\mathrm{sw}}^{\mathrm{max}} - \mu_{\mathrm{p}}(P_{\mathrm{sw}}^{\mathrm{max}} - P_{\mathrm{sw}}^{\mathrm{min}}) \\[2mm] Q_{\mathrm{sw}}^{\mathrm{th1}} = Q_{\mathrm{sw}}^{\mathrm{min}} + \mu_{\mathrm{q}}(Q_{\mathrm{sw}}^{\mathrm{max}} - Q_{\mathrm{sw}}^{\mathrm{min}}) \\[2mm] Q_{\mathrm{sw}}^{\mathrm{th2}} = Q_{\mathrm{sw}}^{\mathrm{max}} - \mu_{\mathrm{q}}(Q_{\mathrm{sw}}^{\mathrm{max}} - Q_{\mathrm{sw}}^{\mathrm{min}}) \end{cases} \tag{6-27}
$$

式中，Q_{sw} 为平衡节点的实际无功功率；$P_{\mathrm{sw}}^{\mathrm{th1}}$、$P_{\mathrm{sw}}^{\mathrm{th2}}$ 为非越限情况下的有功功率阈值；$Q_{\mathrm{sw}}^{\mathrm{th1}}$、$Q_{\mathrm{sw}}^{\mathrm{th2}}$ 为非越限情况下的无功功率阈值；μ_{p}、μ_{q} 为有功功率、无功功率接近越限范围的参数。

如图 6-3 所示，当有功和无功在规定范围内，但是靠近边界值时，存在风险。当有功和无功在对应的阴影区域内时，被认定为近似越限，当其超出边界值时，则认定为确定性越限。式(6-27)中的 μ_{p} 和 μ_{q} 决定有功和无功的近似越限范围。事实上，其取值也可以根据实际操作经验确定，此处取值为 0.1。

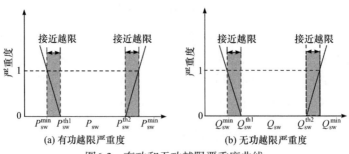

图6-3　有功和无功越限严重度曲线

6.2.3　基于两点估计法和粒子群算法的求解方法

考虑运行风险的 OPF 模型是一个非线性的随机优化问题。本节采用粒子群优化(particle swarm optimization, PSO)算法求解该问题。在式(6-4)、式(6-6)、式(6-8)中, C_{res}、C_{sur} 和 $Risk_w$ 都取平均值, 且采用两点估计法(two-point estimate method, 2PEM)来计算这些平均值。

1. 两点估计法

两点估计法是获取随机输出变量可能性参数的一种有效方法。尽管输入输出变量之间没有确定的函数关系, 但可对随机输出变量的平均值进行估计。两点估计法已经应用到很多领域当中, 如概率潮流、网络传输能力计算等。向量 $X = (x_1, \cdots, x_j, \cdots, x_n)$ 代表随机风电功率, 其中 x_j 代表第 j 个随机风电功率。假设 $\overline{x}_j$、σ_j、L_j 为平均值、标准差、x_j 的偏差系数。$Y=f(X)$ 代表潮流计算结果。两点估计法的具体步骤如下。

首先, 通过计算平均值 $\overline{x}_j$ 附近的两个值获得估计的两点 $(\overline{x}_1, \cdots, x_{j,m}, \cdots, \overline{x}_n)$, 即

$$\begin{cases} x_{j,m} = \overline{x}_j + \xi_{j,m}\sigma_j \\ \xi_{j,m} = \dfrac{L_j}{2} + (-1)^{3-m}\sqrt{\left[n + \left(\dfrac{L_j}{2} \right)^2 \right]}, \quad m=1,2 \end{cases} \tag{6-28}$$

然后, 可得到平均值, 即

$$E(Y) \approx \sum_{j=1}^{n} \left(p_{j,1} f(\overline{x}_1, \cdots, x_{j,1}, \cdots, \overline{x}_n) + p_{j,2} f(\overline{x}_1, \cdots, x_{j,2}, \cdots, \overline{x}_n) \right) \tag{6-29}$$

式中, $p_{j,m} = \dfrac{(-1)^m \xi_{j,3-m}}{2n\sqrt{\left[n + \left(\dfrac{L_j}{2} \right)^2 \right]}}$, 为计算平均值的系数。

由式(6-29)可知, $2n$ 个评估点只需要 $2n$ 次确定性计算。由此可见, 两点估计法在计算上比蒙特卡罗法效率更高。此外, 两点估计法只需要随机输入量的平均值、标准差和偏差系数, 因此只要求风功率预测方法能有效预测这三个值, 而无需知道它们的概率分布, 也就是说, 影响我们所提方法的是概率参数的预测精度, 而不是其概率分布。

2. 粒子群算法

PSO 算法具有易执行且收敛速度快的特点。PSO 算法及其各种改进算法被广

泛用来求解电力系统多种优化问题，如经济调度和 OPF 等。在 PSO 算法中，每个粒子的位置代表一个可行解。一般情况下，每次迭代粒子的位置是由前一代位置、前一代速度、全局历史最优位置和个体历史最优位置决定的。粒子寻优的位置更新公式为

$$PV_{i,j}^{k+1} = w^k PV_{i,j}^k + c_1 r_1 (PL_{i,j}^k - PX_{i,j}^k) + c_2 r_2 (PG_j^k - PX_{i,j}^k) \tag{6-30}$$

$$PX_{i,j}^{k+1} = PX_{i,j}^k + PV_{i,j}^{k+1} \tag{6-31}$$

式中

$$w^k = w_{\max} - \frac{w_{\max} - w_{\min}}{k_{\max}} k \tag{6-32}$$

式中，k 为迭代次数；c_1、c_2 为加速系数；r_1、r_2 为均匀分布在[0,1]的值；$PV_{i,j}^k$、$PX_{i,j}^k$ 为第 k 次迭代时第 i 个粒子的速度、位置的第 j 个分量；$PL_{i,j}^k$ 为第 i 个粒子的个体历史最优位置；PG_j^k 为全局历史最优位置；w 为惯性权重。

当达到最大迭代次数时，全局历史最优位置就是问题的最优解。本节研究的 OPF 模型将采用上述 PSO 算法进行求解。

3. 算法流程图

本节采用两点估计法和 PSO 算法求解考虑运行风险的 OPF 模型。基于两点估计法的 PSO 算法流程图如图 6-4 所示。粒子位置和方向的初始化采用文献[17]

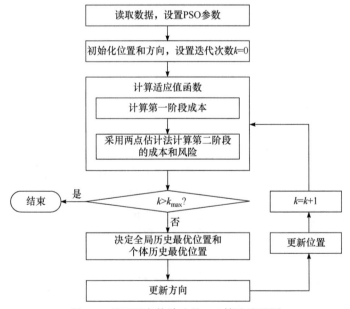

图6-4　基于两点估计法的PSO算法流程图

中的方法,第一阶段状态变量不等式约束的越限处理采用文献中的绝对惩罚方法。

6.2.4　算例分析

1. 测试系统及参数设置

本节采用 69 节点系统验证所提方法的正确性,该系统的三相功率基准值设置为 10MVA。四个风力发电机假设分别安装在节点 39、57、62、17 上[18]。表 6-1 给出了 69 节点系统中风力发电机的参数, $P_i^{w,s}(i=1,2,3,4)$ 表示风机的预期有功输出。功率因数的上下限参照英国的实践经验进行设置,切入风速、切出风速、额定风速分别假定为 5m/s、25m/s、17m/s[19]。预测风速假定服从正态分布。电压波动上下限设定为额定值的 ±5%,配电线路的视在功率上下限可通过文献[18]中的支路电流上下限来设置。表 6-2 给出了平衡节点有功功率和无功功率上下限。

算例 1:公共单位经营的风电场。

算例 1.1:禁止消纳富余风能。

算例 1.2:允许消纳富余风能。

算例 2:私营单位经营的风电场。

算例 2.1:消纳所有的富余风能。

算例 2.2:消纳富余风能并考虑消纳成本。

单位备用容量价格为 0.09 美元/(kW·h),主网购电价格为 0.03 美元/(kW·h),算例 2.1 和算例 2.2 的风电价格为 0.04 美元/(kW·h),不使用富余风能的惩罚价格是 0.025 美元/(kW·h)。此外,由于 PSO 算法具有随机性,仿真分析的每个算例均执行 30 次,选取最好的结果作为最优解。

表 6-1　69 节点系统中风力发电机的参数

发电机节点编号	额定容量/kW	功率因数限制		风速的概率参数	
		上限	下限	期望值/(m/s)	标准差/(m/s)
39	400	0.95	−0.95	19	2.1
57	600	0.95	−0.95	17	1.8
62	900	0.95	−0.95	20	1.7
17	500	0.95	−0.95	16	2.0

表 6-2　平衡节点有功功率和无功功率上下限

P_{min}^{sw} /(p.u.)	P_{max}^{sw} /(p.u.)	Q_{min}^{sw} /(p.u.)	Q_{max}^{sw} /(p.u.)
−0.1	0.5	−0.1	0.3

2. 验证风险和成本之间的冲突

在第二阶段，风险水平和运行成本 ($C_\mathrm{w} + C_\mathrm{grid} + C_\mathrm{res} + C_\mathrm{sur}$) 是两个有冲突的目标，仿真结果图 6-5～图 6-7 充分验证了这一点。图 6-5 为算例 1.1 和算例 1.2 中权重系数 β 对风险水平 $\mathrm{Risk_w}$ 和运行成本的影响。图 6-6 为算例 2.1 和算例 2.2 中权重系数 β 对风险水平 $\mathrm{Risk_w}$ 和运行成本的影响。图 6-5 和图 6-6 中显示的是所有算例下的结果，其中参数 β 取其对数 $\lg\beta$ 作横坐标，且变化范围为[−3.5, −2.5]，步长为 0.5。

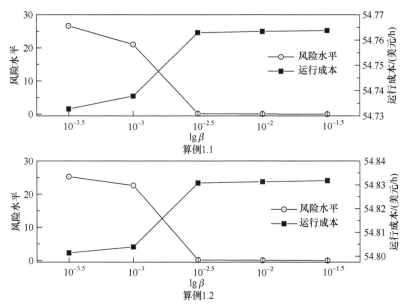

图6-5　算例1.1和算例1.2中权重系数 β 对风险水平$\mathrm{Risk_w}$和运行成本的影响

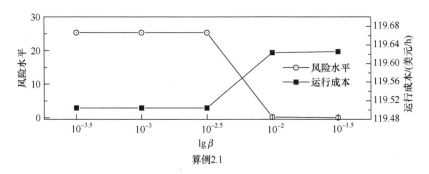

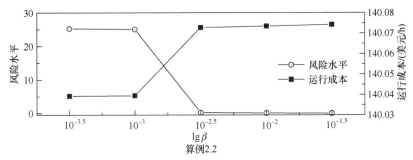

图6-6　算例2.1和算例2.2中权重系数 β 对风险水平-$Risk_w$和运行成本的影响

　　如图 6-5 所示，在区间$[10^{-3.5}，10^{-2.5}]$，风险水平 $Risk_w$ 急剧下降，而同一区间的运行成本迅速增长。在图 6-6 中，对于算例 2.1 和算例 2.2，区间$[10^{-2.5}，10^{-2}]$和$[10^{-3}，10^{-2.5}]$上有相似的结果。在其他区间，风险水平较低，而运行成本较高。由此可以证明，风险水平 $Risk_w$ 和运行成本是两个冲突的目标。此外，在算例 2.1 中，当lg β 在区间$[-3.5，-2.5]$变化时，$Risk_w$ 和运行成本保持不变，说明 β 在区间$[10^{-3.5}，10^{-2.5}]$上对系统无影响。当 β 增大到一定程度（如大于 10^{-2}）时，风险值减少到接近 0 的值。此外，β 在相同范围内对运行成本的影响是有限的。因此，权重系数 β 的有效范围为$[10^{-2}，+\infty)$。

　　如图 6-7 所示，低风险水平是以高运行成本为代价的。风险水平和运行成本存在冲突，在两阶段随机规划的第二阶段考虑风险是合理的。

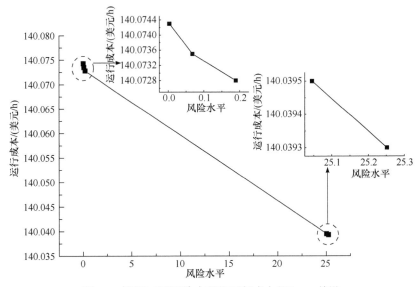

图6-7　算例2.2下风险水平和运行成本的Pareto前沿

3. 考虑风险水平的优越性

本节的仿真参数 β 设为 1，通过对比研究验证本节所提方法的优越性，只选取运行成本作为 TSOPF 模型的目标函数。仿真结果如表 6-3～表 6-5 所示。

表 6-3　69 节点系统中 TSOPF_Risk 模型和 TSOPF 模型结果比较

	指标	TSOPF_Risk	TSOPF	变化率/%
算例 1.1	Risk$_w$	0	26.6535	−100
	运行成本/(美元/h)	54.7639	54.7327	0.06
算例 1.2	Risk$_w$	0	25.3114	−100
	运行成本/(美元/h)	54.8318	54.8014	0.06
算例 2.1	Risk$_w$	0	26.0887	−100
	运行成本/(美元/h)	119.6264	119.5044	0.10
算例 2.2	Risk$_w$	0	25.2594	−100
	运行成本/(美元/h)	140.0745	140.0393	0.03

表 6-4　69 节点系统中期望的确定性越限和近似越限

	指标	LP		BV		SWP		SWQ		Total	
		DV	NV	DV	NV	DV	NV	DV	NV	DV	NV
算例 1.1	TSOPF_Risk	0	0	0	0	0	0	0	0	0	0
	TSOPF	0	0	3.97	32.40	0	0	0	0	3.97	32.40
算例 1.2	TSOPF_Risk	0	0	0	0.32	0	0	0	0	0	0.32
	TSOPF	0	0	1.78	30.78	0	0	0	0	1.78	30.78
算例 2.1	TSOPF_Risk	0	0	0	0	0	0	0	0.03	0	0.03
	TSOPF	0	0	0	35.56	0	0	0	0	0	35.56
算例 2.2	TSOPF_Risk	0	0	0	0	0	0	0	0	0	0
	TSOPF	0	0	0	32.52	0	0	0	0	0	32.52

注：LP 为配电线路的视在功率；BV 为线路电压；SWP 为平衡节点的有功功率；SWQ 为平衡节点的无功功率；DV 为确定性越限；NV 为近似越限。

表 6-5　算例 1.2 和算例 2.1 的最优解

指标	算例 1.2		算例 2.1	
	TSOPF	TSOPF_Risk	TSOPF	TSOPF_Risk
$P_1^{w,s}$	0.0400000000	0.0400000000	0	0
$P_2^{w,s}$	0.0379810775	0.0379950491	0	0
$P_3^{w,s}$	0.0900000000	0.0900000000	0	0

指标	算例 1.2		算例 2.1	
	TSOPF	TSOPF_Risk	TSOPF	TSOPF_Risk
$P_4^{w,s}$	0.0446386264	0.0446547060	0	0
$\phi_1^{w,s}$	0.2794692494	0.0295771458	−0.3175604293	−0.2053560925
$\phi_2^{w,s}$	0.3175604293	0.3175604293	0.1987729155	0.3175604293
$\phi_3^{w,s}$	0.3175604293	0.3175604293	0.3175604293	−0.0051488620
$\phi_4^{w,s}$	0.3175604293	0.3175604293	0.3175604293	0.3175604293
V_{sw}^s	1.0497360107	1.0399032017	1.0500000000	1.0400230953

表 6-3 所示为 69 节点系统中 TSOPF_Risk 模型和 TSOPF 模型的结果，可以看出所提方法与 TSOPF 模型相比风险水平值更低，但这两种方法在运行成本上差异很小。如果仅考虑运行成本，风险水平值将增加，反之亦然。TSOPF_Risk 模型能以很小的成本增量（平均 0.0625%）实现风险水平值的显著减少（平均值 100%）。由此可知，TSOPF_Risk 模型能以较小的成本增量优化风险水平。在算例 2.1 中，TSOPF（相当于 TSOPF_Risk 中的 β 为 0）产生的风险值 26.0887 高于 TSOPF_ Risk 在 β 等于 $10^{-3.5}$、$10^{-3.0}$ 和 $10^{-2.5}$ 时的风险值 25.3399，且两种模型的运行成本在这些情况下都是一致的。这是因为所求解的是一个多峰优化问题，部分解中相同的运行成本可能对应不同的风险水平值。此外，通过在目标函数中增加风险值的权重，TSOPF_Risk 模型能够得到比 TSOPF 模型更低的风险值。

表 6-4 所示为 69 节点系统中期望的确定性越限和近似越限，比较了通过蒙特卡罗方法获取的两种越限。可以看出，在算例 1.1 和算例 1.2 中，由 TSOPF_Risk 模型获得的电压确定性越限期望次数比相同情况下 TSOPF 模型获得的次数要少得多。在所有的算例中，TSOPF_Risk 模型能够产生比 TSOPF 模型更少的电压近似越限期望次数。因此，TSOPF 产生的总的近似越限期望次数高，导致系统风险水平高。

在算例 1.2 和算例 2.1 中，风险值等于零，但是非零近似越限事件依然存在。这是因为两点估计法只能获得风险值的近似值。然而，算例 1.2 和算例 2.1 中的总的近似越限次数少，仿真显示在这两个算例中，近似越限的期望严重度都很小。例如，算例 1.2 中的近似越限总的期望严重度为 2.69×10^{-7}，在计算风险值时，这些误差是可以接受的。

如表 6-5 所示，由两种模型获得的部分决策变量，如算例 2.1 中的 $\phi_1^{w,s}$ 有很大的不同，因此在两阶段随机规划中有必要考虑风险水平。在算例 2.1 中，风力发电机的有功输出为 0 有两个原因。

① 本书算例中的风电只在第二阶段使用。

② 备用价格太高，为了避免在第二阶段由于风电的不足而购买备用电量，在第一阶段中分配最小的风电出力。

6.3　考虑新能源接入的电力系统无功调度

本节主要介绍区间无功优化模型，以及基于 GA 的区间无功优化算法。区间无功优化模型是一个离散非凸的区间非线性多目标优化问题。为求解这一复杂模型，本节以区间潮流算法[16]为基础，提出基于 GA 的区间无功优化算法。同时，为处理多目标优化问题和改善算法性能，提出基于 GA 的区间无功优化算法的改进措施(图 6-8)。对于多目标优化问题，采用带精英策略的快速非支配排序遗传算法(non-dominated sorting genetic algorithm II，NSGA-II)获取模型的 Pareto 前沿面。同时，提出通过自适应 GA 求解区间无功优化模型。该算法对 GA 进行三个方面的改进，即采用自适应 GA 对交叉变异策略进行改进，提高算法的收敛效率；采用精度更高的区间潮流算法，改善算法的优化结果；将约束条件采用罚函数表示，提高算法的效率。

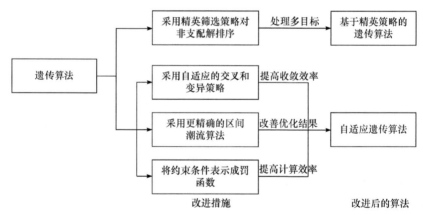

图6-8　基于GA的区间无功优化算法的改进措施

6.3.1　区间无功优化模型

区间无功优化模型将不确定性数据(如新能源机组出力和负荷的功率)表示成区间形式，视状态变量(如负荷电压、电压相角、发电机无功出力)的值为区间，控制变量(如变压器变比、无功补偿、发电机机端电压)的值为实数。该模型的物理含义是寻求一组最优控制变量，使状态变量区间完全处于设定的安全约束内，同时保证运行成本(如网损)最小。本节研究的重点是，如何处理区间无功优化模型中负荷和新能源机组出力的区间不确定性，因此在区间无功优化模型中不考虑新能源机组的控制模型。

不同于传统无功优化模型，区间无功优化模型进一步考虑发电机有功出力和负荷为区间，其目标是寻求保证电网在发电机有功出力和负荷区间内安全运行且使运行成本最小的无功电压控制方案。如不作特殊说明，无功优化模型一般指静态无功优化模型。同理，若无特殊说明，本节的区间无功优化模型指区间静态无功优化模型。

以网损为目标函数，考虑交流潮流方程约束、电压上下限约束、发电机无功出力约束、变压器变比上下限约束、无功补偿输出约束，假设负荷和发电机有功出力在相应的区间内变化，那么区间无功优化模型可以描述如下。

1) 目标函数

$$\min P_{\text{loss}} = \sum_{i \in S} \sum_{j \in S} V_i V_j G_{ij} \cos \theta_{ij} \tag{6-33}$$

式中，P_{loss} 为电网总的有功损耗，即网损；S 为系统所有节点组成的集合；V_i 和 V_j 为节点 i 和节点 j 的节点电压幅值；G_{ij} 为导纳矩阵的第 i 行、第 j 列元素的实部；$\theta_{ij} = \theta_i - \theta_j$，$\theta_i$ 和 θ_j 为节点 i 和节点 j 的电压相角。

2) 约束条件

对于发电机节点，潮流方程为

$$\begin{cases} \hat{P}_{Gi} - P_{Li} - V_i \sum_{j \in S} V_j (G_{ij} \cos \theta_{ij} + B_{ij} \sin \theta_{ij}) = 0, & i \in S_G \\ Q_{Gi} - Q_{Li} - V_i \sum_{j \in S} V_j (G_{ij} \sin \theta_{ij} - B_{ij} \cos \theta_{ij}) = 0, & i \in S_G \end{cases} \tag{6-34}$$

式中，S_G 为发电机组成的集合(不包括平衡机)；$\hat{P}_{Gi}$ 为节点 i 的发电机有功出力，其值为区间，可写成区间的形式 $\hat{P}_{Gi} = [\underline{P_{Gi}}, \overline{P_{Gi}}]$，$\overline{P_{Gi}}$ 和 $\underline{P_{Gi}}$ 为发电机有功出力区间的上确界和下确界；P_{Li} 和 Q_{Li} 为发电机节点 i 的有功负荷和无功负荷；Q_{Gi} 为节点 i 的发电机无功出力；B_{ij} 为导纳矩阵的第 i 行、第 j 列元素的虚部。

对于负荷节点，潮流方程为

$$\begin{cases} -\hat{P}_{Li} - V_i \sum_{j \in S} V_j (G_{ij} \cos \theta_{ij} + B_{ij} \sin \theta_{ij}) = 0, & i \in S_L \\ Q_{Ci} - \hat{Q}_{Li} - V_i \sum_{j \in S} V_j (G_{ij} \sin \theta_{ij} - B_{ij} \cos \theta_{ij}) = 0, & i \in S_L \end{cases} \tag{6-35}$$

式中，S_L 为所有负荷组成的集合；$\hat{P}_{Li}$ 和 $\hat{Q}_{Li}$ 为负荷节点 i 的有功负荷和无功负荷，其值均为区间，可表示成 $\hat{P}_{Li}=[\underline{P_{Li}},\overline{P_{Li}}]$ 和 $\hat{Q}_{Li}=[\underline{Q_{Li}},\overline{Q_{Li}}]$ ；Q_{Ci} 为节点 i 的无功补偿量，若无补偿，则 $Q_{Ci}=0$ 。

对于平衡节点，潮流方程为

$$
\begin{cases}
P_{Gi}-P_{Li}-V_i\sum_{j\in S}V_j(G_{ij}\cos\theta_{ij}+B_{ij}\sin\theta_{ij})=0, & i\in S_{Gs} \\
Q_{Gi}-Q_{Li}-V_i\sum_{j\in S}V_j(G_{ij}\sin\theta_{ij}-B_{ij}\cos\theta_{ij})=0, & i\in S_{Gs}
\end{cases}
\tag{6-36}
$$

式中，S_{Gs} 为平衡节点集合，一般只含一个平衡节点；P_{Gi} 为平衡机的有功出力。

考虑发电厂负荷一般比较平稳，因此式(6-34)和式(6-36)中发电机节点负荷设为确定性参数。

节点电压约束为

$$
V_i^{\min}\leqslant V_i\leqslant V_i^{\max}, \quad i\in S_G\bigcup S_L
\tag{6-37}
$$

平衡机有功出力约束为

$$
P_{Gi}^{\min}\leqslant P_{Gi}\leqslant P_{Gi}^{\max}, \quad i\in S_{Gs}
\tag{6-38}
$$

发电机无功出力约束为

$$
Q_{Gi}^{\min}\leqslant Q_{Gi}\leqslant Q_{Gi}^{\max}, \quad i\in S_G\bigcup S_{Gs}
\tag{6-39}
$$

变压器变比上下限约束为

$$
T_l^{\min}\leqslant T_l\leqslant T_l^{\max}, \quad l\in S_T
\tag{6-40}
$$

无功补偿输出约束为

$$
Q_{Ci}^{\min}\leqslant Q_{Ci}\leqslant Q_{Ci}^{\max}, \quad i\in S_C
\tag{6-41}
$$

式中，S_T 为所有变压器集合；S_C 为所有参与无功补偿电容(或电抗)集合；$V_i^{\max}$ 和 $V_i^{\min}$ 为节点 i 电压幅值的上限和下限；$P_{Gi}^{\min}$ 和 $P_{Gi}^{\max}$ 为平衡机组有功出力的上限和下限；$Q_{Gi}^{\max}$ 和 $Q_{Gi}^{\min}$ 为发电机节点 i 无功出力的上限和下限；T_l 为第 l 台变压器变比，它的作用体现在导纳矩阵元素 B_{ij} 和 G_{ij} 中；$T_l^{\max}$ 和 $T_l^{\min}$ 为上限和下限；$Q_{Ci}^{\max}$ 和 $Q_{Ci}^{\min}$ 为节点 i 无功补偿量的上限和下限。

3）数学模型

式(6-33)~式(6-41)构成区间静态无功优化模型，若将变量、目标函数和约束条件采用向量和函数表示，则区间无功优化模型可表示为

$$\min f(X,u) = [f^{\mathrm{L}}, f^{\mathrm{U}}]$$

$$\text{s.t.} \begin{cases} h(X,u) = [h^{\mathrm{L}}, h^{\mathrm{U}}] \\ g^{\min} \leqslant g(X,u) \leqslant g^{\max} \end{cases} \tag{6-42}$$

式中，$f(X,u)$ 为网损；$h(X,u)$ 为潮流约束函数；$g(X,u)$ 为所有不等式约束，包括系统约束和运行安全约束；$[h^{\mathrm{L}}, h^{\mathrm{U}}]$ 为节点注入功率区间，对于确定性的注入功率(如功率为 0)，$h^{\mathrm{L}} = h^{\mathrm{U}}$；$X$ 为状态变量，包括负荷节点电压、节点电压相角、发电机无功出力；u 为控制变量，包括变压器变比、无功补偿和发电机机端电压。

状态变量和控制变量的分类可参考文献[20]。在区间无功优化模型中，状态变量和控制变量具有不同数值特征。对于控制变量 u，变压器变比和无功补偿由于自身物理特性，其数值可人工设定或自动控制。发电机可以通过励磁系统调节维持机端电压恒定，因此控制变量的值为实数。对于状态变量 X，无特殊物理特性也无法通过控制手段维持恒定，其值随着输入功率和控制变量的数值变化。因此，状态变量是值为区间的变量。为了区别于实数变量，用大写符号 X 表示状态变量。由于有功网损函数 $f(X,u)$ 是区间状态变量 X 的表达式，其值也为区间，可采用区间 $[f^{\mathrm{L}}, f^{\mathrm{U}}]$ 表示。

为进一步明确模型(6-42)中状态变量 X 和控制变量 u 的组成元素，假设节点编号顺序为平衡节点(编号为 1)、发电机节点(编号为 $2\sim m$)、负荷节点(编号为 $m+1\sim n$)，其中 m 为发电机节点数(包含平衡机)，r 为含有电容补偿装置的节点个数，n 为系统节点个数，k 为变压器台数。根据上述节点编号顺序，控制变量可表示为 $u = [V_2, \cdots, V_m, Q_{Cm+1}, \cdots, Q_{Cn}, T_1, \cdots, T_k]^{\mathrm{T}}$，其中 $V_2, \cdots, V_m$ 为所有发电机节点电压(不含平衡节点电压)，$Q_{Cm+1}, \cdots, Q_{Cn}$ 为所有电容补偿容量，$T_1, \cdots, T_k$ 为所有变压器变比。状态变量可表示为 $X = [P_{G1}, Q_{G1}, \cdots, Q_{Gm}, V_{m+1}, \cdots, V_n, \theta_2, \cdots, \theta_n]^{\mathrm{T}}$，其中 P_{G1} 为平衡机有功出力，$Q_{G1}, \cdots, Q_{Gm}$ 为所有发电机无功出力，$V_{m+1}, \cdots, V_n$ 为所有负荷节点的电压幅值，$\theta_2, \cdots, \theta_n$ 为非平衡节点的电压相角。

对于模型(6-42)中输入数据向量 $[h^{\mathrm{L}}, h^{\mathrm{U}}]$，若先列写有功平衡方程，再列写无功平衡方程，可将 $[h^{\mathrm{L}}, h^{\mathrm{U}}]$ 具体的表达式写为

$$[h^{\mathrm{L}}, h^{\mathrm{U}}] = \begin{cases} P_{G1} - P_{L1} \\ [\underline{P_{Gi}}, \overline{P_{Gi}}] - P_{Li}, & i = 2, 3, \cdots, m \\ -[\underline{P_{Li}}, \overline{P_{Li}}], & i = m+1, m, \cdots, n \\ Q_{Gi} - Q_{Li}, & i = 1, 2, \cdots, m \\ Q_{Ci} - [\underline{Q_{Li}}, \overline{Q_{Li}}], & i = m+1, m, \cdots, n \end{cases} \tag{6-43}$$

综上所述，模型(6-42)的功率输入数据为区间，状态变量 X 的值为区间，控制变量 u 的值为实数。模型(6-42)的物理含义是，寻求最优控制变量 u，使区间状态变量 X 满足运行安全约束，同时保证网损最小。由于网损的数值为区间，理论上须同时使其区间的上边界和下边界取最小，才能保证其最小。此外，模型中变压器变比和无功补偿容量是离散变量。在数学意义上，模型(6-42)是区间离散非凸的非线性多目标优化问题，目前尚未找到有效的求解算法。

6.3.2 基于改进遗传算法的区间无功优化

1. 基于遗传算法的区间无功优化

GA 算法的优点是，无需要求优化问题的约束条件或者目标函数可微，可方便地处理离散变量。为求解区间无功优化模型，先将模型中的变量分为控制变量和状态变量，其中控制变量为可人工控制的实数变量，包括发电机端电压(不包括平衡机电压)、无功补偿的电容(或电抗)组数和变压器变比；状态变量为不可控的区间变量，包括发电机无功出力、平衡节点有功出力、负荷节点电压，以及非平衡节点的电压相角。根据 6.3.1 节的介绍可知，控制变量可表示为 $u = [V_2,\cdots,V_m,Q_{Cm+1},\cdots,Q_{Cn},T_1,\cdots,T_k]^T$，状态变量为 $X = [P_{G1},Q_{G1},\cdots,Q_{Gm},V_{m+1},\cdots,V_n,\theta_2,\cdots,\theta_n]^T$。无功电压控制策略由控制变量组成，因此这里将控制变量当作 GA 种群中的个体。对于每一组控制变量，均对应一个确定的网损值。区间无功优化模型的网损为一个区间(含两个数值)，可选取网损中点值为目标函数，即 $f_M = \text{midpoint}\{f(X,u)\}$，将多目标转化为单目标问题。同时，选择网损中点值的倒数作为种群中个体的适应度函数值，即 $f = 1/f_M$。选择过程采用轮盘赌策略，评价函数可通过适应度函数计算[21]。

GA 的总体思路是，首先通过随机模拟技术产生初始种群，即一系列控制变量。对每一组控制变量，采用区间潮流算法[22]获取状态变量区间和网损区间的中点，判断状态变量是否满足约束条件，保留满足约束条件的控制变量。然后，对种群中个体分别进行交叉、变异和选择遗传操作，以获取满足约束条件且适应度更优的个体。重复上述操作，当遗传代数(循环次数)达到最大值时，停止迭代，并输出最后一代最优个体的信息。该个体即区间无功优化问题的最优解。

根据上述思路，GA 求解区间无功优化模型的详细步骤可描述如下。

① 设置 GA 参数，并置迭代次数 $k = 0$。设置的参数主要包括，N_p 参与种群中个体数目；P_m 个体进行变异操作的概率；P_c 个体之间进行交叉操作的概率；M 算法最大迭代次数(遗传的代数)；D 足够大的变异常数(变异操作时用到)。

② 采用随机模拟技术产生初始种群。首先，在控制变量上下限约束(即 $u^{\min} \leqslant u \leqslant u^{\max}$)内，采用随机模拟技术产生一组控制变量 u，作为种群预选的个体。然后，利用基于仿射算术的区间潮流算法[22]获取当前预选个体(控制变量)状

态变量 X 的区间，判断 X 是否满足约束（即 $g^{\min} \leqslant g(X,u) \leqslant g^{\max}$）。最后，保留满足约束条件的预选个体。重复上述三个操作，直到有 N_{p} 个满足约束条件的个体 $(u^1, u^2, \cdots, u^{N_{\mathrm{p}}})$，$u^i$ 表示第 i 个个体。这些个体构成遗传迭代的初始种群。

③ 在种群个体之间进行交叉操作。以概率 P_c 随机从第二步产生的初始种群抽取偶数个要参与交叉的个体，被抽取到的个体随机进行配对。配对的个体之间进行染色体的交叉操作。假设配对的个体为 u^i 和 u^j，它们通过以下两个表达式进行交叉，即

$$u^{i*} = cu^i + (1-c)u^j \tag{6-44}$$

$$u^{j*} = (1-c)u^i + cu^j \tag{6-45}$$

式中，c 为区间[0,1]中随机产生的一个数。

交叉完后，为了保证新产生的个体 u^{i*} 和 u^{j*} 的可行性，需要采用区间潮流算法计算 u^{i*} 和 u^{j*} 对应的状态变量的区间，判断是否满足约束条件，只保留满足约束条件的个体（控制变量），并替换种群相应的个体，即 u^{i*} 替换 u^i，u^{j*} 替换 u^j。

④ 对种群个体进行变异操作。以概率 P_m 在第三步交叉后的种群中抽取要参与变异的个体，假设抽取到的个体为 u^i，则需要进行如下变异操作，即

$$u^{i0} = u^i + Dd \tag{6-46}$$

式中，d 为区间[-1,1]随机产生的方向向量；D 为一个较大的正常数；u^{i0} 为变异后的个体。

同样，需要保证新产生个体 u^{i0} 的可行性，因此采用区间潮流算法计算 u^{i0} 对应的状态变量区间。如果状态变量区间满足约束条件，则将 u^{i0} 代替原来的 u^i，否则，缩小常数 D，即置 $D=Dr$，其中 r 为区间[0,1]中的随机数，继续进行判断，直到新产生的个体 u^{i0} 对应的状态变量满足约束条件。

⑤ 对种群的个体进行排序。计算变异操作后的新种群中每个个体的适应度函数值，按照个体的适应度函数值由大到小排序。

⑥ 对排序后的种群进行选择操作。首先，构造评价函数，即

$$\begin{cases} q(i) = q(i-1) + 1/f^i, & 1 \leqslant i \leqslant N_{\mathrm{p}} + 1 \\ q(0) = 0 \end{cases} \tag{6-47}$$

式中，f^i 为第 i 个个体的适应度函数值（网损中点的倒数），即 $f^i = 1/f_M^i$；$q(i)$ 为 i 个个体的评价函数值；$q(0)$ 为初始评价函数值。

然后，在区间[0,1]随机产生一个数 r_q，若 $r_q q(N_{\mathrm{p}}) \in [q(i-1), q(i)]$，则选择种

群中的第 i 个个体作为下一代种群的父代个体。重复这一操作 N_p 次,便得到个体数为 N_p 的新种群,并置迭代次数 $k=k+1$。

⑦ 重复步骤③～⑥,直到迭代次数 k 达到最大值 M。

通过以上步骤可获得满足区间无功优化模型的约束条件,使网损中点值最小的无功电压控制策略。GA 求解区间无功优化模型的算法步骤如图 6-9 所示。

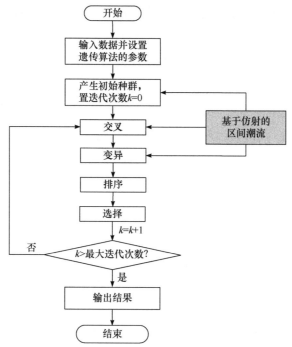

图6-9　GA求解区间无功优化模型的算法步骤

在优化过程中,状态变量均以区间的形式存在,只要区间满足约束条件,就能保证变量在不确定性环境下不越限。求解区间潮流采用基于仿射算术的区间潮流算法。该算法利用压缩域方法代替区间迭代法,解决区间潮流算法的收敛问题,可以提高区间潮流的精度和计算效率。

2. 基于精英策略的 GA

在区间无功优化模型中,网损 $f(X,u)$ 的取值为区间。区间需由两个参数决定,即区间的中点值和半径定义区间。其中,网损的中点值象征网损的平均水平,网损半径表示电网运行的风险成本。因此,以网损为目标函数的区间无功优化模型为多目标优化问题。由于网损区间中点值的解析表达式无法直接得到,而经典数学方法需提前知道目标函数的表达式,无法在此处使用。对于智能算法,基于精英策略的 GA 是常用的多目标优化算法之一。该算法获得的 Pareto 前沿面中解的分布比较均匀。本节采用其求解多目标优化区间无功优化模型。

基于精英策略的 GA 与标准 GA 的主要区别在于排序和选择操作环节。前者在排序时采用非支配排序方式，在选择操作时采用二元偏序关系定义个体的优良特性。该算法的主要思想是，将产生的初始种群采用非支配排序法，分类到不同前沿面中。第一个前沿面为当前种群中完全非支配个体组成的集合，第二个前沿面是只被第一个前沿面中个体支配的集合，依此类推。每个前沿面的个体均有对应的排序值，例如第一个前沿面个体的排序值为 1，第二个前沿面个体的排序值为 2，依此类推。种群排序后进行选择操作，父代的选择操作采用二元偏序关系，即同时考虑排序值和拥挤距离。优先选择排序值小的个体，对于排序值一样的个体，选择拥挤距离较大的。拥挤距离是衡量个体与相邻个体之间距离的标量，拥挤距离越大，种群个体的多样性越好。被选择后的种群通过交叉和变异操作产生新的子代个体。

根据上述思路，算法的非支配排序、拥挤距离的计算和选择过程如下。

1）非支配排序

对于种群 P 中的任意一个个体 p，需要进行以下操作。

① 初始化集合 $S_p=\phi$，初始化 $n_p=0$，其中 S_p 用于记录被 p 支配（优于）的个体，n_p 用于统计支配 p 的个体数量。

② 对于 P 中的任意个体 q（不同于 p），若 p 支配 q，则把 q 加入集合 S_p 中，即 $S_p=S_p\bigcup\{q\}$；如果 q 支配 p，则 $n_p=n_p+1$。

③ 如果 $n_p=0$，即 P 中无其他个体支配 p，p 属于第一层前沿面。把 p 的序设置为 1，即 $p_{rank}=1$，同时更新第一层前沿面的集合，即 $F_1=F_1\bigcup\{p\}$。

④ 初始化前沿面计数，即置 $i=1$。

⑤ 若第 i 个前沿面 F_i 为非空集合，则执行以下操作。

第一，置集合 $Q=\phi$，其中 Q 用于保留第 $i+1$ 个前沿面的个体。

第二，对于 F_i 中的任意一个个体 p，对 S_p 中任意一个个体 q，$n_q=n_q-1$；如果 $n_q=0$，即排序较后的前沿面无支配 q 的个体。置 $q_{rank}=i+1$，将其加入集合 Q，即 $Q=Q\bigcup\{p\}$。

第三，前沿面计数减 1，即 $i=i-1$。

第四，将集合 Q 设置为下一个前沿面，即 $F_i=Q$。

2）拥挤距离

当非支配排序结束之后，拥挤距离也随之确定。同时，拥挤距离仅对同一层前沿面有效。种群中的平均拥挤距离越大，种群个体的多样性越好。对于前沿面

F_i，设 n 为其包含的个体数，则拥挤距离的计算步骤如下。

① 将所有个体的距离初始化为 0，即 $F_i(d_j) = 0$，其中 j 对应 F_i 中第 j 个个体。

② 按目标函数 m 对前沿面 F_i 的个体排序。

第一，对于每一个目标函数 m，$I = \mathrm{sort}(F_i, m)$。

第二，将 F_i 中排最前和最后个体的距离设置为无穷大，即 $I(d_1) = I(d_n) = \infty$。

第三，对于 $k = 2, 3, \cdots, n-1$，$I(d_k) = I(d_k) + \dfrac{I(k+1).m - I(k-1).m}{f_m^{\max} - f_m^{\min}}$；$I(k).m$

为 I 中第 k 个个体的第 m 个目标函数。

拥挤距离定义为同一个前沿面每个个体之间第 m 个目标函数第 m 维超平面的欧氏距离。由于同一前沿前两端的个体的距离无穷大，它们一定会在选择操作中被选中。

3）选择

采用拥挤比较运算 $\prec_n$ 对种群进行选择，该运算为一种偏序关系。

首先，比较个体的非支配排序 p_{rank}，对于第 i 个前沿面 F_i 的个体，$p_{\mathrm{rank}} = i$。在 p_{rank} 相同的情况下，比较个体的拥挤距离 $F_i(d_j)$。

$p \prec_n q$ 的定义是，$p_{\mathrm{rank}} < q_{\mathrm{rank}}$ 或者 $p_{\mathrm{rank}} = q_{\mathrm{rank}}$，但是 $F_i(d_p) > F_i(d_q)$。

在选择操作过程中，该算法采用序和拥挤距离筛选种群中的个体，而不单纯采用目标函数作为标准，进行选择操作。

3. 自适应 GA

自适应 GA 分别从约束条件的处理、交叉、变异概率和优化结果三个方面，对标准 GA 改进。首先，在标准 GA 中，初始种群的产生、交叉操作和变异操作均需判断新产生的个体是否满足约束条件，导致 GA 寻优能力下降，算法效率下降。因此，可采用罚函数法处理区间无功优化模型中的约束条件，去掉约束条件的判断环节。由于状态变量的取值为区间，其罚函数需根据区间的特点重新构造。其次，标准 GA 交叉和变异的概率在迭代过程中始终保持不变，导致算法收敛速度慢，甚至不收敛。为此，本节采用自适应的交叉和变异概率改善 GA 的收敛效果。最后，标准 GA 采用的区间潮流算法是基于仿射算法的区间潮流算法，存在切比雪夫近似。本节采用文献[23]提出的优化场景法求解区间无功优化模型中的区间潮流方程，提高区间潮流的精度，缩小状态变量区间宽度，扩大 GA 的寻优空间，改善优化结果。以上三个方面的改进措施可分别描述如下。

1）约束条件的处理

根据实数变量罚函数原理，若需一个实数变量 x 满足 $x^{\min} \leqslant x \leqslant x^{\max}$，仅需在目标函数中加入罚函数项，即

$$p(x) = \begin{cases} (x^{\min} - x)^2, & x^{\min} > x \\ 0, & x^{\min} \leqslant x \leqslant x^{\max} \\ (x - x^{\max})^2, & x^{\max} < x \end{cases} \tag{6-48}$$

然而，区间无功优化模型的状态变量 X 为区间，若直接将其代入式(6-48)中，$x_{\min} - X$ 的值为区间，无法直接计算它的惩罚量。因此，要使 X 满足上下限约束 $x^{\min} \leqslant X \leqslant x^{\max}$，则重新定义区间变量 X 的罚函数。假设区间变量 X 可表示为 $X = [\underline{X}, \overline{X}]$，则可定义区间变量的罚函数为

$$p(X) = \begin{cases} (x^{\min} - \underline{X})^2, & \underline{X} < x^{\min} \\ 0, & \underline{X} \geqslant x^{\min} \text{ 且 } \overline{X} \leqslant x^{\max} \\ (\overline{X} - x^{\max})^2, & \overline{X} > x^{\max} \end{cases} \tag{6-49}$$

式中，当 $\underline{X} < x^{\min}$ 时，$x^{\min} - \underline{X}$ 表示区间 $[\underline{X}, \overline{X}]$ 越过下限的程度；当 $\overline{X} > x^{\max}$ 时，$\overline{X} - x^{\max}$ 表示区间 $[\underline{X}, \overline{X}]$ 越过上限的程度；当区间下界 $\underline{X}$ 和上界 $\overline{X}$ 均在上下限之内，即 $\underline{X} \geqslant x^{\min}$ 且 $\overline{X} \leqslant x^{\max}$ 时，罚函数取值为 0。

对于区间无功优化模型中不等式约束 $g^{\min} \leqslant g(X, u) \leqslant g^{\max}$，其罚函数为

$$p(g(X, u)) = \sum_i p(g_i(X, u)) \tag{6-50}$$

需要注意的是，$g^{\min} \leqslant g(X, u) \leqslant g^{\max}$ 包含控制变量 u 的上下限约束 $u^{\min} \leqslant u \leqslant u^{\max}$。由于算法产生初始种群时该约束条件已满足，因此它对应的罚函数值为 0。

2）交叉及变异概率的自适应调整

若 GA 中的交叉和变异概率保持不变，则在遗传迭代过程中易出现种群中优良个体被淘汰的情况，不利于 GA 的收敛和寻优。为了让优良个体尽可能遗传下去，可采用自适应的交叉和变异概率，即

$$P_c^{i,k} = \begin{cases} P_c^0 (f_{\max}^k - f^{i,k})/(f_{\max}^k - \overline{f}^k), & f^{i,k} \geqslant \overline{f}^k \\ 1 - P_c^0, & f^{i,k} < \overline{f}^k \end{cases} \tag{6-51}$$

$$P_m^{i,k} = \begin{cases} P_m^0 (f_{\max}^k - f^{i,k})/(f_{\max}^k - \overline{f}^k), & f^{i,k} \geqslant \overline{f}^k \\ 1 - P_m^0, & f^{i,k} < \overline{f}^k \end{cases} \tag{6-52}$$

式中，$P_c^{i,k}$ 和 $P_m^{i,k}$ 为种群中第 i 个个体在第 k 次迭代中交叉和变异的概率；P_c^0 和 P_m^0 为初始交叉和变异的概率；$f^{i,k}$ 为第 i 个个体在第 k 次迭代中适应度的函数值；$f_{\max}^k$ 和 $\overline{f}^k$ 为第 k 次迭代中种群个体中适应度函数值的最大值和平均值。

为改善 GA 的寻优效果，P_c^0 和 P_m^0 在初始化时一般取较大的数值，使算法的

寻优范围更广，从而增大获取全局最优解的可能性。随着迭代次数的增加，$f_{\max}^k$ 和 $f^{i,k}$ 的数值更接近，由式(6-51)和式(6-52)可知，交叉和变异概率变小，种群慢慢趋于稳定，GA 逐渐收敛。综上所述，通过使用自适应的交叉和变异概率，可改善 GA 的收敛性能和寻优能力。

3) 优化结果的改善

标准 GA 采用基于仿射算术的区间潮流算法获取状态变量区间。根据文献[16]的介绍，该算法存在切比雪夫近似，特别是在输入功率区间变大、潮流变量数增多时，仿射区间算法的结果会更保守。由于获得的状态变量区间偏保守，控制变量的寻优空间变小，使 GA 的优化结果变差，因此可采用精度更高的基于优化场景法获取状态变量区间。该算法在理论上可获得精确的区间潮流结果[23]。

自适应 GA 与标准 GA 不同之处主要有三个方面。

① 在初始种群的产生、交叉操作和变异操作中不需要再进行约束条件的判定，可以提高算法的效率。

② 种群的交叉和变异操作采用自适应的调整策略，可以改善算法的收敛性能和寻优能力。

③ 采用基于优化场景法的区间潮流算法来获取状态变量的区间，可以使寻优空间更大，改善寻优结果。

6.3.3　算例分析

本节采用三个算例验证改进 GA 求解区间无功优化模型的有效性，即 IEEE 14 节点、IEEE 57 节点、IEEE 30 节点。在 IEEE 14 节点算例中，将基于 GA 的区间无功优化算法与机会约束规划方法[24]比较，验证区间优化方法处理不确定性的优越性。IEEE 57 节点算例用于验证基于精英策略的 GA 在处理区间无功优化模型中多目标优化问题的有效性。IEEE 30 节点算例用于验证自适应 GA 比标准 GA 的优化效果更好。对算例中节点编号进行重新排列，节点顺序为平衡节点、发电机节点、负荷节点。所有参数[25]都采用标幺值，基准功率为 100 MVA。

1. 与机会约束规划法比较

在介绍该算例之前，简单介绍机会约束规划法求解不确定性无功优化问题的模型。若采用随机变量表示式(6-42)的区间输入数据。该随机变量在区间内服从均匀分布，则对应的机会约束规划模型为

$$\min \overline{f}$$

$$\text{s.t.} \begin{cases} \text{Pro}\{f(x,u) < \overline{f}\} \geqslant \beta \\ h(x,u) = \xi \\ \text{Pro}\{g^{\min} \leqslant g(x,u) \leqslant g^{\max}\} \geqslant \alpha \end{cases} \tag{6-53}$$

式中，$f(x,u)$ 为网损；$h(x,u) = \xi$ 为潮流方程，ξ 为发电机有功出力和负荷波动区间内的随机变量；假设发电机有功出力和负荷在各自的波动区间内服从均匀分布，$g^{\min} \leqslant g(x,u) \leqslant g^{\max}$ 为状态变量和控制变量的约束；α 和 β 为不等式约束和目标函数的置信水平。

为了与区间优化算法比较，可将置信水平设为 $\alpha=1$ 和 $\beta=0.5$，以保证约束条件在统计意义上完全满足约束条件。目标函数的取值对应于区间无功优化方法的网损中点值。对于机会约束规划模型式(6-53)，也采用 GA 进行求解。

IEEE 14 节点包含 5 台发电机、9 个负荷节点、17 条传输线路、3 台变压器、1 个无功补偿电容。IEEE 14 节点的发电机节点参数如表 6-6 所示。无功补偿电容投切的范围为 0~0.5p.u.，步长为 0.1p.u.。变压器变比的变化范围为 0.9~1.0p.u.，步长为 0.05p.u.。为显示区间无功优化方法处理不确定性数据的优点，负荷节点电压安全范围设为 0.97~1.02p.u.。假设负荷和发电机有功出力有 ±20% 波动区间。对于机会约束规划法，假设发电机有功出力和负荷在对应的区间服从均匀分布。机会约束规划法判定约束条件采用的随机模拟次数为 1000。GA 的参数设置为 $M=80$、$N_p = 30$、$P_m = 0.3$、$P_c = 0.2$。

表 6-6　IEEE 14 节点的发电机节点参数

节点编号	有功出力/(p.u.)	无功出力/(p.u.)		电压/(p.u.)	
		下限	上限	下限	上限
1	—	−0.3	0.6	0.9	1.1
2	0.4	−0.15	0.8	0.9	1.1
3	0	−0.2	0.5	0.9	1.1
6	0	−0.2	0.5	0.9	1.1
8	0	−0.2	0.5	0.9	1.1

根据上述参数设置，采用区间无功优化方法和机会约束规划法求解不确定性无功优化模型。在优化后的无功电压控制策略下，采用区间潮流算法获取状态变量的区间。区间无功优化方法与机会约束规划法优化后的发电机无功出力区间如图 6-10 所示。区间无功优化方法与机会约束规划法优化后的负荷节点电压幅值区间如图 6-11 所示。为观察其越限具体情况，采用蒙特卡罗法获取机会约束规划得

到的 14 号节点电压幅值，得到的结果如图 6-12 所示。由此可知，一部分样本已经越过电压下限。这是因为机会约束规划法在处理约束时，采用蒙特卡罗模拟次数过少。虽然满足约束条件的置信水平为 1，但算法执行时只保证抽取的样本满足约束条件，在理论上无法保证发电机有功出力和负荷区间内的所有场景均满足约束条件。为反映机会约束规划法中抽样次数和约束条件满足情况，以及计算时间的关系，不同抽样次数下机会约束法的计算时间和约束满足情况如表 6-7 所示。可以看出，机会约束规划法满足约束条件是以计算时间为代价的。当抽样次数达到 4500 次时，才能满足约束条件。区间无功优化法和机会约束规划法的计算时间和目标函数值如表 6-8 所示。由此可知，区间无功优化法的网损中点值比机会约

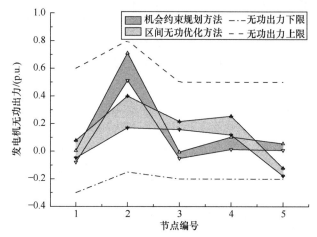

图6-10 区间无功优化方法与机会约束规划法优化后的发电机无功出力区间

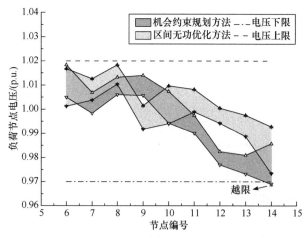

图6-11 区间无功优化方法与机会约束规划法优化后的负荷节点电压幅值区间

束规划法更大，这是由于区间无功优化法中约束条件的满足更保守。在计算时间上，机会约束规划法需耗费大量时间对目标函数和约束条件进行随机模拟，导致计算时间过长，算法效率比区间无功优化法低。综上所述，基于 GA 的区间无功优化方法比机会约束规划法获得的电压控制策略更安全，计算时间更少，但经济性更保守。

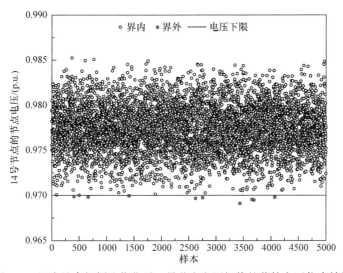

图6-12　机会约束规划法优化后14号节点电压幅值的蒙特卡罗仿真结果

表 6-7　不同抽样次数下机会约束法的计算时间和约束满足情况

抽样次数	约束条件满足情况	计算时间/s
1000	否	4652
2000	否	9107
3000	否	14254
4000	否	18913
4500	是	20896
5000	是	22597

表 6-8　区间无功优化法和机会约束规划法的计算时间和目标函数值

优化方法	计算时间/s	网损中点/(p.u.)
机会约束规划	20896	0.135321
区间无功优化法	469	0.135810

2. 基于精英策略的 GA 的有效性验证

网损区间半径代表网损可变化的程度，半径越大，区间无功优化模型的风险成本越大。网损中点值象征运行成本的平均水平(或者期望值)，是至关重要的目标函数。算例将全面考虑两个目标函数的优化，采用 IEEE 57 节点算例验证基于精英策略的 GA 求解多目标区间无功优化模型的有效性。

IEEE 57 节点包含 7 台发电机、50 个负荷节点、62 条传输线路、15 台变压器和 3 个无功补偿电容。IEEE 57 节点的发电机节点参数如表 6-9 所示。无功补偿电容投切的范围为 0~0.5p.u.，步长为 0.1p.u.。变压器变比的变化范围为 0.9~1.1p.u.，步长为 0.05p.u.。负荷节点的电压设为 0.9~1.1p.u.。假设负荷和发电机有功出力有一个 ±20% 波动区间。基于精度策略的 GA 参数设置为 M=200 、 $N_p = 200$ 、 $P_m = 0.3$ 、 $P_c = 0.3$ 。

表 6-9　IEEE 57 节点的发电机节点参数

节点编号	有功出力/(p.u.)	无功出力/(p.u.)		电压/(p.u.)	
		下限	上限	下限	上限
1	—	−4	5	0.9	1.1
2	0	−1	1	0.9	1.1
3	0.3356	−1	1	0.9	1.1
6	0	−1	1	0.9	1.1
8	3.7756	−1.4	2	0.9	1.1
9	0	−1	1	0.9	1.1
12	2.6010	−0.5	1.55	0.9	1.1

根据上述参数设置，基于精英策略的 GA 得到的 Pareto 前沿面如图 6-13 所示。为寻求 Pareto 前沿面中最优的折中方案，可采用文献[26]中的理想点法。该方法将图 6-13 中 Pareto 前沿面标准化并映射到笛卡儿积坐标空间[0,1]×[0,1]，标准化的方式是采用归一公式，即 $f_i' = (f_i - f_i^{min})/(f_i^{max} - f_i^{min})$, $i = 1,2$ ，其中 f_i^{min} 和 f_i^{max} 为 Pareto 前沿面中目标函数 f_i 的最小值和最大值。标准化可以消除不同目标函数的数量级差异，理想点法得到的最优 Pareto 解如图 6-14 所示。显然，点 (f_1^{min}, f_2^{min}) 是绝对意义上的最优解，但理论上无法获得，称这一点为理想点，对应于标准化后[0,1]×[0,1] 中的点 (0,0) 。因此，可寻求 $\sqrt{f_1'^2 + f_2'^2}$ 最小的点，即点 (0.29872, 0.329611)，对应于网损中点和网损半径点 $(f_1, f_2) = (0.29722, 0.07965)$ 。因此，该方法可获得综合考虑网损中点和网损半径最小的 Pareto 最优点。在计算

时间方面，获取整个 Pareto 前沿面所花费的时间约为 20min。综上所述，基于精英策略的 GA 可获取区间无功优化模型分布均匀的 Pareto 前沿面。

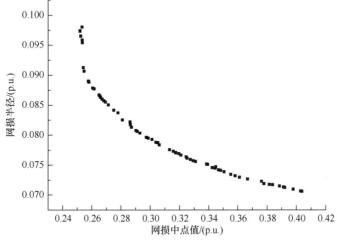

图6-13　基于精英策略的GA得到的Pareto前沿面

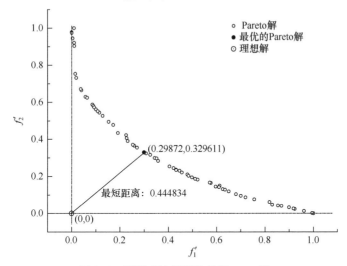

图6-14　理想点法得到的最优Pareto解

3. 自适应 GA 的改进效果验证

算例将两个 GA 进行对比，验证自适应 GA 的有效性。为了简便，仅考虑单目标优化，即只考虑网损中点值的优化。同时，采用 IEEE 30 节点作为算例进行分析。

IEEE 30 节点算例包含 6 台发电机、37 条传输线路、4 台变压器、2 个电容无功补偿器。IEEE 30 节点系统如图 6-15 所示。IEEE 30 节点的发电机节点参数如

表 6-10 所示。变压器变比的变化范围为 0.9～1.1p.u.，步长为 0.05p.u.。无功补偿电容的参数设置如表 6-11 所示。负荷节点的电压设为 0.95～1.05p.u.。假设负荷和发电机有功功率波动范围为 ±30%。两类 GA 的参数设置如表 6-12 所示，其中 β 为罚函数在目标函数对应的惩罚系数。

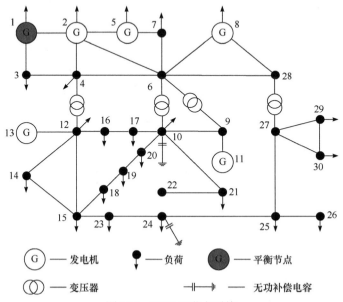

图6-15　IEEE 30节点系统

表 6-10　IEEE 30 节点的发电机节点参数

节点编号	有功出力/(p.u.)	无功出力/(p.u.)		电压/(p.u.)	
		下限	上限	下限	上限
1	—	−0.5	1.5	0.9	1.1
2	0.8	−0.5	1.5	0.9	1.1
5	0.5	−0.5	1.5	0.9	1.1
8	0.2	−0.5	1.5	0.9	1.1
11	0.2	−0.5	1.5	0.9	1.1
13	0.2	−0.5	1.5	0.9	1.1

表 6-11　IEEE 30 节点无功补偿电容参数

节点位置	下限/(p.u.)	上限/(p.u.)	投切步长/(p.u.)
10	0	0.5	0.1
24	0	0.1	0.02

表 6-12　GA 的参数设置

算法	N_p	M	β	P_m^0	P_c^0
自适应 GA	30	80	10	0.6	0.7
标准 GA	30	80	—	0.2	0.3

根据上述输入数据和参数设置，自适应 GA 和标准 GA 得到的网损中点值、负荷电压区间和发电机无功出力区间如图 6-16~图 6-18 所示。图中电压和发电机无功出力的区间结果均基于优化场景法获得。从图 6-16 可以看出，自适应 GA 在第 32 次迭代时逐渐收敛，而标准 GA 需到 70 代左右才渐渐收敛，同时自适应 GA 的目标函数随迭代次数变化更平稳，收敛过程的鲁棒性更好。这是因为自适应 GA 对不同个体采用自适应交叉和变异策略，随着迭代次数的增加，种群中个体的适应度函数值 $f^{i,k}$ 与 f_{max}^k 的数值更接近，交叉和变异的概率更小，种群更趋于稳定，算法收敛更快。此外，自适应 GA 得到的目标优化结果比标准 GA 更小。这是因为优化场景法获得的潮流区间比基于仿射算术法获得的潮流区间更窄，从而自适应 GA 比标准 GA 的寻优空间更大。为验证这一结论，将两种区间潮流算法获得的发电机无功出力的区间宽度用柱状图表示，如图 6-19 所示。可以看出，优化场景法得到的发电机无功出力区间宽度均小于基于仿射算术的方法。由图 6-17 和图 6-18 可知，两类 GA 得到的电压幅值和发电机无功出力的区间均处于安全限内，这是由于区间无功优化算法判断约束条件时可保证状态变量区间满足约束。另外，标准 GA 得到的电压和发电机无功出力区间距离设置的上下限更远。这是由于在判断状态变量区间满足约束条件时，采用结果更保守的基于仿射算术的区间潮流算法，标准 GA 优化结果更保守。在计算时间上，测试 IEEE 30 节点，自适应

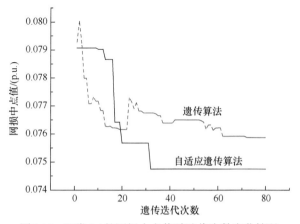

图6-16　两类GA的网损中点值随迭代次数变化情况

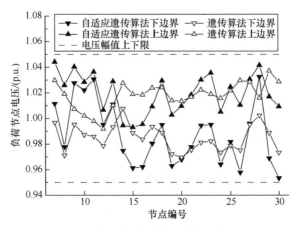

图6-17　两类GA优化后的负荷节点电压区间

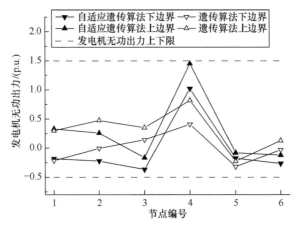

图6-18　两类GA优化后的发电机无功出力区间

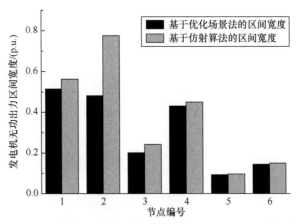

图6-19　不同区间潮流算法获得的发电机无功出力区间宽度

GA 只需 60s，而标准 GA 需 900s 左右。综上所述，自适应 GA 比标准 GA 的收敛性能更好、寻优能力更强、计算效率更高。

为评估自适应 GA 的效率，分别测试 IEEE 14、IEEE 30、IEEE 57、IEEE 118 系统，GA 的参数统一设置为 $M=80$、$N_p=100$。自适应 GA 测试不同节点算例的计算时间如表 6-13 所示。所有仿真测试均在 MATLAB R2016b 软件上进行，计算机的配置为 4 GB 内存，CPU 的频率为 3.2GHz。

表 6-13　自适应 GA 测试不同节点算例的计算时间

测试系统	计算时间/s
IEEE 14	20.84905
IEEE 30	97.47532
IEEE 57	465.2251
IEEE 118	1556.14

6.4　本章小结

本章开展考虑新能源不确定性的配电网有功调度和电网无功优化研究，分别从有功调度和无功电压控制两方面为电网应对新能源不确定性提供决策支持，提出两阶段随机规划的配电网有功调度方法和基于改进 GA 的区间无功优化算法。本章的主要工作和成果如下。

① 对配电网中新能源并网问题，基于 OPF 模型提出两阶段随机规划方法，考虑风能造成的系统风险，在第二阶段反映过载问题、低电压、过电压问题、平衡节点功率越限问题。本章的运行风险值能够反映风电的概率分布，确定性越限和近似越限的数量及其严重度。在风电可测的情况下，基于本章的研究方法可以较好地反映系统风险水平。仿真结果显示，风险水平和运行费用是两个有冲突的目标函数，考虑运行风险是有必要的，TSOPF_Risk 模型能以较小的成本增量实现更低的运行风险水平，更适合应用到配电网的安全经济运行问题中。

② 对新能源电网中无功电压控制问题，提出基于改进 GA 的区间无功优化算法。GA 无需优化问题的约束条件或者目标函数可微，可方便处理离散变量。同时，可采用区间潮流算法求解区间无功优化模型的潮流方程，得到状态变量的区间，从而解决模型中最复杂的约束条件。在此基础上，采用状态变量区间判断约束条件，利用 GA 寻求满足安全约束且保证网损最小的无功电压控制策略。为处理多目标优化区间无功优化问题，采用基于精英策略的 GA 寻求综合考虑网损区间中点和网损区间半径两个目标优化的最优解。为提高 GA 的收敛性能、寻优能

力和计算效率，GA 采用自适应的交叉和变异策略、精度更高的基于优化场景法和区间变量约束的罚函数。

参 考 文 献

[1] Tan Y, Cao Y J, Li C B, et al. A two-stage stochastic programming approach considering risk level for distribution networks operation with wind power. IEEE Systems Journal, 2016, 10(1): 117-126.

[2] 张聪. 基于区间理论的不确定性无功优化模型及算法. 广州: 华南理工大学博士学位论文, 2018.

[3] Soroudi A, Afrasiab M. Binary PSO-based dynamic multi-objective model for distributed generation planning under uncertainty. IET Renewable Power Generation, 2012, 6(2): 67-78.

[4] Cao Y J, Tan Y, Li C B, et al. Chance-constrained optimization-based unbalanced optimal power flow for radial distribution networks. IEEE Transactions on Power Delivery, 2013, 28(3): 1855-1864.

[5] Liang R H, Chen Y K, Chen Y T. Volt/Var control in a distribution system by a fuzzy optimization approach. International Journal of Electrical Power & Energy Systems, 2011, 33(2): 278-287.

[6] Birge J R, Louveaux F. Introduction to Stochastic Programming. NewYork: Springer, 2011.

[7] Jabr R A, Pal B C. Intermittent wind generation in optimal power flow dispatching. IET Generation Transmission & Distribution, 2009, 3(1): 66-74.

[8] Shi L B, Wang C, Yao L Z, et al. Optimal power flow solution incorporating wind power. IEEE System Journal, 2012, 6(2): 233-241.

[9] Xiao F, McCalley J D. Power system risk assessment and control in a multiobjective framework. IEEE Transaction on Power Systems, 2009, 24(1): 78-85.

[10] López J C, Muñoz J I, Contreras J, et al. Optimal reactive power dispatch using stochastic chance-constrained programming//Transmission and Distribution, Latin America Conference and Exposition, 2012: 1-7.

[11] 朱光远, 林济铿, 罗治强, 等. 鲁棒优化在电力系统发电计划中的应用综述. 中国电机工程学报, 2017, 37(20): 5881-5892.

[12] 张勇军, 苏杰和, 羿应棋. 基于区间算术的含分布式电源电网无功优化方法. 电力系统保护与控制, 2014, 42(15): 21-26.

[13] 严海峰. 考虑风电随机性的电力系统多目标无功优化研究. 广州: 华南理工大学硕士学位论文, 2015.

[14] 陈海焱, 陈金富, 段献忠. 含风电机组的配网无功优化. 中国电机工程学报, 2008, 28(7): 40-45.

[15] 李仁杰. 基于鲁棒优化的含风电场电力系统无功优化规划. 长沙: 长沙理工大学硕士学位论文, 2013.

[16] Zhang C, Chen H Y, Ngan H, et al. A mixed interval power flow analysis under rectangular and polar coordinate system. IEEE Transactions on Power Systems, 2017, 32(2): 1422-1429.

[17] Abido M A. Optimal power flow using particle swarm optimization. International Journal of Electrical Power & Energy Systems, 2002, 24(7): 563-571.

[18] Savier J S, Das D. Impact of network reconfiguration on loss allocation of radial distribution systems. IEEE Transactions on Power Delivery, 2008, 22(4): 2473-2480.

[19] Ochoa L F, Keane A, Harrison G P. Minimizing the reactive support for distributed generation: enhanced passive operation and smart distribution networks. IEEE Transactions on Power Systems, 2011, 26(4): 2134-2142.

[20] Liu M B, Tso S K, Cheng Y. An extended nonlinear primal-dual interior-point algorithm for reactive-power optimization of large-scale power systems with discrete control variables. IEEE Transactions on Power Systems, 2002, 17(4): 982-991.

[21] Zhang C, Chen H Y, Ngan H, et al. Solution of reactive power optimization including interval uncertainty using genetic algorithm. IET Generation Transmission & Distribution, 2017, 11(15): 3657-3664.

[22] Vaccaro A, Canizares C, Villacci D. An affine arithmetic-based methodology for reliable power flow analysis in the presence of data uncertainty. IEEE Transactions on Power Systems, 2010, 25(2): 624-632.

[23] Zhang C, Chen H Y, Shi K, et al. An interval power flow analysis through optimizing-scenarios method. IEEE Transactions on Smart Grid, 2017: 5217-5226.

[24] 黎浩. 含风电的最优无功规划模型及算法. 广州: 华南理工大学硕士学位论文, 2015.

[25] Christie R. Power systems test case archive. http://www.ee.washington.edu/research/pstca– [2016-07-15].

[26] Zhang C, Chen H Y, Xu X H, et al. Pareto front of multi-objective optimal reactive power dispatch// 2014 IEEE PES Asia-Pacific Power and Energy Engineering Conference, 2015: 1-6.

第7章 智能优化算法在电力系统调度中的应用

7.1 概　述

近年来，我国电力工业高速发展，发电装机容量和年发电量跃居世界领先地位。在此背景下，提高我国电网的运行效率将带来巨大的经济效益。因此，对电力系统优化运行问题的研究显得越来越重要和迫切。如何在已有研究成果的基础上继续完善、改进、探索收敛速度快且适应性强的电力系统优化调度模型及算法，具有巨大的经济和工程意义。作为电力系统优化的新方法，群集智能和多智能体技术是人工智能领域探讨的热门方向，已在电力系统优化调度得到成功的应用，显示出较强的发展潜力。本章对群集智能计算与多智能体技术进行研究，并对两种技术的结合在电力系统优化运行中的应用进行深入探讨。

国内外学者对人工智能算法在电力系统调度中的应用做了大量的研究，本章主要对 PSO 算法进行探讨。文献[1]提出基于现代启发式全局搜索寻优技术的 PSO 算法，具有并行处理特征、鲁棒性好、易于实现，能以较大的概率找到优化问题的全局最优解，且计算效率较高，已成功地应用于求解各种复杂的优化问题。文献[2]将 PSO 算法应用于电力系统负荷经济调度问题的求解。文献[3]提出考虑社会影响因子的 PSO 算法来求解电力系统机组组合问题，具有收敛速度快、计算精度高等优点，通过有效选择控制参数实现机组的最优组合。文献[4]提出考虑动态调整罚函数的 PSO 算法求解电力系统 OPF 问题。针对大规模电力系统集中优化控制效果不理想的问题，文献[5]提出分布式协同 PSO 算法，并用于求解电力系统无功优化问题，将大系统优化问题的高维解空间分为多个低维解集的组合，降低大规模寻优问题计算的复杂性，避免陷入局部最优。多智能体技术适合解决复杂的、开放的分布式问题，已应用于电力系统暂态稳定分析与控制系统、短期负荷预测、OPF、电力市场计算和仿真系统等各个方面[6]。文献[7], [8]将 PSO 算法与多智能体技术相结合，提出多智能体 PSO 算法求解电力系统无功优化问题。文献[9]将多智能体技术用于发电厂机组组合的最优分配问题，并提出自治与分级管理相结合的三层多智能体系统(multi-agent system，MAS)体系结构。文献[10]将机器学习技术用于电力系统优化调度，作为新一代人工智能技术，通过分析和学习大量已有或生成的数据作出预测和判断，为能源和电力系统调度优化和控制决策提供辅助支撑，其中以分布式代理技术和机器学习理论应用范围最广，在最优微电网资源管理[11]、电压无功优化控制[12]、动态最优 AGC[13,14]、多目标 OPF 问题[15]、可再生能源的随机最优调度和规划[16]、智能电网的实时经济调度和控制[17]等领域都有深入的研究。

虽然进行了大量研究，但上述相关研究仍存在以下问题。

① 现有的克隆选择算法(clonal selection algorithm，CSA)和 PSO 算法在复杂函数和实际工程优化问题中存在群体多样性不理想、搜索多个最优解能力较弱、容易陷入局部最小点等缺点。

②由于电力系统的大规模非线性特性，电力系统机组组合和 OPF 求解方法易造成维数灾的问题，计算时间长。

③ 电力系统无功优化算法还存在对非线性函数处理困难、算法的收敛性差，以及离散变量难处理等问题。

针对问题①，本章提出改进的 CSA 和 PSO 算法。两种算法都在理论上证明了在选择合适的控制参数下均能够较好地收敛到全局最优解。针对问题②，本章提出两种改进的群集智能优化算法，并分别用于求解电力系统 OPF 问题和机组组合问题。针对问题③，本章提出全新的基于 PSO 算法的 MAS。

7.2　改进的群集智能优化算法

本节详细分析 CSA 和 PSO 算法，针对两种算法存在的一些不足之处进行改进，提出改进免疫算法(improved immune algorithm，IIA)和改进粒子群优化(improved particle swarm optimization，IPSO)算法。从理论上证明，在选择合适的控制参数下，两种算法均能较好地收敛到全局最优解。通过标准测试函数的仿真分析可知，两种算法具有强全局收敛能力，能够有效地提高算法的计算效率和计算精度。

7.2.1　克隆选择算法

生物免疫系统是一种具有高度分布性的自适应学习系统，利用完善的机制抵御外来病原体的入侵。由于生物免疫系统具有强大的信息处理能力，在完全并行和分布方式下能够实现复杂的计算，成为很有研究价值的课题。近年来，人们将模拟生物免疫系统特征的智能算法应用于工程实际问题，产生了较为理想的结果[18]。文献[19]将免疫机理与 GA 相结合，提出免疫遗传算法，有效地解决了装箱问题。文献[20]提出基于免疫反馈机理自适应学习的神经网络控制器，避免神经网络学习在最小值附近的摆动，提高了收敛速度。此外，Timmis 等[21]将人工免疫系统用于数据库知识发现，与单一联结聚类分析和 Kononen 网络作比较，人工免疫系统模拟算法作为数据分析工具有独特的优势。

　　生物免疫系统虽然十分复杂，但其表现出的自然防卫机制却十分明显和有效。如果把算法理解为免疫系统，把外来侵犯的抗原和免疫系统产生的抗体分别与实际求解问题的目标函数及其解相对应。可以看出，实际问题的求解过程与生物免疫机制是十分类似的。因此，利用生物免疫功能的特点对于新算法的具体设计将提供有益的启示。免疫算法大致可分为基于群体的免疫算法和基于网络的免疫算法。基于群体的免疫算法构成的系统中元素之间没有直接的联系，系统组成元素直接和系统环境相互作用。它们之间若要联系，只能通过间接方式。在基于群体的免疫算法的研究中，最著名的就是 CSA。

　　Burnet 等提出著名的克隆选择学说。其中心思想是，抗体是天然产物，以受体的形式存在于细胞表面，抗原可与之选择性地反应。抗原与相应抗体受体的反应可导致细胞克隆性增殖。该群体具有相同的抗体特异性，其中某些细胞克隆分化为抗体生存细胞，另一些形成免疫记忆细胞，参加以后的二次免疫反应。克隆性在细胞水平上表现出 TCR（T cell antigen receptor）和 BCR（B cell antigen receptor）结构的极端多样性，直接导致抗体网络的多样性。De Castro 等[22]基于克隆选择原理，利用二进制编码和贪婪搜索思想提出 CSA。CSA 是基于抗体克隆选择这一生物特性，形成的新人工免疫方法。CSA 借助生物学免疫系统的抗体克隆选择机理，构造适用于人工智能的克隆算子。如图 7-1 所示，该算法分 6 步完成，每执行完

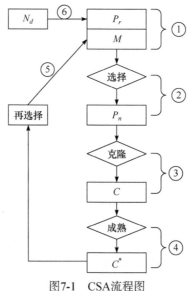

图7-1　CSA流程图

6 步，生成新一代的免疫细胞，然后进入下一轮迭代，直到满足算法停止条件。以下是 CSA 的详细计算步骤。

步骤 1：生成候选方案的一个集合(P)，它由记忆细胞(M)的子集和剩余群体(P_r)构成。

步骤 2：选择 n 个具有较高亲和力的个体。

步骤 3：克隆以上 n 个最好的个体，组成一个临时的克隆群体(C)，与抗原亲和力越高，个体在克隆时的规模就越大。

步骤 4：把克隆群体提交到高频变异，根据亲和力的大小决定变异，产生一个成熟的抗体群体(C^*)。

步骤 5：对 C^* 进行再选择，组成记忆细胞集合中的一些成员可以被 C^* 中其他改进的成员替换。

步骤 6：生成 d 个新的抗体取代 P 中 d 个低亲和力的抗体，保持多样性。

7.2.2　改进免疫算法及其收敛性分析

1. 改进免疫算法

虽然 CSA 在机器学习、模式识别和问题寻优等方面表现出优越的求解能力，但是在一些复杂函数和实际的工程优化问题中，算法却表现出群体多样性不理想，进化群体往往仅沿一个最优解所在的区域转移，搜索多个最优解的能力较弱，容易陷入局部最小点等不良特性。因此，构造具有良好全局寻优和局部求解能力的高效智能优化算法，已经成为优化计算领域中一个重要的研究课题。

本节模拟克隆选择原理的进化机制构建一种 IIA 解决目标函数的优化问题，并解决实际的电力系统优化运行问题。该算法将需要优化的问题看作抗原，B 细胞视为抗体。抗体对应的问题视为候选解，抗体与抗原的亲和力被视为候选解所对应的适应值函数。IIA 包括克隆选择、克隆变异、高频变异、受体编辑和保留精英 5 个算子。它的主要思想可简化描述为，首先克隆选择算子，选择当前抗体群中亲和力最高的抗体组成记忆抗体群；克隆变异在一个较小邻域内对记忆抗体群进行克隆增生，相当于对优化问题进行局部求精，进一步提高寻优质量。与此同时，对记忆抗体群在一个较大邻域内进行高频变异，其目的是在一个较大的邻域内进行全局搜索，防止陷入局部极小值。为了保证抗体群的多样性，受体编辑在可行域范围内随机产生一些新的抗体替换部分亲和力较低的抗体，进一步增加抗体群的多样性，消除局部极值。最后，保留精英策略是为了保证算法的收敛性[23]。下面给出 IIA 的详细步骤。

步骤 1：确定算法的参数。克隆变异半径 r、高频变异半径 R、最大迭代次数 $\text{Gen}_{\max}$，随机产生 M 个初始抗体构成初始抗体群体 A_t，设置迭代次数 $t=0$。

步骤 2：$t=t+1$。

步骤 3：克隆选择。选出抗体群 A_t 中亲和力最高的 $N(N \leqslant M)$ 个抗体组成记忆抗体群 B_t，这里定义 $N=\mathrm{int}(a \times M)$，$a$ 为选择率，且有 $0<a<1$。

步骤 4：克隆变异。IIA 将记忆抗体群 B_t 中的每个抗体设为母体，首先进行克隆操作，用 B_t 中的 N 个抗体克隆 $M-N$ 个新抗体。根据免疫原理，在与抗原作战的过程中，抗体与抗原的亲和度越大，该抗体被克隆的数目越多。采用轮盘赌式的正比选择法，假设 B_t 中 N 个抗体的亲和度（即适应值）分别为 $f(1)$，$f(2)$,$\cdots$，$f(N)$，则 B_t 中每个抗体产生新抗体的概率为

$$p(k)=\frac{f(k)}{\sum\limits_{i=1}^{N} f(i)}, \quad k=1,2,\cdots,N \tag{7-1}$$

令 $S(0)=0$，则有

$$S(k)=\sum_{i=0}^{k} p(k), \quad k=1,2,\cdots,N \tag{7-2}$$

随机产生 $M-N$ 个 $0\sim1$ 之间的均匀分布的随机数，$\xi_s \in U(0,1)$, $s=1,2,\cdots,$ $M-N$，若 $S(k-1)<\xi_s<S(k)$，则选择抗体 k 为母体进行克隆操作，复制一个新抗体。依此类推，最后克隆 $M-N$ 个新的抗体。

在克隆操作完成以后，IIA 以克隆后的 $M-N$ 个新抗体为中心，在一个较小邻域内对这些新抗体进行变异操作，变异后的 $M-N$ 个抗体组成抗体群 B_t'。假设 $x_{i,t}$ 是克隆后 $M-N$ 个抗体中的任意一个抗体，则较小邻域内进行变异操作后产生的新抗体为

$$x_{i,t}' = \begin{cases} x_{i,\min}, & x_{i,t} \cdot \mathrm{rand}(1-r,1+r) < x_{i,\min} \\ x_{i,\max}, & x_{i,t} \cdot \mathrm{rand}(1-r,1+r) > x_{i,\max} \\ x_{i,t} \cdot \mathrm{rand}(1-r,1+r), & \text{其他} \end{cases} \tag{7-3}$$

式中，r 为克隆变异半径，且 $r \in [0,1]$；$[x_{i,\min}, x_{i,\max}]$ 为可行域空间；$\mathrm{rand}(1-r,1+r)$ 为 $(1-r,1+r)$ 之间的随机数。

可以看出，在克隆变异操作中，亲和度越高的抗体，越有机会克隆更多的子抗体。它们有更多的机会在小范围内进行变异操作，相当于在优秀抗体的较小邻域内，有更大的机会去搜索亲和度更高的新抗体，是一个局部寻优的过程。

步骤 5：高频变异。克隆变异仅是局部寻优的过程，高频变异则是对 B_t 中的每一个抗体在一个较大半径的邻域内进行突变，使算法具备较强的全局寻优能力。假设 $x_{i,t}$ 是 B_t 中的任意一个抗体，则变异后产生的新抗体为

$$x_{i,t}'' = \begin{cases} x_{i,\min}, & x_{i,t} \cdot \mathrm{rand}(1-R,1+R) < x_{i,\min} \\ x_{i,\max}, & x_{i,t} \cdot \mathrm{rand}(1-R,1+R) > x_{i,\max} \\ x_{i,t} \cdot \mathrm{rand}(1-R,1+R), & \text{其他} \end{cases} \quad (7\text{-}4)$$

式中，R 为高频变异半径，通常远大于克隆变异半径 r；$\mathrm{rand}(1-R,1+R)$ 为 $(1-R,1+R)$ 之间的随机数。

由高频变异操作可以看出，它是对记忆抗体群的每一个抗体在一个较大的邻域内进行突变，得到 N 个新的抗体群 B_t''，可以有效防止算法陷入局部极小值，提高全局寻优能力。

步骤 6：将克隆变异和高频变异产生的新抗体结合成新的抗体群 C_t，即 $C_t = B_t' \cup B_t''$。由于克隆变异后产生的新抗体数为 $M-N$ 个，高频变异对 B_t 中 N 个抗体进行一次变异后获得 N 个新的抗体。可见，新抗体组合成的新抗体群 C_t 的种群数仍为 M。

步骤 7：受体编辑。为了进一步消除局部极值，维持种群的多样性，受体编辑模拟骨髓能够产生新的 B 细胞加入抗体群以维持种群多样性的免疫原理。随机产生 d 个新的抗体替代 C_t 中亲和力最低的 d 个抗体，从而获得抗体群 D_t，其中 $d = \mathrm{int}(u \times M)$，$u$ 为编辑率，且有 $0<u<1$。

步骤 8：保留精英。为了保证算法的收敛，IIA 在进化过程中实施最优个体保留策略，将 A_t 中亲和力最高的抗体替换 D_t 中亲和力最低的抗体，最后形成的抗体群为 A_{t+1}。

步骤 9：判断是否满足终止条件，如不满足终止条件，则返回到步骤 2；否则，算法终止，输出结果。

2. 参数的选择

在 IIA 中，选择率 a、克隆变异半径 r、高频变异半径 R、编辑率 u 的选取对算法的收敛效率有至关重要的作用。如果参数选取不恰当，会使算法种群多样性较差、收敛速度慢，甚至陷入局部极小值。

选择率 a 的选取不宜过小，否则容易陷入局部极值；如果选取较大，算法收敛较慢。通常情况下，a 的选取在 0.4～0.5 较为合适。编辑率 u 的选取同样不宜较大，虽然能增加种群的多样性，但会降低算法的收敛效率。根据运行经验，u 的选取在 0.1～0.2 为最佳。

克隆变异半径 r 和高频变异半径 R 的选取决定算法局部寻优和全局收敛的能力。这两个参数要根据实际的优化问题进行选取，并且 R 大于 r。根据经验，R 通常是 r 的 10～50 倍。对于克隆变异半径 r 的选取，在算法的搜索初期，希望 r 大一些，这是为了保证算法的全局寻优能力。随着搜索的进行，一些抗体逐渐逼进到最优解附近，因此需要较小的 r 在小范围内进行局部寻优，提高解的质量。因此，IIA 采用的 r 是线性逐渐减小的，即

$$r = r_{\max} - \frac{r_{\max} - r_{\min}}{\text{Iter}_{\max}} \times \text{Iter} \tag{7-5}$$

式中，$\text{Iter}_{\max}$ 为算法设置的最大迭代次数；Iter 为当前迭代次数。

3. 改进免疫算法的收敛性分析

本节采用类似于 GA 的收敛性方法分析 IIA 的收敛性[24]。设抗体群第 t 代为 A_t，种群的规模为 M，算法的状态转移情况可用如下的随机过程表述，即

$$A_t \xrightarrow{\text{克隆选择}} B_t \xrightarrow[\text{高频变异}B_t''']{\text{细胞克隆}B_t'} C_t \xrightarrow{\text{受体编辑}} D_t \xrightarrow[A_t]{\text{保留精英}} A_{t+1}$$

式中，从 A_t 到 D_t 的状态转移构成马尔可夫链；A_{t+1} 的状态与前面各变量的状态均有关，但随机过程 $\{A_k \mid k = 1,2,\cdots\}$ 仍是一个马尔可夫过程。

设 X 为搜索空间，即所有抗体形成的空间，抗体用 x 表示，$x \in X$。若 IIA 的马尔可夫链状态空间为 Ω，则其对应的状态空间维数为 $E = |X| = |\Omega|$。设 f 是 X 上的适应度函数，令

$$S^* = \left\{ x \in X \mid f(x) = \max_{x_i \in X} f(x_i) \right\} \tag{7-6}$$

则可定义如下算法的收敛性。

定义 1：如果对于任意的初始分布均有 $\lim\limits_{t \to \infty} P\left(A_k \bigcap S^* \neq \varnothing\right) = 1$，其中 P 为概率，则称 IIA 收敛。

该定义表明，IIA 迭代到足够多的次数后，群体中包含全局最优个体的概率为 1，这种定义即通常所说的依概率 1 收敛。

定理 1：若 P 是一个 n 阶可归约随机矩阵，通过行列变换可以得到 $P = \begin{bmatrix} C & 0 \\ R & T \end{bmatrix}$，其中 C 为 m 维严格正随机矩阵，$R \neq 0$，$T \neq 0$，则有一个稳定的随机矩阵，即

$$P^{\infty} = \lim_{t \to \infty} P^t = \lim_{t \to \infty} \begin{bmatrix} C^t & 0 \\ \sum\limits_{i=0}^{t-1} T^i R C^{t-i} & T^t \end{bmatrix} = \begin{bmatrix} C^{\infty} & 0 \\ R^{\infty} & 0 \end{bmatrix} \tag{7-7}$$

式中，$P^{\infty} = [1,1,\cdots,1]^{\mathrm{T}}[p_1, p_2, \cdots, p_n]$，$\sum\limits_{i=1}^{n} p_{ij} = 1$，$p_j = \lim\limits_{k \to \infty} p_{ij}^k \geqslant 0$，$p_j > 0, 1 \leqslant j \leqslant m$ 且 $p_j = 0, m+1 \leqslant j \leqslant n$。

定理 2：IIA 依概率 1 收敛到全局最优解。

从 IIA 的操作流程看，它是在上一代最优抗体的基础上，通过细胞克隆和高频变异操作生成下一代抗体，即达到另一状态。设 P_{ij} 为从状态 x_i 到 x_j 的转移概率，从保留最优抗体(状态)的角度考虑，P_{ij} 有以下三种可能。

① 若 $f(x_j) > f(x_i)$，则 P_{ij} 直接由克隆扩展和高频变异操作确定。

② 若记满足 $f(x_j) > f(x_i)$ 的所有 x_j 形成的空间为 C，则 $P_{ii} = 1 - \sum\limits_{x_j \in C} P_{ij}$。

③ 若 $f(x_j) < f(x_i)$，则 $P_{ij} = 0$。

如果将抗体(状态)按亲和力(适应度)排列，则 IIA 的有限状态马尔可夫链一步转移概率矩阵为

$$P = \left(P_{ij}\right)_{|\Omega\|\Omega|} = \begin{bmatrix} P_{11} & 0 & \cdots & 0 \\ P_{21} & P_{22} & \cdots & 0 \\ \vdots & \vdots & & \vdots \\ P_{|\Omega|1} & P_{|\Omega|2} & \cdots & P_{|\Omega\|\Omega|} \end{bmatrix} = \begin{bmatrix} C & 0 \\ R & T \end{bmatrix} \tag{7-8}$$

式中，$R = \left(P_{21}, P_{31}, \cdots, P_{|\Omega|1}\right)^{\mathrm{T}} > 0$；$T \neq 0$；$C = \left(P_{11}\right) = (1) \neq 0$。

P 是一个时齐有限马尔可夫链的一步转移矩阵，也是一个基本的随机矩阵，根据定理 1 可得

$$P^{\infty} = \lim_{t \to \infty} P^t = \lim_{t \to \infty} \begin{bmatrix} C^t & 0 \\ \sum\limits_{i=0}^{t-1} T^i R C^{t-i} & T^t \end{bmatrix} = \begin{bmatrix} C^{\infty} & 0 \\ R^{\infty} & 0 \end{bmatrix} \tag{7-9}$$

式中，$C^{\infty} = 1$；$R = (1, 1, \cdots, 1)^{\mathrm{T}}$；$P^{\infty}$ 为一个稳定的随机矩阵，且 $P^{\infty} = \begin{bmatrix} 1 & 0 & \cdots & 0 \\ 1 & 0 & \cdots & 0 \\ \vdots & \vdots & & \vdots \\ 1 & 0 & \cdots & 0 \end{bmatrix}$。

由此可得，$\lim\limits_{t \to \infty} P\left(A_t \cap S^* \neq \varnothing\right) = 1$。这说明，不论从何状态出发，IIA 都是全局收敛的，即 IIA 是依概率 1 收敛到全局的最优解。

4. 改进免疫算法优化效率的评价

为了检验 IIA 的收敛速度与收敛稳定性，利用文献[25]提出的平均截止代数和截止代数分布熵的概念，并用二者组成的平面测度作为评价标准。

定义 2：设优化问题为

$$\begin{aligned} \max f(x_i), \quad i = 1, 2, \cdots, n \\ \text{s.t. } a_i \leqslant x_i \leqslant b_i \end{aligned} \tag{7-10}$$

应用一类优化方法(如 GA、进化规划等)，在某一策略 S(如不同的变异率、选择率)下，$f(x_i)$ 在其可行域内迭代到计算精度 $\varepsilon(\varepsilon = f_{\max} - f)$ 时的进化终止代数称为截止代数；如果达到预先设定的最大迭代次数 $\mathrm{Gen}_{\max}$，而未达到计算精度，则规定截止代数为 $\mathrm{Gen}_{\max}$。

定义 3：假设 L 次独立运行，T_i 为第 i 次独立运行时的截止代数，$T = \left\{ T_i \middle| 0 < T_i \leqslant \mathrm{Gen}_{\max}, T_i \in \mathbf{Z}^+, i = 1, 2, \cdots, L \right\}$，将 T 中的不同元素按从小到大的顺序排列，得到一个新的集合 $T' = \left\{ T_i' \middle| T_i' < T_{i+1}', i = 1, 2, \cdots, K-1, K \leqslant L \right\}$。$C = \left\{ C_i \middle| 0 < C_i \leqslant L, C_i \in \mathbf{Z}^+, i = 1, 2, \cdots, K \right\}$，其中 C_i 为 T_i' 对应的统计频率，由 C_i 可以得到 T_i' 对应的统计频率 p_i 构成的集合 $P = \left\{ p_i \middle| p_i = \dfrac{C_i}{L}, \sum p_i = 1, i = 1, 2, \cdots, K \right\}$，则在策略 S 下，该优化算法达到计算精度 ε 时的平均截止代数定义为

$$T(S, \varepsilon) = \sum_{i=1}^{K} T_i' p_i \tag{7-11}$$

定义 4：设在策略 S 下，优化算法达到计算精度时的截止代数分布熵定义为

$$H(S, \varepsilon) = \frac{-\sum_{i=1}^{K} T_i' \ln(p_i)}{\ln(K)} \tag{7-12}$$

截止代数分布熵表示截止代数分布的均匀程度。

从以上的定义可知，平均截止代数用于衡量优化算法多次独立运行的平均收敛速度。该值较小，表明算法收敛速度较快，计算时间较小。截止代数分布熵用于衡量算法的收敛稳定性，该值较小，表明该算法多次独立运行的截止代数分布较为集中，收敛稳定性较好。参考文献[25]，本节将平均截止代数和截止代数分布熵两个指标集成为一个平面测度 (T, H)，综合评价 IIA 的优化效率。在不同策略下，平面 (T, H) 上的不同点中，离原点越近的点，算法的优化效率就越高。同样，平均截止代数和截止代数分布熵这两个指标也可以用于评价其他群集智能优化算法。

5. 算例分析

本节应用 4 个经常被国内外学者测试优化算法有效性的典型复杂函数($F_1 \sim F_4$)进行优化计算，检验 IIA 的优化效率，并且与标准遗传算法(standard genetic algorithm，SGA)、CSA、PSO 算法的优化结果进行比较，即

F$_1$:　$f_1(x) = 0.5 + \dfrac{\sin^2\sqrt{x_1^2 + x_2^2} - 0.5}{\left[1.0 + 0.001\left(x_1^2 + x_2^2\right)\right]^2}$,　$|x_i| \leqslant 100$

F$_2$:　$f_2(x) = 100(x_1^2 - x_2)^2 + (1 - x_1)^2$,　$|x_i| \leqslant 2.048$

F$_3$:　$f_3(x) = (x_1^2 + x_2^2)^{0.25}\left[\sin^2\left(50\left(x_1^2 + x_2^2\right)^{0.1}\right) + 1.0\right]$,　$|x_i| \leqslant 10$

F$_4$:　$f_4(x) = \dfrac{1}{4000}\sum\limits_{i=1}^{30} x_i^2 - \prod\limits_{i=1}^{30}\cos\left(\dfrac{x_i}{\sqrt{i}}\right) + 1$,　$|x_i| \leqslant 600$

4 种算法的种群规模数均为 100,最大迭代次数 Gen$_{max}$ =100,每个优化算法独立运行次数为 200 次,计算精度均为 10^{-5},其余各参数选定为使各算法获最佳效果时的参数。将 4 种算法用于以上函数求最小值,将其适应值和迭代次数做比较。不同算法的优化结果如表 7-1 所示。不同算法的迭代次数如表 7-2 所示。

表 7-1　不同算法的优化结果

函数	IIA		CSA		SGA		PSO 算法	
	最优值	平均值	最优值	平均值	最优值	平均值	最优值	平均值
F$_1$	0	0	0	2.62×10^{-10}	0	1.11×10^{-2}	9.97×10^{-10}	3.90×10^{-3}
F$_2$	5.57×10^{-9}	9.21×10^{-5}	1.50×10^{-6}	8.05×10^{-4}	2.57×10^{-7}	3.25×10^{-3}	2.61×10^{-9}	6.45×10^{-4}
F$_3$	0	6.23×10^{-21}	0	2.90×10^{-3}	1.37×10^{-4}	1.26×10^{-2}	3.78×10^{-6}	5.15×10^{-4}
F$_4$	0	0	0.58	1.26	0.79	2.65	0.57	0.94

表 7-2　不同算法的迭代次数

函数	IIA		CSA		SGA		PSO 算法	
	最优值	平均值	最优值	平均值	最优值	平均值	最优值	平均值
F$_1$	11	15	23	58	41	92	59	96
F$_2$	13	48	18	94	79	97	32	57
F$_3$	50	61	27	82	100	100	100	100
F$_4$	45	52	100	100	100	100	100	100

由此可知,IIA 对 4 个测试函数都能收敛到较为满意的精度,而且收敛到所需精度需要的迭代次数较少。这表明,IIA 具有较强的全局收敛能力,计算量较小,计算时间少。在 200 次独立运行中,不论从计算精度的平均值,还是平均迭代次数上,IIA 的计算值均很小。这表明,IIA 具有良好的全局搜索和局部搜索能力,而且算法的稳定性较好。与其他三种算法相比,IIA 的计算精度和收敛所需的迭代次数明显小于其他 3 种算法。这表明,IIA 通过选择优秀的抗体作为克隆

复制对象，在一个较小半径的邻域内进行克隆变异操作和一个较大半径邻域内进行高频变异操作，相当于在一个较小邻域内进行局部求精和一个较大半径邻域内进行全局寻优的同步搜索，使该算法同时具备较强的全局和局部寻优能力。

4 种算法对函数 F_1 优化计算的收敛曲线图如图 7-2 所示。其他三个测试函数亦有类似的结果。由此可知，IIA 的收敛速度非常快，在 10 代左右就可以达到较为满意的精度。与此同时，CSA 需要 40 代左右，PSO 算法需要 60 代左右，SGA 在计算精度和收敛性能上都要差于其他三种算法。这表明，IIA 在处理多模态函数及非连续的函数优化问题方面具有较强的全局优化能力，适合一些工程问题的优化。

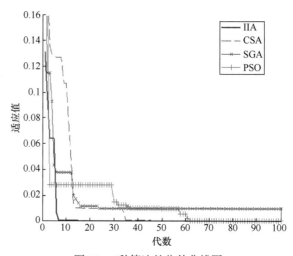

图7-2　4种算法的收敛曲线图

6. 效率评估

由于 IIA 是在标准克隆选择算法的基础上改进的，为了判别它的有效性，以函数 F_1 为例，用平均截止代数和截止代数分布熵的概念，将其与克隆选择算法的优化效率进行对比。

两种方法的群规模数均为 100，最大迭代次数为 Gen_{max}，每个优化算法独立迭代次数为 200 次，计算精度均为 10^{-5}。在对函数 F_1 的优化过程中 IIA 的克隆变异半径 $r_{max}=0.1$、$r_{min}=0.05$，高频变异半径 $R=20$。

由于选择率 a 和编辑率 u 对两种算法的优化效率有较大的影响，因此这里用这两个参数作为研究对象判别 IIA 和 CSA 的优化效率。

1）选择率 a

编辑率 u 固定为 0.2，选择率 a 的取值范围为 0.1~0.9，间隔为 0.1，共 9 个数值，编号依次为 1~9，对每个数值单独运行 200 次，然后作出 (T,H) 平面。不同选择率的优化效率如图 7-3 所示。

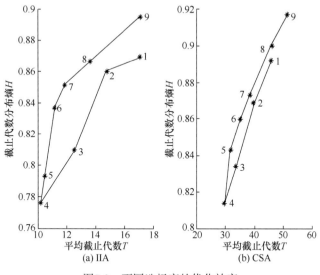

图7-3 不同选择率的优化效率

可以看出,随着选择率 a 的增加,优化效率先升高后降低,在 0.4 时达到最大值。比较截止代数分布熵和平均截止代数两个指标,IIA 的值都明显低于 CSA,说明 IIA 的优化效率比 CSA 高。

2)编辑率 u

选择率 a 固定为 0.4,编辑率 u 的取值范围为 0.05～0.45,间隔为 0.05,共 9 个数值,编号依次为 1～9,对每个数值单独运行 200 次,同样作出 (T,H) 平面。不同编辑率的优化效率如图 7-4 所示。

可以看出,随着编辑率 u 的增加,优化效率先升高后降低,在 0.2 时达到最大值。同样,分析图 7-4 可得 IIA 的截止代数分布熵和平均截止代数都低于 CSA 的值,表明 IIA 有比 CSA 更高的优化效率。

通过优化效率的分析,a 的选取在 0.4～0.5,u 的选取在 0.1～0.2 是合适的。同样,根据上面的分析可知,IIA 的整体寻优能力要优于 CSA。对其他几个函数的分析也有类似的结果,此处不再赘述。

7.2.3 粒子群优化算法

1. PSO 算法的基本思想

PSO 算法是基于群集智能的演化计算技术与优化工具。PSO 算法初始化为一组随机解,通过迭代搜寻最优值,没有 GA 中的交叉和变异操作,仅是粒子在解空间追随最优的粒子进行搜索。与其他进化算法比较，PSO 算法的优势在于简单容易实现，同时又有深刻的智能背景，既适合科学研究，又适合工程应用。因此，PSO 算法一经提出，立刻引起演化计算等领域学者的广泛关注，并在短短的几年时间里涌现出大量的研究成果[26,27]。

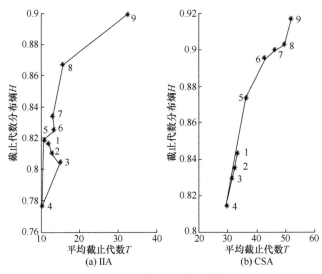

图7-4　不同编辑率的优化效率

　　PSO 算法是受到人工生命研究结果的启发而提出的。其基本概念源于对鸟群捕食行为的研究。在 PSO 算法中，每个优化问题的潜在解都是搜索空间中的一只鸟，称为粒子。所有的粒子都有一个由被优化的函数决定的适应值，每个粒子还有一个速度决定它们飞翔的方向和距离，然后粒子追随当前的最优粒子在解空间中搜索。

　　PSO 算法首先初始化一群随机粒子(随机解)，然后通过进化(迭代)找到最优解。每个粒子通过跟踪两个极值更新自己，一个极值是粒子本身找到的最优位置，这个位置称作个体极值 p_{Best}；另一个极值是整个粒子群目前找到的最优位置，通常称作全局极值 g_{Best}。此外，也可以用部分粒子找到的最优位置，即局部极值来更新粒子的位置。PSO 算法通常的数学描述为，设在一个 n 维的搜索空间中，由 m 个粒子组成的种群 $X = \{x_1, \cdots, x_i, \cdots, x_m\}$，其中第 i 个粒子位置为 $x_i = (x_{i1}, x_{i2}, \cdots, x_{in})^T$，其速度为 $v_i = (v_{i1}, v_{i2}, \cdots, v_{in})^T$。它的个体极值为 $p_i = (p_{i1}, p_{i2}, \cdots, p_{in})^T$，种群的全局极值为 $p_g = (p_{g1}, p_{g2}, \cdots, p_{gn})^T$，按照追随当前最优粒子的原理，粒子 x_i 按下式改变自己的速度和位置，即

$$v_{id}^{(t+1)} = v_{id}^{(t)} + c_1 r_1 (p_{id}^{(t)} - x_{id}^{(t)}) + c_2 r_2 (p_{gd}^{(t)} - x_{id}^{(t)}) \tag{7-13}$$

$$x_{id}^{(t+1)} = x_{id}^{(t)} + v_{id}^{(t+1)} \tag{7-14}$$

式中，$d=1,2,\cdots,n$；$i=1,2,\cdots,m$，m 为种群规模；t 为当前进化代数；r_1 和 r_2 为分布于[0, 1]之间的随机数；c_1 和 c_2 为加速常数。

由式(7-13)可知，每个粒子的速度由三部分组成：第一部分为粒子先前的速度；第二部分为认知部分，表示粒子自身的思考；第三部分为社会部分，表示粒子间的信息共享和相互合作。

PSO 算法主要计算步骤如下。

步骤 1：初始化。设定加速常数 c_1 和 c_2，最大进化代数 T_{max}，将当前进化代数置为 $t=1$，在定义空间 R^n 中随机产生 m 个粒子 $x_1,x_2,\cdots,x_m$，组成初始种群 $X(t)$。随机产生各粒子初始位移变化 $v_1,v_2,\cdots,v_s$，组成位移变化矩阵 $V(t)$。

步骤 2：评价种群 $X(t)$。计算每个粒子在每一维空间的适应值。

步骤 3：比较粒子的适应值和自身最优值 p_{Best}。如果当前值比 p_{Best} 更优，则置 p_{Best} 为当前值，并设 p_{Best} 位置为 n 维空间的当前位置。

步骤 4：比较粒子适应值与种群最优值。如果当前值比 g_{Best} 更优，则置 g_{Best} 为当前粒子的矩阵下标和适应值。

步骤 5：按式(7-13)和式(7-14)更新粒子的位移方向和步长，产生新种群 $X(t+1)$。

步骤 6：检查结束条件。若满足，则结束寻优；否则，$t=t+1$，转至步骤 2。结束条件为寻优达到最大进化代数 T_{max}，或评价值小于给定的精度 ε。

2. 粒子群优化算法的参数设置

PSO 算法最大的优点是不需要调节太多的参数，只有少数几个参数直接影响算法的性能和收敛性。目前，PSO 算法的参数设置在很大程度上还依赖经验[28]。下面是 PSO 算法中一些参数的作用及其设置经验。

粒子数目一般取值 20～40。实验表明，对于大多数问题来说，30 个粒子就可以取得很好的结果，不过对于比较难的问题或者特殊类别的问题，粒子数目可以取到 100 或 200。另外，粒子数目越多，算法搜索的空间范围就越大，更容易发现全局最优解。当然，算法运行的时间也越长。

粒子长度就是问题的长度，它由具体优化问题确定。

粒子范围由具体优化问题决定，通常问题的参数取值范围设置为粒子的范围。另外，粒子每一维可以设置不同的范围。

粒子最大速率决定粒子在一次飞行中可以移动的最大距离。我们必须限制粒子最大的速率，否则粒子就可能跑出搜索空间。粒子最大的速率通常设定为粒子范围的宽度。

加速常数 c_1 和 c_2 是固定常数，一般取 2。有些文献也采用其他取值，但一般都限定 c_1 和 c_2 相等，并且取值范围在 0～4。

与GA 相似，PSO 算法的终止条件可以设置为达到最大迭代次数，或者满足一定的误差准则。

PSO 算法的适应度函数选择比较简单，通常可以直接把目标函数作为适应度函数。当然，也可以对目标函数进行变换，变换方法可以借鉴 GA 中的适应度函数变换方法。

3. 两种典型的粒子群优化算法

在 PSO 算法中，每个粒子速度的改变由三部分组成，即社会项、认知项和动量项。三部分如何平衡将决定 PSO 算法的性能。因此，一些学者在原始 PSO 算法的基础上，引入惯性权重因子的 PSO 算法和收敛因子的 PSO 算法。这两种 PSO 算法是应用最为广泛的 PSO 算法，也被看作两种标准的 PSO 算法。

1) 惯性权重因子的引入

惯性权重因子的引入是为了平衡全局与局部搜索能力。惯性权值较大，全局搜索能力强，局部搜索能力弱；反之，局部搜索能力增强，而全局搜索能力减弱。为了更好地控制算法的探测和开发能力，Shi 等[29]在式(7-13)中引入惯性权重 w，可得

$$v_{id}^{(t+1)} = w^{(t)}v_{id}^{(t)} + c_1 r_1(p_{id}^{(t)} - x_{id}^{(t)}) + c_2 r_2(p_{gd}^{(t)} - x_{id}^{(t)}) \tag{7-15}$$

由式(7-15)和式(7-14)组成的迭代算法通常被认为标准 PSO 算法。显而易见，惯性权重因子 w 描述粒子上一代速度对当前代速度的影响，控制其取值大小可调节 PSO 算法的全局与局部寻优能力。实验发现，动态惯性权重因子能够获得比固定值更为优越的寻优结果。动态惯性权重因子可以在 PSO 算法搜索过程中线性变化，根据 PSO 算法性能的某个测度函数而动态改变，如模糊规则系统。目前，采用较多的动态惯性权重因子是线性递减权值策略，即

$$w^{(t)} = (w_{ini} - w_{end}) \times \frac{(T_{max} - t)}{T_{max}} + w_{end} \tag{7-16}$$

式中，T_{max} 为最大进化代数；w_{ini} 为初始惯性权值；w_{end} 为进化至最大代数时的惯性权值。

典型取值 $w_{ini} = 0.9$、$w_{end} = 0.4$。如果 $w=0$，粒子速度只取决于它当前位置 p_{Best} 和 g_{Best}，速度本身没有记忆。假设一个粒子位于全局最好位置，它将保持静止，而其他粒子则飞向最好位置 p_{Best} 和 g_{Best} 的加权中心。在这种条件下，粒子群将收缩到当前全局最好位置，更像一个局部算法。如果 $w \neq 0$，则粒子有扩展搜索空间的趋势。针对不同搜索问题，可调整算法全局和局部搜索能力。惯性权重 w

的引入使 PSO 算法的性能得到很大提高,也使 PSO 算法成功用于很多实际问题。

2) 收敛因子的引入

为了保证算法的收敛性,Clerc 等[30]对原始 PSO 算法进行了改进,引入收敛因子 K,这也被认为是另一个版本的标准 PSO 算法。粒子的速度更新方程为

$$v_{id}^{(t+1)} = K[v_{id}^{(t)} + c_1 r_1 (p_{id}^{(t)} - x_{id}^{(t)}) + c_2 r_2 (p_{gd}^{(t)} - x_{id}^{(t)})] \tag{7-17}$$

式中,收敛因子 K 为

$$K = \frac{2}{\left| 2 - \varphi - \sqrt{\varphi^2 - 4\varphi} \right|}, \quad \varphi = c_1 + c_2, \ \varphi > 4 \tag{7-18}$$

式中,通常取 $\varphi = 4.1$,从而使收缩因子 $K = 0.7295$。

Clerc 在推导收敛因子时,不再需要最大速度限制 V_{max}。后来的研究发现,设定最大速度限制可以提高算法的性能[31]。从数学上分析,惯性权值 w 和限定因子 K 是等价的。

7.2.4　改进粒子群优化算法及其收敛性分析

1. 改进粒子群优化算法

PSO 算法的最优解搜索主要依赖其记忆能力和粒子间的信息共享机制。其记忆能力体现在用 p_{Best} 和 g_{Best} 保存历史上粒子自身找到的最优解和整个粒子群找到的最优解。粒子间信息共享体现在每个粒子下一时刻的飞行位置都受 g_{Best} 的影响。粒子群空间搜寻过程如图 7-5 所示。图中 v^k 表示粒子上一代的速度,$v_{p_{Best}}$ 表示基于 p_{Best} 的速度分量,$v_{g_{Best}}$ 表示基于 g_{Best} 的速度分量,s^k 表示粒子当前的位置,

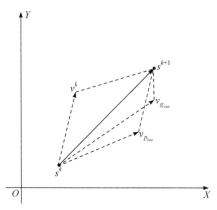

图7-5　粒子群空间搜寻过程

s^{k+1} 表示粒子飞行后达到的位置。由此可知，在 PSO 算法中，只有 g_{Best} 的信息是共享的，即 $v_{g_{Best}}$ 分量，这是单向的信息流动，整个搜索更新过程就是跟随当前最优解的过程。在大多数情况下，所有粒子可能更快地收敛于最优解。如果当前最优解是局部最优解，那么一旦所有粒子都收敛于该位置之后，这些粒子将很难跳出局部最优。所以，在复杂的多峰搜索问题中，容易陷入局部最优是 PSO 算法最大的局限性。虽然增大粒子数目可以扩大 PSO 算法的搜索范围，但是这种方法不能从根本上克服这个问题[32,33]。

为了增强 PSO 算法的全局搜索能力和跳出局部最优的能力，本节提出考虑社会影响因子的 IPSO 算法。基本 PSO 算法主要依赖粒子自身的认知能力、粒子间的社会交互能力和信息共享能力。但是，算法中的每个粒子仅与当前最优的粒子进行信息交互，是信息的单向流动，同时忽略其他粒子的有用信息。在真实社会中，群体间往往是相互通过协作进行信息交流的，信息是多向流动的。因此，在提出的 IPSO 算法中，考虑更多粒子的信息对每个粒子的影响。在 IPSO 算法中，整个种群中的所有粒子根据其个体极值 p_{Best} 对应的适应值进行排序，选取前 n 个粒子的信息修正每个粒子下一次迭代的行动策略，考虑整个种群社会对每个粒子的社会影响，而不仅是单一的具有全局极值的粒子对它的影响。这样，IPSO 算法在搜索过程中，整个粒子群在解空间搜索是多方向性的，搜索过程更均匀，能有效地提高算法的收敛精度和全局搜索能力。与此同时，提出的 IPSO 算法是在 7.2.3 节引入收敛因子的 PSO 算法的基础上进行改进的。该算法的基本公式为

$$v_{id}^{(t+1)} = K\left[v_{id}^{(t)} + c_1 r_1 \left(p_{id}^{(t)} - x_{id}^{(t)} \right) + \frac{1}{n} \sum_{j=1}^{n} c_{2 \cdot j} r_{2 \cdot j} \left(p_{gdj}^{(t)} - x_{id}^{(t)} \right) \right] \tag{7-19}$$

$$x_{id}^{(t+1)} = x_{id}^{(t)} + v_{id}^{(t+1)} \tag{7-20}$$

式中，$c_{2 \cdot j}$ 为学习因子；$r_{2 \cdot j}$ 为 $(0,1)$ 之间的随机数；$p_{gdj}^{(t)}$ 为整个种群中的所有粒子根据其个体极值 p_{Best} 对应的适应值排序选取的前 n 个粒子 $(n<m)$。

可以看出，标准 PSO 算法仅为 $n=1$ 时的一个特例。

2. 改进粒子群优化算法的收敛性分析

由式 (7-19) 和式 (7-20) 可以看出，除了 p_{id} 和 p_{gd} 对搜索空间各维的联系之外，每维的更新相互独立，不失一般性，对算法的分析可以简化到一维进行。假设对群体中第 i 个粒子的行为进行研究，下标 i 省略，则式 (7-19) 和式 (7-20) 可以表示为

$$v^{(t+1)} = \varphi_0 v^{(t)} + \varphi_1 r_1^{(t)}(p^{(t)} - x^{(t)}) + \frac{1}{n}\sum_{j=1}^{n}\varphi_{2.j} r_{2.j}^{(t)}(p_{g.j}^{(t)} - x^{(t)}) \tag{7-21}$$

$$x^{(t+1)} = x^{(t)} + v^{(t+1)} \tag{7-22}$$

式中，$\varphi_0 = K$；$\varphi_1 = Kc_1$；$\varphi_{2.j} = Kc_{2.j}$。

根据上面的分析，由式(7-22)可知

$$v^{(t)} = x^{(t)} - x^{(t-1)} \tag{7-23}$$

将式(7-21)、式(7-23)代入式(7-22)，可得 IPSO 算法的递推公式，即

$$
\begin{aligned}
x^{(t)} = &\left(1 + \varphi_0 - \varphi_1 r_1^{(t)} - \frac{1}{n}\sum_{j=1}^{n}\varphi_{2.j} r_{2.j}^{(t)}\right) x^{(t)} - \varphi_0 x^{(t-1)} \\
&+ \varphi_1 r_1^{(t)} p + \frac{1}{n}\sum_{j=1}^{n}\varphi_{2.j} r_{2.j}^{(t)} p_{g.j}
\end{aligned}
\tag{7-24}
$$

假设 $\eta_0 = \varphi_1 r_1^{(t)}$、$\eta_1 = \frac{1}{n}\sum_{j=1}^{n}\varphi_{2.j} r_{2.j}^{(t)}$、$\eta_1 g = \frac{1}{n}\sum_{j=1}^{n}\varphi_{2.j} r_{2.j}^{(t)} p_{g.j}$，则式(7-24)可以简化为

$$x^{(t)} = \left(1 + \varphi_0 - \eta_0 - \eta_1\right) x^{(t)} - \varphi_0 x^{(t-1)} + \eta_0 p + \eta_1 g \tag{7-25}$$

式(7-25)可以写成以下矩阵方程的形式，即

$$
\begin{bmatrix} x^{(t+1)} \\ x^{(t)} \\ 1 \end{bmatrix} =
\begin{bmatrix} 1+\varphi_0-\eta_0-\eta_1 & -\varphi_0 & \eta_0 p + \eta_1 g \\ 1 & 0 & 0 \\ 0 & 0 & 1 \end{bmatrix}
\begin{bmatrix} x^{(t)} \\ x^{(t-1)} \\ 1 \end{bmatrix}
\tag{7-26}
$$

式(7-26)的矩阵简化形式为

$$X(t+1) = AX(t) \tag{7-27}$$

式中，$X(t+1) = \begin{bmatrix} x^{(t+1)} \\ x^{(t)} \\ 1 \end{bmatrix}$；$A = \begin{bmatrix} 1+\varphi_0-\eta_0-\eta_1 & -\varphi_0 & \eta_0 p + \eta_1 g \\ 1 & 0 & 0 \\ 0 & 0 & 1 \end{bmatrix}$；$X(t) = \begin{bmatrix} x^{(t)} \\ x^{(t-1)} \\ 1 \end{bmatrix}$。

式(7-27)描述 t 时刻和 $t+1$ 时刻粒子状态之间的关系方程，称为粒子的状态动态变化方程。从式(7-27)的形式可以判断，它是一个线性定常离散时间系统。

对线性定常离散时间系统，线性离散时间系统稳定判据为

$$x(k+1) = Gx(k), \quad x(0) = x_0, \quad k = 0,1,2,\cdots,n$$

　　系统的每一平衡状态在李亚普诺夫意义下稳定的充分必要条件为，G 的全部特征值 $\lambda_i(G)$ $(i=1,2,\cdots,n)$ 的幅值均等于 1 或小于 1，并且幅值等于 1 的那些特征值是最小多项式的单根[34]。

　　由线性离散时间系统稳定判据可知，式(7-27)系统是否稳定由矩阵 A 的特征值决定。矩阵 A 的特征值为下面方程的解，即

$$(\lambda-1)\left[\lambda^2-(1+\varphi_0-\eta_0-\eta_1)\lambda+\varphi_0\right]=0 \tag{7-28}$$

根据式(7-28)，求得的三个特征值分别为

$$\lambda_1=1.0 \tag{7-29}$$

$$\lambda_2=\frac{(1+\varphi_0-\eta_0-\eta_1)+\sqrt{(1+\varphi_0-\eta_0-\eta_1)^2-4\varphi_0}}{2} \tag{7-30}$$

$$\lambda_3=\frac{(1+\varphi_0-\eta_0-\eta_1)-\sqrt{(1+\varphi_0-\eta_0-\eta_1)^2-4\varphi_0}}{2} \tag{7-31}$$

通过对该矩阵特征值的求解，可以得到式(7-26)的解，即

$$x^t=k_1\lambda_1^t+k_2\lambda_2^t+k_3\lambda_3^t=k_1+k_2\lambda_2^t+k_3\lambda_3^t \tag{7-32}$$

式中，k_1、k_2、k_3 在每次迭代过程中均为常数，可根据每次迭代初始随机分布的粒子位置值递推求得。

　　通过分析式(7-32)可知，IPSO 算法是否收敛，即 $\{x_t\}_{t=0}^{+\infty}$ 是否收敛，将由特征值 λ_2 和 λ_3 的幅值决定。根据式(7-30)、式(7-31)，分别对以下两种情况进行讨论。

　　① 当 $(1+\varphi_0-\eta_0-\eta_1)^2<4\varphi_0$ 时，λ_2 和 λ_3 都是具有非零虚部的复数值，则式(7-32)可以改写为指数形式，即

$$x_t=k_1+k_2\|\lambda_2\|^t e^{j\theta t}+k_3\|\lambda_3\|^t e^{j\sigma t} \tag{7-33}$$

式中，$\|\lambda_2\|^t e^{j\theta t}$、$\|\lambda_3\|^t e^{j\sigma t}$ 为复数特征值 λ_2、λ_3 的指数表达形式。

　　由式(7-33)可知，当 $\max(\|\lambda_2\|,\|\lambda_3\|)<1$ 时，有 $\lim\limits_{t\to\infty}x_t=k_1+k_2\lambda_2^t+k_3\lambda_3^t=k_1$，算法收敛。

　　② 当 $(1+\varphi_0-\eta_0-\eta_1)^2\geqslant4\varphi_0$ 时，λ_2、λ_3 均为实数。由式(7-32)可知，当 $\max(\|\lambda_2\|,\|\lambda_3\|)<1$ 时，则有 $\lim\limits_{t\to\infty}x_t=k_1+k_2\lambda_2^t+k_3\lambda_3^t=k_1$，算法收敛。

　　根据以上分析，IPSO 算法的收敛条件是 $\max(\|\lambda_2\|,\|\lambda_3\|)<1$，并且特征值 λ_2、λ_3 可以通过算法控制参数的选择满足其收敛条件。参考文献[30]提出的参数选择

方案可以较好地满足其收敛条件，取控制参数 $\varphi_0 = 0.7298$ 、 $\varphi_1 = 1.49618$ 、 $\frac{1}{n}\sum_{i=1}^{n}\varphi_{2,i} = 1.49618$ 。由于 $\eta_0 = \varphi_1 r_1^{(t)}$ 、 $\eta_1 = \frac{1}{n}\sum_{i=1}^{n}\varphi_{2,i}r_{2,i}^{(t)}$ ，可知 $\eta_0 \in (0, 1.49618)$ 、 $\eta_1 \in (0, 1.49618)$ 。当 $\eta_0 + \eta_1 \in (0, 0.0212]$ 时，有 $(1+\varphi_0-\eta_0-\eta_1)^2 \geqslant 4\varphi_0$ ， λ_2 、 λ_3 均为实数， $\max(\|\lambda_2\|, \|\lambda_3\|) = \lambda_2 < 1$ ；当 $\eta_0 + \eta_1 \in (0.0212, 2.99236)$ 时，有 $(1+\varphi_0-\eta_0-\eta_1)^2 < 4\varphi_0$ ， λ_2 和 λ_3 都是具有非零虚部的复数值，且 $\|\lambda_2\| = \|\lambda_3\| < 1$ 。因此，该控制参数的选择方案可以保证算法收敛到最优值。

3. 算例分析

与 7.2.2 节相同，为了验证 IPSO 算法的性能，选择如下 4 个典型的标准测试函数用于优化实验，即

F_1 ：　$f_1(x) = \sum_{i=1}^{3} x_i^2$ ，　$-6 \leqslant x \leqslant 6$

F_2 ：　$f_2(x) = 100(x_1^2 - x_2)^2 + (1 - x_1)^2$ ，　$-6 \leqslant x \leqslant 6$

F_3 ：　$f_3(x) = 30 + \sum_{i=1}^{5} \lfloor x_i \rfloor$ ，　$-6 \leqslant x \leqslant 6$

F_4 ：　$f_4(x) = \left[0.002 + \sum_{j=1}^{25} \frac{1}{j + \sum_{i=1}^{2}(x_i - a_{ij})^6} \right]^{-1}$ ，　$-65 \leqslant x \leqslant 65$

根据式 (7-19)，IPSO 算法首先应该确定其 n 的值。本节对 n 在 1~6 进行测试，测试结果表明，$n=4$ 时，该算法的全局收敛能力最优，能够取得较为满意的效果。若 n 值继续增大，将影响该算法的收敛速度和全局收敛能力，因此在函数优化过程中，n 取 4，粒子种群数为 30，最大迭代次数 $T_{\max}$ 为 100，收敛因子 $K = 0.7298$ ，加速常数 $c_1 = c_2 = 2.05$ 。

为了验证 IPSO 算法的有效性，分别与 PSO 算法、伪梯度进化算法 (pseudo-gradient based evolutionary programming，PGEP)、标准进化算法 (standard evolutionary programming，SEP) 和 SGA 进行比较[35]，运行以上提出的算法计算标准测试函数 30 次，然后将得到的最小适应值和 30 次运行中最少的运行迭代次数作比较，如表 7-3 所示。由此可知，IPSO 算法对函数 F_1 和 F_2 的优化精度要显著优于其他几种算法。与此同时，IPSO 算法的收敛速度明显优于其他几种算法。图 7-6 所示为 PSO 算法和 IPSO 算法对四个函数计算的收敛曲线比较图。由此可知，IPSO 算法能够较快地收敛到满意的优化值，明显地提高算法的优化速度。这是因为考虑了更多粒子的有用信息，相当于考虑种群社会对每一个粒子的影响，

使信息流动是多方向的，可以较好地提高算法的收敛精度和全局搜索能力。同样，可以用平均截止代数和截止代数分布熵指标对提出的 IPSO 算法进行效率评价，分析方法与 IIA 效率评估方法完全一致。

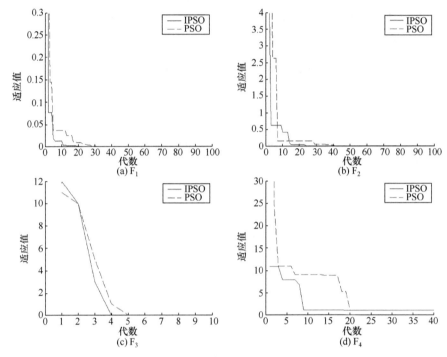

图7-6　IPSO算法与PSO算法对四个函数计算的收敛曲线比较图

表 7-3　不同算法优化结果比较

函数	最小适应值					最少运行迭代次数				
	IPSO 算法	PSO 算法	PGEP	SEP	SGA	IPSO 算法	PSO 算法	PGEP	SEP	SGA
F_1	3.2563×10^{-14}	6.2549×10^{-13}	1.07×10^{-10}	2.14×10^{-4}	9.62×10^{-7}	86	100	280	1000	980
F_2	4.5412×10^{-12}	7.8872×10^{-7}	1.0×10^{-10}	5.15×10^{-8}	1.93×10^{-5}	92	100	220	1000	730
F_3	0	0	0	0	0	4	5	8	40	46
F_4	0.998	0.998	0.998	0.998	3.98	17	29	90	680	670

7.3　群集智能优化算法在电力系统优化运行中的应用

本节将 7.2 节提出的两种改进群集智能优化算法分别用于求解电力系统 OPF

问题和机组组合问题。在问题的求解过程中，对优化问题进行适当的变换，以便应用提出的算法进行求解。通过算例的仿真分析，并与其他优化方法进行比较，结果表明两种改进的群集智能优化算法都具有解的质量高、收敛速度快的优点，适合求解电力系统优化运行问题。

7.3.1　改进免疫算法在最优潮流中的应用

1. OPF 的数学模型

OPF 可以描述为，在网络结构和参数，以及系统负荷给定的条件下，确定系统的控制变量，满足各种等式和不等式约束，使描述系统运行效益的某个给定目标函数取极值。OPF 是一个典型的非线性规划问题，其数学模型为

$$\min f(x,u)$$
$$\text{s.t.} \begin{cases} g(x,u) = 0 \\ h(x,u) \leqslant 0 \end{cases} \tag{7-34}$$

式中，x 为状态变量的集合；u 为控制变量的集合；$f(x,u)$ 为表征电力系统运行指标的标量函数；$g(x,u)$ 为等式约束；$h(x,u)$ 为函数不等式约束。

OPF 是经过优化的潮流分布，因此必须满足基本潮流方程，它构成 OPF 的等式约束条件，即

$$P_{Gi} - P_{Li} - V_i \sum_{j \in N} V_j (G_{ij} \cos\theta_{ij} + B_{ij} \sin\theta_{ij}) = 0, \quad i \in N$$
$$Q_{Gi} - Q_{Li} - V_i \sum_{j \in N} V_j (G_{ij} \sin\theta_{ij} - B_{ij} \cos\theta_{ij}) = 0, \quad i \in N \tag{7-35}$$

不等式约束条件主要是控制可调控制变量在一定的容许调节范围内，满足系统运行的安全性，即

$$P_{Gi\min} \leqslant P_{Gi} \leqslant P_{Gi\max}, \quad i = 1, 2, \cdots, N \tag{7-36}$$

$$Q_{Gi\min} \leqslant Q_{Gi} \leqslant Q_{Gi\max}, \quad i = 1, 2, \cdots, N \tag{7-37}$$

$$V_{i\min} \leqslant V_i \leqslant V_{i\max}, \quad i = 1, 2, \cdots, N \tag{7-38}$$

$$S_l \leqslant S_{l\max}, \quad l = 1, 2, \cdots, n_l \tag{7-39}$$

式中，P_{Gi} 和 Q_{Gi} 为节点 i 所有发电机的累计有功、无功出力；P_{Li} 和 Q_{Li} 为节点 i 的有功、无功负荷；V_i 为节点 i 的电压；θ_{ij} 为节点 i、j 之间的相角差；$P_{Gi\min}$、$P_{Gi\max}$ 和 $Q_{Gi\min}$、$Q_{Gi\max}$ 为节点 i 上发电机累计有功、无功下限和上限值；$V_{i\min}$ 和 $V_{i\max}$ 为节点 i 电压幅值的下限及上限值；$S_{l\max}$ 为传输线路 l 的容量限值。

式(7-36)～式(7-38)为发电容量约束和节点电压约束。式(7-39)为系统安

全约束。

2. 动态调整罚函数法

OPF问题一般包括等式约束条件和不等式约束条件,通常采用罚函数法处理。罚函数法的基本思路是将约束条件引入原来的目标函数形成一个新的函数,将原来有约束的最优化问题求解转化成一系列无约束最优化问题的求解。然而,合适地选取罚因子比较困难,罚因子取得过大,容易陷入局部最优,相反,罚因子取得过小,算法很难收敛到满意的最优解。因此,罚因子数值的选择是否适当,对算法的收敛速度影响很大[36]。

本节提出动态调整罚函数法,根据等式约束和不等式约束在计算过程中越界量的大小,动态地调节其罚函数,而不是固定罚因子为常数。首先,将越界不等式约束以惩罚项的形式附加在原来的目标函数 $f(x,u)$ 上,构成一个新的目标函数(即罚函数)$F(x,u)$,即

$$F(x,u) = f(x,u) + h(k)H(x,u) \tag{7-40}$$

式中,$f(x,u)$ 为式(7-34)中的目标函数;$h(k)$ 的数值随迭代次数而改变,若 k 为当前迭代次数,一般 $h(k) = k\sqrt{k}$;$H(x,u)$ 为惩罚项,即

$$H(x,u) = \sum_{i=1}^{m+n} \theta\big(q_i(x,u)\big) q_i(x,u)^{\gamma(q_i(x,u))} \tag{7-41}$$

式中

$$\begin{aligned} q_i(x,u) &= \max\big\{0, |g_i(x,u)|\big\}, \quad i=1,2,\cdots,m \\ q_{i+m}(x,u) &= \max\big\{0, h_i(x,u)\big\}, \quad i=1,2,\cdots,n \end{aligned} \tag{7-42}$$

式中,m 和 n 为等式约束条件和不等式约束条件的总数;$q_i(x,u)$ 为约束条件的越界量函数;$\theta(q_i(x,u))$ 为随 $q_i(x,u)$ 动态改变的函数;$\gamma(q_i(x,u))$ 为罚函数的惩罚权值。

$\theta(q_i(x,u))$ 和 $\gamma(q_i(x,u))$ 根据越界量 $q_i(x,u)$ 的大小动态调节其取值范围,而不是固定为常数。这样的取值方法能有效地避免罚因子取得过大或过小对算法造成的影响。通过实际越界量的大小动态调节罚函数,可以有效提高算法的收敛能力和求解精度。最后,根据提出的动态调整罚函数法,将OPF问题转化成一个无约束求极值的问题,能够高效地应用提出的IIA进行求解。

3. 改进免疫算法求解OPF的计算步骤

应用IIA求解OPF问题的完整计算步骤如下。

步骤1:输入系统参数及不等式约束上下限值,设置算法的控制参数、最大

迭代次数 $T_{\max}$。

步骤 2：在控制变量约束范围内随机产生 M 个抗体，形成初始抗体群 A_t，迭代次数置 $t=0$。

步骤 3：利用动态调整罚函数方法和牛顿-拉夫逊法进行潮流计算，求得 A_t 中每个抗体对抗原(即求解的问题)的亲和力(即适应值)。

步骤 4：$t=t+1$。

步骤 5：克隆选择。选择 A_t 中亲和力最大的 N 个抗体形成记忆抗体群 B_t。

步骤 6：克隆变异。根据抗体群 B_t 中的抗体，产生 $M–N$ 个新抗体，形成抗体群 B_t'。

步骤 7：高频变异。抗体群 B_t 中的抗体经过高频变异形成抗体群 B_t''。

步骤 8：将抗体群 B_t' 和 B_t'' 结合，形成抗体群 C_t。

步骤 9：采用动态调整罚函数方法和牛顿-拉夫逊法进行潮流计算，求得 C_t 中每个抗体对抗原的亲和力(即适应值)。

步骤 10：受体编辑。在控制变量约束范围内随机产生 d 个新抗体，替换 C_t 中亲和力最低的 d 个抗体，从而形成新的抗体群 D_t。

步骤 11：保留精英。将 A_t 中亲和力最高的抗体替换 D_t 中亲和力最低的抗体，最后形成的抗体群为 A_{t+1}。

步骤 12：判断是否到达最大迭代次数 T 或满足收敛条件，若不满足条件，转到步骤 4；否则，停止迭代，输出优化问题的最优解。

4. 改进免疫算法在 OPF 中的应用实例

本节将 IIA 在 IEEE 30 节点系统进行测试，系统结构如图 7-7 所示。为了证明算法的有效性和实用性，考虑两个不同目标函数的 OPF 问题，并与线性规划算法(linear programming，LP)和 SGA 比较。

IIA 算法的参数设置如下，抗体群数为 50，最大迭代次数 $T=100$，选择率 $a=0.4$，编辑率 $u=0.1$，克隆变异半径 $r_{\max}=0.2$、$r_{\min}=0.005$，高频变异半径 $R=0.6$。

在优化前需要确定动态调节罚因子的大小。根据反复实验，选择以下参数对该 OPF 的计算能够获得满意的解，即

$$\begin{cases} \gamma\big(q_i(x,u)\big)=2, & q_i(x,u)>1 \\ \gamma\big(q_i(x,u)\big)=1, & q_i(x,u)\leqslant 1 \end{cases}$$

$$\begin{cases} \theta\big(q_i(x,u)\big)=10, & q_i(x,u)\leqslant 0.001 \\ \theta\big(q_i(x,u)\big)=20, & 0.001<q_i(x,u)\leqslant 0.1 \\ \theta\big(q_i(x,u)\big)=100, & 0.1<q_i(x,u)\leqslant 1 \\ \theta\big(q_i(x,u)\big)=300, & q_i(x,u)>1 \end{cases}$$

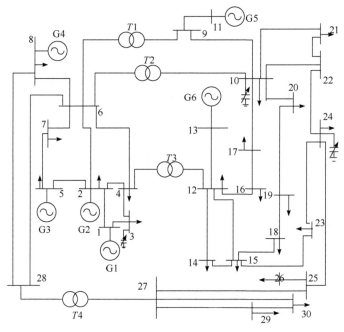

图7-7　IEEE 30节点系统图

目标 1：发电成本最小化。

发电成本最小化为目标的 OPF，是在满足系统和机组的各种不同约束条件下确定各机组的运行点，以使所有发电机的运行费用（即发电成本）最小。发电机的发电成本数学模型为

$$f_i = a_i + b_i P_{Gi} + c_i P_{Gi}^2 \tag{7-43}$$

总的发电费用成本为

$$F = \sum_{i=1}^{N_G} f_i \tag{7-44}$$

式中，a_i、b_i 和 c_i 为第 i 台发电机的表示耗量特性的成本函数系数[37]；P_{Gi} 为第 i 台发电机的有功出力；f_i 为第 i 台发电机的成本函数，反映发电成本与机组出力的函数关系；F 为发电总成本，是发电成本最小化的目标函数。

为了验证 IIA 的性能，对同样的系统，在相同的初始条件下，采用 IIA、LP 和 SGA 进行比较，优化结果比较如表 7-4 所示。LP 的计算结果是从参考文献[37]提供的 OPF 工具箱中计算获得的，系统数据也是从该工具箱中获得的。

表 7-4　优化结果比较

指标	LP	SGA	IIA
P_{G1}/MW	38.600	16.550	24.672
P_{G2}/MW	54.240	65.440	66.455
P_{G3}/MW	21.980	23.350	49.102
P_{G4}/MW	43.390	42.000	18.631
P_{G5}/MW	17.470	23.350	10.899
P_{G6}/MW	16.200	20.470	21.841
总有功发电量/MW	191.89	191.84	191.59
总负荷量/MW	189.20	189.20	189.20
系统网损/MW	2.7030	2.6440	2.3896
总成本/美元	4.4000	4.4252	3.7606

从表 7-4 可知，IIA 优化的总成本为 3.7606 美元，LP 和 SGA 分别是 4.4000 美元和 4.4252 美元。由此可见，IIA 的计算结果明显优于 LP 和 SGA，表明 IIA 具有较强的寻优能力，能够更好地获得全局最优解。

对于计算时间而言，IIA 的运行时间为 22.83s，而 SGA 的运行时间为 27.86s。可见，IIA 的计算效率要优于 SGA，能够在较短的时间内获得更好的优化解。如图 7-8 所示，IIA 在迭代 45 代左右就能收敛到较为满意的解，充分表明该算法能快速收敛到较为满意的解。这表明，IIA 通过选择优秀的抗体作为克隆复制对象，在一个较小半径的邻域内进行克隆变异操作和一个较大半径邻域内进行高频变异操作，相当于在一个较小邻域内进行局部寻优和一个较大半径邻域内进行全局寻优的并行搜索，使该算法同时具备较强的全局和局部寻优能力。

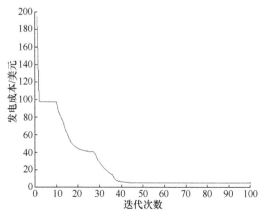

图7-8　计算目标1时IIA的收敛特性

　　同时，由于采用动态调节罚函数的方法，通过在目标函数上对越限约束条件动态调节的惩罚，使最后得到的结果全部满足约束条件，仅有三个节点电压的值处在边界条件上，充分说明采用动态调节罚函数方法能够根据越限量的大小动态调节罚函数值的大小，有效地限制 IIA 中各个抗体的位置在解的搜寻空间内，使其满足约束条件的限制。

　　目标 2：系统网损最小化。

　　目标 2 以网损最小化为目标函数，即电力系统无功优化问题。这里仅考虑发电机组母线电压作为控制变量进行无功优化，同时考虑通过减小负荷节点单位电压与 1.0 的偏离值来改进电压特性。目标函数可描述为

$$F_2 = P_l + \omega \sum_{i \in A} |V_i - 1.0| \tag{7-45}$$

式中，P_l 为系统网损；ω 为权重因子；A 为单位电压偏离 1.0 的所有节点。

　　最后，在与目标 1 同样的系统中进行无功功率的仿真测试。优化结果如表 7-5 所示。计算目标 2 时 IIA 的收敛特性如图 7-9 所示。目标 2 与目标 1 系统电压特性的比较如图 7-10 所示。

表 7-5　优化结果

指标	G1	G2	G3	G4	G5	G6
有功发电量/MW	25.830	60.970	21.590	26.910	19.200	37.000
无功发电量/MVA	−8.303	38.030	36.446	11.548	3.878	17.926
总有功发电量/MW			191.4997			
总无功发电量/MVA			99.5274			
系统网损/MW			2.2997			
总成本/美元			4.3757			

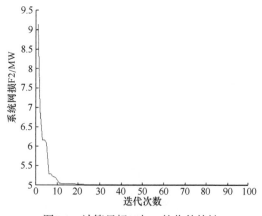

图7-9　计算目标2时IIA的收敛特性

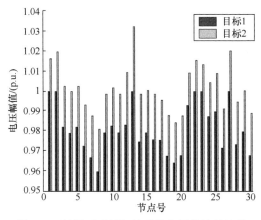

图7-10　目标1和目标2的系统电压特性的比较

由图 7-10 可见,与目标 1 的电压特性相比,目标 2 的电压特性明显得到改善,并且系统网损也从目标 1 时的 2.3896MW 降到 2.2997MW,下降的比例达到 3.76%。电压偏离也从目标 1 时的 0.5865 降到 0.3904,下降比例达到 33.44%。这充分反映,在综合考虑网损和节点电压幅值时,使用 IIA 获得的优化解能够有效降低系统网损和提高电压质量。

为了验证动态调整罚函数法能减少陷入局部最优的可能性,并且能够产生更加精确的值,分别对 IEEE 9 节点、IEEE 30 节点、IEEE 118 节点的测试系统[37]以成本最小化为目标(目标 1)进行 OPF 计算。优化结果及比较如表 7-6 所示。可见,应用动态调整罚函数法比静态调整罚函数的方法能够更好地获得全局最优解。

表 7-6　优化结果及比较

测试系统	静态罚函数/美元	动态罚函数/美元
IEEE 9 节点	1093.70	1090.9
IEEE 30 节点	4.0012	3.7606
IEEE 118 节点	381.45	379.14

7.3.2　改进粒子群优化算法在机组组合中的应用

1. 机组组合的数学模型

1) 目标函数

电力系统机组组合问题的目标函数通常是在满足各种约束条件下使总的发电运行成本最低,即

$$\min\ F = \sum_{t=1}^{T}\sum_{i=1}^{I}[C_i(p_i^t)u_i^t + S_i u_i^t(1 - u_i^{t-1})] \tag{7-46}$$

式中，F 为总的发电成本；u_i^t 为机组 i 在 t 时段的状态，$u_i^t =1$ 表示机组处于运行状态，$u_i^t = 0$ 表示机组处于停机状态；$C_i(p_i^t)$ 为机组 i 在 t 时段的发电运行成本；p_i^t 为机组 i 在 t 时段的实际出力；S_i 为机组 i 的启动成本；T 为总时段数；I 为机组数。

通常情况下，$C_i(p_i)$ 可以用二次函数表示为

$$C_i(p_i^t) = a_i + b_i p_i^t + c_i(p_i^t)^2 \tag{7-47}$$

式中，a_i、b_i、c_i 为机组 i 的发电成本函数的参数。

机组 i 的启动成本 S_i 可以表示为

$$S_i = \begin{cases} H_{SCi}, & M_{DTi} < (-X_i^t) < M_{DTi} + C_{SHi} \\ C_{SCi}, & (-X_i^t) > M_{DTi} + C_{SHi} \end{cases} \tag{7-48}$$

式中，H_{SCi} 为机组 i 的热启动成本；C_{SCi} 为机组 i 的冷启动成本；X_i^t 为机组 i 到 t 时段连续运行（X_i^t 为正值）或连续停机（X_i^t 为负值）的时段数；M_{DTi} 为机组 i 的最小停机时间；C_{SHi} 为机组 i 的冷启动时间。

2）约束条件

系统有功平衡约束，即

$$\sum_{i=1}^{I} p_i^t - p_{loss}^t = D^t, \quad t = 1,2,\cdots,T \tag{7-49}$$

式中，D^t 为 t 时段系统的总负荷；p_{loss}^t 为 t 时段系统总的有功网损。

旋转备用约束，即

$$\sum_{i=1}^{I} u_i^t p_{imax} \geqslant D^t + R^t, \quad t = 1,2,\cdots,T \tag{7-50}$$

式中，p_{imax} 为机组 i 的最大出力；R^t 为 t 时段系统总的备用容量，这里取系统总负荷的 10%。

机组出力上下限约束，即

$$p_{imin} \leqslant p_i^t \leqslant p_{imax} \tag{7-51}$$

式中，p_{imin} 为机组 i 的最小出力。

机组爬坡约束，即

$$\Delta p_{imin} \leqslant p_i^t - p_i^{t-1} \leqslant \Delta p_{imax} \tag{7-52}$$

式中，$\Delta p_{i\max}$ 和 $\Delta p_{i\min}$ 为机组 i 的功率上升量和下降量的上下限。

最小启停时间约束，即

$$\begin{cases} X_i^t \geqslant M_{\mathrm{GT}i}, & X_i^t > 0 \\ (-X_i^t) \geqslant M_{\mathrm{DT}i}, & X_i^t < 0 \end{cases} \tag{7-53}$$

式中，$M_{\mathrm{GT}i}$ 为机组 i 的最小运行时间。

2. 机组组合问题中一些变量的处理

1）机组开、停机状态变量的处理

由机组组合问题的数学模型可知，机组运行费用由机组煤耗和起机费用组成。由式(7-46)可见，机组的运行费用实际上是机组出力 p_i^t 和机组开停机状态变量 u_i^t 的函数。这里对状态变量 u_i^t 的取值范围进行松弛，变为

$$0 \leqslant u_i^t \leqslant 1, \quad i = 1,2,\cdots,I; \ t = 1,2,\cdots,T \tag{7-54}$$

在目标函数中加入惩罚项，最终的目标函数为

$$\min \ F = \sum_{t=1}^{T}\sum_{i=1}^{I}[C_i(p_i^t)u_i^t + S_i u_i^t(1-u_i^{t-1})] + \sum_{t=1}^{T}\sum_{i=1}^{I} M u_i^t(1-u_i^t) \tag{7-55}$$

式中，M 为罚因子，是一个很大的正数。

2）机组开、停机时间约束的处理

式(7-53)表示发电机组的开、停机时间约束，是一种笼统的表示方法，机组的连续开机时间和连续停机时间是一个时间累加的过程[38]。因此，开、停机时间 X_i^t 可以表示为如下递推公式。

若机组处于开机状态，则有

$$X_i^t = (X_i^{t-1} + T_0)u_i^t \tag{7-56}$$

若机组处于停机状态，则有

$$-X_i^t = [(-X_i^{t-1}) + T_0](1-u_i^t) \tag{7-57}$$

且若机组处于开机状态，需满足

$$(X_i^{t-1} - M_{\mathrm{GT}i})(u_i^{t-1} - u_i^t) \geqslant 0 \tag{7-58}$$

若机组处于停机状态，需满足

$$[(-X_i^{t-1}) - M_{\mathrm{DT}i}](u_i^{t-1} - u_i^t) \leqslant 0 \tag{7-59}$$

式中，$i = 1,2,\cdots,I$；$t = 2,3,\cdots,T$，$t = 1$ 为第一时段，由于第一时段机组的开、停时间是已知的，因此没有包括在 t 中；T_0 为每一时段的时间间隔。

由式(7-58)和式(7-59)可知，只有在机组的运行状态发生变化（由开机到停机或由停机到开机）时，判断机组的连续开机和连续停机时间是否满足约束条件才有意义，因此 X_i^t 可以表示成变量 u_i^t 的函数。

通过对变量 u_i^t、X_i^t 处理，机组组合问题由 0、1 变量的优化问题变为一个非线性的规划问题。这个非线性规划问题由目标函数式(7-55)、式(7-49)～式(7-52)、式(7-54)、式(7-56)～式(7-59)组成，状态变量为 p_i^t、u_i^t 和 X_i^t，采用罚函数方法对约束条件进行处理，将机组组合问题转化为无约束问题，然后采用 IPSO 算法进行求解。

3. 改进粒子群优化算法在机组组合中的应用实例

为了验证 IPSO 算法对机组组合问题的有效性，对 10 台机组、24 时段的算例进行计算。单线图、线路参数、各发电机参数和各时段的负荷参数见文献[39]。IPSO 算法的粒子种群数为 60，最大迭代次数 T 为 1000。

根据式(7-19)，首先确定 n 值。这里采用不同 n 值情况下的 IPSO 算法对该组合优化问题进行仿真测试，当 $n=4$ 时该算法能取得较为满意的效果；若 n 继续增大，将严重影响算法的收敛速度和全局收敛能力，因此 n 取 4。

图 7-11 所示为 SGA、PSO 算法和 IPSO 算法的收敛曲线图。由此可见，IPSO 算法的收敛曲线下降速度很快，说明考虑社会影响因子的粒子群能够加快收敛速度，有效提高算法的计算效率；IPSO 算法在迭代 200 次左右就已经达到最优值，而 PSO 算法需要迭代 400 次左右、SGA 算法需要迭代 700 次左右，说明 IPSO 算法有较好的收敛性。可以看出，IPSO 算法的计算精度明显高于 PSO 算法和 SGA 算法。

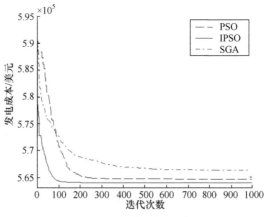

图7-11 PSO、SGA算法和IPSO算法的收敛曲线图

IPSO 算法是随机搜索算法，运行该算法 50 次，将得到的运行成本最优结果分别与 SGA、进化算法 (evolutionary programming，EP)[40]、GA[41]和 PSO 算法进行比较，计算结果如表 7-7 所示。由此可见，IPSO 算法的优化结果优于其他几种算法，并且最优值和最差值的偏差仅为 0.11%。这表明，该算法具有较好的收敛稳定性。如图 7-12 所示，在平均值 564162 美元附近得到的优化结果非常集中，占 80%左右，优于其他几种方法的优化结果。这表明，IPSO 算法解的质量较高。

表 7-7 四种智能算法计算结果对比

算法	最优值/美元	最差值/美元	平均值/美元	偏差/%
SGA	565943	570121	570121	0.74
EP	564551	566231	565352	0.30
GA	563977	565606	—	0.29
PSO	564212	565783	565103	0.28
IPSO	563954	564579	564162	0.11

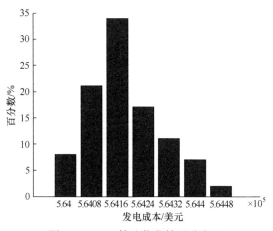

图7-12 IPSO算法优化结果分布图

为了研究系统规模增大时 IPSO 算法的特性，分别以 20、40、60、80、100 台机组，24 时段为例进行计算。参照文献[39]对发电机和负荷数据作处理(如假设系统每个类型的机组各有 2 台，将负荷和备用容量的数据乘 2，模拟 20 台机组的组合问题)，对不同系统的机组组合问题分别将 IPSO 算法运行 50 次，并与 GA、EP 和 PSO 算法进行比较，不同机组组合问题的发电成本优化结果比较如表 7-8 所示。IPSO 算法机组数对计算时间的影响如图 7-13 所示。

表 7-8　不同机组组合问题的发电成本优化结果比较

机组数/台	迭代次数/代	GA		EP		PSO		IPSO	
		最好值/美元	最差值/美元	最好值/美元	最差值/美元	最好值/美元	最差值/美元	最好值/美元	最差值/美元
20	1000	1125516	1128790	1125494	1129793	1125983	1131054	1125279	1127643
40	2000	2249715	2256824	2249093	2256085	2250012	2257146	2248163	2252117
60	3000	3375065	3382886	3371611	3381012	3374174	3382921	3370979	3379125
80	4000	4505614	4527847	4498479	4512739	4501538	4513725	4495032	4508943
100	5000	5626514	5646529	5623885	5639148	5625376	5641378	5619284	5633021

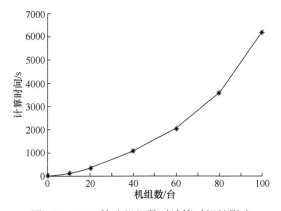

图7-13　IPSO算法机组数对计算时间的影响

可以看出，当系统规模增大时，IPSO 算法的优化结果要明显优于 GA、EP 和 PSO 算法，而且最优值和最差值相差较小。图 7-13 说明，随着机组数的增加，应用 IPSO 算法的计算时间大致与机组数成二次方的关系增加，比文献[39]中 GA、EP 需要的计算时间要少，说明 IPSO 算法的计算效率较高，适用于大规模机组组合问题的求解。

7.4　多智能体系统在电力系统无功优化中的应用

本节提出新的基于 PSO 算法的 MAS 求解电力系统无功优化问题。该优化系统将每个粒子看作一个 Agent，在一个格子环境中，Agent 间通过竞争与合作操作、自学习操作，结合 PSO 算法的进化机理优化需要求解的任务。针对无功优化中的离散变量，提出一种简单易操作的切割技术。算例研究表明，该优化系统具有最优解质量高、收敛特性好、运行速度快等突出优点。

7.4.1　无功优化的数学模型

无功优化通过对无功潮流的分布进行调整，改善电压质量和减少网络的有功损耗。它一般以控制可投切电容器、有载调压变压器和发电机端电压作为调节手段。同时，满足潮流方程的等式约束，控制变量的上、下限约束，母线电压的上、下限约束，以及线路、变压器的容量约束等[42]。

以系统网损最小为目标，目标函数为

$$\min f_{\mathrm{Q}} = \sum_{k \in N_{\mathrm{E}}} P_{k\mathrm{loss}} = \sum_{k \in N_{\mathrm{E}}} g_k (V_i^2 + V_j^2 - 2V_i V_j \cos \theta_{ij}) \tag{7-60}$$

式中，f_{Q} 为系统总网损。

功率约束方程，即潮流方程为

$$P_{\mathrm{G}i} - P_{\mathrm{D}i} - V_i \sum_{j \in N_i} V_j (G_{ij} \cos \theta_{ij} + B_{ij} \sin \theta_{ij}) = 0, \quad i \in N_{\mathrm{B}}, i \neq s \tag{7-61}$$

$$Q_{\mathrm{G}i} - Q_{\mathrm{D}i} - V_i \sum_{j \in N_i} V_j (G_{ij} \sin \theta_{ij} - B_{ij} \cos \theta_{ij}) = 0, \quad i \in N_{\mathrm{PQ}} \tag{7-62}$$

变量约束方程为

$$V_{i,\min} \leqslant V_i \leqslant V_{i,\max}, \quad i \in N_{\mathrm{B}} \tag{7-63}$$

$$Q_{\mathrm{G}i,\min} \leqslant Q_{\mathrm{G}i} \leqslant Q_{\mathrm{G}i,\max}, \quad i \in N_{\mathrm{G}} \tag{7-64}$$

$$T_{k,\min} \leqslant T_k \leqslant T_{k,\max}, \quad k \in N_{\mathrm{T}} \tag{7-65}$$

$$Q_{\mathrm{C}i,\min} \leqslant Q_{\mathrm{C}i} \leqslant Q_{\mathrm{C}i,\max}, \quad i \in N_{\mathrm{C}} \tag{7-66}$$

$$S_l \leqslant S_l^{\max}, \quad l \in N_l \tag{7-67}$$

式中，N_{E}、N_{PQ}、N_{G}、N_{B}、N_{T}、N_{C} 为支路号的集合、PQ 节点号的集合、发电机节点号的集合、总的节点号的集合、变压器支路集合、补偿电容器节点集合；N_i 为与节点 i 关联的节点号集合，包括节点 i 本身；s 为平衡节点；$P_{k\mathrm{loss}}$ 为支路 k 的有功功率损耗；g_k 为支路 k 的电导；G_{ij} 和 B_{ij} 为节点导纳系数；P_i 和 Q_i 为节点 i 的有功注入和无功注入；V_i 为节点 i 的电压幅值；θ_{ij} 为节点 i 和节点 j 之间的电压角度差；$Q_{\mathrm{G}i}$ 为节点 i 的无功发电功率；S_l 为支路通过的功率。

功率平衡等式作为等式约束，节点电压、无功发电功率、变压器的变比、补偿电容器的容量约束作为不等式约束。由于发电机端电压、变压器变比和各节点补偿电容器容量是控制变量，因此其约束可以自身得到满足。PQ 节点电压与无功发电功率是状态变量，需写成罚函数的形式，即

$$F_{\mathrm{Q}} = f_{\mathrm{Q}} + \sum_{i \in N_{\mathrm{PQ}}} \lambda_{\mathrm{V}i} (V_i - V_{i,\lim})^2 + \sum_{i \in (N_{\mathrm{G}} + N_{\mathrm{C}})} \lambda_{\mathrm{G}i} (Q_{\mathrm{G}i} - Q_{\mathrm{G}i,\lim})^2 \tag{7-68}$$

式中，λ_{Vi} 和 λ_{Gi} 为罚因子；$V_{i,\text{lim}}$ 和 $Q_{Gi,\text{lim}}$ 可以表示为

$$V_{i,\text{lim}} = \begin{cases} V_{i,\max}, & V_i > V_{i,\max} \\ V_{i,\min}, & V_i < V_{i,\min} \end{cases} \tag{7-69}$$

$$Q_{Gi,\text{lim}} = \begin{cases} Q_{Gi,\max}, & Q_{Gi} > Q_{Gi,\max} \\ Q_{Gi,\min}, & Q_{Gi} < Q_{Gi,\min} \end{cases} \tag{7-70}$$

7.4.2　基于粒子群优化算法的多智能体系统

改进的自适应粒子群优化（modified adaptive parameter particle swarm optimization，MAPSO）算法系统是一种全新的优化方法。该系统首先构造一个格子环境，所有的 Agent 都在这个格子环境中生存。每一个 Agent 相当于 PSO 算法种群中的一个粒子，被固定在一个格子中，通过与其邻居的竞争与合作操作和自学习操作，结合 PSO 算法的进化机制，不断通过 Agent 间的信息交互和 Agent 与环境间的相互影响，更新每个 Agent 在解空间的位置，使其能够更快、更精确地收敛到全局最优解。

1. 标准粒子群优化算法

PSO 算法是人们受到真实世界中鸟群搜索食物行为的启示提出的一种优化算法，通过群体之间的信息共享和个体自身经验总结修正个体行动策略，最终求取优化问题的解。PSO 算法初始化为一群随机粒子，然后通过迭代找到最优解。在每一次迭代中，粒子通过跟踪两个极值更新自己。第一个极值就是粒子本身找到的最优解，这个极值称为个体极值 p_{Best}。另一个极值是整个种群目前找到的最优解，这个极值是全局极值 g_{Best}。每个粒子根据如下公式更新自己的速度和在解空间的位置，即

$$v_{d+1} = wv_d + \varphi_1\text{rand}(0,1)(p_{\text{Best}} - x_d) + \varphi_2\text{rand}(0,1)(g_{\text{Best}} - x_d) \tag{7-71}$$

$$x_{d+1} = x_d + v_{d+1} \tag{7-72}$$

式中，x_d 为第 d 次迭代时的粒子空间位置；v_d 为第 d 次迭代时的粒子速度；w 为惯性常数；φ_1 和 φ_2 为学习因子，$\text{rand}(0,1)$ 是 $(0,1)$ 之间的随机数。

2. Agent 和多智能体系统

Agent 是一种具有感知能力、问题求解能力，又能够和系统中其他 Agent 通信交互，从而完成一个或多个功能目标的软件实体。Agent 通常具备以下几个典型的特征[43-45]。

① Agent 通常在一个特定的环境，并且只能在该环境中工作。

② Agent 能够感知自己所处的局部环境。

③ Agent 应具备良好的自治性，对自己的行为或动作具有控制权，无须外部干预，自主地完成其特定的任务。

④ Agent 应该具有感知环境，并作出相应动作的反应能力。

MAS 是多个松散耦合的、粗粒度的 Agent 组成的网络结构。这些 Agent 在物理或逻辑上是分散的，其行为是自治的，通过协商、协调和协作完成复杂的控制任务或解决复杂的问题。通常情况下，MAS 在求解一个问题时需要定义以下四个元素。

① 每一个 Agent 的意图和目的。

② Agent 所处的环境。

③ 由于每个 Agent 仅能感知自己所在的局部环境，因此应该定义每一个 Agent 的局部环境。

④ 为了实现 Agent 自身的意图和目的，定义每一个 Agent 能采取的行动策略。

下面根据这四个要素来详细说明 MAPSO 算法系统。

3. 基于粒子群优化算法的多智能体系统的实现

1）Agent 意图的定义

在 MAPSO 算法系统中，假设任意一个 Agent 为 a，它相当于 PSO 算法中的一个粒子，有一个被优化问题决定的适应值。在求解无功优化问题时，a 的适应值由式(7-68)决定，即

$$f(a) = F_Q \tag{7-73}$$

Agent 的目的是在满足运行条件的限制下，尽可能减小其适应值。为了实现其目的，Agent 根据自己所处的环境作出相应动作的反应，最大限度地减小其适应值。

2）Agent 环境的定义

对于环境的定义，MAPSO 算法设计了一种非常简单的格子结构环境。它是 Agent 赖以生存的环境。Agent 的环境结构如图 7-14 所示。每个 Agent 都"居住"在该环境中，并且被固定在其中的一个格子中。图 7-14 中每个圆圈代表一个 Agent，圆圈中的数据代表 Agent 在环境中的位置。每个 Agent 包含两个数据，即每个粒子的速度和位置。L_{size} 是一个正整数，实验总的格子数为 $L_{size} \times L_{size}$，相当于 PSO 算法中的种群数目。

3）Agent 局部环境的定义

在 MAS 中，Agent 通常能够感知自己所在局部环境中的信息，自主采取行动策略完成其意图和目的，因此 Agent 局部环境的定义是相当重要的。在 MAPSO

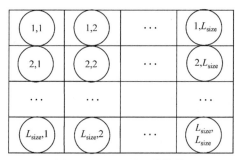

图7-14　Agent的环境结构

算法系统中，假设 $L_{i,j}$ 是格子坐标为 (i,j) 的 Agent，$i,j=1,2,\cdots,L_{\text{size}}$。$L_{i,j}$ 的邻居 $N_{i,j}$ 定义为

$$N_{i,j}=\{L_{i_1,j},L_{i,j_1},L_{i_2,j},L_{i,j_2}\} \tag{7-74}$$

式中，$i_1=\begin{cases}i-1,i\neq1\\L_{\text{size}},i=1\end{cases}$；$j_1=\begin{cases}j-1,j\neq1\\L_{\text{size}},j=1\end{cases}$；$i_2=\begin{cases}i+1,i\neq L_{\text{size}}\\1,i=L_{\text{size}}\end{cases}$；$j_2=\begin{cases}j+1,j\neq L_{\text{size}}\\1,j=L_{\text{size}}\end{cases}$。

根据式(7-74)，每个 Agent 在格子环境中都有 4 个邻居，它们组成该 Agent 的局部环境。

4）Agent 行动策略

在 MAS 中，每个 Agent 为了能够快速而准确地完成自身的任务，它们通常都有一些自身的行动策略。在 MAPSO 算法系统中，每个 Agent 首先与其邻居竞争与合作，目的是使 Agent 间进行信息交互；然后利用 PSO 算法的进化机制加快 Agent 间的信息在整个格子环境中的交互；最后，Agent 通过自学习进一步提高自己求解问题的能力。根据以上 Agent 的行动特征，在 MAPSO 算法系统中设计三个操作算子。

（1）竞争与合作算子

在 MAPSO 算法系统中，每个 Agent 首先根据局部环境及其邻居进行竞争与合作操作。假设 Agent $L_{i,j}$，且 $L_{i,j}=(l_1,l_2,\cdots,l_n)$ 是其在优化问题解空间中的位置，$M_{i,j}$ 是 $L_{i,j}$ 4 个邻居中拥有最小适应值的 Agent，且 $M_{i,j}=(m_1,m_2,\cdots,m_n)$。若 $L_{i,j}$ 满足式(7-75)，则它是一个赢家，否则它是一个输家，即

$$f(L_{i,j})\leqslant f(M_{i,j}) \tag{7-75}$$

如果 $L_{i,j}$ 是一个赢家，它将一直"居住"在格子环境中，并且在解空间的位置保持不变。若是一个输家，该 Agent 必须"死亡"，它"居住"的格子将被一个新的 Agent $\text{New}_{i,j}$ 代替，并且这个新的 Agent $\text{New}_{i,j}=(\alpha_1',\alpha_2',\cdots,\alpha_n')$ 由以下两种策略决定。

策略 1：$\text{New}_{i,j} = (\alpha_1', \alpha_2', \cdots, \alpha_n')$ 在解空间的位置由式 (7-76) 决定，即

$$\alpha_k' = m_k + \text{rand}(0,1) \cdot (m_k - l_k), \quad k = 1, 2, \cdots, n \tag{7-76}$$

式中，若 $l_k' < x_{k\min}$，则 $\alpha_k' = x_{k\min}$，若 $l_k' > x_{k\max}$，则 $\alpha_k' = x_{k\max}$，$x_{\min} = (x_{1\min}, x_{2\min}, \cdots, x_{n\min})$ 是优化问题可行解空间的下限值，$x_{\max} = (x_{1\max}, x_{2\max}, \cdots, x_{n\max})$ 是上限值。

由此可知，它是进化算法中的一种启发式交叉方法，虽然 Agent $L_{i,j}$ 是一个失败者，但新的 Agent $\text{New}_{i,j}$ 充分保留了 Agent $L_{i,j}$ 的有用信息。

策略 2：受进化算法中逆向操作的启发，Agent $M_{i,j}$ 首先根据式 (7-77) 映射到 [0,1]，即

$$m_k' = \frac{(m_k - x_{k\min})}{(x_{k\max} - x_{k\min})}, \quad k = 1, 2, \cdots, n \tag{7-77}$$

然后，构造一个 $\text{New}_{i,j}'$，且 $\text{New}_{i,j}' = (\beta_1', \beta_2', \cdots, \beta_n')$ 由式 (7-78) 获得，即

$$\text{New}_{i,j}' = (m_1', m_2', \cdots, m_{i_1-1}', m_{i_2}', m_{i_2-1}', \cdots, m_{i_1+1}', m_{i_1}', m_{i_2+1}', m_{i_2+2}', \cdots, m_n') \tag{7-78}$$

式中，$1 < i_1 < n$，$1 < i_2 < n$，并且 $i_1 < i_2$。

最后，$\text{New}_{i,j} = (\alpha_1', \alpha_2', \cdots, \alpha_n')$ 根据映射 $\text{New}_{i,j}'$ 到 $[x_{\min}, x_{\max}]$ 决定，即

$$\alpha_k' = x_{\min k} + \beta_k'(x_{\max k} - x_{\min k}), \quad k = 1, 2, \cdots, n \tag{7-79}$$

由策略 2 的分析可知，$\text{New}_{i,j} = (\alpha_1', \alpha_2', \cdots, \alpha_n')$ 是在一个赢家信息基础上随机产生的新 Agent。

根据上面两个策略分析可知，策略 1 强调的是对已有信息进一步的探测，而策略 2 注重对新信息的进一步开发。MAPSO 算法开始的迭代过程通常选取策略 2，其目的是更好地开发全局最优解空间。随着迭代的进行，一些 Agent 已经在最优值附近，选取策略 1 是为了进一步探索局部空间，获得更为精确的解。

(2) PSO 算法算子

Agent 及其邻居的竞争与合作操作相当于 Agent 自身信息在 Agent 环境中的逐步传递，但是这种信息的传递仅局限于它的局部环境，有用信息的传递速度相对较慢。为了加快 Agent 间的信息交互过程，受 PSO 算法的启发，Agent 不仅与其邻居进行竞争与合作操作，而且还与全局最优的 Agent 进行信息交换，并根据自身经验总结修正 Agent 的行动策略。这将明显加速 Agent 在整个环境中信息的传递速度，提高 Agent 的寻优速度和计算精度。在 MAPSO 算法系统中，Agent 间竞争与合作操作后，直接用式 (7-71) 和式 (7-72) 对每个 Agent 在解空间的位置进行更新，式中 p_{Best} 是 Agent 目前找到的最优解的个体极值，g_{Best} 是整个环境目

前找到最优解的 Agent 全局极值。

（3）Agent 自学习算子

在 MAPSO 算法系统中，Agent 不但可以在局部环境中与其邻居进行竞争与合作操作，而且可以通过自身的知识进行自学习，进一步提高求解问题的能力。文献[46]使用小范围的 GA 对其进行局部搜寻取得了较好的效果。受此启发，MAPSO 算法系统应用小范围的搜寻技术实现 Agent 的自学习功能。

假设 Agent $L_{i,j}$ 在解空间的位置为 $L_{i,j}=(l_1,l_2,\cdots,l_n)$，构造一个类似于图 7-14 所示的大小为 $sL_{\mathrm{size}}\times sL_{\mathrm{size}}$ 的 Agent 环境。图中每一个 Agent $sL_{i',j'}$，$i',j'=1,2,\cdots,$ sL_{size} 在解空间的位置根据式(7-80)得到，即

$$sL_{i',j'}=\begin{cases} L_{i,j}, & i'=1,j'=1 \\ LL_{i',j'}, & \text{其他} \end{cases} \tag{7-80}$$

式中，$LL_{i',j'}=(ll_{i',j',1},ll_{i',j',2},\cdots,ll_{i',j',n})$，且 $ll_{i',j',k}$ 由式(7-81)计算得到，即

$$ll_{i',j',k}=\begin{cases} x_{k\min}, & l_k\mathrm{rand}(1-sR,1+sR)<x_{k\min} \\ x_{k\max}, & l_k\mathrm{rand}(1-sR,1+sR)>x_{k\max} \\ l_k\mathrm{rand}(1-sR,1+sR), & \text{其他} \end{cases} \tag{7-81}$$

式中，sR 为小范围的局部搜索半径，且 $sR\in[0,1]$。

在自学习操作中，Agent $L_{i,j}$ 当前在解空间的位置就是它所拥有的知识，根据式(7-80)式(7-81)构造另外一个 MAS，其实质是以 sR 为局部搜索半径，小范围地扩展该搜索空间。在该 MAS 中，Agent 的数目相对较少，只需与其邻居进行竞争与合作操作，Agent 就能快速地将信息传递到整个环境中，不再引入 PSO 算法进化机制，可以有效地节约计算成本。通过 sGen 次的迭代，寻找具有其最小适应值的 Agent $smL_{i',j'}$ 替代 $L_{i,j}$，完成 $L_{i,j}$ 的自学习操作。自学习操作流程如图 7-15 所示。

7.4.3　多智能体系统在无功优化中的应用

1. 无功优化中混合变量的处理

MAPSO 算法的基本形式只能处理连续变量，但是在无功优化问题中，变压器分接头的位置，以及装设的无功源的投切组都是离散变量。因此，本节采用简单的切割方法处理离散变量[47,48]。该方法在每一个 Agent 的进化过程中，将离散变量扩展成连续变量。在解空间中寻优，当对每个 Agent 进行适应值评估时，将这些连续变量值进行切割，使其成为符合离散变量取值标准的离散值进行适应值

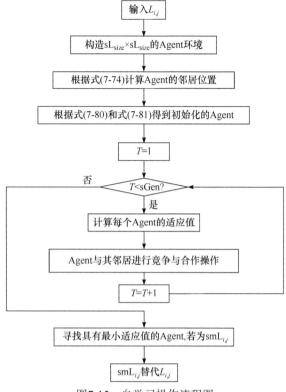

图7-15 自学习操作流程图

评估。这种操作对 MAPSO 算法系统本身没有任何改动，不影响寻优过程，较为方便简单。

对 MAS 中的第 i 个 Agent x_i，用 $x_i^D = [x_{i,1}^D, x_{i,2}^D, \cdots, x_{i,n_D}^D]$ 表示 Agent 中的 n_D 个离散变量，$x_i^C = [x_{i,1}^C, x_{i,2}^C, \cdots, x_{i,n_C}^C]$ 表示 Agent 中的 n_C 个连续变量，因此 Agent x_i 可以用 $x_i = [x_i^C, x_i^D]$ 表示优化问题解空间中的位置。对于第 i 个 Agent 中的第 j 个离散变量 $x_{i,j}^D$，在优化过程中将其看作一个连续变量处理，在对该 Agent 进行适应值评估时，对 $x_{i,j}^D$ 进行切割，使其成为符合离散变量取值标准的离散值。因此，第 i 个 Agent x_i 的目标函数可以表示为

$$f(x_i), \quad i = 1, 2, \cdots, M \tag{7-82}$$

并且有

$$x_i = \begin{cases} x_{i,j}, & x_{i,j} \in x_i^C; \ j = 1, 2, \cdots, n_C \\ \mathrm{INT}(x_{i,j}), & \mathrm{INT}(x_{i,j}) \in x_i^D; j \in [1, n_D + 1) \end{cases} \tag{7-83}$$

式中，$x_i^C \in \mathbf{R}^{n_C}$ 和 $x_i^D \in \mathbf{R}^{n_D}$ 为 Agent x_i 中的连续和离散变量集；$\mathrm{INT}(x)$ 为比实数 x 小的离散值。

2. 基于粒子群优化算法的多智能体系统求解无功优化问题的步骤

MAPSO 算法设计了三个不同的操作算子，模拟 Agent 的行为特征，使其能完成自身的任务，并协调整个系统完成任务。为了节约计算成本，提高 MAPSO 算法的计算效率，在每次迭代过程中，仅对具有全局最优值的 Agent 进行自学习操作。虽然只选择了一个 Agent 进行自学习操作，但是对整个 MAPSO 算法系统在问题的求解精度上有较大的影响。MAPSO 算法系统求解无功优化问题的步骤如下。

步骤 1：输入系统参数及不等式约束上下限值，设置 MAPSO 算法系统中需要设置的控制参数和最大迭代次数。

步骤 2：构造 MAS 的格子环境 L，产生初始 Agent，迭代次数置 $t=0$，在控制变量约束范围内随机初始化每个格子中的 Agent。

步骤 3：应用混合变量处理技术和牛顿-拉夫逊法的潮流计算，评估每个 Agent 的适应值。

步骤 4：$t=t+1$。

步骤 5：每个 Agent 与其邻居进行竞争与合作操作，使整个格子环境中的 Agent 进行一次更新。

步骤 6：在 MAS 中，根据式(7-71)和式(7-72)，执行 PSO 算子，进一步更新每一个 Agent 在解空间的位置。

步骤 7：重新评估每一个 Agent 的适应值。

步骤 8：寻找具有最优适应值的 Agent，然后根据自身的知识对其执行自学习操作，进一步更新该 Agent 在解空间的位置。

步骤 9：判断是否达到最大迭代次数 T 或满足收敛条件，若不满足，转到步骤 4；否则，停止迭代，输出优化问题的最优解。

3. 算例分析

为了验证 MAPSO 算法系统的优化效果，对 IEEE 30 节点和一个实际的 118 节点示例系统进行无功优化计算[49]。在使用 MAPSO 算法求解无功优化问题之前，先设置一些控制参数。L_{size} 代表格子环境的大小，并且 $L_{size} \times L_{size}$ 相当于 PSO 算法的种群数，通常可以取值 3～10，这里 $L_{size}=6$；最大迭代次数 $T_{max}=300$，PSO 算法中的惯性常数 $w=0.7298$，学习因子 $\varphi_1=\varphi_2=1.49618$；在自学习操作中，为了节约计算成本，$sL_{size}$ 通常取 3，局部搜索半径 $sR=0.2$，最大迭代次数 $sGen=10$；

式(7-68)的罚因子 $\lambda_{Vi} = \lambda_{Gi} = 500$ 。

1）IEEE 30 节点系统

IEEE 30 节点系统(图 7-7)有 41 条支路、6 个发电机节点、22 个负荷节点。这 6 个发电机的节点为 1、2、5、8、11、13，节点 1 作为平衡节点，其余节点为 PV 节点。系统中其他节点为 PQ 节点；可调变压器支路为 6~9、6~10、4~12、27~28；并联电容器节点为 3、10、24。系统总的负荷 $P_{load} = 2.834$ 、$Q_{load} = 1.262$ 。各变量的上下限值如表 7-9~表 7-11 所示。

表 7-9　发电机参数及上下限值

节点号	$Q_{G,max}$/(p.u.)	$Q_{G,min}$/(p.u.)	$V_{G,max}$/(p.u.)	$V_{G,min}$/(p.u.)
1	0.596	−0.298	1.1	0.9
2	0.480	−0.240	1.1	0.9
5	0.600	−0.300	1.1	0.9
8	0.530	−0.265	1.1	0.9
11	0.150	−0.075	1.1	0.9
13	0.155	−0.078	1.1	0.9

表 7-10　PQ 节点和变压器变比上下限值

$V_{load,max}$	$V_{load,min}$/(p.u.)	$T_{k,max}$/(p.u.)	$T_{k,min}$/(p.u.)
1.05	0.95	1.05	0.95

表 7-11　并联电容器无功出力和电压上下值

$Q_{c,max}$	$Q_{c,min}$/(p.u.)	$V_{c,max}$/(p.u.)	$V_{c,min}$/(p.u.)
0.36	−0.12	1.05	0.95

注：变压器和并联电容器均设置为 10 档。

对初始条件，设置发电机的机端电压和变压器的变比均为 1.0，通过潮流计算可得总的发电机有功出力 $\sum P_G = 2.893857$ 、总的发电机无功出力 $\sum Q_G = 0.980199$ 、系统网损 $P_{loss} = 0.059879$ 。三个 PQ 节点电压越限分别为 $V_{29} = 0.932$ 、$V_{26} = 0.940$ 、$V_{30} = 0.928$ 。一个无功发电功率越限为 $Q_G = 0.569$ 。

为了验证 MAPSO 算法系统的有效性，分别与 AGA[50]、SGA[50]、EP[51]和 Broyden 非线性规划方法[52]进行比较。如表 7-12 所示，MAPSO 算法系统无功优化后得到的系统网损 $P_{loss} = 0.048747$ ，网损下降率 $\Delta P_{SAVE} = 18.59\%$ ，这个结果要比其他几种优化方法更好，充分显示了 MAPSO 算法的有效性。如图 7-16 所示，MAPSO 算法在开始几代下降速度很快，显示了该方法寻优机制的有效性和优越性。为了与 PSO 算法和 SGA 算法进行比较,计算 300 代,在 30 代左右时已经能够非常接近最优解,所以 MAPSO 算法的最大迭代次数设置在 100 代就已经足够,而 PSO 算法要迭代到 80 次才能达到最优解,SGA 要迭代 300 次才能达到最优解。MAPSO 算法的计算精度明显优于 PSO 算法和 SGA,可见 MAPSO 算法具有较好的收敛性和计算精度。

表 7-12　不同方法运行 30 次优化结果比较

算法	$\sum P_G$/(p.u.)	$\sum Q_G$/(p.u.)	P_{loss}/(p.u.)	Q_{loss}/(p.u.)	P_{SAVE}/(p.u.)	ΔP_{SAVE}/%
Broyden	2.88986	0.93896	0.055860	−0.32304	0.00402	6.71000
SGA	2.88380	1.02774	0.049800	−0.23426	0.01008	16.8400
AGA	2.88326	0.66049	0.049260	−0.60151	0.01062	17.7400
EP	2.88362	0.87346	0.049630	−0.38527	0.01025	17.1200
PSO	2.88330	0.82500	0.049262	−0.22920	0.01062	17.6200
MAPSO	2.88270	0.81950	0.048747	−0.22836	0.01113	18.5900

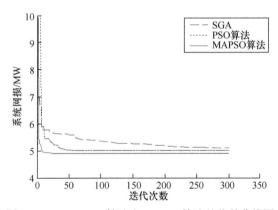

图7-16　SGA、PSO算法和MAPSO算法的收敛曲线图

如图 7-17 所示,MAPSO 算法只需较少的种群数就可以获得质量较高的最优解,当 L_{size} 取 3～10 时,MAPSO 算法求得的系统网损值在 4.874～4.876MW 之间,不同 L_{size} 求得的最优解相差较小。MAPSO 算法本身只需较少的种群数就可以得到质量较高的最优解,说明该方法具有良好的收敛稳定性,PSO 算法和 SGA 通常需要的种群数在 60～80 个才能取得较好的效果,而且种群数影响其解的质量。因此,虽然 MAPSO 算法相比于 PSO 算法,增加了 Agent 与其邻居之间的竞争与合作操作,以及自学习操作,但是 MAPSO 算法仅需要较少的种群数,相比之下 MAPSO 算法的计算时间仍然少于 PSO 算法和 SGA。当 L_{size}=6 时的 MAPSO 算法、种群数取为 60 的 PSO 算法和 SGA 算法分别运行 30 次时,得到的优化后网损 P_{loss}

和运行时间 T 的最优值、最差值和平均值如表 7-13 所示。

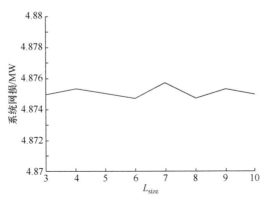

图7-17　不同L_{size}值的优化结果比较图

表 7-13　最优、最差和平均值

算法	最优 P_{loss}/(p.u.)	最差 P_{loss}/(p.u.)	平均 P_{los}/(p.u.)	最短 T/s	最长 T/s	平均 T/s
SGA	0.049800	0.052461	0.050012	112.36	125.47	119.79
PSO 算法	0.049262	0.052274	0.051008	56.45	67.24	60.21
MAPSO 算法	0.048747	0.048759	0.048751	43.75	52.94	49.27

可以看出，MAPSO 算法得到的最优、最差和平均有功网损值明显优于 SGA 和 PSO 算法；其运行 30 次得到的有功网损最优值与最差值的变化范围不到 1%，显示了该方法具有优越的收敛稳定性。从计算时间来看，MAPSO 算法所需的计算时间明显少于 SGA 和 PSO 算法。由表 7-13 可知，MAPSO 算法的平均计算时间只有 PSO 算法的 81.83%、SGA 的 41.13%，明显优于其他两种方法。表 7-14 所示为 SGA、PSO 算法和 MAPSO 算法三种方法运行 30 次求解无功优化问题时各控制变量的最优值。

表 7-14　不同算法求解无功优化问题时各控制变量的最优值

控制变量	节点号	SGA/(p.u.)	PSO 算法/(p.u.)	MAPSO 算法/(p.u.)
V_1	1	1.0751	1.0725	1.0780
V_2	2	1.0646	1.0633	1.0689
V_5	5	1.0422	1.0410	1.0468
V_8	8	1.0454	1.0410	1.0468
V_{11}	11	1.0337	1.0648	1.0728
V_{13}	13	1.0548	1.0597	1.0642

控制变量	节点号	SGA/(p.u.)	PSO 算法/(p.u.)	MAPSO 算法/(p.u.)
T_1	6~9	0.94	1.03	1.04
T_2	6~10	1.04	0.95	0.95
T_3	4~12	1.04	0.99	0.99
T_4	28~27	1.02	0.97	0.97
Q_3	3	0.00	0.00	0.00
Q_{10}	10	0.37	0.16	0.16
Q_{24}	24	0.06	0.12	0.12

2）实际的 118 节点系统

为了验证 MAPSO 算法对实际的电力系统同样有较好的优化效果，这里对某一实际的 118 节点系统进行无功优化计算。该系统有 181 条支路、17 个发电机节点、9 条可调变压器支路和 14 个并联电容器节点。在初始条件下，该系统的有功网损为 141.84MW，占系统总的发电功率的 2.72%，并且有 11 个 PQ 节点电压越限。MAPSO 算法的控制参数与 IEEE 30 节点仿真时的控制参数完全相同。

如表 7-15 所示，分别运行 MAPSO 算法、PSO 算法和 SGA 各 30 次，MAPSO 算法能够以更大的概率获得比 PSO 算法、SGA 更精确的优化解，具有较好的收敛稳定性。MAPSO 算法 30 次运算的平均网损值优于 PSO 算法、SGA 的 30 次运算最优值。如图 7-18 所示，对于实际电力系统的无功优化问题，MAPSO 算法能够以较少的迭代次数收敛到高质量的优化解。MAPSO 算法在 30 次运行中平均迭代次数在 35 次左右，然而 PSO 算法和 SGA 分别需要 72 次和 288 次。对于平均计算时间，MAPSO 算法仅需 SGA 计算时间的三分之一左右，比 PSO 算法节省 21%的计算时间。以上数据充分说明，MAPSO 算法要优于 PSO 算法和 SGA，适用于电力系统无功优化问题的求解。

表 7-15　优化后网损和运行时间最优、最差和平均值的比较

算法	最优 P_{loss}/(p.u.)	最差 P_{loss}/(p.u.)	平均 P_{loss}/(p.u.)	最短 T/s/(p.u.)	最长 T/s	平均 T/s
SGA	1.332694	1.414267	1.375215	354.12	310.45	335.54
PSO 算法	1.310471	1.348792	1.321843	174.56	118.63	144.46
MAPSO 算法	1.265131	1.301472	1.282154	110.24	140.82	119.35

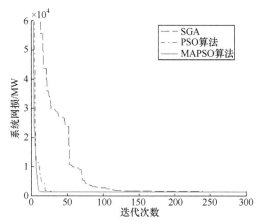

图7-18　SGA、PSO算法和MAPSO算法的收敛曲线图

7.5　本章小结

　　本章对人工智能算法和多智能体技术在电力系统调度中的应用进行深入的研究和探索，提出两种改进的群集智能优化算法，并应用于电力系统 OPF 问题和机组组合问题的求解；结合 PSO 算法和 MAS，提出新的粒子群优化算法的 MAS，应用于求解电力系统无功优化问题。本章的主要工作如下。

　　① 介绍 CSA 和 PSO 算法，针对两种算法的不足之处提出 IIA 和 IPSO 算法。通过收敛性分析，两种算法都能较好地选择控制参数，其计算速度、计算精度和算法稳定性均得到显著的提高。利用两种算法对典型的标准测试函数进行分析，结果显示两种改进的群集智能优化算法可以显著地提高计算效率和计算精度，算法稳定性较好，具有较大的实用价值。

　　② 两种改进的群集智能优化算法应用于电力系统优化运行问题的求解。首先，将 IIA 应用于求解电力系统 OPF 问题。在求解过程中，根据约束条件的越界量大小，动态调节其罚函数，使算法能够较快收敛，避免收敛到局部最小点。通过对 IEEE 30 节点系统在不同目标的仿真验算，证明提出方法的有效性。然后，将 IPSO 算法应用于求解电力系统机组组合问题，对不同机组数的机组组合问题进行计算，表明 IPSO 算法与其他算法相比具有最优解质量高、收敛性好的优点。根据上述仿真分析可知，两种改进的群集智能优化算法适合求解电力系统优化运行问题，并且具有普遍意义，可用于其他工程领域的优化问题。

　　③ 结合 PSO 算法和 MAS，提出一种全新的 MAPSO 算法优化系统。该方法首先构造一个 MAS 环境，每个 Agent 就是 PSO 算法中的一个粒子，它们在该环境中与其邻居进行竞争与合作操作和自学习操作，并且结合 PSO 算法的进化机

理，使其能快速、准确地收敛到全局最优解。在应用 MAPSO 算法系统求解无功优化问题时，对离散变量的处理，提出一种简单易行的切割方法，在不影响 MAPSO 算法系统寻优的情况下，解决无功优化问题中的离散变量问题。通过 IEEE 30 节点和一个实际的 118 节点系统的仿真分析，充分说明 MAPSO 算法有很好的计算效率及收敛稳定性。因此，该方法对求解电力系统具有高度复杂约束条件的组合优化问题有重要的启发意义。

参 考 文 献

[1] Kennedy J, Eberhart R. Particle swarm optimization//Proceedings of IEEE International Conference on Neural Networks, 1995: 1942-1948.

[2] EI-Gallad A, EI-Hawary M, Sallam A, et al. Particle swarm optimizer for constrained economic dispatch with prohibited operating zones//Canadian Conference on Electrical and Computer Engineering, 2002: 78-81.

[3] 赵波, 曹一家. 电力系统机组组合问题的改进粒子群优化算法. 电网技术, 2004, 28(21): 6-10.

[4] 赵波, 郭创新, 曹一家. 基于粒子群优化算法和动态调整罚函数的最优潮流计算. 电工技术学报, 2004, 19(5): 47-54.

[5] 赵波, 郭创新, 张鹏翔, 等. 基于分布式协同粒子群优化算法的电力系统无功优化. 中国电机工程学报, 2005, 25(21): 4-10.

[6] 赵波. 群集智能计算和多智能体技术及其在电力系统优化运行中的应用研究. 杭州: 浙江大学博士学位论文, 2005.

[7] Zhao B, Guo C X, Cao Y J. A multiagent-based particle swarm optimization approach for optimal reactive power dispatch. IEEE Transactions on Power Systems, 2005, 20(2): 1070-1078.

[8] 赵波, 曹一家. 电力系统无功优化的多智能体粒子群优化算法. 中国电机工程学报, 2005, 25(5): 1-7.

[9] 赵波, 曹一家. 多智能体技术在机组组合运行与管理分析中的应用. 继电器, 2005, 33(8): 22-26.

[10] 程乐峰, 余涛, 张孝顺, 等. 机器学习在能源与电力系统领域的应用和展望. 电力系统自动化, 2019, 43(1): 15-43.

[11] Zhao T Q, Ding Z T. Distributed agent consensus-based optimal resource management for microgrids. IEEE Transactions on Sustainable Energy, 2018, 9(1): 443-452.

[12] 刁浩然, 杨明, 陈芳, 等. 基于强化学习理论的地区电网无功电压优化控制方法. 电工技术学报, 2015, 30(12): 408-414.

[13] 余涛, 周斌, 陈家荣. 基于多步回溯 Q(λ)学习的互联电网随机最优 CPS 控制. 电工技术学报, 2011, 26(6): 179-186.

[14] 余涛, 周斌, 陈家荣. 基于 Q 学习的互联电网动态最优 CPS 控制. 中国电机工程学报, 2009, 29(19): 13-19.

[15] Abaci K, Yamacli V. Differential search algorithm for solving multi-objective optimal power flow problem. International Journal of Electrical Power & Energy Systems, 2016, 79: 1-10.

[16] Lin S J, Wang Y P, Liu M B, et al. Stochastic optimal dispatch of PV/wind/diesel/battery microgrids using state-space approximate dynamic programming. IET Generation Transmission & Distribution, 2019, 13(15): 3409-3420.

[17] Yin L F, Yu T, Zhang X S, et al. Relaxed deep learning for real-time economic generation dispatch and control with unified time scale. Energy, 2018, 149: 11-23.

[18] 李涛. 计算机免疫学. 北京: 电子工业出版社, 2004.

[19] 曹先彬, 刘克胜, 王熙法. 基于免疫遗传算法的装箱问题求解. 小型微型计算机系统, 2000, 21(4): 361-363.

[20] Sasaki M, Kawafuku M, Takahashi K. An immune feedback mechanism based adaptive learning of neural network controller//International Conference on Neural Information Processing, 1999: 502-507.

[21] Timmis J, Neal M, Hunt J. Data analysis using artificial immune systems, cluster analysis and kohonen networks: Some comparisons//Proceedings of the IEEE International Conference on Systems, Man and Cybernetics, 1999: 922-927.

[22] De Castro L N, Von Zuben F J. Learning and optimization using the clonal selection principle. IEEE Transactions on Evolutionary Computation, 2002, 6(3): 239-251.

[23] 左兴权, 李士勇. 一类自适应免疫进化. 控制与决策, 2004, 19(3): 252-256.

[24] 王磊, 潘进, 焦李成. 免疫算法. 电子学报, 2000, 28(7): 74-78.

[25] 孙瑞祥, 屈梁生. 遗传算法优化效率的定量评价. 自动化学报, 2000, 26(4): 552-556.

[26] Eberhart R C, Kennedy J. A new optimizer using particle swarm theory//Proceedings of the Sixth International Symposium on Micro Machine & Human Science, 1995: 39-43.

[27] Eberhart R C, Shi Y H. Particle swarm optimization: developments, applications and resources. IEEE Congress on Evolutionary Computation, 2001: 81-86.

[28] Trelea I C. The particle swarm optimization algorithm: convergence analysis and parameter selection. Information Processing Letters, 2003, 85(6): 317-325.

[29] Shi Y H, Eberhart R C. A modified particle swarm optimizer//Proceedings of the IEEE International Conference on Evolutionary Computation, 1998: 69-73.

[30] Clerc M, Kennedy J. The particle swarm-explosion, stability, and convergence in a multidimensional complex space. IEEE Transactions on Evolutionary Computation, 2002, 6(1): 58-73.

[31] Eberhart R C, Shi Y H. Comparing inertia weight and constriction factors in particle swarm optimization//Proceedings of the IEEE Congress on Evolutionary Computation, 2000: 84-88.

[32] Lovbjerg M, Rasmussen T K, Krink T. Hybrid particle swarm optimization with breeding and subpopulations//Proceedings of the Third Genetic and Evolutionary Computation Conference, 2001: 469-476.

[33] Van Den Bergh F, Engelbrecht A P. Effects of swarm size on cooperative particle swarm optimizers//Proceedings of the Third Genetic and Evolutionary Computation Conference, 2001: 892-899.

[34] 郑大钟. 线性系统理论. 北京: 清华大学出版社, 1990.

[35] Wen J Y, Wu Q H, Jiang L, et al. Pseudo-gradient based evolutionary programming. Electronics Letters, 2003, 39(7): 631-632.

[36] Joines J A, Houck C R. On the use of non-stationary penalty functions to solve nonlinear constrained optimization problems with GA's//IEEE Conference on Evolutionary Computation, 1994: 579-585.

[37] Zimmerman R, Gan D. MATPOWER: A matlab power system simulation package. Ithaca: Power Systems Engineering Research Center, 1997.

[38] 王承民, 郭志忠. 机组组合问题的罚函数法. 继电器, 2001, 29(11): 9-12.

[39] Kazarlis S A, Bakirtzis A G. A genetic algorithm solution to the unit commitment problem. IEEE Transactions on Power Systems, 1996, 11(1): 83-92.

[40] Juste K A, Kita H, Tanaka E, et al. An evolutionary programming to the unit commitment problem. IEEE Transaction on Power Systems, 1999, 14(4): 1452-1459.

[41] Senjyu T, Yamashiro H, Uezato K, et al. A unit commitment problem by using genetic algorithm based on unit characteristic classification//IEEE Power Engineering Society Winter Meeting, 2002: 58-63.

[42] Yoshida H, Kawata K, Fukuyama Y, et al. A particle swarm optimization for reactive power and voltage control considering voltage security assessment. IEEE Transactions on Power Systems, 2000, 15(4): 1232-1239.

[43] Liu J, Jing H, Tang Y Y. Multi-agent oriented constraint satisfaction. Artificial Intelligence, 2002, 136(1): 101-144.

[44] Liu J, Tang Y Y. An evolutionary autonomous agents approach to image feature extraction. IEEE Transactions on Evolutionary Computation, 1997, 1(2): 141-158.

[45] Zhong W C, Liu J, Xue M Z, et al. A multiagent genetic algorithm for global numerical optimization. IEEE Transactions on Systems Man & Cybernetics-Part B, Cybernetics: A Publication of the IEEE Systems Man & Cybernetics Society, 2004, 34(2): 1128-1141.

[46] Kazarlis S A, Papadakis S E, Theocharis J B, et al. A micro-genetic algorithms as generalized hill-climbing operators for GA optimization. IEEE Transactions on Evolutionary Computation, 2001, 5(3): 204-217.

[47] Cao Y J, Wu Q H. A mix-variable evolutionary programming for optinisation of mechanical design. International Journal of Engineering Intelligent Systems, 1999, 7(2): 77-82.

[48] Cao Y J, Jiang L, Wu Q H. An evolutionary programming approach to mixed-variable optimization problems. Applied Mathematical Modelling, 2000, 24(12): 931-942.

[49] 赵波. 群集智能计算和多智能体技术及其在电力系统优化运行中的应用研究. 杭州: 浙江大学博士学位论文, 2005.

[50] Wu Q H, Cao Y J, Wen J Y. Optimal reactive power dispatch using an adaptive genetic algorithm. International Journal of Electrical Power and Energy System, 1998, 20(8): 563-569.

[51] Lai L L, Ma J T. Application of evolutionary programming to reactive power planning-comparison with nonlinear programming approach. IEEE Transactions on Power Systems, 1997, 12(1): 198-206.

[52] Bhagwan D D, Patvardhan C. Reactive power dispatch with a hybrid stochastic search technique. International Journal of Electrical Power and Energy Systems, 2002, 24(9): 731-736.

第8章 虚拟发电厂与微电网能源管理系统设计

8.1 概　　述

大力开发和利用可再生新能源是解决能源危机和环境问题的重要途径，符合全球可持续发展的战略需求。可再生能源发电并入电力系统主要有两种方式，即集中式大容量并入和分布式发电并入。与集中式大容量并网方式相比，DG 有投资少、见效快、可靠性高等优点。同时，能够增加系统备用容量、降低系统网损、管理配网阻塞、提高电网稳定性和经济性。DG 虽然有诸多优点，但是规模化 DG 的接入改变了系统内潮流的分布情况，给电网运行的稳定性带来一定的影响。DG 出力的随机性、间歇性，以及负荷的波动性增加了电网调度的不确定因素。虚拟发电厂和微电网等新兴技术为实现分布式能源参与智能电网调度提供新契机，能够对各类分布式能源进行整合，使单一分布式能源在智能电网的调度运行中变得可观与可控[1]，有利于智能电网多种资源的优化配置和协调运行，提升整个电力系统的运行效率与可靠性。

传统电网的运行由一个中央集权式的调度机构在掌握所有发电机组信息的基础上做调度决策，对每台机组下达发电指令，以保证整个电网的安全稳定。DG 具有数量巨大、单机输出功率小等特点，使中央调度机构难以对每个新能源发电单元下达调度指令。同时，DG 的不同归属也无法保证调度指令能够被快速、准确、有效地执行[2]。在此背景下，虚拟发电厂与微电网技术将一组或一定区域范围内的发电单元聚合为一个整体参与电网的运行和调度。传统电网调度方式由对每个机组直接调度转变成对虚拟电厂和微网调度[3]。由于虚拟发电厂不仅有风力发电机组、光伏发电机组等间歇性可再生能源发电机组，通常还配备火力备用发电机组、储能系统，以及柔性负荷等需求侧资源，具有源荷均随机的特性。这些随机特性使传统的确定性调度方法不适用于虚拟发电厂，而不确定性调度能够很好地处理随机因素带来的各种问题，成为虚拟发电厂运营商的首选[4]。此外，微电网包含多种类型电源，呈现的电气特性比较复杂。微电网的接入导致配网潮流分布和电压水平改变[5]。同时，微电网内风力发电、光伏发电等新能源发电形式易受到环境的影响，导致其出力预测具有不精确性、波动性，不能像传统调度方式那样预先准确安排[6,7]。因此，需要构建微电网能源管理系统，实现并网或孤岛运行，降低 DG 波动性给配电网带来的不利影响，提高供电的可靠性和电能质量。

大规模可再生能源的接入会增加电网数据结构复杂度，要求电网调度系统具备强大的数据采集、存储、分析和计算能力。传统的电力系统分析计算主要利用在调度中心的集中式计算平台对电网优化问题进行计算和仿真，计算效率受服务器的数量限制，计算平台的可扩展性差、升级成本高[8]，并且考虑大规模可再生新能源并网发电后的调度优化模型将更加复杂，使大规模优化问题难以解决。云计算是一种充分利用计算资源的并行计算方法，具有超大规模、虚拟化、高可靠性、通用性和高扩展性等特征[9]，是构建未来智能电网计算平台的重要工具。基于云平台的智能电网协同优化调度，能充分利用丰富的计算资源，对电网企业、用户侧的海量数据进行存储，以及实时分析计算，较大幅度地提高电网调度计划的优化深度，向电力企业提供灵活的调度服务。

8.2　虚拟发电厂两阶段随机优化调度

8.2.1　虚拟发电厂的结构与运营模式

虚拟发电厂通过控制中心对一定区域内的传统发电厂、小型 DG 单元、储能设备和可控负荷进行合理优化配置和协同管理[10,11]。图 8-1 所示为一个典型的虚拟发电厂结构框架。从狭义上讲，虚拟发电厂是多种电源组合成的聚集体，包括传统的火力发电机组、热电联产系统，也包括风电、光伏等新能源发电机组。此外，以电池为代表的储能系统，电动汽车和可控负荷等也可以包含其中。通常来说，虚拟发电厂内部各单元直接受其调度中心的协调和管理，而不受大电网调度运行中心的控制。从广义上讲，虚拟发电厂不仅局限于对多种发电侧资源进行整合，还能通过网络通信等先进技术与用电侧的可控负荷，以及需求侧响应协调配合，将发电侧和用电侧的各组成单元和个体组成一个协调统一的整体，参与大电网的调度和运营。从技术层面来说，虚拟发电厂可以通过网络通信中心与各组成单元之间进行双向的信息交流和优化控制，而不受时间和空间的限制，方便运营商对虚拟发电厂的控制和管理。

电力市场化是我国电力工业改革的重中之重。市场化能使电力工业产权私有化、打破垄断、引入竞争、提高效率，为用户提供更加优质和经济的电能，促进电力工业和社会经济的发展。虚拟发电厂作为多种电源的集合，能以实体的形式参与电力市场交易，对于完善我国电力市场体制和促进电力市场改革具有重要意

图8-1 典型的虚拟发电厂结构框架

义。其参与电力市场的主要运营模式有如下几种[3]。

1）联营体模式

虚拟发电厂在联营体内进行电力交易，将发出的电能卖给电力交易中心，用户再向电力交易中心购电。在每个交易时段，虚拟发电厂的运营商都要向电力交易中心提交发电报价和供应的电能容量信息。然后，电力交易中心按照报价大小对虚拟发电厂进行排序，报价低的可以优先供电，直到满足负荷的电力需求。这种模式的优点是，让各虚拟发电厂都有同等竞争的机会。

2）双边交易模式

在这种模式下，虚拟发电厂不通过电力交易中心，直接和电力用户签订电能供应合同。电网监控中心能够对合约电量进行实时监测，一旦质量不达标或者不满足电力系统安全约束条件，则要求虚拟发电厂重新进行调度，直到供电质量达标。双边交易模式让虚拟发电厂和用户可以按照各自的意愿进行电力交易，具有充分的灵活性和自由性。

3）双边联营体模式

该模式结合联营体和双边交易模式，能够有效发挥它们的优点，是虚拟发电厂参与电力市场的新趋势。虚拟发电厂和电力用户可以直接洽谈并签订双边合同，也可在电力交易中心进行电能的买卖。首先，不考虑双边合同，通过计算得到全网 OPF。然后，计及双边合同的电量信息，判断其是否满足网络安全约束，不满足则将合同退回修订。在这种模式下，虚拟发电厂可以同时从双边合同和联营体运营中获利，具有更广阔的获利空间。

8.2.2　基于循环周期数法的电池寿命损耗模型

使用电池阵列不仅可以平抑新能源发电的间歇性，还能使虚拟发电厂运营商在高市场价格时卖出电能获得收益。影响电池损耗成本的因素有很多，但是大部分已有文献在调度问题中只考虑放电深度因素的影响[4]。为了更全面地理解和分析电池损耗成本对虚拟发电厂最优调度的影响，本节在电池损耗成本建模时考虑放电深度和环境温度两个因素，提出基于循环周期数法的电池损耗模型。

本节将放电深度表示为

$$DoD = 1 - \frac{g_v}{g_{vmax}} \tag{8-1}$$

式中，g_v 为储存在电池中的电能；g_{vmax} 为电池的最大储能能力。

本节研究的电池阵列包括铅酸电池和镍氢电池。结合厂商提供的数据点，使用曲线拟合工具箱可以得出这两种电池放电深度和循环寿命之间的关系，即

$$L_{\text{lead-acid}} = a_1 DoD_{\text{lead-acid}} + b_1 \tag{8-2}$$

式中，a_1 和 b_1 为循环寿命关于放电深度的相关系数，$a_1 = -4230$、$b_1 = 4332$；$L_{\text{lead-acid}}$ 和 $DoD_{\text{lead-acid}}$ 为以循环次数为单位的铅酸电池循环寿命和放电深度。

$$L_{\text{NiMH}} = \beta_0 \left(\frac{DoD_{\text{ref}}}{DoD_{\text{NiMH}}} \right)^{\beta_1} \exp\left(\beta_2 \left(1 - \frac{DoD_{\text{NiMH}}}{DoD_{\text{ref}}} \right) \right) \tag{8-3}$$

式中，β_0、β_1 和 β_2 为循环寿命关于放电深度的相关系数，$\beta_0 = 1400$、$\beta_1 = 0.886$、$\beta_2 = 0.3997$；DoD_{ref}、DoD_{NiMH} 和 L_{NiMH} 为镍氢电池的额定放电深度、实际放电深度和实际循环寿命。

两种电池环境温度和循环寿命的关系可以由实验数据和曲线拟合方法得到，即

$$L_{\text{lead-acid}} = k \exp(\alpha T) \tag{8-4}$$

式中，k 和 α 为循环寿命关于温度的相关系数，$k = 3291$、$\alpha = 0.05922$；$L_{\text{lead-acid}}$ 和 T 为铅酸电池以循环次数为单位的循环寿命和摄氏温度。

$$L_{\text{NiMH}} = a_2 T^3 + b_2 T^2 + cT + d \tag{8-5}$$

式中，a_2、b_2、c、d 为循环寿命关于温度的相关系数，$a_2 = 0.002424$、$b_2 = 0.4879$、

c=6.742、d=1524；L_{NiMH} 和 T 为镍氢电池以循环次数为单位的循环寿命和摄氏温度。

以镍氢电池为例，镍氢电池放电深度、环境温度和循环寿命之间的关系如图 8-2 所示。可以看出，循环寿命和放电深度、环境温度都成反比关系。换句话说，深度放电和高环境温度可以显著缩短循环寿命。值得注意的是，相对温度来说，随着放电深度的增长，循环寿命减小得更多。

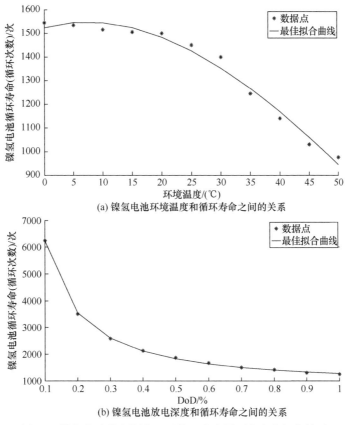

(a) 镍氢电池环境温度和循环寿命之间的关系

(b) 镍氢电池放电深度和循环寿命之间的关系

图8-2　镍氢电池放电深度、环境温度和循环寿命之间的关系

文献[10]使用 Kempton 提出的模型，将损耗成本 C_{v} 定义为

$$C_{\text{v}} = \frac{C_{\text{b}}}{L_{\text{N}} E_{\text{v}} \text{DoD}_{\text{ref}}} \tag{8-6}$$

式中，C_{b} 为考虑替换劳动力成本的电池资本成本；L_{N} 为以循环次数为单位的电池寿命；E_{v} 为电池的总储能；DoD_{ref} 为参考放电深度；L_{N} 和 E_{v} 可以在参考条件下计算得到（$T = 20℃$、$\text{DoD}_{\text{ref}} = 80\%$）。

本节将放电深度和环境温度对电池寿命总的影响定义为

$$L_{\text{VPP}} = \frac{L_{\text{ATEM}} L_{\text{ADoD}}}{L_{\text{R}}} \tag{8-7}$$

式中，L_{VPP} 为电池参与虚拟发电厂调度的寿命；L_{R} 为额定环境温度和放电深度下，厂商测定的电池额定循环寿命；L_{ATEM} 和 L_{ADoD} 为电池在实际环境温度和放电深度下的循环寿命。

因此，考虑环境温度和放电深度共同影响的电池损耗成本可以定义为

$$C_{\text{VPP}} = \frac{C_{\text{b}}}{L_{\text{VPP}} E_{\text{v}} \text{DoD}_{\text{ref}}} \tag{8-8}$$

铅酸电池的损耗成本可以定义为

$$C_{\text{VPP}}^{\text{lead-acid}} = \frac{C_{\text{b}} L_{\text{R}}}{k\left(a_1 \text{DoD}_{\text{lead-acid}} + b_1\right) \exp\left(\alpha T\right) E_{\text{v}} \text{DoD}_{\text{ref}}} \tag{8-9}$$

另外，镍氢电池的损耗成本可以定义为

$$C_{\text{VPP}}^{\text{NiMH}} = \frac{C_{\text{b}} L_{\text{R}}}{\beta_0 \left(\dfrac{\text{DoD}_{\text{ref}}}{\text{DoD}_{\text{NiMH}}}\right)^{\beta_1} \exp\left(\beta_2 \left(1 - \dfrac{\text{DoD}_{\text{NiMH}}}{\text{DoD}_{\text{ref}}}\right)\right) \left(a_2 T^3 + b_2 T^2 + cT + d\right) E_{\text{v}} \text{DoD}_{\text{ref}}}$$

$$\tag{8-10}$$

如图 8-3(a) 和图 8-3(b) 所示，损耗成本随着环境温度和放电深度的增加而增加，因为循环寿命减少了。在相同环境温度和放电深度下，镍氢电池的损耗成本比铅酸电池的低。如图 8-3(c) 和图 8-3(d) 所示，在相同的放电深度条件下，高环境温度会造成高损耗成本。对铅酸电池来说，损耗成本和放电深度呈指数增长关系，而镍氢电池则呈现对数增长关系。为了保持模型的线性，本节用分段线性函数拟合非线性损耗成本函数。

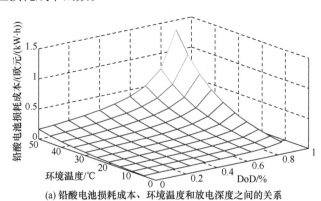

(a) 铅酸电池损耗成本、环境温度和放电深度之间的关系

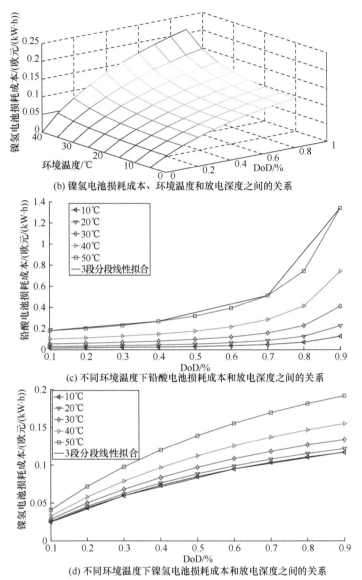

(b) 镍氢电池损耗成本、环境温度和放电深度之间的关系

(c) 不同环境温度下铅酸电池损耗成本和放电深度之间的关系

(d) 不同环境温度下镍氢电池损耗成本和放电深度之间的关系

图8-3　铅酸电池和镍氢电池的损耗成本、环境温度和放电深度之间的关系

8.2.3　计及电池寿命损耗成本的两阶段随机优化调度

本节研究的虚拟发电厂模型包括一个风力发电厂、一个太阳能光伏电站、一个燃气轮机联合循环发电机组(以下简称燃气发电机组),以及一个电池储能系统。风-光-气-储虚拟发电厂结构框架如图 8-4 所示。在实际中,虚拟发电厂同时参与日前市场和平衡市场,以便为虚拟发电厂运营商提供灵活的电力交易,最大化运营收益。然而,虚拟发电厂在调度过程中存在诸多不确定性,如市场电价、风力和光伏

发电存在很大的随机性，对其进行准确预测，对虚拟发电厂的优化调度极其重要。本节采用多场景法模拟日前市场出清电价和新能源发电的不确定性，以虚拟发电厂运行效益最大化为目标，构建融合多场景分析的虚拟发电厂两阶段随机优化调度模型。两阶段随机规划顶层流程图如图 8-5 所示。在日前市场，虚拟发电厂参与日前市场竞价，其竞标策略对市场价格几乎没有影响，被当成价格接受者。在平衡市场中，虚拟发电厂不参与平衡市场竞价，被视为被动代理商，表示只从平衡市场中被动地买卖电能以修正由日前调度决策带来的能量偏差。平衡市场实行双重定价制，虚拟发电厂只能在平衡市场中以高于日前市场的价格购买电能(向上调节)。同时，虚拟发电厂只能在平衡市场中以低于日前市场的价格卖出电能(向下调节)。

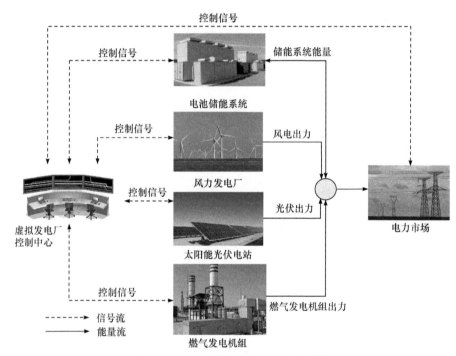

图8-4 风-光-气-储虚拟发电厂结构框架

因此，考虑电池损耗成本的最优虚拟发电厂调度模型的目标函数为

$$\max \sum_{t \in T} \sum_{w \in n_w} \pi_w \sum_{s \in n_s} \pi_s \sum_{p \in n_p} \pi_p \Big[\lambda_{p,t} \Big(G_{w,s,p,t} + g_{w,s,p,t}^{\text{down}} \varphi_{\text{down}} - g_{w,s,p,t}^{\text{up}} \varphi_{\text{up}} \Big)$$
$$- C_{w,s,p,t}^{\text{c}} - y_{w,s,p,t} S_{\text{c}} - C_{w,s,p,b,t}^{\text{B}} \Big] \tag{8-11}$$

式中，T、n_w、n_s、n_p 为调度周期集合、风力发电厂出力场景集合、太阳能光伏电站出力场景集合、日前市场电价场景集合；π_w、π_s、π_p 为第 w 个风力发电厂出力场景发生的概率、第 s 个太阳能光伏电站出力场景发生的概率、第 p 个日

前市场电价场景发生的概率；$\lambda_{p,t}$为在第t个调度周期和第p个日前市场电价场景下的电价；φ_{up}、φ_{down}为上调平衡市场和下调平衡市场中的价格上调率和价格下调率；下标w、s、p、b表示第w个风力发电厂出力场景、第s个太阳能光伏电站出力场景、第p个日前市场电价场景和第b个储能电池阵列。

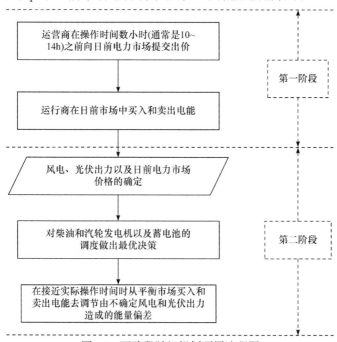

图8-5　两阶段随机规划顶层流程图

约束条件为

$$x_{w,s,p,t} - x_{w,s,p,t-1} \leqslant y_{w,s,p,t}, \quad w \in n_w, s \in n_s, p \in n_p, t \in T \tag{8-12}$$

$$g_{\min}^{\mathrm{c}} x_{w,s,p,t} \leqslant g_{w,s,p,t}^{\mathrm{c}} \leqslant g_{\max}^{\mathrm{c}} x_{w,s,p,t}, \quad w \in n_w, s \in n_s, p \in n_p, t \in T \tag{8-13}$$

$$-rd \leqslant g_{w,s,p,t}^{\mathrm{c}} - g_{w,s,p,t-1}^{\mathrm{c}} \leqslant ru, \quad w \in n_w, s \in n_s, p \in n_p, t \in T \tag{8-14}$$

$$\sum_{t=1}^{L_{\mathrm{down}}^{\min}} x_{w,s,p,t} = 0, \quad w \in n_w, s \in n_s, p \in n_p \tag{8-15}$$

$$\sum_{t'=t}^{t+T_{\mathrm{down}}^{\min}-1} \left(1 - x_{w,s,p,t'}\right) \geqslant T_{\mathrm{down}}^{\min}\left(x_{w,s,p,t-1} - x_{w,s,p,t}\right),$$

$$w \in n_w, s \in n_s, p \in n_p, t \in \left[L_{\mathrm{down}}^{\min} + 1, T - T_{\mathrm{down}}^{\min} + 1\right] \tag{8-16}$$

$$\sum_{t'=t}^{T}\left[1 - x_{w,s,p,t'} - \left(x_{w,s,p,t-1} - x_{w,s,p,t}\right)\right] \geqslant 0, \quad w \in n_w, s \in n_s, p \in n_p, t \in \left[T - T_{\mathrm{down}}^{\min} + 12, T\right]$$

$$\tag{8-17}$$

$$\sum_{t=1}^{L_{\mathrm{up}}^{\min}}\left(1-x_{w,s,p,t}\right)=0, \quad w\in n_w, s\in n_s, p\in n_p \tag{8-18}$$

$$\sum_{t'=t}^{t+T_{\mathrm{up}}^{\min}-1} x_{w,s,p,t'} \geqslant T_{\mathrm{up}}^{\min} y_{w,s,p,t}, \quad w\in n_w, s\in n_s, p\in n_p, t\in\left[L_{\mathrm{up}}^{\min}+1, T-T_{\mathrm{up}}^{\min}+1\right] \tag{8-19}$$

$$\sum_{t'=t}^{T}\left(x_{w,s,p,t}-y_{w,s,p,t}\right)\geqslant 0, \quad w\in n_w, s\in n_s, p\in n_p, t\in\left[T-T_{\mathrm{up}}^{\min}+2, T\right] \tag{8-20}$$

$$g_{b,\min}\leqslant g_{w,s,p,b,t}\leqslant g_{b,\max}, \quad w\in n_w, s\in n_s, p\in n_p, b\in B, t\in T \tag{8-21}$$

$$g_{w,s,p,b,0}=g_{b,0}, \quad w\in n_w, s\in n_s, p\in n_p, b\in B, t\in T \tag{8-22}$$

$$u_{w,s,p,b,t}+v_{w,s,p,b,t}\leqslant 1, \quad w\in n_w, s\in n_s, p\in n_p, b\in B, t\in T \tag{8-23}$$

$$0\leqslant g_{w,s,p,b,t}^{+}\leqslant \delta_b^{+} u_{w,s,p,b,t}, \quad w\in n_w, s\in n_s, p\in n_p, b\in B, t\in T \tag{8-24}$$

$$0\leqslant g_{w,s,p,b,t}^{-}\leqslant \delta_b^{-} v_{w,s,p,b,t}, \quad w\in n_w, s\in n_s, p\in n_p, b\in B, t\in T \tag{8-25}$$

$$g_{w,s,p,b,t}=g_{w,s,p,b,t-1}+\eta_b^{+} g_{w,s,p,b,t}^{+}-\frac{1}{\eta_b^{-}} g_{w,s,p,b,t}^{-}, \quad w\in n_w, s\in n_s, p\in n_p, b\in B, t\in T \tag{8-26}$$

$$g_{w,s,p,t}^{\mathrm{c}}+g_{w,t}+g_{s,t}+g_{w,s,p,t}^{\mathrm{up}}+\sum_{b\in B}g_{w,s,p,b,t}^{-}=G_{w,s,p,b,t}+g_{w,s,p,t}^{\mathrm{down}}+\sum_{b\in B}g_{w,s,p,b,t}^{+}, \\ w\in n_w, s\in n_s, p\in n_p, b\in B, t\in T \tag{8-27}$$

$$G_{1,1,p,t}=G_{1,2,p,2}=\cdots=G_{2,1,p,t}=\cdots=G_{n_w,n_s,p,t}, \quad p\in n_p, t\in T \tag{8-28}$$

$$x_{w,s,p,t},y_{w,s,p,t},u_{w,s,p,b,t},v_{w,s,p,b,t}\in\{0,1\}, \quad w\in n_w, s\in n_s, p\in n_p, b\in B, t\in T \tag{8-29}$$

目标函数(8-11)为最大化虚拟发电厂的期望利润。该目标函数包括日前市场卖出和买入的电能($G_{w,s,p,t}$)、下调平衡市场卖出的电能($g_{w,s,p,t}^{\mathrm{down}}$)、上调平衡市场买入的电能($g_{w,s,p,t}^{\mathrm{up}}$)、传统火力发电厂的燃料成本($C_{w,s,p,t}^{\mathrm{C}}$)、启动成本($S_{\mathrm{c}}$),以及电池损耗成本($C_{w,s,p,b,t}^{\mathrm{B}}$)。在目标函数中,$\varphi_{\mathrm{up}}$ 和 φ_{down} 为上调价格率和下调价格率,本节取 $\varphi_{\mathrm{up}}=1.3$、$\varphi_{\mathrm{down}}=0.7$。

式(8-12)~式(8-20)是有关传统火力发电厂的约束。式(8-12)表示二进制变量 $x_{w,s,p,t}$ 和 $y_{w,s,p,t}$ 的关系。如果传统火力发电厂是开启的,$x_{w,s,p,t}$=1,反之为 0。如果传统火力发电厂启动,$y_{w,s,p,t}$=1,反之为 0。式(8-13)表示传统火力发电厂的最大出力和最小功率输出限制。式(8-14)表示机组爬坡速率约束。最短停运时间约束由式(8-15)~式(8-17)表示,如果传统火力发电厂关机,必须维持 $T_{\mathrm{down}}^{\min}$ 小时的关机状态。如果传统火力发电厂在第 0 小时已经关机,式(8-15)表示传统火力发电厂保持 $L_{\text{down}}^{\min}$ 小时的关机状态。式(8-16)表示在接下来的 $T_{\text{down}}^{\min}$ 小时之内的所有连续时间满足最短停运时间约束。式(8-17)用来保证最后 $T_{\text{down}}^{\min}-1$ 小时满足最短停运时间约束。式(8-18)～式(8-20)以上述相同的方式保证传统火力发电厂满足最短运行时间限制。

式(8-21)～式(8-26)是电池阵列有关的约束。式(8-21)表示每个电池的最小和最大储能。电池的初始储能由式(8-22)给出。式(8-23)表示充电和放电不能同时进行。$u_{w,s,p,b,t}$ 和 $v_{w,s,p,b,t}$ 是二进制变量。如果电池 b 在充电,$u_{w,s,p,b,t}=1$,否则为 0。如果电池 b 在放电,$v_{w,s,p,b,t}=1$,否则为 0。式(8-24)和式(8-25)分别表示每一个电池的最大充电、放电能力。式(8-26)表示在两个连续的时间段内每个电池的储能,η_b^+ 和 η_b^- 为电池的充电效率和放电效率。

式(8-27)是能量平衡约束,表示由传统火力发电厂、风力发电站、光伏电厂发出的电能加上从平衡市场买入的电能和电池阵列释放的电能,等于日前市场卖出($G_{w,s,p,t} \geqslant 0$)或者买入($G_{w,s,p,t} \leqslant 0$)的电能加上向平衡市场卖出的电能和电池阵列的充电电能。式(8-28)表示 $G_{w,s,p,t}$ 只与时间和日前市场电价有关,从而保证每小时只有一条出价曲线提交到日前市场,而与风力发电站和光伏发电厂的出力无关。式(8-29)定义二进制变量的取值范围。该模型可以确保传统火力发电厂和电池阵列的灵活操作满足不同场景的实现。

上述风险中立模型(式(8-11)～式(8-29))没有考虑风险测量方法。由于新能源发电和日前市场价格的不确定性,虚拟发电厂代理商在电力市场交易时的决策有很高的风险。因此,最优调度决策应该采取措施避免这些不确定性带来的损失,同时将利润的变化控制在一个适度的范围。因此,本节在 α 置信度下的 CVaR 作为评估和控制调度决策风险的风险测量方法,因为它具有良好的数学特性,并且很容易加入风险中立模型。CVaR 被近似地定义为最大化一个离散利润分布时,在 $(1-\alpha)100\%$ 的最低利润场景下的期望利润[12]。考虑风险测量的目标函数可以表示为

$$\max \sum_{t \in T} \sum_{w \in n_w} \pi_w \sum_{s \in n_s} \pi_s \sum_{p \in n_p} \pi_p \left[\lambda_{p,t} \left(G_{w,s,p,t} + g_{w,s,p,t}^{\text{down}} \varphi_{\text{down}} - g_{w,s,p,t}^{\text{up}} \varphi_{\text{up}} \right) \right. \tag{8-30}$$
$$\left. - C_{w,s,p,t}^{\text{C}} - y_{w,s,p,t} S_{\text{c}} - C_{w,s,p,b,t}^{\text{B}} \right] + \beta \text{CVaR}$$

约束条件为式(8-12)～式(8-29)和式(8-31)～式(8-33),即

$$\text{CVaR} = \zeta - \frac{1}{1-\alpha} \sum_{w \in n_w} \pi_w \sum_{s \in n_s} \pi_s \sum_{p \in n_p} \pi_p \eta_{w,s,p} \tag{8-31}$$

$$\zeta - \sum_{t \in T} \left[\lambda_{p,t} \left(G_{w,s,p,t} + g_{w,s,p,t}^{\mathrm{down}} \varphi_{\mathrm{down}} - g_{w,s,p,t}^{\mathrm{up}} \varphi_{\mathrm{up}} \right) - C_{w,s,p,t}^{\mathrm{C}} - y_{w,s,p,t} S_{\mathrm{c}} - C_{w,s,p,b,t}^{\mathrm{B}} \right] \leqslant \eta_{w,s,p},$$

$$w \in n_w, s \in n_s, p \in n_p$$

(8-32)

$$\eta_{w,s,p} \geqslant 0, \quad w \in n_w, s \in n_s, p \in n_p \tag{8-33}$$

式(8-30)包括虚拟发电厂的期望利润和加权 CVaR。式(8-31)用来计算 CVaR,式(8-32)和式(8-33)使 CVaR 线性化。$\beta \in [0, \infty)$ 用来权衡期望利润和风险规避决策的加权参数。如果忽略风险,即 $\beta = 0$,虚拟发电厂调度模型变成风险中立模型。随着 β 逐渐增加,虚拟发电厂运营商将考虑更多关于期望利润风险规避的调度策略。

8.2.4 算例分析

运营商的目标是找到考虑电池损耗成本的虚拟发电厂的最优调度策略。调度时间尺度是 24h,传统火力发电厂的参数如表 8-1 所示。为了使模型线性化,二次传统火力发电厂燃料成本函数由一个两段的分段线性函数拟合。假设传统火力发电厂在考虑的时间尺度之前已经关机一个小时,即 $T_{\mathrm{down}}^{\mathrm{init}} = 1$。

表 8-1 传统火力发电厂的参数

燃料成本系数 a/(MBtu/(MW·h))	燃料成本系数 b/(MBtu/(MW·h))	燃料成本系数 c/(MBtu/(MW·h))	启动燃料/(MBtu)	燃料费用/(欧元/MBtu)	最大出力/MW	最小出力/MW	最短运行时间/h	最短停运时间/h	爬坡速率/(MW/h)
0.0029	6.05	40.53	20.14	1	16	3.5	3	3	5

图 8-6(a)所示为 5 个基于历史数据的等发生概率的风力发电站出力场景。这

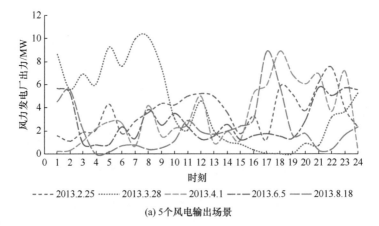

(a) 5个风电输出场景

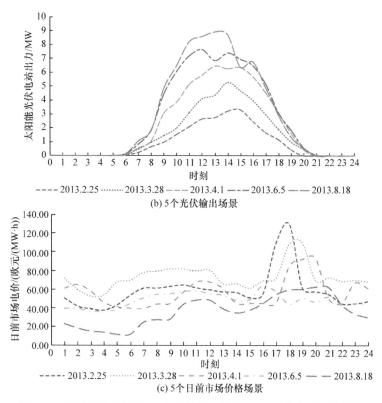

(b) 5个光伏输出场景

(c) 5个日前市场价格场景

图8-6　5个风电输出场景、5个光伏输出场景、5个日前市场价格场景

些数据取自一个额定功率为 10.2MW 的风力发电站。图 8-6(b) 所示为 5 个等发生概率的额定功率为 10MV 的光伏电厂出力场景。它们由从欧洲能源交易所透明平台获取的历史数据组成[13]。图 8-6(c) 所示为基于实时数据的 5 个等发生概率的日前市场电价场景。该实时数据从英国电力交易所获得[14]。

表 8-2 所示为两种电池的参数。电池阵列由 500 个铅酸电池(电池阵列 a)和500 个镍氢电池(电池阵列 b)组成，因此电池阵列的最大和最小储能容量分别是28.935MW·h 和 3.215MW·h。假设电池阵列的初始储能是 3.215MW。电池损耗成本仅在电池阵列被虚拟发电厂运营商操作的时候计算。

表 8-2　电池参数

特性	铅酸电池	镍氢电池
额定容量/(kW·h)	28.3	36
最大容量/(kW·h)	25.47	32.4
最小容量/(kW·h)	2.83	3.6

续表

特性	铅酸电池	镍氢电池
初始储能/(kW·h)	2.83	3.6
最大充电/放电能力/(kW·h)	5.66	7.2
充电/放电效率/%	91.4	92.5
额定放电深度/%	80	70
成本/欧元	2716.8	4032
循环寿命/次	1000	1500

注：为了延长电池寿命，设最大和最小容量分别为额定容量的90%和10%；最大充电/放电电能不超过额定容量的20%；环境温度为20℃。

图8-7表示案例1（考虑电池损耗成本）和案例2（不考虑电池损耗成本）中虚拟发电厂的期望小时利润、累积利润，以及小时损耗成本和累积损耗成本。在第1个小时，案例2中电池阵列的初始储能被释放并卖到日前市场。在案例1中，为了避免产生损耗成本，电池阵列没有放电，导致利润比案例2要少。因为在随后的4个小时里，日前市场电价是最低的，所以在两个算例中，虚拟发电厂发出的电能都被用来向电池阵列充电。从第6~24时段，小时利润随着日前市场价格的变化而变化。换句话说，当市场价格高的时候，虚拟发电厂发出的电能被卖到日前市场，当市场价格低的时候，虚拟发电厂发出的电能被用来向电池阵列充电。与案例2相比，因为考虑了电池损耗成本，在大部分上述时间段内案例1的利润都要低一些。在第2、4、5、14、15、16和22时段，案例1中的利润要比案例2

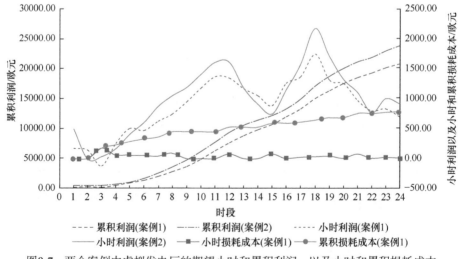

图8-7　两个案例中虚拟发电厂的期望小时和累积利润，以及小时和累积损耗成本

高，因为案例 2 中虚拟发电厂操作者选择在这些时间段内向电池阵列充电，而在案例 1 中为了避免电池损耗成本向日前市场卖电。另外，第 3、8、12、15、21时段的损耗成本增加了，因为在这些时间段内，市场价格开始下降，电池阵列被用来储存电能。两个算例中最高的利润在第 18 时段获得，因为大部分场景下的市场价格最高。虚拟发电厂的期望利润是 23841.65 欧元，但是考虑电池损耗成本后，则降低到 20839.87 欧元（即减少了 12.59%）。值得注意的是，一天总的损耗成本是 779.17 欧元，并不等于这两个算例日期望利润的差。因为损耗成本会显著影响虚拟发电厂最优调度决策，这将在后面的部分解释。

　　两个案例在不同价格场景下售到日前市场的电能如图 8-8 所示。如图 8-8(a)所示，在第 5 时段卖出的电能比随后的几个时段要多，因为在第 5 时段，传统火力发电厂开始以其最大的出力发电。在随后的几个时段，电能被用来向电池阵列充电。值得注意的是，对于案例 1 的所有场景，卖出电能最多的时候是第 16 时段，而不是市场价格最高的第 18 时段。这是因为在大部分场景中，从第 16 时段开始，市场价格开始增加，因此电池阵列释放电能卖到日前市场，导致放电深度和电池损耗成本显著增加。虚拟发电厂操作者为了实现最优调度而减少电池阵列放电，尽管在随后的几个小时市场价格变得更高。如图 8-8(b) 所示，在大部分的 5 个场景中，有很大数量的电能在 16～20 时段被卖到日前市场，因为这些时段的市场价格较高。在 4 月 1 号和 8 月 18 号，第 11 时段向日前市场售出的电能最多，因为8 月 18 日光伏电厂的出力最大，并且当日的市场价格在第 11～21 时段内变化不大，虚拟发电厂操作者愿意向日前市场售出电能，而不是向电池阵列充电或者卖到平衡市场。此外，4 月 1 号的市场价格在第 11 小时突升，因此几乎所有在之前 10 时段内储存在电池阵列中的电能都被释放，并卖到日前市场。图 8-8(a)和图 8-8(b) 相比，最大的不同是算例 1 中向日前市场售出的电能随着市场价格变化的波动性比算例 2 小。因为算例 1 中的损耗成本是不可避免的，虚拟发电厂操作者选择减少电池阵列的使用，并且利用平衡市场卖出/买入更多的电能使利润最大化。结果表明，向日前市场售出的电能和市场价格成直接正比关系。换句话说，当市场价格高的时候卖出的电能多，当市场价格低的时候则相反。

　　为了全面了解电池损耗成本对虚拟发电厂最优调度的影响，本节仿真分析四个不同场景下的两个算例。

　　① 低波动性的风电和光伏出力，低日前市场价格。
　　② 低波动性的风电和光伏出力，高日前市场价格。
　　③ 高波动性的风电和光伏出力，低日前市场价格。
　　④ 高波动性的风电和光伏出力，高日前市场价格。

　　假设在图 8-8 和图 8-9 中，日前市场曲线的正值表示电能被卖出，平衡市场曲线的正值表示电能被买入，电池阵列曲线的负值表示充电。另外，风力发电站、

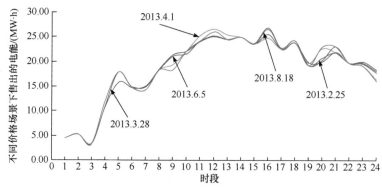

(a) 案例1在不同价格场景下售到日前市场的电能

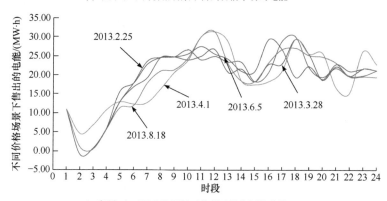

(b) 案例2在不同价格场景下售到日前市场的电能

图8-8　两个案例在不同价格场景下售到日前市场的电能

光伏电厂和传统火力发电厂的出力总是正值。

图 8-9(a) 和 8-9(b) 为第一个仿真场景下，案例 1 和案例 2 的虚拟发电厂最优调度结果。对比两幅图可以发现，为了满足日前市场的出价承诺，在案例 1 中虚拟发电厂操作者在一天内向平衡市场买入额外的 43.63MW·h 电能。案例 1 中的传统火力发电厂在 10～23 时段以最大出力发电。案例 2 中的传统火力发电厂因为低日前市场电价只产出较少的电能。在考虑的时间范围内，案例 1 向日前市场卖出的总电能为 355.26MW·h，案例 2 只有 231.956MW·h。由于日前市场价格较低，案例 1 中的利润显著减少。因为案例 1 涉及电池损耗成本，虚拟发电厂操作者选择在平衡市场买入电能，并且在高电价时段让传统火力发电厂发出更多的电能卖到日前市场，而不是操作电池阵列。换句话说，在案例 1 中，平衡市场和传统火力发电厂以类似于电池阵列的形式运作。案例 1 中流入和流出电池阵列的总电能为 31.48MW，案例 2 为 75.86MW。这是因为虚拟发电厂操作者在案例 1 中选择尽可能少地使用电池阵列来减少损耗成本。另外，因为铅酸电池的损耗成本比镍氢电池高，案例 1 中电池阵列 a 没有阵列 b 那么频繁地被使用。

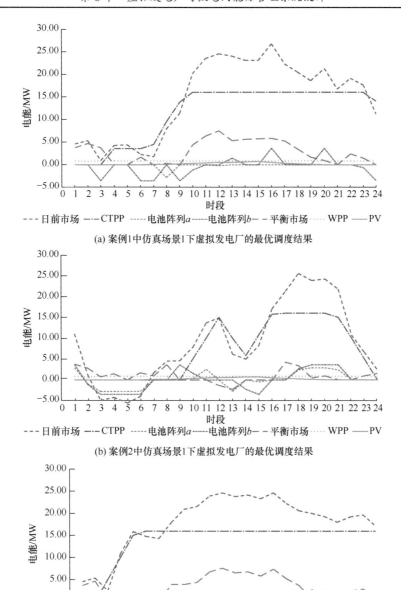

(a) 案例1中仿真场景1下虚拟发电厂的最优调度结果

(b) 案例2中仿真场景1下虚拟发电厂的最优调度结果

(c) 案例1中仿真场景2下虚拟发电厂的最优调度结果

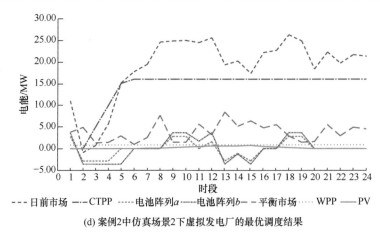

(d) 案例2中仿真场景2下虚拟发电厂的最优调度结果

图8-9 两个案例在第一个和第二个仿真场景下虚拟发电厂的最优调度结果

CTPP(conventional thermal power plant，传统火电厂)；WPP(wind power plant，风力发电站)；

PV(photo-voltaic，光伏电站)

图 8-9(c)和图 8-9(d)为第二个仿真场景下，案例 1 和案例 2 中虚拟发电厂的最优调度结果。可以看出，因为市场价格高，大量的电能被卖到日前市场。传统火力发电厂保持整天开机发电满足出价承诺。案例 1 在 1～3 和 5～24 时段从平衡市场买入的电能只售到日前市场。案例 2 从平衡市场买入电能的一部分向电池阵列充电，以获取更多的利润。值得注意的是，在高市场价格时段(8～12 时段和 16～21 时段)。案例 2 向日前市场售出 249.02MW · h 的电能，几乎占向日前市场售出总电能的 58%。在案例 1 中，该比例为 54%。这是因为在案例 2 中，电池阵列在低市场价格时充电，在高市场价格时释放电能，案例 1 为了避免产生损耗成本，电池阵列几乎不释放电能。

图 8-10(a)和图 8-10(b)为第三个仿真场景的结果，大量的风电出力被卖到平衡市场，余下的部分被卖到日前市场或者向电池阵列充电。因为 $G_{w,s,p,t}$ 与风电出力无关，虚拟发电厂操作者在某些场景下有必要选择向平衡市场售电，而不是日前市场。虽然在这种场景下利润会减少，但是调度的总体表现是最优的。因为电池阵列在案例 1 中很少释放电能，所以几乎所有的光伏出力都被售到日前市场，并且传统火力发电厂除了第 1 时段以外，保持一整天开机以满足出价承诺。由于损耗成本，电池阵列在第 3、6～10 时段充电，在第 15～16 时段释放电能。为了在低市场价格时段储存电能，并在高市场价格时段售出以实现最优调度的目标，案例 2 中的电池阵列比案例 1 更频繁地被使用。此外，案例 2 向平衡市场售出的电能比案例 1 要少，这给案例 2 带来更高的利润。因为日前市场价格低，案例 2 中的传统火力发电厂只保持开机 7 个时段。

图 8-10(c)和 8-10(d)为第四个仿真场景的结果。因为市场价格高，第四个仿

真场景中案例 1 和案例 2 向日前市场售出的电能比第三个仿真场景中的高，分别达到 429.35MW·h 和 450.28MW·h。在案例 2 中，风力发电站和光伏出力主要

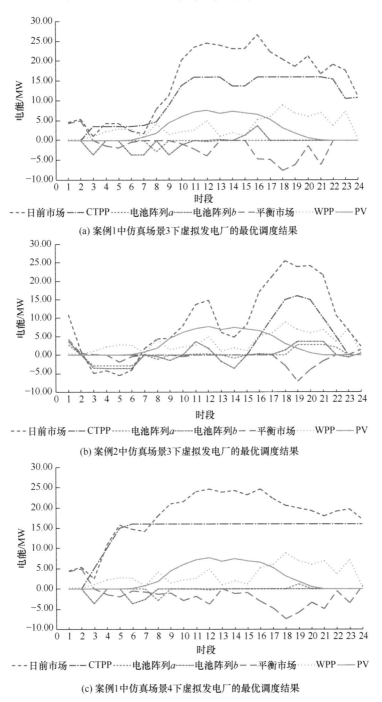

(a) 案例1中仿真场景3下虚拟发电厂的最优调度结果

(b) 案例2中仿真场景3下虚拟发电厂的最优调度结果

(c) 案例1中仿真场景4下虚拟发电厂的最优调度结果

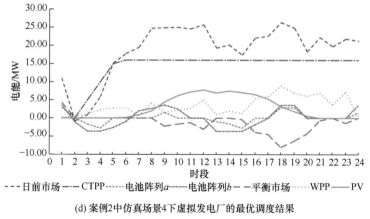

(d) 案例2中仿真场景4下虚拟发电厂的最优调度结果

图8-10　两个案例在第三个和第四个仿真场景下虚拟发电厂的最优调度结果

用于向电池阵列充电。此外，为了减少损耗成本，案例 1 中的电池阵列在低电价时段第 3、6～8 和 12 时段充电，在高电价时段(第 19 时段)释放一小部分的电能(1.82MW·h)，尽管这给总成本带来消极影响(和算例 2 相比)。因为日前市场价格高，两个算例中的传统火力发电厂直到第 24 时段都以最大出力运行。

上述两个案例的环境温度假设是 20℃，但是在实际情况中，环境温度在一天的各个时候都在变化，并且也会随着地域的变化而变化。图 8-11 表示不同环境温度下包含两种不同电池阵列的虚拟发电厂的期望利润。电池阵列 1 包含 1000 个铅酸电池，电池阵列 2 包含 1000 个镍氢电池。假设两种电池阵列的初始储能分别是 2.83MW 和 3.6MW。结果表明，期望利润随着环境温度的上升而减少，因为对于铅酸电池和镍氢电池，在相同放电深度条件下，高环境温度导致高损耗成本。此外，因为铅酸电池的环境温度和损耗成本之间是对数关系，所以当环境温度升高时，包含电池阵列 1 的虚拟发电厂期望利润的减少量比包含电池阵列 2 的虚拟发电厂要多。

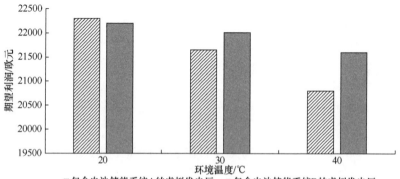

图8-11　不同环境温度下包含两种类型电池的虚拟发电厂的期望利润

上述最优调度结果和期望利润是从风险中立模型（$\beta=0$）获得的，没有考虑风险测量方法。假设 $\beta=0.4$、$\alpha=95\%$，案例 1 考虑风险测量的虚拟发电厂的期望日利润是 19722.86 欧元，比风险中立模型中的 20839.87 欧元要少。这是因为 CVaR 旨在以适度减少期望利润作为代价去最大化最低利润场景的期望利润。换句话说，CVaR 控制经历高概率的低利润场景的利润分布风险。如图 8-12 所示，当 β 增加时，CVaR 显著增加，但是期望利润只是适度减少。例如，当 β 从 0 增加到 0.5 时，CVaR 增加 37.6%，而期望利润只减少 6.9%。当 β 较小时，调度决策的期望利润高，风险也高，但是随着 β 增大，调度决策的期望利润降低，并且风险也随之降低。

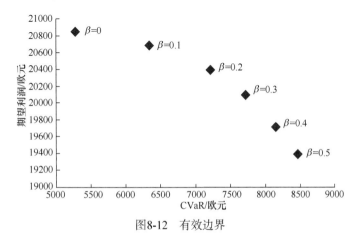

图8-12　有效边界

如表 8-3 所示，采用不同算法求解计及电池损耗，成本的虚拟发电厂短期优化调度模型每种算法的最优目标值都相同。尽管分支切割法可以高效地求解多种 MILP 问题，但是和其他方法相比，它的容差相对较高，并且求解时间过长。比较这四种算法，MILP 启发式算法求解效率高，有最低的迭代次数和相对较低的容差。因此，本节选择 MILP 启发式算法作为虚拟发电厂模型的求解算法。

表 8-3　使用不同 MILP 求解算法获得的结果比较

算法	计算时间/s	迭代次数	容差/%	目标函数
分支切割	264.30	52262	6.60	20839.8676
动态搜索	259.98	55729	6.59	20839.8676
启发式 MILP	234.89	49418	5.48	20839.8676
临近松弛诱导启发式搜索	314.86	59592	5.36	20839.8676

8.3　微电网能源管理系统设计

运用微电网能量管理技术可以实现微电网并网或孤岛运行，降低 DG 波动性电源给配电网带来的不利影响，最大限度地利用分布式可再生能源，提高供电可靠性和电能质量。

8.3.1　微电网数据采集与监控的特点

1. 数据采样周期短

由于微电网间歇性新能源发电所占比例高，微电网电压和频率波动明显大于大电网。如果微电网的数据采样周期与大电网一致，那么很难做到微电网的精准运行。因此，微电网的采样周期需要相应缩短，海岛微电网与大电网数据采样周期对比如表 8-4 所示。

表 8-4　海岛微电网与大电网数据采样周期对比

系统	采样周期	
	实时数据/s	非实时数据/min
海岛微电网	<1	<15
系统大电网	1~3	>6

2. 设备监测系统、SCADA 融合

在大电网中，状态监测系统是一个独立的系统，用于监测电网设备的状态。作为一个规模相当小的电力系统，微电网设备的数据量较少，因此设备监测系统可以整合到 SCADA 中。同时，大量的新能源电源和随机负荷会增加系统运行的不确定性和实时控制管理的挑战性。因此，微电网 SCADA 应该配置设备状态监测系统，实时监测配电变压器的温度和线路弧垂等信息。

3. SCADA 采集的数据丰富多样

在微电网中，新能源发电是多样的，如海流能发电、风能发电、光伏发电等。此类新能源都容易受自然因素影响，如风力发电取决于风速。因此，由 SCADA 收集的数据不仅包括电气参数，如电压、电流，也包括如风速、光照强度等新能源供电系统中非常重要的非电气参数。与此同时，由于融合了设备状态监测系统，SCADA 可采集在线设备的状态信息。

8.3.2　海岛微电网 SCADA/EMS 架构

与大电网、典型微网相比，海岛微电网具有间歇式新能源比重高、运行环境恶劣等特点。海岛微电网、典型微网、大电网对比如表 8-5 所示。如图 8-13 所示，根据海岛微电网的特性，SCADA/EMS 的体系架构可设计为包含智能监控和能量管理层、通信管理层，以及间隔层的三层结构。

表 8-5　海岛微电网、典型微网、大电网对比

系统	新能源比重	储能装置	最高电压等级	可调度对象	供电环境	运行模式
海岛微电网	高	有	中压配电电压等级	可调电源、可控负荷、储能装置	台风等自然灾害多发	并网和孤岛 2 种运行模式，以孤岛运行为主
典型微网	中	有	一般为 380V	可调电源、可控负荷、储能装置	一般	并网和孤岛 2 种运行模式，以并网运行为主
大电网	很低	可以忽略	20kV 或以上	可调电源(部分系统存在可中断负荷)	一般	大电网独立运行

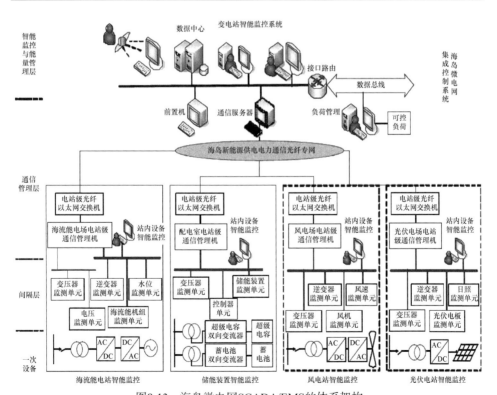

图8-13　海岛微电网SCADA/EMS的体系架构

1. 智能监控和能量管理层

智能监控和能量管理层是海岛微电网的核心部分，由 SCADA 和 EMS 组成。SCADA 负责搜集和汇总包括风力发电机等新能源电站的实时数据等。EMS 是海岛微电网的大脑，负责系统的安全经济运行。EMS 的主要功能包括短期负荷和新能源发电预测、在线经济调度、紧急事件分析、潮流分析、发电计划，以及预防控制等。

2. 通信管理层

通信管理层是海岛微电网的信息通道，负责上传已收集的运行状态信息，实现智能监控和能量管理。为了更好地收集全部电量和非电量数据，每一个新能源电站都安装通信管理机。考虑 SCADA 系统整合了状态监测系统，通信管理机需要具备比较大的容量储存数据，并且能适应各种严峻的运行环境。

3. 间隔层

间隔层主要负责新能源电站的设备监测，包括变压器、发电设备等。考虑新能源电站的规模，间隔层宜采用小型化硬件平台，保证安装使用方便。海岛微电网的运行环境也要求间隔层设备在满足国家标准要求的抗干扰能力的基础上，具备承受恶劣环境的能力。

8.3.3　EMS 基本框架

本节提出的海岛微电网 EMS 架构如图 8-14 所示。海岛微电网 EMS 与大电网

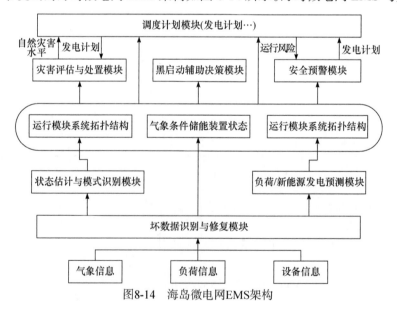

图8-14　海岛微电网EMS架构

EMS 功能模块对比如表 8-6 所示。

表 8-6 海岛微电网 EMS 与大电网 EMS 功能模块对比

模块	功能	海岛微电网 EMS	大电网 EMS
坏数据识别与修复模块	坏数据识别类型	电力负荷、热负荷、冷负荷	电力负荷
状态估计与模式识别模块	是否识别运行模式	是	否
	是否考虑随机性因素	是	否
负荷/新能源发电预测模块	预测周期	天级、小时级、分钟级、秒级	年级、月级、天级、小时级、分钟级
	预测对象	新能源出力、电力负荷、热负荷、冷负荷	电力负荷
安全预警模块	是否考虑新能源出力的随机性	是	无
灾害评估与处置模块	是否评估自然灾害	是	很少有
	是否应对自然灾害	是	很少有
调度计划模块	主要调度对象	可调度发电机、可控负荷、储能装置	可调度发电机
	调度模式	并网模式、孤岛模式	独立统一运行
	时间范围	<1d	>1d
	不可控发电比重	高	非常低
黑启动辅助决策模块	是否更新新能源发电黑启动程序	是	否
	是否在线制定	是	否

1. 坏数据识别与修复模块

海岛微电网 SCADA 实时采集上传的负荷、气象等信息。由于测量误差等各种原因，不可避免地存在一些坏数据，因此本节设计的海岛微电网 EMS 首先对 SCADA 汇总的负荷数据和气象信息进行预处理，初步筛选出负荷、气象等信息中的坏数据，并根据实际情况进行修复。海岛微电网 EMS 与传统大电网 EMS 在坏数据识别和修复模块存在以下不同。

① 与大电网相比，海岛微电网作为一个特殊的微网，是一个容量十分小的电力系统，其负荷曲线光滑性比较差[15]。另外，海岛微电网四面环海，受天气因素影响大，这会加剧负荷变化的随机性。如果仍然采用大电网常规的坏数据识别和修复方法，则修复误差可能比较大。因此，系统坏数据识别和修复模块专门设置了过滤算法，尽可能地排除负荷曲线光滑性差等对坏数据识别的影响。

② 海岛微电网的拓扑结构一般为辐射式网络，不能像大电网一样根据分层、分区采集的数据进行坏数据识别。因此，海岛微电网 SCADA 数据的预处理难度比一般传统大电网大，需要挖掘新的方法。

③ 海岛微电网 EMS 不仅需要对电力负荷数据进行坏数据识别和修复，还要对实时采集的冷、热负荷等进行数据分析处理。

2. 状态估计与模式识别模块

本节设计的状态估计模块根据采集的系统运行数据进行分析处理，估计海岛微电网的拓扑结构、运行参数等。该状态估计模块同样具有一定的坏数据辨识功能。虽然海岛微电网拓扑结构简单，但是间歇式新能源发电比重高，因此状态估计的难度不小。作为一种特殊的微网，海岛微电网有三种运行模式，即并网模式、孤岛模式，以及两种模式之间的切换模式(该模式持续时间特别短，因此不考虑作为 EMS 调度管理的内容)[16,17]。模式识别的主要工作是正确识别海岛微电网处于何种运行模式，为海岛微电网开展正确的调度管理提供基础。如果海岛微电网运行于孤岛模式，模式识别模块将进一步评估孤岛运行时间。

3. 负荷/新能源发电预测模块

负荷/新能源发电预测模块提供的数据是海岛微电网进行安全预警、制定调度计划、安排检修计划等的基础。风电等间歇式新能源发电由于受风速等气象因素影响，随机性比较强，进行周级、月级等以上的预测误差很大，实际意义比较小[18]。因此，本节设计的海岛微电网预测周期包括天级、小时级、分钟级、秒级预测。同时，负荷是海岛微电网供需平衡的主动方，因此负荷预测周期也应进行相应变动，分为天级、小时级、分钟级、秒级负荷预测。

4. 安全预警模块

安全预警模块包括运行风险评估、静态稳定和暂态稳定校核等功能。本节设计的安全预警模块在进行风险评估时，不但考虑线路故障发生概率，而且将随机波动的新能源发电出力、储能装置容量、负荷变化等因素作为重点考虑的内容。由于线路故障的发生具有随机性和模糊性，因此海岛微电网安全预警模块采用可信性理论，评估海岛微电网的运行风险，给出海岛微电网的安全级别[19]。海岛微电网孤岛运行模式的稳定裕度比并网运行的模式小很多，孤岛运行的海岛微电网实时预警要求高，评估周期短。

5. 灾害评估与处置模块

从天气预报结果出发，结合海岛微电网的运行方式，实时评估海岛天气状况及其发展趋势对海岛微电网的影响，给出不同天气状况下海岛微电网的灾害警报水平。如果灾害警报水平偏高，超过预定警戒值，那么灾害评估与处置模块将根据当前运行状态和灾害警报水平快速制定灾害处置方案。根据海岛微电网的运行模式，不同灾害警报水平下的灾害处置方案又可分为孤岛模式处置方案和并网模式处置方案。灾害评估与处置模块主要用于保障台风、暴雨等自然灾害条件下海岛重要负荷的供电。

6. 调度计划模块

调度计划模块是海岛微电网 EMS 的核心模块，负责海岛负荷和电源的电力电量平衡。其具体工作是根据海岛新能源供电系统的具体运行模式、系统安全级别、检修计划等，制定更新海岛微电网发电计划；系统出现异常情况时实行预防控制，系统出现三相短路故障等情况时实行紧急控制。海岛微电网 EMS 调度计划模块与传统大电网 EMS 调度计划模块相比，具有如下特点。

① 可调度资源种类多，包括热电联合发电单元等部分可控电源、储能装置、可控负荷。

② 不可调度资源比重很高，包括风电、光伏发电、海流能发电等。

③ 包括并网和孤岛两种运行模式。不同运行模式调度策略不同，且孤岛运行时间比典型微网长很多。

7. 黑启动辅助决策模块

孤岛运行的海岛微电网在出现多重故障、极端恶劣天气等情况时，容易出现全网大停电事故。故障清除之后，海岛微电网需要根据合理的黑启动方案快速恢复负荷供电。海岛微电网 EMS 需要根据新能源出力预测和负荷水平实时动态更新黑启动方案，保证海岛微电网大停电事故后的供电快速恢复。文献[20]提出一套微网黑启动方案的制定方法，但是没有详细阐述如何确定黑启动每一步具体实施的时间。由于风电等电源的间歇性，海岛微电网黑启动过程中需要根据当前系统状态，动态更新其间歇式新能源发电的黑启动流程和时间。

8.3.4　调度计划模块

1. 多样化的调度目标

海岛微电网并网运行模式和孤网运行模式有不同的安全性和稳定性要求。海岛微电网调度目标如图 8-15 所示。

① 当海岛微电网工作于并网模式时，主网能为其运行提供有效的频率电压支持[17,21]，因此调度计划可以将经济性作为目标函数。

② 当海岛微电网运行于孤网模式时，若安全稳定裕度比较大，则调度计划的目标是尽可能地保证所有负荷电能供应的可靠性，缩小电力中断的范围和时间。

③ 当海岛微电网运行于孤网模式时，若安全稳定裕度比较小，则调度计划的目标是保证重要负荷的电能质量。

④ 当海岛微电网运行于孤网模式时，若安全稳定裕度很小，则调度计划的目标函数是重要负荷的电力可靠性，尽可能地保证重要负荷的电力供应。

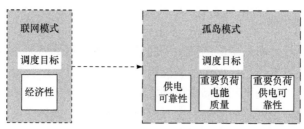

图8-15　海岛微电网调度目标

2. 动态的调度周期

在海岛微电网中，新能源发电的比重高，需要在制定调度计划之前对其进行预测。然而，间歇性新能源预测的可信度不确定，并且大体上随着预测时间的增加而变大。这与负荷预测误差的规律基本一致。因此，在制定调度计划时，需要首先评估间歇性新能源和负荷预测的可信度，并选择适当的最大调度周期。若负荷和新能源发电预测的可信度不能满足安全性的需求，则当前负荷和新能源预测误差太大，需要缩小最大调度周期，并在此基础上根据大电网的调度经验制定不同时间尺度的调度计划。例如，大电网调度计划可分为周调度计划、日调度计划、小时调度计划。相应地，在海岛新能源供电系统中，调度计划的时间尺度可以根据最大调度周期划分为 4 种。

假设初始最大调度周期为 T_{max} ，可信度最大值为 $P_{cre,t}$ ，调度计划步骤如下。

① 利用诸如平均预测误差等指标，评估负荷预测和新能源发电预测的可信度 P_{cre} 。

② 若 $P_{cre} \geqslant P_{cre,t}$ ，则制定未来 T_1 时间的调度计划；若 $P_{cre} < P_{cre,t}$ ，则 T_{max} 时间制定未来调度计划不可行，调度计划制定进入下一步。

③ 通过 $T_{max} = kT_{max}$（k 代表缩减系数，数值为 0～1），缩短最大调度周期。

④ 将周期 T_{max} 的调度计划划分为几个不同时间尺度的调度计划，并制定相应不同时间尺度的调度计划。

可信度指标和缩减系数对于动态海岛微电网调度是至关重要的，因为它决定最大调度周期。另外，合适的调度计划划分方法也是必要的。

3. 滚动的调度计划

基于相对准确的负荷预测和较少的不确定性因素，大电网调度计划包括几种固定时间尺度的计划。与大电网不同，海岛微电网不确定性因素较大，制定调度计划时预测的运行状态与实际运行状态之间可能存在较大的差异。如果差异达到一定程度，调度计划将失去指导价值。因此，需要滚动的调度计划，例如发电计划的修正。

基于文献[22]提出的智能电网调度计划滚动方法和文献[23]提出的电力市场调度计划滚动方法，本节充分考虑海岛微电网的特点及其 EMS 的信息处理量，提出调度计划滚动方法。

① 根据一天不同时间段负荷、天气的特点，如有无光照、是否峰荷等，将一天划分为若干时段。

② 根据当前时段和预测负荷来制定当前调度计划和新能源发电计划。

③ 对于剩下时段的调度计划，不管调度周期多长，如果其与现在的调度计划处于同一时段，则估计它制定时的运行状态与现在运行状态的差异。

④ 如果差异足够大，则根据估计结果更新上述调度计划，否则保持不变。

8.4　基于云计算技术的优化调度系统设计

本节对云技术在提高电力系统调度优化深度方面的计算能力进行分析，利用云计算先进的技术和理念，构建基于云计算的智能电网计算平台，包括云存储中心和云计算控制中心，对海量数据进行存储和实时计算。为促进智能电网多主体协同优化调度的发展，构建基于云平台的电网协同优化调度架构，将系统架构分为三个层次，为调度工作人员提供服务。

8.4.1　基于云技术的优化调度计算能力分析

云技术的计算能力可以提高电力系统优化深度。绝大多数的电力系统优化问题，如电力系统规划、调度和维修计划都是混合离散变量和连续变量的大规模、非线性、时变、非凸优化问题。目前，由于计算资源有限，处理这些问题时，许多数学模型和计算方法都做了假设与简化，如忽略负荷预测误差等。云计算拥有丰富的计算资源，能够有效加深电力系统的优化深度。例如，湖南省电力系统的优化调度问题，大约有100000个决策变量和10000个约束条件，其中大约有20000个离散决策变量，并且90%以上的约束是非线性的。如此大的计算量导致普通的计算技术无法在合理的时间内输出最优的调度计划。云计算有望提高调度计划的优化深度。

假设调度计划是由遍历算法得出的，计算时间可以按如下方式计算，即

$$t_a = \sum_{i=1}^{N_u} t_i \tag{8-34}$$

式中，t_i 为第 i 个机组组合计划的计算时间；N_u 为需要遍历的机组组合计划的总数量。

由于每个机组组合计划使用的方法相同，并且标准化要求高，每个机组组合计划所耗的时间可以表示为

$$t_s = t_i \tag{8-35}$$

式中，t_s 为生成一个机组组合计划所需的计算时间。

假设调度中心部署的都是相同配置的服务器，则总的计算时间为

$$t_a = t_s N_u \tag{8-36}$$

实际上，调度计划应该在一个给定的时间 T 内完成，因此需要在调度中心部署的服务器数量至少为

$$N_m = \frac{t_s N_u}{T} \tag{8-37}$$

假设有 N_a 个服务器部署在调度中心，那么找到全局最优解的概率为

$$P_g' = \frac{N_a}{N_m} \tag{8-38}$$

采用云计算技术后，如果调度中心中有 N_c 个相同的服务器，那么找到全局最优解的概率可以表示为

$$P_g = \frac{N_c}{N_m} \tag{8-39}$$

因此，找到全局最优解的概率提高了 ΔP_g，即

$$\Delta P_g = \frac{P_g - P_g'}{P_g'} \times 100\% = \frac{N_c - N_a}{N_m} / \frac{N_a}{N_m} \times 100\% = \frac{N_c - N_a}{N_a} \times 100\% \tag{8-40}$$

在湖南省电力系统的调度计划中，有 25 个受调度中心调度的火电厂，因此总机组组合计划的数量是 $2^{24 \times 25}$。由于容量为 600MW 的火力发电厂比 300MW 的火力发电厂更经济，因此具有更高的优先级。此外，必须考虑功率平衡和系统安全等约束，大约三分之二的发电机被假定为保持开机状态。因此，13 个区电力公司可行的机组组合计划有 $C_{13}^4 \times 2^9 = 366080$ 种。目前，湖南省电力系统的调度中心有 $N_a = 63$ 个服务器。

然而，计算资源的利用率相对较低。例如，在湖南省电力信息系统的一、二、

三级分区中，CPU 的利用率分别为是 9%、10%、10%。借助云计算技术，可以通过整合 13 个区电力公司的计算资源提高计算资源的利用率，实现等同于 $N_c = 4000$ 台服务器的计算能力。因此，按照式(8-40)计算，找到全局最优解的概率提高 6250%。计算速度的改善会带来很多好处，包括节省时间、提高准确度、降低成本。

8.4.2　基于云技术的智能电网计算平台架构设计

传统的电力系统分析与计算对实时性要求特别高，而且计算任务特别繁多。由于电力系统的计算量巨大，而且计算问题的非线性程度高，在很多情况下，为不受计算量的限制，需要对问题的数学模型进行简化，保证计算能够顺利进行。这将对计算的优化深度产生很大的影响。传统电力系统的分析计算主要利用在调度中心的集中式计算平台对电网优化问题进行计算和仿真。随着智能电网的建设，以及大规模电网的互联，这种计算能力受限，可扩展性差，升级成本高的计算平台受到前所未有的挑战。特别是在智能电网协同优化调度系统中，发电企业、电网企业，以及用户侧的海量数据的存储，实时分析是另一个重大挑战。SCADA、WAMS、相量测量单元、AMI，以及各种用户信息采集系统等都向调度中心提供大量的实时多主体协同优化调度系统信息。这些覆盖全网的数据采集网络产生的数据量与传统的收集数据量相比将呈数量级式的增长，现有传统电力系统的集中式计算平台的信息处理能力将不足以应对海量数据流的存储和分析，构建新的智能电网计算平台成为值得考虑的重要问题[24]。

本节参照云计算的成功范例，利用云计算先进的技术，构建基于云计算的智能电网计算平台。该平台主要通过互联网对各种设备进行相互连接，并与用户组成一个实体，包括云存储中心(对海量数据的存储)、云计算控制中心(对数据进行实时计算)。

1. 智能电网云存储中心架构

坚持智能电网的建设，特别是特高压的推进，是我国大电网一体化的趋势。电网的特性从区域模式逐渐转向总体模式。区域电网之间需要进行数据共享和数据存储，因此需要一个强大的存储中心处理实时数据，保存历史数据。同时，为防止云存储中心遭受袭击或者其他意外情况发生，还需要建立灾备存储中心。因此，未来智能电网云存储中心需要具备存储大电网海量数据和数据灾备两大功能[25]。

目前，云存储通常指其通过集群应用、网络技术、分布式文件系统等功能，将集群内的物理存储资源无缝整合为统一的虚拟存储资源，共同对外提供数据存储和业务访问功能。国家电网有限公司、中国南方电网有限责任公司除了调控中心建立专门数据处理的服务器外，还有大量空闲的计算机群分布在各个子单位中，具有庞大的云存储资源空间，又因其产生的数据具有私密性，需要通过企业内部网，建立私有云存储，在防火墙内以服务的形式为企业内部用户提供存储服务，其他企业或组织无法共享其任何资源。

国家电网有限公司实施分层分区平衡、集中调度的电网调度体制，包括国调-网调-省调-地调-县调五级调度。每级调度负责所辖区域的电力调度。省级电网调度是其中最重要的调度环节，涵盖绝大部分调度业务，并且在智能电网实施上，省与省之间也存在一定的差异性。在云计算中，为缩短数据在互联网上的通信时间，需采用数据本地化。因此，未来智能电网云存储需要采用数据分布策略，以省为单位，建立各自调度数据云存储中心。未来智能电网云存储架构示意图如图 8-16 所示。

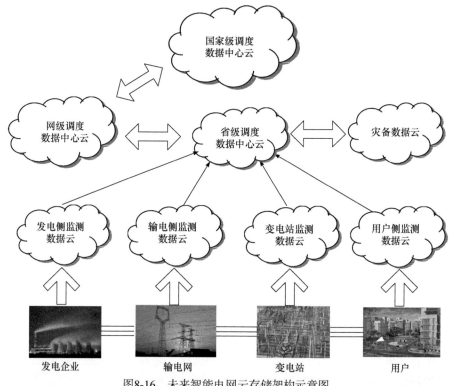

图8-16　未来智能电网云存储架构示意图

在智能电网的各个环节采用分布式云存储的方式，将省级调度数据中心云按照发电侧、输电侧、变电侧，以及用户侧分成四个数据云中心，通过这种分区管理，并行控制的方法，加强数据的管理和访问能力。

由于存在失火、雷电、台风、网络病毒、恐怖袭击等意外因素，建立灾备云中心非常必要。灾备就是在异地建立一个备份数据中心，实时或者异步地对主中心的数据进行备份。当主中心发生故障时，灾备中心可以接管主中心的用户和数据。目前，国家电网有限公司已经在北京、上海和西安建成数据容灾中心，利用异步镜像技术实现生产中心数据在容灾中心的异地备份功能。但是，受资金限制，还无法实现三地互为备用的功能。在未来智能电网的灾备数据云可以利用云计算的存储服务，为每个省级调度数据中心建立灾备数据云，一般有 4 种策略。

① 一主多备，即给一个主服务器配备多个独立的备用服务器。这种方式虽然可靠性高，但是投资巨大。

② 一主一备，即给一个主服务器配备一个单独的备用服务器。这种方式采用异地配置，可靠性高、投资较大，在省级电网调度中优先采用。

③ 多主一备，即给多个主服务器配备一个中央备用服务器。这种方式虽然投资低，但是可靠性低，一旦出现重大灾害，可能导致系统全部失效。

④ 分布式一体化互备，即多个主服务器配备到多个备用服务器，而且可以互相通信。这种方式数据可用性高，可充分利用空闲存储资源。

各个省可以根据自身的条件和资源进行建设，例如发达地区可以采用一主一备的方式，欠发达地区可以借用发达地区的资源采用分布式一体化互备的方式。备用云存储中的数据不是原数据的全部复制，而是对数据进行筛选后，把核心数据和平台应用通过镜像方式进行备份，能够保证调度的正常运作。

省级调度数据中心、网级调度数据中心，以及国家级调度数据中心采用上下级分层管理。例如，网级调度数据中心可以对省级调度数据中心进行数据读取和存储，而省级调度数据中心需要向网级调度数据中心进行申请，共享其他省级的数据。国家级数据中心可以依托国家超算中心进行建设，从而降低成本。

2. 智能电网云计算控制中心架构

智能电网云计算控制中心的主要任务是解决智能电网协同优化调度计算中开停状态不明确的边际机组需要进行开停状态的遍历问题，以及相关优化计算。云计算可以根据调度人员的需求，将计算任务分解成多个子任务，利用互联网动态分配给虚拟化后的计算设备。计算任务完成后，通过结果拼接，组成完整的结果反馈给云计算控制中心，继而提供给调度人员。利用云计算得到精确数据，为智能电网调度、运行、监控、保护，以及营销提供重要依据，保证智能电网的安全稳定运行。智能电网云计算控制中心架构示意图如图 8-17 所示。

Web 站点是调度人员访问云计算平台的唯一接口，调度人员通过 Web 站点向云计算控制中心平台发布计算任务，即基于贪婪算法的机组组合遍历，对边际机组进行遍历，得到煤耗最低的机组组合方案；基于煤耗微增率的出力优化分配计算，得到最佳出力方案，实现节能减排。同时，还可以进行日常的电力系统稳定分析、潮流、OPF 计算等。

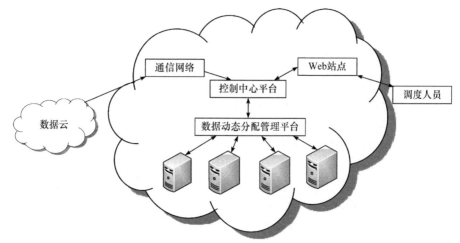

图8-17　智能电网云计算控制中心架构示意图

云计算控制中心平台根据收到的计算任务，通过通信网络从数据云采集到相关数据，根据数学模型和相关的算法，将计算任务分解成若干个子任务，然后通过数据动态分配管理平台，决定每个子任务的计算设备；计算设备完成各自计算任务后，将结果返回给数据动态管理平台。在此平台上，根据计算逻辑对子任务的计算结果进行整合，通过控制平台反馈给调度人员，让调度人员得到精确数据结果。

8.4.3　基于云平台的智能电网协同优化调度架构

目前，我国电力系统具备较完整的系统内部网络物理架构，各级电网都具有一定的计算和存储资源。在此基础上通过软件和接口可以在现有的基础上对面向智能电网的云计算进行建设[26]。为促进智能电网多主体协同优化调度的发展，本节利用面向智能电网的云计算技术，构建基于云平台的智能电网协同优化调度基本架构。

IT行业云的基本架构将云分为基础设施层、平台层和应用层。每层的功能都以服务的形式提供。基于云计算的智能电网节能优化调度的基本架构可以仿照成熟的IT行业云的结构，将系统架构分为这三个层次，为调度工作人员提供服务。

基础设施层主要包括硬件和基础软件。针对大规模的硬件资源，需要对硬件资源进行虚拟化，屏蔽硬件产品上的差异，提供统一的管理逻辑和接口。硬件主要包括海量计算机群、存储系统，以及通信网络。软件包括大规模分布式数据库、分布式文件系统、虚拟化管理系统，以及云计算测试等。在基础设施层管理智能电网协同优化调度中的数据包括实时量测数据(发电侧数据、电网侧数据、变电站数据、用户侧数据)、预测与计划数据、基本数据、历史数据，以及临时数据等。

海量数据通过引入虚拟化技术，借助虚拟化工具，提供可靠性高、规模可扩展的基础设施层服务。

　　平台层面向云环境中的应用提供应用在开发、测试和运行过程中所需的基础服务，包括 Web 和应用服务器、消息服务器，以及管理支撑服务。平台层以平台软件和服务为核心，用户通过相应的编程模型和应用程序接口（application programming interface，API）建立、发布和应用。在智能电网协同优化调度体系中，平台层为调度中心提供应用的基本运行环境，满足智能电网业务可伸缩性、可用性，以及安全性等方面的要求。

　　应用层是指运行在平台层之上，以软件即服务的形式提供给用户的应用。应用层也是智能电网协同优化调度中最重要的部分，为其提供最基本的状态估计、风险评估、负荷预测、潮流分析、稳定分析，以及发电计划等。为适应新的环境，还可以提供智能多代理决策应用、互动信息管理应用、负荷调度管理应用、发电权交易应用、协调调度管理应用，以及协同优化计算应用等。

　　根据以上分析，基于云平台的智能电网协同优化调度架构如图 8-18 所示。

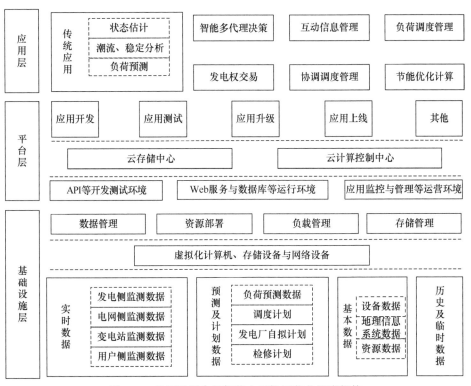

图8-18　基于云平台的智能电网协同优化调度架构

8.5　本　章　小　结

分布式能源发电具有诸多优点，虚拟发电厂和微电网技术为多分布式能源参与的智能电网优化调度提供了新途径。云计算能解决大规模调度优化计算问题，提供更加灵活的调度方式。本章根据虚拟发电厂的调度运行特性提出考虑电池寿命损耗成本的虚拟发电厂调度优化模型，以海岛微电网为例设计微电网能源管理系统，构建基于云平台的智能电网协同优化调度框架。

① 详细介绍虚拟发电厂的典型结构，并结合现有电力市场机制，深入分析虚拟发电厂参与市场交易的运营模式。针对电池储能系统固有物化特性，其在参与虚拟发电厂优化调度过程中会产生损耗成本，严重降低虚拟发电厂经济效益的问题。考虑放电深度和环境温度多因素影响，提出一种全新的基于循环周期数法的电池寿命损耗模型，研究电池寿命损耗成本对虚拟发电厂参与电力市场交易所获收益的影响。

② 针对虚拟发电厂在调度过程中存在多维度不确定性问题，采用多场景法模拟日前市场出清电价和新能源发电的不确定性，以虚拟电厂运行效益最大化为目标，构建计及电池储能系统寿命损耗成本的虚拟发电厂两阶段随机优化调度模型，为虚拟发电厂运营商提供更为科学合理的调度策略，可显著提高虚拟发电厂在电力市场交易中的收益。进一步，将虚拟发电厂参与电力市场交易中的风险规避问题考虑在内，对提出的模型进行拓展，能够帮助运营商规避不确定性风光出力和市场电价带来的风险，在实现虚拟发电厂最优调度目标的同时将利润的减小控制在一个适度的范围内。

③ 针对微电网能源管理系统，从数据采样周期、设备状态监测系统、数据类型等方面对微电网能源管理系统 SCADA 进行分析。以海岛微电网为例，设计海岛微电网能源管理系统 SCADA/EMS 的架构体系和 EMS 系统的 7 个模块。从目标函数、调度周期具体分析海岛微电网能源管理系统 EMS 调度计划，并提出滚动调整方法。

④ 针对基于云计算技术的智能电网优化调度，首先通过对云技术计算能力的分析，验证云技术能充分利用计算资源，有效加深电力系统的优化深度；然后借鉴 IT 行业云计算技术，设计基于云计算的智能电网计算平台，对电网企业、用户侧的海量数据进行存储，以及实时计算；最后构建基于云平台的智能电网协同优化调度架构，为电力企业提供灵活的调度服务。

参 考 文 献

[1] Pudjianto D, Ramsay C, Strbac G. Virtual power plant and system intergration of distributed energy resources. IET Renewable Power Generation, 2007, 1(1): 10-16.

[2] 王成山, 李鹏. 分布式发电、微网与智能配电网的发展与挑战. 电力系统自动化, 2010, 34(2): 10-14.

[3] 刘吉臻, 李明扬, 房方, 等. 虚拟发电厂研究综述. 中国电机工程学报, 2014, 34(29): 5103-5111.

[4] Zhou B, Liu X, Cao Y J, et al. Optimal scheduling of virtual power plant with battery degradation cost. IET Generation, Transmission & Distribution, 2016, 10(3): 712-725.

[5] 杨新法, 苏剑, 吕志鹏, 等. 微电网技术综述. 中国电机工程学报, 2014, 34(1): 57-70.

[6] 马韬韬, 郭创新, 曹一家, 等. 电网智能调度自动化系统研究现状及发展趋势. 电力系统自动化, 2010, 4(9): 7-11.

[7] 舒杰. 基于分布式可再生能源发电的独立微网技术研究. 广州: 中山大学硕士学位论文, 2010.

[8] Fang X, Yang D J, Xue G L. Evolving smart grid information management cloudward: a cloud optimization perspective. IEEE Transcations on Smart Grid, 2013, 4(1): 111-119.

[9] 赵俊华, 文福栓, 薛禹胜, 等. 云计算: 构建未来电力系统的核心计算平台. 电力系统自动化, 2010, 34(15): 1-8.

[10] Awerbuch S, Preston A M. The Virtual Utility: Accounting, Technology and Competitive Aspects of the Emerging Industry. New York: Kluwer Academic, 1997.

[11] Li C B, Tan Y, Cao Y J, et al. Energy management system architecture for new energy power supply system of islands//IEEE PES Innovative Smart Grid Technologies, 2012: 1-8.

[12] Al-Awami A T, El-Sharkawi M A. Coordinated trading of wind and thermal energy. IEEE Transactions on Sustainable Energy, 2011, 2(3): 277-287.

[13] European Energy Exchange AG. Actual solar power generation. http://www. transparency. eex. com/en/[2014-12-15].

[14] APX Power UK. UKPX auction historical data. http://www. apxgroup.com/market-results/apx-power-uk/ukpx-auction-historical-data[2014-12-20].

[15] 张钦, 王锡凡, 王建学, 等. 电力市场下需求响应研究综述. 电力系统自动化, 2008, 32(3): 97-106.

[16] Amjady N, Keynia F, Zareipour H. Short-term load forecast of microgrids by a new bilevel prediction strategy. IEEE Transactions on Smart Grid, 2010, 1(3): 286-294.

[17] Katiraei F, Iravani M R. Power management strategies for a microgrid with multiple distributed generation units. IEEE Transactions on Power Systems, 2006, 21(4): 1821-1831.

[18] Giebel G, Sorensen P, Holttinen H. Forecast Error of Aggregated Wind Power. Bolgium: European Wind Energy Association, 2007.

[19] Feng Y Q, Wu W C, Zhang B, et al. Power system operation risk assessment using credibility theory. IEEE Transactions on Power Systems, 2008, 23(3): 1309-1318.

[20] Moreira C L, Resende F O, Lopes J A P. Using low voltage microgrids for service restoration.

IEEE Transactions on Power Systems, 2007, 22(1): 395-403.

[21] Lopes J A P, Moreira C L, Madureira A G. Defining control strategies for microgrids islanded operation. IEEE Transactions on Power Systems, 2006, 21(2): 916-924.

[22] 张智刚, 夏清. 智能电网调度发电计划体系架构及关键技术. 电网技术, 2009, 32(20): 1-8.

[23] 尚金成, 黄永皓, 康重庆, 等. 多级电力市场之间协调的模型与方法. 电力系统自动化, 2004, 28(6): 19-24.

[24] 沐连顺, 崔立忠, 安宁. 电力系统云计算中心的研究与实践. 电网技术, 2011, 35(6): 171-175.

[25] 丁杰, 奚后玮, 韩海韵, 等. 面向智能电网的数据密集型云存储策略. 电力系统自动化, 2012, 36(12): 66-70.

[26] 罗军舟, 金嘉晖, 宋爱波, 等. 云计算: 体系架构与关键技术. 通信学报, 2011, 32(7): 3-21.